郑端文　编著

消防安全管理

化学工业出版社
·北京·

本书主要阐述了消防安全工作的任务与作用，消防安全的概念、工作方针和原则；消防安全管理的管辖与组织、制度建设；消防安全教育；消防安全检查与火灾隐患整改；消防安全行政许可与消防产品质量监督管理；建筑工程消防安全管理；消防安全重点管理；易燃易爆危险品管理；人员密集场所和重要场所的防火管理；火灾与报警、安全疏散与自救逃生、初期火灾的扑救、特殊火灾的紧急处置、政府和单位火灾应急预案的制定与演练、火灾事故原因的调查；消防安全管理的基本方法；消防刑事责任，消防行政责任和消防行政复议、诉讼和赔偿等内容。

本书与《消防安全技术》作为姊妹篇，主要适用于政府分管消防安全工作的领导、单位的法定代表人和单位管理人员，以及广大消防干警和公安派出所民警阅读，亦可作为单位消防安全培训的教材和广大群众的普及读物。

图书在版编目（CIP）数据

消防安全管理/郑端文编著. —北京：化学工业出版社，2009.5（2024.8 重印）

ISBN 978-7-122-05212-4

Ⅰ. 消…　Ⅱ. 郑…　Ⅲ. 消防-安全管理　Ⅳ. TU998.1

中国版本图书馆 CIP 数据核字（2009）第 058138 号

责任编辑：郭乃铎　杜进祥　周永红　　　　　　装帧设计：周　遥
责任校对：郑　捷

出版发行：化学工业出版社（北京市东城区青年湖南街 13 号　邮政编码 100011）
印　　装：北京机工印刷厂有限公司
710mm×1000mm　1/16　印张 26¼　字数 539 千字　　2024 年 8 月北京第 1 版第 15 次印刷

购书咨询：010-64518888　　售后服务：010-64518899
网　　址：http://www.cip.com.cn
凡购买本书，如有缺损质量问题，本社销售中心负责调换。

定　　价：79.00 元　　　　　　　　　　　　　　　　版权所有　违者必究

前　言

　　消防安全事业的发展，是国民经济和社会发展的重要组成部分，是衡量一个国家、一座城市乃至一个单位现代文明程度的标志之一。同时，消防安全工作又是一项科学性、技术性、群众性和专业性都很强的系统工程，涉及各个企业单位、行业部门和公民个人，以及整个社会的各个领域。所以，做好消防安全工作，是直接关系到人民生命财产安全和国家及社会稳定的一件大事。

　　随着社会和经济建设的发展，高层建筑不断增多，地下工程广泛开发利用，石油化工企业和公众聚集场所大量涌现，新技术、新产品不断开发，国家物资财富大量积累，使消防安全工作的地位和作用越来越显得重要。然而，火的极其广泛的应用，又使导致火灾的因素几乎无时不有、无处不在。所以，每个行业、每个部门、每个单位以至每个家庭，都有预防火灾、确保消防安全的责任。

　　政府分管消防安全工作的领导、单位的法定代表人是本行政区域、本单位消防安全工作的决策者，对本行政区域、本单位消防安全工作的好坏起着决定性的作用；专兼职消防安全管理人员是本单位消防安全工作的具体管理者，是法定代表人实施消防安全管理的执行者，对本单位消防安全工作的好坏有着举足轻重的地位；易燃易爆单位和人员密集场所的操作人员、营业人员，是企业生产中具体操作的专业人员，是搞好本单位消防安全工作的重要基础。所以，要将本行政区域、本单位、本行业和本部门的消防安全工作搞好，政府分管消防安全工作的领导、单位的法定代表人都应当清楚本行政区域、本单位的消防安全工作应当抓什么、怎样抓，消防管理人员应当知道干什么、怎样干，重要工种和场所的操作、营业人员应当知道做什么、怎么做。因此，政府分管消防安全工作的领导、单位的法定代表人和单位消防安全管理人员，都应当学习和掌握一定的消防安全管理知识。各个机关、团体、企业事业单位以及每个社会成员，都应高度重视并认真做好自身的消防安全工作，并把积极同火灾作斗争视为高尚的道德行为；都应学习并掌握基本的消防安全知识，共同维护公共消防安全，从根本上提高城乡、单位乃至全社会预防和抗御火灾的整体能力和文明程度。

　　在中国，随着经济建设和科学技术的飞速发展，社会主义市场经济的确立，使得在计划经济体制下形成的很多管理方式和方法不能适应变化的形势。所以，政府分管消防安全工作的领导、单位的法定代表人、单位消防安全管理人员，很有必要学习和掌握市场经济条件下消防安全管理的新方式和新方法，以对本行政区域、本单位实施更加科学、有效的消防安全管理，防止和控制火灾事故的发生。为此，笔者根据第十一届全国人大常委会第五次会议于 2008 年 10 月 28 日修改通过的《中华人民共和国消防法》和国务院、公安部等颁布的有关的法律、法规和规定，结合工作实践，在原《企业消防安全管理》的基础上撰写了《消防安全管理》一书。

为保证本书的质量，特邀请有关专家进行了严密的审核。本书能够出版，得到了河北省公安消防总队周天总队长、梁政能政委，蒋洪新副总队长，防火部刘振东部长等领导和同志们的大力支持和帮助，在此一并表示衷心的感谢，并致以崇高的敬意！

由于笔者水平和实践范围的局限，本书的缺点和错误在所难免，恳请读者批评、指正。

郑端文

2009 年 5 月 5 日

目　　录

第一章 绪 论

火！是神圣的。地球这个天体是在宇宙大爆炸的火焰中诞生，人类的生命是在火中延续、升华和开拓。是火给人类带来了光明和温暖，是火使人类与动物分道扬镳，是火使人类的物质文明和精神文明得以不断发展。然而，火在有益于人类的同时，也会给人类带来灾难，这就是火灾。所以，自从人类发现并学会用火之后，对火的正确使用和管理问题就摆在了人类的面前，且随着人类文明和科学技术的发展，对火政管理的要求也就更高。古人说的好，火"善用之则为福，不善用之则为祸"。《消防安全管理》就是要认识火的两重性，研究并推行"善用之"的方法和措施，消除"不善用之"的行为，从而有效地预防灾害事故的发生。

第一节 消防安全工作的任务与作用

消防安全工作的任务，是保护公民生命、公共财产和公民财产的安全，保卫国家的经济建设，维护国家的社会秩序、生产秩序、教学和科研秩序以及人民群众的生活秩序，巩固人民民主专政。其作用主要有以下几个方面。

一、保护公民生命、公共财产和公民财产的安全

科学技术的发展，促进了经济建设的发展。经济建设的飞速发展，使得国家的物资财富不断增长和集中，石油化工、天然气等易燃易爆物资的使用范围越来越广，生产和生活中的用火用电越来越多，可能引起火灾的因素也随之增多。因此，如果消防工作搞不好，一旦发生火灾，就会影响经济建设的顺利发展，影响现代化建设的顺利进行，给国家和公民的财产带来不可再生的损失。如1986年5月6日，黑龙江省伊春市发生特大火灾，大火延烧8个多小时，殃及街道5条，烧毁民宅1063户，受灾群众达4220人，造成的直接经济损失达14569万元；再如，1993年8月5日，广东深圳市安贸危险品仓库因危险品混存发生大火，造成死亡15人、受伤873人、直接经济损失达2.5亿元的特大恶性火灾。据不完全统计，我国从1950年至2007年这57年间，因火灾造成的直接经济损失就高达293.68亿元。

火灾的发生，不仅会在经济上给国家和人民群众带来重大损失，而且还会给公民的生命带来重大危害。如1977年2月18日，新疆建设兵团伊犁地区农垦61团俱乐部，在放映电影时因小孩燃放鞭炮引起火灾，烧死694人，烧伤160人；1994年11月27日，辽宁阜新市艺苑歌舞厅发生大火，烧死233人，烧伤21人；同年12月8日，新疆克拉玛依市的友谊馆发生大火，酿成死亡325人（其中，中小学

生 288 人)、受伤住院 132 人、经济损失 3800 万元的惨剧。2000 年 12 月 25 日,河南省洛阳市东都商厦发生大火,死亡 309 人,伤 7 人,直接经济损失 275.3 万元。另据公安部消防局统计,从 1950 年至 2007 年的 57 年中,全国被火灾夺去生命的就有 183239 人,伤 337352 人,共计死伤达 520591 人,相当于一个大型城市的人口,平均每天有近 25 人在火灾中伤亡。

因此,做好消防安全工作,对保卫公民生命财产和国家经济建设的安全都具有十分重要的意义。

二、保护历史文化遗产

我国是一个具有悠久历史文化而又富于革命传统的伟大的社会主义国家,北京、西安、开封、洛阳、沈阳等历史古城,在城池内都建造了许多气宇轩昂、富丽堂皇的宫殿、寺观和教堂,在山水花木之间建造了很多亭台楼阁走廊等,有的至今仍然保持完好。还有很多地方存有近代革命运动和发生重大历史事件遗留下来的革命文物,如遵义会议会址、"八一"南昌起义遗址、党的七届二中全会西柏坡会址等。这些古代建筑、历史文物和革命文物都体现了中华民族悠久的历史、光荣的革命传统和光辉灿烂的文化,如若惨遭火劫,将会造成不可挽救、无法弥补且无法用金钱计算的经济损失。如 1981 年 4 月,北京的寿皇门起火,大火延烧了 6 个小时,使这座古建筑付之一炬;1950 年,文化部新闻电影制片厂因硝化纤维电影片自燃发生火灾,把从革命根据地带来的党中央和毛主席在延安时期进行革命活动的珍贵影片烧掉,令人十分痛心。

我国最为惨重的文物火灾,要数 1994 年 11 月 15 日吉林市博物馆的银都夜总会大火。这把大火使黑龙江省博物馆在吉林市巡展的一具长 11m、高 6.5m 的恐龙化石化为灰烬,32000 多件文物、石器、陶器、服饰、书画以及 40 多年来的音像、图片、文字资料档案、11000 余枚 19 世纪末 20 世纪初国内外的珍贵邮票、9.73 万册 1909 年至今的科技文献及中外文刊物等全部烧毁;还烧毁建筑物 6800m²,其中夜总会的 1860m² 建筑全部烧毁,直接经济损失 671 万元,文物损失难以估价。

我国历史上古建筑火灾也很多,就连闻名遐迩的少林寺也曾三遭火劫。少林寺建于北魏太和十九年,距今已有 1400 多年的历史,在这期间几度兴衰,第一次火灾发生在隋朝,第二次发生在清朝,第三次火灾发生在民国时期的 1928 年,国民党军阀石友三放火烧毁了大部分建筑,损失了许多珍贵文物。

以上火灾事故可以看出,做好消防工作对保护和继承我国的历史文化遗产,发扬革命传统和教育后人,发展我国的旅游事业,都具有深远的历史意义和现实意义。

三、减轻战争造成的火灾危害

无论是在现代战争中还是在古代战争中,"火攻"都是打击对方的一种经常使用的重要手段。据记载,西汉天汉二年(公元前 99 年),李陵率军至大泽芦苇中,匈奴单于的马军从上风方向放火,李陵则命令部下焚烧本军近旁的草木,使之不被延烧而自救。三国时期的诸葛亮、曹操等，都是擅长火攻的军事家，如诸葛亮的借东风火船烧毁曹营就是火攻的一个典型战例。唐代杜佑的《通典》在总结以往经验的基础上提出了，将"城扇及城堞（古代瞭望敌情的土堡）以泥厚涂备火"；"柴草之类贮积以泥厚涂之，防止火箭飞火"等防御火攻的一系列措施，以防止敌人利用火箭等火器攻城而引起火灾。

在现代战争中利用火攻就更加多见。如朝鲜战争开始不久，美国侵略军对新义州进行了一次空袭，投掷了大量凝固汽油弹，使全城成为一片火海，根本无法施救，大火烧了三天三夜，大部分房屋被烧光，炸死和烧死无辜平民三万多人。在海湾战争中，使科威特的600多口油井起火，平均每天有600万桶原油被白白烧掉，着火油井的火柱高达50m。据美国专家对卫星获得资料的研究结果表明，燃烧的科威特油井每小时喷发二氧化硫等污染物质可达1900t，燃烧的油井大火产生的抽吸作用在油井附近引起了时速为37km的大风等，对环境造成了严重影响，世界各国精干的灭火队用了一年多的时间才将大火全部扑灭，可见危害之大。

因此，我们一定要提高警惕，加强战备观念，对战时消防要有充分的估计，采取必要的防范措施。对于火灾危险和政治影响大的工程，要充分考虑战备防范措施。

四、减轻地震次生火灾的危害

我国是世界上多地震的国家之一，多数省市都发生过地震。仅1966年的邢台地震至1976年的唐山地震10年间，全国就发生了10多次6级以上的强烈地震。地震是一种破坏性很强的自然灾害。一次强烈的地震，不仅会使房屋倒塌，造成人畜伤亡，而且震后往往次生火灾。如1739年1月3日，宁夏银川、平罗发生8级强烈地震，房屋倒塌严重，死5万余人，官府、衙署、仓廒、兵民房屋等多处起火，大火烧三日未熄；1975年2月4日，辽宁省营口、海城地区发生7.3级地震，造成26处起火，震后人们所住的防震棚因用火、用电不慎，在短短的56天里，又发生了2000多起火灾，死伤几百人。

在国外，震后火灾也很严重。如1923年9月1日，日本东京和横滨之间发生8.2级地震。横滨距震中60km，全市五分之一的房屋倒塌，同时有208处起火。由于消防设备和供水管道被震坏，无法施救，使横滨市被大火烧掉五分之四。东京距震中90km，有136处同时起火，大火烧了三天两夜，使东京市烧掉了三分之二。地震火灾共烧毁447000幢房屋，有56000人被大火烧死。1995年1月17日的日本神户大地震发生后，使很多煤气管道、油罐泄漏，170多处同时着火，方圆100km之内到处都是熊熊大火。

由此不难看出，地震次生火灾的危害性是不容忽视的。对抗震防火的具体措施应在平时的防火工作中贯彻和落实，如对建筑工程采取抗震措施，选择适当的固定和移动灭火设施，加强防震棚的防火管理，居住建筑密集区设置人员疏散场地等。

五、打击放火犯罪，维护社会安定

放火历来是刑事犯罪分子进行破坏活动的手段之一。据公安部消防局统计，自1998年至2007年的十年当中，全国发生放火案件达69506起，约占所有火灾总数的3.27%。分析这些放火案件的原因，主要有以下几点。

（一）报复放火

在一些地方，由于拜金主义盛行，极端个人主义、实用主义泛滥，思想政治工作削弱。加之我们的一些领导干部生活腐败，官僚主义严重，对职工群众应当得到解决的问题得不到及时、公正、合理的解决，使得心胸狭隘、思想意识不好和过于自私的人铤而走险，使用放火手段对社会或对方进行报复。如北京百货大楼的警卫高某某，因单位领导未及时给其调整上夜大的值班时间而极度不满，便趁其值夜班交接班的空隙，在大楼的货垛上浇上汽油，并多处放火，烧毁电冰箱104台，洗衣机239台，冷藏机13台及布匹等物，直接经济损失达26万元之多。

（二）对社会不满放火

敌对势力和对社会不满的敌对分子，选择重要部位进行放火破坏；个别对现实社会不满而自焚等。如法轮功骨干分子在天安门广场放火自焚、2008年春的西藏骚乱放火、新疆东突分子爆炸等。

（三）刑事犯罪分子销赃灭迹放火

刑事犯罪分子为销赃灭迹放火是比较普遍的一种放火案件。如河北邢台市某县一贪官，包二奶后欲成为正式夫妻，便合谋将自己的妻子杀死，然后放火焚尸，销赃灭迹；北京东城区中医院总务科收款员魏某某因贪污怕账目被查发现，便放火灭迹，造成直接经济损失6万余元。

（四）逼迁放火

改革开放以来，一些不法开发商以旧城改造为名，在获取地块时免交土地出让金，之后再将地块转为土地储备项目，不许原住居民回迁；而那些原本用于"鼓励居民回迁"的回迁安置房，则被开发商拿到市场上卖高价，原住居民不搬，就采取放火的方法逼迁。这是新近出现的新的放火特点。

如和讯网《财经》杂志实习记者戴某、记者田某某2005年9月20日报道：2005年1月4日，上海市城开住宅安置有限公司副总经理杨某某授意公司员工王某某、陆某某二人，以放火手段恫吓乌鲁木齐路麦琪里住户朱某某一家搬离；同日，陆某某即指使员工王某某具体实施。1月9日凌晨，王将汽油泼洒于朱家底楼楼梯处，点火引燃后逃离。大火旋即烧至三楼朱家，致使年逾七旬的抗美援朝的老战士朱某某夫妇被烧死，朱的儿子朱某某及妻女三人从天窗逃至屋顶，躲过一劫。2005年8月23日，上海市第一中级法院对上海城开三员工纵火逼迁案作出一审宣判，以放火罪判处杨某某、王某某二人死刑，缓期两年执行；判处陆某某无期徒刑。这是近年来典型的腐败放火案件。

（五）为诈取保险费放火

在社会安全保险普遍推广的今天，一些不法分子通过放火的手段诈取保险费的案件突出增多。如北京某县一福利加工厂因经营管理不善欠下外债，职工三个月发不了工资，面临破产。厂长段某突然到保险公司投保全厂财产 21 万元，当被欠款单位再次来人催还账时，厂长段某便派职工合谋放火诈取保险费，烧毁五合板 4119 张，棉丝 8t，纸袋机 1 台及库房建筑等，直接经济损失 6 万余元。

（六）矛盾纠纷激化放火

近年来，经常有因个人或家庭之间纠纷长期得不到及时而公正的调解，使矛盾激化而放火的；有年老多病而又无人照顾厌生或因家庭纠纷、老人受虐待生气而放火自焚的；亦有精神病人和呆傻人员放火的等。

为此，我们一定要提高警惕，注视一定范围内存在的阶级斗争，注意以敌对破坏和毁灭证据为目的的放火破坏行为。各级领导干部要清正廉洁，克服官僚主义作风，坚决惩治腐败，切实加强思想政治工作和精神文明建设，正确处理人民内部矛盾，及时公正地调解民事纠纷，妥善解决职工群众遇到的问题，并严密各项消防保卫措施，加强对放火案件的侦破，严厉打击放火犯罪分子，积极同放火破坏的犯罪分子作斗争，保卫国家财产和公民的生命财产不受侵犯，保卫人民民主专政。

第二节　消防安全的概念、指导思想、路线、方针和原则

一、消防安全的概念

（一）"消防"一词的来历

"消防"一词并非我国古已有之，它是清代光绪年间才在我国出现的。在我国历史上，一般将同火灾作斗争和对火的管理称之为"火政"或"火禁"，如五帝时代的帝喾就称重黎"居火政，甚有功"。在 1867 年上海英、美的公共租界还设立了"火政处"。"消防"一词于 20 世纪初由日本引进，当时清政府的警政司下设"消防队总理"。由于我国在引进"消防"一词时使其词义范围缩小，所以，狭义讲，目前人们常所说的"消防"是单指防火和灭火的各项活动。

从国际和国内公共管理机构的设置和社会分工情况看，"消防"一词应当有广义和狭义之分。广义讲，消防泛指消灭和防止灾害事故，包括水灾、火灾、震灾等各种灾害的防范和抗灾抢险活动。诸如防火安全、防震安全、防洪安全、环境安全、生产安全、化学品事故救援、工程抢险等各种灾害事故的预防和抢险救援活动都应当属于消防安全的范畴。

（二）什么是消防管理、消防安全管理和消防监督管理

"消防管理"这个词在我国 20 世纪 60 年代出现，如在 1963 年 10 月公安部颁发的《公安部关于城市消防管理的规定》中，从文件标题及其内容都提出了"消防管理"这个概念。消防管理应当属于社会管理的范畴，具体讲应当属于社会安全管

理的范畴，故全称应为"消防安全管理"，消防监督管理包括于其中。

安全管理是指具有隶属关系的领导机关对所属单位安全工作实施的管理；监督管理是指不具有隶属关系的领导机关的部门对所辖范围内单位所进行的督导性的管理。所以按照狭义的理解，消防安全管理是指各级政府及其所属或所辖区域内各个单位，为使本辖区、本单位免遭火灾危害而进行的各项防火和灭火的管理活动。它是政府及各个单位内部管理活动的主要内容之一。

消防监督管理是政府分管部门职能之一，在中国，是指各级政府所属的公安机关消防机构根据法律赋予的职权，依据有关消防法律、法规、规范、标准，对法律授权监督范围内的单位或个人的消防安全工作实施监察督导的管理活动。它是各级政府为了更好地实施消防安全管理，保证各项消防安全措施的落实而采取的行政干预手段，属于消防安全管理的范畴。

综上所述，消防监督管理是消防安全管理的一个重要组成部分，从逻辑学角度讲，二者属于种属关系。因此，公共消防监督管理是公共消防安全管理的组成部分，公安机关消防机构的工作即是本级政府管理工作的重要组成部分。《中华人民共和国消防法》第四条规定，"县级以上地方人民政府公安机关对本行政区域内的消防工作实施监督管理，并由本级人民政府公安机关消防机构负责实施。"这就进一步确定了这种关系的法律地位。

单位消防监督管理是单位消防安全管理的组成部分，单位消防安全机构的工作也是单位秩序和经济管理的重要组成部分。所以，单位的法定代表人应当把本单位的消防安全工作列入重要日程，并认真履行法定的消防安全职责。

二、消防安全工作的指导思想

由于消防安全的最终目的是保护人的生命安全和财产安全的，所以消防安全工作的指导思想就应当是"**以人为本，科学发展**"。

在消防安全工作中坚持"**以人为本，科学发展**"的指导思想，就是把人的生命和健康作为消防安全工作的本原、发展经济的前提和人民的最大福祉，就是把保护发展经济建立在保护人的生命安全、健康和人民长远利益的基础之上。因此，我们要以"以人为本"的思想和科学发展观统领消防安全工作的全局，坚持"安全第一"的原则，用科学的"发展"观，纠正片面的不科学的"发展"观，真正实现社会的进步、发展和人民群众的长远幸福与安宁。

具体在消防安全管理工作中，应当在以下四个方面体现"**以人为本，科学发展**"的思想。

第一，在发展经济与保障安全的关系上，要把安全放在第一位。

在发展经济与保障安全的关系上，要把安全放在第一位，也就是人们常说的"安全第一"。因为发展经济是人民生活的需要、社会发展的需要、国防的需要。但是发展经济不是盲目的发展、掠夺性的发展和只有眼前利益的发展，更不能是以牺牲职工的生命、健康为代价换取的一时的经济发展。消防安全的目的是保护公民的生命安全，保护经济的发展。所以，要发展经济，就必须坚持科学发展，把安全放在第一位。这是由消防安全工作的重要地位和作用所决定的。

经济是基础，但经济发展并不等同于社会进步。因为人民的生命安全能否得到切实的保障是衡量社会进步的重要标志之一。往往发生一起重大、特大事故，不仅造成人员的伤亡、经济的损失，而且在社会上产生恶劣影响。因此，切实解决好消防安全问题，防止火灾等各种事故的发生，切实保障公民的生命安全、财产安全，改善公民的生存质量和作业环境，这正是消防安全工作的中心任务。

第二，在消防安全教育上，要把提高公民的消防安全意识和素质放在第一位

提高全民的消防安全意识，形成全社会广泛"关注安全、关爱生命"的良好氛围，是消防安全工作的重要基础。在消防安全工作中坚持"**以人为本，科学发展**"，一方面，要把保护人的生命安全作为出发点和落脚点；另一方面，还要做好人的工作，在提高人的安全文化、技术素质、调动人的积极性上下工夫。因此，消防安全工作要广泛地开展消防安全宣传教育，并从娃娃抓起。政府各级教育部门、各幼儿园、小学、中学以及各大学，都应当把对学生的消防安全教育列入工作日程，在向学生传授科学文化知识的同时，也把消防安全科普知识作为科学文化知识的一部分，进入课堂、进入教材、进入教案，进而进入学生的头脑；社会各媒体都应当把对大众的消防安全教育作为自己的职责和任务去做，切实提高全体公民的消防安全素质。

第三，在采取的防火安全措施上，要把保护人的生命的措施放在第一位

如在消防安全工作中，对一旦发生事故可能造成人员伤亡的危险部位采取更加严密的防火措施；对易燃易爆的重大危险源，公众聚集场所等人员密集的场所，作为消防安全工作的重点去抓；对安全疏散通道、安全门、应急事故照明、防烟排烟等保证人员安全疏散的措施，严格把关，确保落实等。

第四，在采取的灭火等救援战术和技术措施上，要把抢救和保护人的生命放在第一位

在灭火等救援战术上，要把抢救和保护人的生命放在第一位，坚持"救人重于救火"的原则。具体讲，就是在火场上如遇有人员受到火势威胁，消防队员的首要任务就是把被火围困的人员抢救出来。运用这一原则，要根据火势情况和人员受火势威胁的程度而定。在灭火力量较强时，灭火和救人可以同时进行，但绝不能因灭火而贻误救人时机。人未救出之前，灭火是为了打开救人通道或减弱火势对人员威胁程度，从而更好地为救人脱险，为及时扑灭火灾创造条件。

三、消防安全工作的方针

我国消防安全工作的方针是"**预防为主，防消结合**"。这个方针是由原来的"以防为主，以消为辅"演变而来的，它继承了原方针的基本精神，更加准确和科学地表达了"防"和"消"的关系，正确地反映了同火灾作斗争的基本规律。

所谓预防为主，就是不论在指导思想上还是在具体行动上，都要把火灾的预防工作放在首位，贯彻落实各项防火行政措施、技术措施和组织措施，切实有效地防止火灾的发生。同时，由于消防安全工作涉及千家万户以及每个公民个人的切身利益，所以我们贯彻预防为主的方针，就必须在工作中动员和依靠人民群众，宣传和教育群众，使消防工作建立在坚实的群众基础之上。

所谓防消结合，是指同火灾作斗争的两个基本手段——预防和扑救两者必须有机地结合起来。也就是在做好防火工作的同时，要积极做好各项灭火准备工作，以便在一旦发生火灾时能够迅速有效地予以扑救，最大限度地减少火灾损失，减少人员伤亡，有效地保护公民生命、国家和公民财产的安全。

贯彻"预防为主，防消结合"的方针，就是要把灾害预防工作放在消防工作的首位，同时也应把消防组织的建设和消防站、消防给水、消防通信等消防设施的建设放在重要位置，真正把灾害预防和灾害救援有机地结合起来，不偏废任何一个。

事实上，防和消是相辅相成的，二者缺一不可。防是消的先决条件，是做事故前的工作，事故防范工作做好了，就可以不发生或少发生事故；消是防的补救措施，是做事故后的工作，目的在于减少人员伤亡和灾害损失。防和消是达到消防安全的两种手段，二者相互联系，互相渗透，防中有消，消中有防。如在防火措施上采取的备置灭火器材、储备消防用水；在建筑布局上留出防火间距、保证道路畅通等措施都是为"消"做准备。另外，在扑救火灾的同时，查明火源位置、着火物质的性能、燃烧产物状况、火势蔓延的途径、建筑物的构造特点以及毗连状况和起火原因等，都是为了总结经验，制定预防灾害事故的措施。因此，"重防轻消"或"重消轻防"的观念或做法都是片面的，也是不可取的。

总之，"预防为主，防消结合"的方针，是几十年消防安全工作的经验总结。在社会主义现代化建设的进程中，只要我们认真贯彻这一方针，坚持"先其未然而防之，发而止之而救之，行而责之而戒之"的"防为上、救次之、责为下"的原则。消防安全工作就能沿着正确的方向发展，就能有效地防止和控制灾害事故的发生。

四、消防安全工作的路线

消防安全工作的路线是"专门机关与群众相结合"。消防安全工作实行该路线，是多年来我国消防安全工作经验的总结和升华，也是由消防安全工作既有较强的法制性、政策性和专业技术性，又有广泛的群众性、社会性的本质所决定的。消防安全工作没有一支专业化的队伍，没有专门机关的管理，就会放任自流，火灾也难以得到有效的控制；没有广大人民群众的参与，消防安全工作就会失去基础，就会丧失全社会抗御火灾的整体能力。因此，消防安全工作应当实行"专门机关与群众相结合的路线"。在实际工作中的具体体现有以下三个方面。

一是在火灾预防方面，社会各单位和广大公民应当自觉遵守国家的消防法规和消防安全规章制度，及时消除火灾隐患；在生产、生活和工作中要有消防安全意识，懂得消防安全知识，掌握自防自救的基本技能，积极纠正和制止违反消防法规的行为。公安机关消防机构要依法进行监督管理，依法履行消防监督检查和建筑工程消防监督审核等各项法定职责，依法纠正和处罚违反消防法规的行为；同时，还应当热情服务，努力为社会各单位和广大群众排除在消防安全工作中遇到的问题和困难。

二是在灭火救援方面，任何人发现火灾都要立即报警，火灾发生单位要及时组织力量扑救火灾。任何单位和个人都应当服从火场指挥员的指挥，积极参加和支援灭火。火灾扑灭后，有关单位和人员还应当如实提供火灾事实情况，协助公安机关消防机构调查火灾事故。对于公安机关消防机构及其消防队来说，接到火警后必须立即迅速赶赴现场，救助遇险人员，排除险情，扑灭火灾，并负责组织和指挥火灾的现场扑救。

三是在社会单位管理方面，应当充分发挥职工群众的作用。职工群众工作在基层第一线，对第一线的情况了解得最直接、最实际、最客观。他们对火灾隐患的认识程度，执行消防安全规章制度的自觉程度，是决定单位能否达到消防安全的关键。因此，消防安全工作必须宣传群众、组织群众、教育群众、充分发动和依靠群众，必须广泛开展消防安全教育，让职工群众真正认识到火灾的危害，掌握基本的火灾预防知识，知道怎样干、怎样做是安全的；能够自觉遵守国家的消防安全法规和规章制度，主动发现和消除火灾隐患，掌握自防自救的基本技能，积极纠正和制止违反消防法规的行为。只有这样，消防安全才能够具有坚实的基础，才能有效预灾害事故的发生。

五、消防安全工作的原则

（一）政府统一领导、部门依法监管、单位全面负责、群众积极参与的原则

2008年10月28日第十一届全国人民代表大会常务委员会第五次会议修订的《中华人民共和国消防法》（以下简称《消防法》）第二条规定，消防工作按照**"政府统一领导、部门依法监管、单位全面负责、群众积极参与**的原则，实行消防安全责任制，建立健全社会化的消防工作网络"。这个原则分别强调了政府、部门、单位和普通群众的消防安全责任问题，具体来说，在以下四个方面强调了相关的消防安全责任。

1. 政府统一领导

所谓政府统一领导，是指我国的消防安全工作由各级人民政府统一领导。国务院是我国的中央人民政府，领导全国的消防工作。各级人民政府应当把消防工作纳入国民经济和社会发展计划之中，保障消防工作与经济社会发展相适应；应当组织开展经常性的消防宣传教育，提高公民的消防安全意识；应当将包括消防安全布局、消防站、消防供水、消防通信、消防车通道、消防装备，乃至消防力量建设等内容的消防规划纳入城乡规划，并负责组织实施；地方各级人民政府应当落实消防工作责任制，对本级人民政府有关部门履行消防安全职责的情况进行监督检查等，这些都是《消防法》规定的各级政府统一领导消防安全工作的责任内容。

2. 部门依法监管

部门依法监管是指各级政府所属的有关部门应当在各自的职责范围内依法履行消防安全的监管责任。主要应当包括两个方面：一是对具有行政审批和执法职能的部门，应当认真依法履行法律明确规定的职责；二是对涉及政府的有关部门自己有系统有行业的，要依据有关规定，在部署自己系统、行业工作的同时，要把消防安全工作与之同部署、同检查、同落实、同考评，保证自己系统行业的消防安全。如《消防法》规定："县级以上人民政府其他有关部门在各自的职责范围内，依照本法和其他相关法律、法规的规定做好消防工作。"

（1）县级以上地方人民政府公安机关对本行政区域内的消防工作实施监督管理，并由本级人民政府公安机关消防机构负责实施。公安机关消防机构应当对机关、团体、企业、事业等单位遵守消防法律、法规的情况依法进行监督检查；应当加强消防法律、法规的宣传，并督促、指导、协助有关单位做好消防宣传教育工作；公安派出所负责日常消防监督检查、开展消防宣传教育等。

（2）教育、人力资源行政主管部门和学校、有关职业培训机构应当将消防知识纳入教育、教学、培训的内容。

（3）新闻、广播、电视等有关单位，应当有针对性地面向社会进行消防宣传教育。

（4）工会、共产主义青年团、妇女联合会等团体应当结合各自工作对象的特点，组织开展消防宣传教育。

3. 单位全面负责

火灾发生最主要的就是单位（当然还有家庭）。单位发不发生火灾，起决定作用的不是政府，也不是公安消防部门，关键是靠单位自己，靠自己做好具体消防安全工作。所以，机关、团体、企业、事业等单位的法定代表人和消防安全管理人，应当承担起自己的主体责任，认真履行法定的消防安全职责，建立健全消防安全制度和安全操作规程，落实消防安全措施，加强对本单位人员的消防安全培训和宣传教育，积极承担维护消防安全、保护消防设施、预防火灾、报告火警和参加有组织的灭火工作的义务。

4. 群众积极参与

公民组成了单位和家庭，同时单位和家庭又组成了社会。单位和家庭是社会的基本单元和社会基础。每位公民的消防安全做好了，那么全社会的消防安全也就有了基础和保障。所以，不论是单位还是家庭，每位公民都应当积极参与，努力做好自己身边的消防安全工作。同时，公民既是参与者，也是监督者，要监督自己周边所发现的违法行为，对违法行为要给予制止并检举揭发，以共同维护好消防安全，这是每位公民的责任和义务。

（二）"属地管理为主"的原则

所谓"属地管理为主"，是指无论什么企业或单位，其消防安全工作均由其所在地的政府为主管理，并接受所在地公安消防机关的监督。如《消防法》第三条规定，地方各级人民政府负责本行政区域内的消防工作；同时，第四条还规定，"县级以上地方人民政府公安机关对本行政区域内的消防工作实施监督管理，并由本级人民政府公安机关消防机构负责实施。"

第三节　中国消防安全管理的历史沿革

火的发现和利用，使人类走向文明和进步，然而火的存在和发展，又会带来火灾的发生，所以，对火的管理和同火灾作斗争必然和用火同时产生。

一、五帝时代

据传说，在原始社会的五帝时代，为了加强对火的管理，帝喾就曾任命重黎为火官。重黎"居火政，甚有功，能融光天下，帝喾命之曰祝融"。祝融因为管理用火有功而被后人尊奉为"火神"。可以认为，这就是我国火政管理的开始。奴隶制国家在夏代建立后，法律这一阶级专政的重要工具也随之出现，同时对火政管理的法律也应运而生。如商朝的"殷王法"规定："弃灰于公道者断其手。"就是说，由于遗弃于道路上的灰烬中可能有余火，可以复燃而酿成火灾，因此要处以"断其手"的刑罚。从现有史料来看，这是我国最早的一条消防法规，它反映了奴隶社会刑罚的残酷性。

二、周朝至南北朝时期

在周朝设有"司爟"、"司烜"等官职的火官来实施火政管理。"司爟掌行火之政令"，"司烜于仲春以木铎修火禁于国中"。到了汉代至南北朝时期，同火灾作斗争已成为负责治安的官吏们的一项重要职责。如汉朝设有"执金吾"的卫戍官，"掌宫外戒司非常水火之事"。

三、隋唐时代

在隋唐五代时期，在经济发展、火灾增多的情况下，朝廷进一步加强了同火灾的斗争。如当时朝廷规定："凡藏院之内，禁人燃火及无故入院者。"唐朝的《永徽律》是我国历史上保存下来的较完备的成文法典，其中对放火罪和失火罪都列入"杂律"篇中。按经唐高宗李治批准颁行的《唐律疏议》所述："诸於库藏及仓内，皆不得燃火，违者徒（刑）一年"；"诸故烧官府廨舍及私家舍宅若财物者徒（刑）三年，赃五匹流放三千里，十匹绞（刑），杀伤人者以故杀伤论。"由此可以看出，在1300多年前的历史条件下，我国就已注意用法律这一工具实施火政管理。《永徽律》的制定，在我国古代消防史上也是一个重要的成就。

四、宋代

宋代基本上沿用了唐朝的刑律，"火政有所未修"，但加强了用火管理，改善了建筑防火条件，尤其是加强了救火组织的建设。如在北宋时期，已在一些城市中设

11

置了"望火楼",建立了"防隅军"或"潜火队"等专司救火的军队。据《东京梦华录》记载,宋朝汴京(今开封)"于高处砖砌望火楼,楼上有人卓(了)望,下有官屋数间,屯驻军兵百余人,及有救火家事(工具),谓如大小桶、洒子、麻搭、斧、锯、梯子、火杈、大索、铁猫儿(铁锚)之类。每遇有遗(失)火去处,则有马军奔报军厢主,马步军殿前三衙、开封府,各领军汲水扑灭,不劳百姓"。军巡铺的士兵担负防盗、防火等任务,而望火楼下屯住的部队则专门负责扑救火灾。可以说这是我国历史上最早建立的消防部队。

五、辽金元时代

在辽、金、元代,也不同程度地继承了历史上以法治火的传统。如元朝刑法规定:"诸城郭人民,邻甲相保,门置水瓮,积水常盈,家设火具,每物须备,大风时作,则传呼以徇(即当众宣示)于路,有司(即有关机构)不时点视,凡救火之具不备者罪之。诸遗(失)火延烧系官房舍杖七十七;延烧民房舍笞五十;因致伤人命,杖八十七;所毁房舍财富,公私俱免徵偿;烧自己房舍者,笞二十七,止(只)坐(罪)失火之人"。元朝的扑火救灾的任务是由各地驻军负责的,如当时规定:"诸民间失火,镇守军官坐视不救,反而纵军剽掠者,"要依法查处。元朝至元十二年(1275年),意大利旅行家马可·波罗来到我国后,曾被忽必烈封为枢密副使,奉命出巡各地。他在我国住了17年后回国,在1307年问世的《马可·波罗游记》中介绍了我国元代初年包括火政管理情况在内的许多情况。所以说,马可·波罗在向世界各国介绍我国消防事业的成就上作出了重要贡献。

六、明代

明代是我国封建制度高度发展的时期,工商业获得了空前发展,因而火灾也显著增多。为了严格火政管理,减少火灾危害,刑律必须对火灾的有关问题作出明确规定。明太祖朱元璋说过,"法贵简,当使人易晓,……夫网密则水无大鱼,法密则国无完民"。所以,明朝的刑律基本沿用唐律而有所删减。如明朝的《大明律》中规定,"凡失火烧自己房屋者笞四十,延烧官民房屋者笞五十,因而致伤人命者杖一百,罪坐失火之人"。在明朝的北京和南京设置了兼管火禁事宜的城市治安管理部门——五城兵马司。五城兵马司是指东、南、西、北、中五城的兵马指挥司,各设指挥(六品官)一人,副指挥(七品官)四人,吏目一人。另外,明朝还在一些城市组建了"专司救火"的火兵部队,如在明代兵书《武备志》中指出,为了"防火发",城中"须设兵一支,或五十名,或一百名,择城当(中)心处或寺观民寓,专司救火"。明朝的皇帝世宗朱厚熜比较重视防火,曾多次下达,"说与百姓,每每早起晚眠,小心火烛"的谕旨。明代还特别注意了工艺防火措施的采取。如在著名的明代科学家宋应星撰写的《天工开物》中就有详细的论述。在《煤炭》一文中论述了挖煤"深至五丈许,方始得煤"后指出,"初见煤端时毒气灼人。有人将巨竹去中节,尖锐其末,插入(煤)炭中,其毒烟从竹中透上,人从其下施掘(即用镐)拾取者"。这里所说的"毒气"即指煤窑中俗称的"瓦斯",用竹筒将这种可燃气体排出，既能避免井下工人中毒，又可防止着火爆炸事故的发生。又如，在该书的《硝石》一文中指出，"凡研消（指硝石）不以铁碾入石臼，相激火生，则祸不可测"。就是说，在利用硝石（硝酸钾）、硫磺、炭末碾制火药时，铁碾与石臼能摩擦生火，引起火药着火或爆炸，因而不能将铁碾置于石臼上操作，这是火药生产过程中一项极为重要的生产工艺防火措施。

七、清代

　　清代处于我国封建社会的末期，也是半殖民地半封建社会开始的时期。由于1840年外国本主义入侵后整个社会发生了巨大变化，有关火灾情况也出现了新的特点，火政管理情况也有了复杂的变化，有关对火政管理的法律，在《大清律》中是以明代的《大明律》为蓝本的。但是鉴于火灾多发的原因多是由于地方官府放松火禁造成的，所以，为了严明法纪，减少火灾危害，清朝加强了行政处罚。如康熙皇帝玄烨在康熙九年六月十一日的上谕中命令，"凡官员该地方有延烧房屋者罚俸三个月，延烧文卷仓廒者罚俸一年，如将钱粮文册擅藏家中以致焚烧者降一级调用"。后来在康熙二十三年四月初九日上谕中又进一步作出了具体规定，"失火延烧房屋二百间以上者，吏目、守备降一级调用，兵马指挥、参将游击降一级留任，巡城御史罚俸一年；延烧（房屋）四百间以上者，吏目、守备降三级调用，兵马指挥、参将游击降一级调用，巡城御史降一级留任；延烧（房屋）六百间以上者，吏目、守备降三级调用，兵马指挥、参将游击降二级调用，巡城御史降一级调用"。这些措施如能贯彻执行，是可以起到对各级官员"杀一儆百"作用的。但封建衙门官官相护成风，文过饰非，欺上瞒下，皇帝的这种谕旨往往成为一纸空文。清朝的有关火事的法律条款，在以往封建刑律的基础上又充实了一些新内容，在一定程度上反映了近代消防的需要，突出的是颁发了类似于现代《治安管理处罚条例》的《违警律》，于光绪三十四年四月初十日（1909年5月9日）公布施行，其中规定，"违背章程搬运火药及一切能炸裂之物者；违背章程贮藏火药及一切能炸裂之物者；未经官准制造烟火及贩卖者；知前三款之犯人而不告知巡警人员者；发现火药及一切能炸裂之物而不告知巡警人员者；于人烟稠密之处点放烟火及一切火器者；于人家近旁或山林田野滥行焚火者；当水、火及一切灾变之际由官署令其防护抗不遵行者……均处十五日以下十日以上拘留或十五元以下十元以上罚金"。此外，清代还注重了民间救火会和消防警察的建设。救火会又称水会、水局、水社、水龙局等，始建于南宋年间，在清代有了较大的发展。当时北京、上海、天津的水会发展较快，河北一些县镇也较早地成立了水局、水会。如丰润县的慈善水会建于康熙年间；沧县的天一水局建于乾隆年间，天德水局和常德水会建于道光年间；青县于咸丰二年创办既济水局；文安县胜芳镇于咸丰三年创立平安、镇离两个水局，咸丰六年又创立静安水局。这些水局、水会到本世纪三十年代还继续存在，说明了它是适应当地的火灾扑救需要的。清康熙十八年，在北京的皇宫中设置了"火班"，至光绪十四年，火班的人数达到了182人。清代的消防警察始建于光绪二十八年（1902

年），这是新的近代消防组织。清政府首先在天津创办警察，"于本市津钢桥以南地区，成立南段巡警总局，救火会遂由外国人手中移交我国监管，改称南段巡警总局消防队……宣统二年（1910年）改组为消防总署，下设两个分队，人员一百四十八名，并添置火力机器一架"。这就是我国历史上首先在天津建立的第一支消防警察队。光绪三十年，清政府成立巡警部，其中设警政司，下设"消防队总理"。消防队总理设立五品至九品警官三十余名。河北的保定也于光绪年间建立了消防警察队。

八、民国时期

民国时期的消防工作，虽比清朝有了很大进步，但从法制上还很不健全，不少方面无章可循，已有的消防法规往往不能付诸实施，特别是在消防处罚上，仍同封建社会一样，往往是"只许州官放火，不许百姓点灯"。如火灾报告制度各地并未落实，不少火灾的原因不加调查或无法查清；即使查清了火因，也往往由于涉及有权势的"大人物"，不能依法处理而不了了之。在防火工作上，虽然国民党政府有关当局也曾指出，"查消防业务，原有消极和积极之分，前者重在救护，后者重在预防，消防之救护，因赖消防人员之奋勇敏捷，积极之预防，尤得民众消防常识之充实"。而实际上，民国时期的防火工作并未得到应有的重视，即使制定的一些规章制度，也没有贯彻落实。就连国民党的警政当局也不得不承认，"惟是我国教育未臻普及，消防常识更属缺乏，一般民众平时未能合理之预防，偶一失慎，则张皇失措，施救无术，轻则丧失财产，重且伤及生命。且自（卢沟桥）事变以后，各地消防设备类，多破坏无遗，虽经勉力恢复，驰救难收宏效"。抗战胜利后，国民党反动政权忙于发动和进行反共反人民的内战，更谈不上什么"灌输人民防火常识，预防火灾发生"，因而火灾情况空前严重。

民国时期，北洋政府和国民党政府时的消防警察作为旧警察的一个组成部分，均归当地警察厅、局管辖，全国大部分省辖市都建立了消防警察队，河北省的张家口、唐山及顺义、遵化等也都建立了消防警察队。据统计，截至1947年12月，在国民党统治区的各省县级的消防警察队已有113个。旧消防警察队的宗旨，按当时的有关《消防警察队章程》规定是"以预防和消灭水火两灾及其它灾患为宗旨"。但是由于国民党的腐朽统治，旧消防警察也同样救火勒索民财、镇压学生和工人的群众运动。

民国时期的民间救火会在1911年辛亥革命以后，在同火灾作斗争中也发挥了重要作用，有些地方救火会的组织章程愈发严密，消防器材装备及值勤房舍也逐渐改善。由于当时上海的救火会组织比较严密，消防设备甲于全国，救火经验也比较丰富，根据北洋政府内务部的指示，该会曾于1920年派出2名代表，应邀参加万国消防工程师联合会及太平洋沿岸消防队长联合会在美国旧金山召开的会议，这是我国第一次派代表出席国际消防会议。

在民国时期，除各地的消防警察和外国租界的消防队及民间的救火会外，有的近代工业企业也建立了自己的企业专职消防队。如河北省滦县的启新洋灰公司、华新纺织公司唐山厂等都于1927～1928年建立了自己的专职消防队，以便及时扑救本单位发生的火灾，可以说这两个厂的消防队是我国最早的企业专职消防队。

民国时期解放区的消防工作，在党的领导下，革命根据地和解放区人民政府十分重视。在革命圣地延安，人民公安机关除对广大群众经常进行防火宣传教育外，为了适应革命战争和保卫根据地的需要，还组建了义务消防队。延安的义务消防队以民兵为主体，其队长、组长由公安局和派出所负责人兼任。当时尽管消防器材简陋，只有水桶等简易器具，但义务消防队通过组织灭火演习，提高了扑救火灾的能力。如1942年延安杨沟木料厂、饭馆和光华书局曾先后发生火灾，义务消防队赶赴火场后，在群众的积极参加与协助下，用浇水、破拆搬运等方法，抢救和保护了受火灾威胁的物资、房屋，减少了火灾损失。

随着人民解放战争的胜利发展，在1949年中华人民共和国成立前，已有许多城市在接受和改造旧消防警察的同时，吸收了一批革命青年，组建起了新型的、以全心全意为人民服务为宗旨的公安消防队伍，他们同各种火灾进行了英勇的斗争，为保卫革命胜利果实和人民群众的生命财产安全做出了积极的贡献。

九、中华人民共和国成立后

中华人民共和国成立后，党和政府对消防工作十分重视，国务院早在1957年9月11日就发布了《国务院关于加强消防工作的指示》，确定了"以防为主，以消为辅"的消防工作方针。同年11月29日全国人大常务委员会批准发布了我国历史上第一部比较完整的消防行政法律《消防监督条例》。该条例规定了消防监督机关的任务、权利；单位的防火责任、要求和法律责任等，奠定了新中国消防安全管理的法治基础，确定了新中国消防工作的基本格局和框架。

在《消防监督条例》的基础上，第六届人大第五次会议又于1984年5月11日修订并批准公布了《中华人民共和国消防条例》，形成了我国历史上第二部消防行政法律。该条例确定了我国"预防为主，防消结合"的消防工作方针，对火灾预防、消防组织、火灾扑救、消防监督等作出了详尽的规定，使我国的消防法律更加全面和系统。

在《中华人民共和国消防条例》的基础上又经过修订，第九届全国人大常委会第二次会议于1998年4月29日，批准颁发了《中华人民共和国消防法》，形成了我国历史上第三部消防行政法律。该法继承了"预防为主，防消结合"的消防工作方针，确立了"专门机关与群众相结合"的消防工作原则。根据此法律，国家有关部门还相继制定了相关的技术规范和标准，大多数省、直辖市也结合本省、市的实际情况，经人大批准颁发了本地的《消防管理条例》。

该法又于2008年10月28日第十一届全国人民代表大会常务委员会第五次会议进行了重新修订。确立了"政府统一领导、部门依法监管、单位全面负责、公民积极参与"的消防工作原则，使我国的消防安全管理的法规进一步健全和完善。

根据中国经济的发展情况，政府同时加强了公安消防队伍的军事化、正规化建设。从 1965 年 5 月 1 日起，班长以下消防民警实行义务兵役制，1976 年消防中队干部改为现役制，1983 年 1 月全国公安消防队伍纳入了中国人民武装警察部队序列，1988 年 12 月全国消防部队实行警衔制，与中国人民解放军实行同等的管理机制和待遇。另外，企业专职消防队、义务消防队等也都有了很大的发展，为保卫社会主义革命和建设作出了积极的贡献。

　　同时，2008 年 10 月 28 日第十一届全国人民代表大会常务委员会第五次会议重新修订的《消防法》还明确了"公安消防队、专职消防队按照国家规定承担重大灾害事故和其他以抢救人员生命为主的应急救援工作"的职责范围，使建国以来消防队伍单一承担的灭火救援任务扩大为各种灾害事故的抢险救援，恢复了消防队伍的本来职能。

第二章　消防安全管理的管辖、职责与组织、制度建设

消防安全管理的管辖及其机构与组织、制度的建设，是消防安全管理工作的重要基础。再好的消防安全法律、法规、规章和消防安全制度、措施，如果没有一定的组织和管理人员去抓、去落实，都会成为一纸空文。所以，要把消防安全管理工作搞好，首先应当明确消防安全管理的管辖范围和职责，把消防安全机构与组织、制度建设好、管理好。

第一节　政府消防安全管理的管辖与职责

一、政府消防安全管理的管辖与监督机构的设置

1. 政府消防安全管理的管辖

根据《中华人民共和国消防法》（以下简称消防法）第三条的规定，国务院领导全国的消防工作。地方各级人民政府负责本行政区域内的消防工作。县级以上人民政府及其有关部门在各自的职责范围内，依照消防法和其他相关法律、法规的规定做好消防工作。

2. 政府消防监督管理机构的设置

消防法第四条规定，国务院公安部门对全国的消防工作实施监督管理。这就是说，各级公安机关是消防监督管理机关。

（1）县级以上地方人民政府公安机关内部设置消防监督管理机构，实施对本行政区域内消防安全工作的监督管理。

（2）军事设施的消防工作，由其主管单位监督管理，公安机关消防机构协助。

（3）矿井地下部分、核电厂、海上石油天然气设施的消防工作，由其主管单位监督管理。

（4）森林、草原的消防工作，法律、行政法规另有规定的，从其规定。

由此可以看出，中国的消防安全管理由各级人民政府负责，各级政府的公安机关是消防监督管理机关，消防安全监督管理的具体事务由各级人民政府的公安机关所设的消防机构负责实施。

中国现行消防安全行政管理的体制结构如图2-1所示。

二、政府的消防安全职责

（一）中央人民政府的消防安全职责

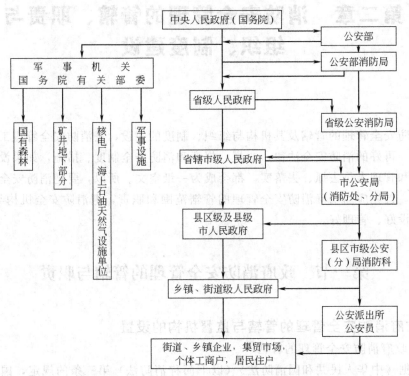

图 2-1 中国现行消防安全行政管理的体制结构

中华人民共和国的中央人民政府是指国务院。消防事业的发展，是国民经济和社会发展的重要组成部分，是衡量一个国家现代文明程度的标志之一，对于国家长治久安和促进社会进步有着重要的意义；而发展消防事业又是一项涉及诸多方面的系统工程。《消防法》第三条规定："国务院领导全国的消防工作。地方各级人民政府负责本行政区域内的消防工作。"因此，全国的消防工作应当在国务院的统一领导下，遵循消防事业的发展规律，树立"以人为本"的思想，全面贯彻落实科学发展观，按照构建社会主义和谐社会的要求，全面落实"预防为主、防消结合"的方针，努力构建"政府统一领导、部门依法监管、单位全面负责、群众积极参与"的消防工作格局，着力整治各种火灾隐患。

国务院应当坚持科学发展，有效统筹消防工作与经济社会发展的关系，将消防工作纳入国民经济和社会总体规划，保障消防工作与经济社会发展相适应；坚持城乡统筹，不断改善城乡防火安全条件；坚持依法治火，严格贯彻落实《消防法》等法律法规、技术规范和消防工作责任制；坚持科技先行，依靠科技进步，完善基础设施，改善技术装备，建立健全灭火应急救援工作机制，不断提升防火、灭火和救援能力；坚持以人为本，强化社会消防安全教育，增强全社会的消防安全意识，切实提高全社会防控火灾的意识和能力，全面提高公民消防安全素质，有效预防和减少火灾事故发生，为经济发展、社会稳定和人民群众安居乐业创造良好的消防安全环境。设定"消防日",确定每年 11 月 9 日为全国消防日。

（二）地方各级人民政府的消防安全职责

1. 基本职责

（1）地方各级人民政府领导本行政区域的消防安全工作。各级政府要实行消防安全工作责任制,将消防安全工作列入议事日程,进行统筹规划并定期部署,及时研究和解决消防安全工作中的重大问题,保证消防安全和应急救援经费的投入与本地经济和社会的发展相适应。

（2）地方各级人民政府,可建立由有关部门负责人参加的消防安全委员会或消防安全工作联席会议制度,建立和完善政府部门消防安全工作协调机制,加强对本地区消防安全工作的领导与协调。

（3）要根据本地经济和社会发展的需要,建立多种形式的消防安全组织,加强消防安全组织建设,增强扑救火灾的能力。公安消防队伍的经费,要列入财政预算,保证公安消防队伍的发展,增强其灭火作战实力。

（4）经常进行消防宣传教育,提高公民的消防安全意识。在农业收获季节、森林和草原防火期间、重大节假日期间以及火灾多发季节,开展有针对性的消防宣传教育,采取防火措施,组织消防安全检查,督导重大火灾隐患的整改。

（5）对在消防工作中有突出贡献或者成绩显著的单位和个人,应当予以奖励;对因参加扑救火灾受伤、致残或者死亡的人员,按照国家有关规定给予医疗、抚恤。

（6）扑救特大火灾时,组织有关人员、调集所需物资支援灭火。

（7）鼓励和支持单位、个人积极参与消防宣传教育、消防科学技术研究、社区消防服务、消防志愿者行动、消防文化艺术活动等消防公益活动,对消防公益性社会团体和非营利事业单位给予扶持和优待;鼓励单位、个人捐赠消防公益事业。对消防公益捐赠的单位、个人依照有关规定给予税收等方面的优惠措施。

（8）应当每年对在消防工作和应急救援工作中有突出贡献的单位和个人,给予表彰和奖励。

2. 城乡政府的消防安全职责

（1）地方各级人民政府应当将包括消防安全布局、消防站、消防供水、消防通信、消防车通道、消防装备等内容的消防规划纳入城乡规划,并负责组织实施。城乡消防安全布局不符合消防安全要求的,应当调整、完善;公共消防设施、消防装备不足或者不适应实际需要的,应当增建、改建、配置或者进行技术改造。应当加强消防科学研究,推广、使用先进消防技术、消防装备。

（2）各级人民政府应当加强消防组织建设,根据经济社会发展的需要,建立多种形式的消防组织,加强消防技术人才培养,增强火灾预防、扑救和应急救援的能力。县级以上地方人民政府应当按照国家规定建立公安消防队、专职消防队,并按照国家标准配备消防装备,承担重大灾害事故和其他以抢救人员生命为主的应急救援工作。

（3）县级以上地方人民政府应当组织有关部门针对本行政区域内的火灾特点制订应急预案，建立应急反应和处置机制，为火灾扑救和应急救援工作提供人员、装备等保障。

（4）城镇公共消防设施、消防装备不足或者不能适应实际需要的，应当增建、改建、配置或者进行技术改造。应当按照国家规定的消防站建设标准建立公安消防队、专职消防队。

（5）地方各级人民政府应当加强对农村消防工作的领导，采取措施加强公共消防设施建设，组织建立和督促落实消防安全责任制。在农业收获季节、森林和草原防火期间、重大节假日期间以及火灾多发季节，地方各级人民政府应当组织开展有针对性的消防宣传教育，采取防火措施，进行消防安全检查。

（6）乡镇人民政府、城市街道办事处应当指导、支持和帮助村民委员会、居民委员会开展群众性的消防工作，组织制定防火安全公约。在农业收获季节、森林和草原防火期间、重大节假日期间以及火灾多发季节，开展有针对性的消防宣传教育，采取防火措施，组织消防安全检查，督导重大火灾隐患的整改。距离公安消防队较远的乡、镇人民政府，要根据当地经济发展和消防工作的需要，建立专职消防队、义务消防队，承担当地重大灾害事故和其他以抢救人员生命为主的应急救援工作。

三、政府相关部门和社会组织的消防安全职责

（一）政府相关部门的消防安全职责

政府各有关部门，要切实加大联合执法力度，依法加强监管。要建立健全消防工作联席会议制度，建立健全部门信息沟通和联合执法机制，有关部门各负其责，齐抓共管。

（1）发展和改革委员会、建设、文化、国土资源及质量监督、工商、安全生产监管等具有行政审批和执法职能的部门，应当结合各自职责，认真依法履行法律明确规定的消防安全职责，对发现的火灾隐患，依法查处或者移送、通报公安机关消防机构等部门处理。

（2）国有资产管理委员会、商务、农业、交通、教育、文化、卫生、旅游、广播电视、人防、文物等有系统和行业的部门，应当建立健全消防安全工作领导机制和责任制，制定消防安全管理办法，依据有关规定，在部署自己系统、行业工作的同时，把消防安全工作与之同部署、同检查、同落实、同考评，定期组织消防安全专项检查，及时排查和整改火灾隐患，并对系统、行业的消防安全负责。

（3）产品质量监督部门、工商行政管理部门、公安机关消防机构应当按照各自职责加强对消防产品质量的监督检查。

（4）教育、人力资源行政主管部门和学校、有关职业培训机构应当将消防知识纳入教育、教学、培训的内容。要结合现实教育情况，着力抓好消防知识进学校、进课堂、进课本、进教案的工作，将消防安全知识编入小学和中学的《品德与生

活》、《品德与社会》、《化学》、《物理》和职业培训课本，将简易灭火器材的使用、应急预案的演练和逃生自救训练知识纳入中学生和大学生军训的内容。

（5）财政、税收部门应当在财政、税收等方面，对投保火灾公众责任保险的单位和承保火灾公众责任保险的保险公司给予政策支持。

（6）各级人民政府有关部门应当将单位消防安全信息、消防从业单位和人员从业情况纳入社会信用体系，建立单位消防安全信用评价和运行机制。

（二）社会组织的消防安全职责

社会组织除了应当履行对本单位人员的消防安全教育等基本的消防安全职责外，还应当履行下列职责：

（1）新闻、广播、电视等有关媒体单位，应当有针对性地面向社会进行消防宣传教育。把消防法律法规和防火、灭火、逃生自救常识作为消防宣传教育的重点在群众喜爱的版面、时段、栏目进行宣传。各类新闻媒体，要主动建立消防安全信息传递平台，根据当地公安机关消防机构提供的消防监督执法情况，及时报道本地区的重大火灾隐患，组织专家对典型火灾案例进行点评和深层次分析，以让人们引以为戒。特别是对久拖不改，可能导致群死群伤重大火灾事故的重大火灾隐患，要深度、连续、跟踪报道，以形成强大的社会舆论监督压力。

（2）工会、共产主义青年团、妇女联合会等团体，应当结合各自工作对象的特点，组织开展消防宣传教育。各级工会可以将消防安全知识纳入职工"安康杯"竞赛活动，各级共青团可以将消防安全知识纳入"雏鹰"奖章活动和消防夏令营、冬令营活动，各级妇联可以将消防安全作为"五好家庭"评选的重要内容，从而形成全社会共同参与的格局。

（3）村民委员会、居民委员会，应当协助人民政府以及公安机关等部门，加强消防宣传教育；确定消防安全管理人，组织制定防火安全公约，进行防火安全检查。因为，村民委员会、居民委员会是村民和居民自我管理、自我教育、自我服务的基层群众性自治组织，和村民、居民接触最直接，宣传教育面广，可以最大范围地普及消防安全知识。

（4）公共消防设施维护管理单位，应当保持消防供水、消防通信、消防车通道等公共消防设施的完好有效。在修建道路以及停电、停水、截断通信线路时有可能影响消防灭火救援的，有关单位必须事先通知当地公安机关消防机构。

公共消防设施主要是指消防供水管道、市政消火栓、消防水鹤、消防车通道、消防通信以及其他抢险救援所需要的市政公用设施。其效用如何直接关系到社会抗御灾害事故的能力，必须高度重视和加强管理。因此，公共消防设施的运营养护单位，应当保存公共消防设施的建设和维护、检查、检测、评价、鉴定、修复、加固、更新、拆除等记录，建立信息系统，并将有关资料报城建档案管理机构管理。

根据国家有关规定，市政消火栓等公共消防供水设施由市政供水主管部门负责建设和维护，乡镇消防供水设施由乡镇人民政府负责维护管理；城市消防车通道和通向天然水源的消防车通道及取水设施，应当由市政工程主管部门修建和维护，并设置醒目的标示；消防车道不符合城乡消防规划要求的，应当及时改造。电信业务经营单位应当负责消防通信线路的建设和维护管理，确保消防通信线路畅通。无线电管理部门应当保证消防无线通信专频专用，不受干扰。

公用和城建等单位在市政管理中，进行道路修建及停水、停电、截断通信线路，如果面积过大、时间过长、不能及时修复或者恢复的，公用和城建等单位必须事先通知当地公安机关消防机构，以便消防执勤部门及时了解和掌握情况。经营本地电话业务和移动电话业务的电信业务经营部门，应当免费向用户提供火警、匪警、医疗急救、交通事故报警等公益性电信服务并保证通信线路畅通。

四、消防监督机关的职责

（一）基本职责

（1）对机关、团体、企业、事业单位遵守消防法律、法规的情况依法进行监督检查，定期对消防安全重点单位进行检查。发现火灾隐患，及时通知有关单位或者个人采取措施，限期消除。

（2）依法审查、验收大型的人员密集场所和其他特殊建设工程，抽查、抽验备案的建设工程，监督城市消防规划的执行。

（3）依法对公众聚集场所使用和开业前的消防安全检查、消防技术服务机构及其执业人员的执业资格和专职消防队建立的验收施行行政许可；依法对大型群众活动的灭火和应急疏散预案、落实消防安全措施的情况进行检查。

（4）监督消防产品和消防工程的质量；组织鉴定和推广消防科学技术研究成果，推动消防科学技术的发展。

（5）组织消防法律、法规的宣传，并督促、指导、协助有关单位做好消防宣传教育工作，推动消防宣传教育，普及消防知识。

（6）将发生火灾可能性较大以及发生火灾可能造成重大的人身伤亡或者财产损失的单位，确定为本行政区域内的消防安全重点单位，并报本级人民政府备案。

（7）领导公安消防队伍，对专职消防队、志愿消防队或义务消防队进行业务指导。

（8）承担重大灾害事故和其他以抢救人员生命为主的应急救援工作。

（9）调查、认定火灾原因，统计火灾损失，依法查处消防安全违法行为；掌握火灾情况，进行火灾统计，分析报告火灾。

（10）根据军事设施主管单位的需要，协助军事设施主管单位开展灭火救援和火灾事故调查工作；监督管理属于军队国有资产，但由地方单位或者个人生产经营的企业、服务场所的消防工作。（"军事设施"，是指国家直接用于军事目的的建筑、场地和设备，具体范围依照《中华人民共和国军事设施保护法》的规定确定。）

（二）灭火救灾时的职权

公安机关消防机构在统一组织和指挥火灾的现场扑救时，火场指挥员有权根据扑救火灾的需要，决定以下事项：

（1）使用各种水源。

（2）截断电力、可燃气体和可燃液体的输送，限制用火用电。

（3）划定警戒区，实行局部交通管制。

（4）利用临近建筑物和有关设施。

（5）为了抢救人员和重要物资，防止火势蔓延，拆除或者破损毗邻火灾现场的建筑物、构筑物或者设施等。

（6）调动供水、供电、供气、通信、医疗救护、交通运输、环境保护等有关单位协助灭火救援。根据扑救火灾的紧急需要，有关地方人民政府应当组织人员、调集所需物资支援灭火。

（7）消防车、消防艇前往执行火灾扑救或者应急救援任务，在确保安全的前提下，不受行驶速度、行驶路线、行驶方向和指挥信号的限制，其他车辆、船舶以及行人应当让行，不得穿插超越；收费公路、桥梁免收车辆通行费。交通管理指挥人员应当保证消防车、消防艇迅速通行。

赶赴火灾现场或者应急救援现场的消防人员和调集的消防装备、物资，需要铁路、水路或者航空运输的，有关单位应当优先运输。

（8）有权调动专职消防队参加火灾扑救工作。

（三）在消防监督管理中应当履行的义务

（1）按照法定的职权和程序进行消防设计审核、消防验收和消防安全检查，做到公正、严格、文明、高效。

（2）在进行消防设计审核、消防验收和消防安全检查等消防行政工作中，不得收取费用，不得利用消防设计审核、消防验收和消防安全检查谋取利益。

（3）不得利用职务为用户、建设单位指定或者变相指定消防产品的品牌、销售单位或者消防技术服务机构、消防设施施工单位。

（4）执行职务应当出示证件，自觉接受社会和公民的监督。任何单位和个人都有权对公安机关消防机构及其工作人员在执法中的违法行为进行检举、控告。收到检举、控告的机关，应当按照职责及时查处。

（5）接到火警后，必须立即赶赴火场，救助遇险人员，排除险情，扑灭火灾。

（6）在有关地方人民政府的统一指挥下参加火灾以外的其他灾害或者事故的抢险救援工作；

（7）扑救火灾不得向发生火灾的单位、个人收取任何费用；

（8）消防车、消防艇以及消防器材、装备和设施，不得用于与消防和应急救援工作无关的事项。

五、公民的消防安全义务

社会是由公民组成的集团。社会财富是由公民共同创造并共同拥有的财富。保护社会财富，维护公共消防安全是公民应履行的义务。每个公民应当认真遵守消防法规，履行法律赋予的消防安全义务，以使社会财富免遭火灾危害，使公共设施免遭破坏。公民的消防安全义务是：

（1）积极学习和宣传消防科学知识，自觉遵守消防法规，主动做好自身的消防安全工作。

（2）自觉保护公共消防设施，不损坏和擅自挪用、拆除、停用消防设施器材，不埋压或圈占消火栓，不占用防火间距和堵塞消防车通道。

（3）遵守防火禁令，不携带火种进入生产、储存易燃易爆危险物品场所，不违法携带易燃易爆危险物品进入公共场所或者乘坐公共交通工具。

（4）发现火灾时立即扑救和报警，不谎报火警；私有通信工具应无偿为火灾报警提供便利；成年公民积极参加有组织的灭火工作。

综上所述，各级政府，政府各相关部门，各机关、团体、企业事业单位以及每个公民个人，都要按照职责分工，认真履行工作职责和社会义务。单位的法定代表人要对本单位的消防安全工作负全责，并要层层落实责任制，做到一级抓一级，一级对一级负责。要切实树立消防安全责任主体意识，逐步建立和完善政府统一领导、部门履行职责、行业自觉管理、全民普遍参与、公安机关消防机构严格监督的消防安全运行机制，创造一个国民经济秩序发展良好的消防安全环境。

第二节　社会单位消防安全职责与机构、组织、制度建设

单位是社会消防管理的基本单元。单位对消防安全和致灾因素的管理能力，反映了社会消防安全管理水平，在很大程度上决定了一个城市、一个地区的消防安全形势。因此，机关、团体、企业事业单位的法定代表人，应当依法对本单位的消防安全负责。

一、社会单位的消防安全职责

（一）社会单位的基本消防安全职责

机关、团体、企业事业单位和其他组织，以及民办非企业单位和符合消防安全重点单位界定标准的个体工商户，应当依法对本单位的消防安全负责。要在当地政府的领导下，积极组织和推动本系统、本单位消防工作的开展，加强对本单位人员的消防宣传教育，并认真履行以下消防安全职责：

（1）要落实消防安全责任制，制定本单位的消防安全制度、消防安全操作规程，制定灭火和应急疏散预案；

（2）按照国家标准、行业标准配置消防设施、器材，设置消防安全标志，并定期组织检验、维修，确保完好有效；

（3）对建筑消防设施每年至少进行一次全面检测，确保完好有效，检测记录应当完整准确，存档备查；

（4）保障疏散通道、安全出口、消防车通道畅通，保证防火防烟分区、防火间距符合消防技术标准；

（5）组织防火检查，及时消除火灾隐患；

（6）组织进行有针对性的消防演练；

（7）法律、法规规定的其他消防安全职责。

（二）消防安全重点单位的消防安全职责

消防安全重点单位是指经公安机关消防机构研究确定，并报同级人民政府备案的火灾危险性大，发生火灾后的伤亡大、损失大、社会影响大的单位。其中，国家军事设施、矿井地下部分、核电厂、海上石油天然气设施单位等国家直属单位的消防工作，由其主管单位监督管理，当地公安机关消防机构协助。

消防安全重点单位除应当履行社会单位的基本职责外，还应当履行下列消防安全职责。

（1）确定消防安全管理人，组织实施本单位的消防安全管理工作。

（2）建立消防档案，确定消防安全重点部位，设置防火标志，实行严格管理。

（3）实行每日防火巡查，并建立巡查记录。

（4）对职工进行岗前消防安全培训，定期组织消防安全培训和消防演练。

（三）其他单位的消防安全职责

负有不同社会责任的其他社会单位，除应履行单位的基本职责外，还应分别履行如下职责。

1. 实行承包、承租或者受委托经营、管理单位的消防安全责任

为了防止在实行承包、租赁或者委托经营、管理单位与建筑物产权所有单位之间，在消防安全管理上出现互相推诿、扯皮，致使消防安全管理责任不清，消防安全责任制不落实的状况，对建筑物产权单位与相关单位之间，多产权建筑和多家单位，居民住宅区的物业管理单位以及建筑施工单位的消防安全责任应当做出明确规定。

（1）单位在订立承包、租赁或者委托经营、管理合同时，应依照有关规定并结合实际情况明确各自在消防设施、灭火器材以及日常消防安全管理等方面的责任，各方在其使用、管理范围内履行相应的消防安全职责；当事人没有合同约定消防安全责任的，应当承担连带责任。

（2）消防车通道、消防安全疏散设施和其他消防设施具有公共性、系统性、完整性等特殊性，不宜实行多头管理，应当由产权单位或者委托管理的单位统一管理，以确保其完整好用。

（3）建筑物产权所有者，在建筑物尚不具备消防安全条件时不得擅自出租给使用者，若出租，必须提供符合消防安全要求的建筑物。

（4）承包、承租或者受委托经营、管理的单位应当遵守有关规定，在其使用、管理范围内履行消防安全职责。

2. 依法享有不同管理和使用权单位的消防安全职责

对于有两个以上产权单位和多产权建筑的管理没有委托物业单位时，各产权单位和使用单位，对消防车通道、涉及公共消防安全的疏散设施和其他消防设施，应当明确各自应负的管理责任。

（1）同一建筑由两个以上单位管理或者使用的，应当合同约定各方的消防安全责任，明确共用的建筑消防设施、疏散通道、安全出口、消防车通道的使用和管理要求，共用各方不得妨碍他人使用。

（2）建筑物共同管理或者使用单位较多或者设有自动消防设施的，应当成立或共同委托专门管理机构进行统一管理。

3. 居民住宅区的物业管理单位的消防安全责任

居民住宅区的物业管理单位应当在管理范围内履行下列消防安全职责。

（1）落实消防安全责任，制定消防安全制度，开展消防安全宣传教育。

（2）开展防火检查，消除火灾隐患。

（3）保障疏散通道、安全出口、消防车通道畅通。

（4）保障共用消防设施、器材以及消防安全标志完好有效。

（5）其他物业管理单位应当对受委托管理范围内的消防安全管理工作负责。

（6）居民住宅小区、两个以上单位管理或者使用的同一建筑共用消防设施的检测、维修和更新、改造经费应当列入物业共用设施设备专项维修资金，并按照国家有关规定收取、使用和管理。

4. 建筑工程施工单位的消防安全责任

（1）建筑工程施工现场的消防安全由施工单位负责。实行施工总承包的，由总承包单位负责。

（2）分包单位向总承包单位负责，服从总承包单位对施工现场的消防安全管理。

（3）对建筑物进行局部改建、扩建和装修的工程，建设单位应当与施工单位在订立的合同中明确各方对施工现场的消防安全责任。

5. 消防技术服务单位的消防安全职责

（1）消防产品质量认证、消防设施检测、消防安全监测等消防技术服务机构和执业人员，应当依法获得相应的资质、资格。

（2）应当依照法律、行政法规、国家标准、行业标准和执业准则，接受委托提供消防技术服务，并对服务质量负责。

（四）社会单位落实消防安全职责的要求

为了保证消防安全职责的落实，社会各单位还应当抓好以下几点。

（1）各单位的法定代表人是本单位消防安全的第一责任人，要按照有关法规，对本单位的消防安全负责，可以确定一名副职具体负责对本单位的消防安全管理，但作为法定代表人的行政一把手，对消防安全的责任不能变。分管其他工作的领导，应对分管范围内的消防安全工作负责。

（2）为把单位的消防安全工作搞好，各单位应当实行逐级防火责任制，认真落实"谁主管，谁负责"的原则，让下属的每一级领导人都负起责任来，把消防安全工作贯彻到生产经营的各个环节和各个岗位的全部活动中，确保本企业单位的消防安全。

（3）企业在转换经营机制中，不能削弱消防安全工作。引进国外的新技术、新工艺时，要同时引进相配套的消防新技术、新设备，严禁把安全可靠性差的项目引入国内，不得以降低消防安全要求作为招商引资的条件。

二、社会单位消防安全管理机构

单位的消防安全管理机构，是单位消防安全管理的职能部门，也是单位法定代表人具体管理消防安全工作的助手。所以，机构是否设置或设置是否合理，人员配备的多少，人员素质的好坏，任务完成得如何等，都对单位的消防安全管理有着重要的影响。

（一）单位消防安全管理机构的设置

根据我国的国情，单位的消防安全管理机构通常设在保卫部门，也有的工业企业单位设在安全技术部门。现在随着企业改革的深入，大多数单位将保卫部门和安全技术部门合并为一体。其中，有的火灾危险性大的企业还单独设有消防科，有的直接将消防安全管理任务交由本企业的专职消防队负责。由于单位的消防安全管理机构是本单位具体实施消防安全管理的职能机构，所以，无论何种形式，都必须在单位法定代表人的领导下具体管理本单位的消防安全工作。其主要任务是：

（1）编制本企业的消防安全工作计划，组织实施上级和单位有关消防安全的规定、规范和规章制度；

（2）具体组织实施本单位的消防宣传教育和对职工的消防安全培训教育工作；

（3）组织制定消防安全制度和安全操作规程；

（4）组织防火安全检查，管理消防设施和器材，督促整改火灾隐患；

（5）具体组织、管理专职消防队和志愿消防队，进行消防业务训练；

（6）具体组织扑救火灾，保护火灾现场，协助调查火灾原因。

（二）单位消防安全管理人员的配备标准及要求

单位消防安全管理机构及其人员，应当根据《中华人民共和国安全生产法》第十九条的规定设置。对于易燃易爆危险品的生产、销售、储存单位，应当设置负有消防安全管理责任机构或者配备专职消防安全管理人员；其他单位经营单位：从业人员在300人及以上的，必须设置专职消防安全管理人员；从业人员在300人以下的，至少应当配备1名兼职的消防安全管理人员。企业、事业单位的消防安全管理人员，列为生产人员，所需编制在本单位编制内调剂解决。

生产经营单位的主要负责人、分管负责人和消防安全管理人员应当按照有关法律法规的规定接受有关消防安全知识的培训教育，具备与本单位所从事的生产经营活动相适应的消防安全知识和管理能力。

易燃易爆危险品的生产、销售、储存单位以及建筑施工单位的主要负责人和消防安全管理人员，应当由有关主管部门对其消防安全知识和管理能力考核合格后方可任职。

三、社会单位消防安全组织建设

社会单位的消防安全组织包括消防安全管理组织和消防队伍两部分，而企业消防队又包括企业专职消防队和志愿消防队两部分。

（一）专职消防队的建设

企业单位的专职消防队是一支群众性的专业消防队伍，主要承担本单位的火灾扑救及其他事故救援工作，同时也是公安消防队灭火力量的补充，也有扑救邻近企、事业单位和居民火灾的义务。

1. 专职消防队（站）规模的分类

专职消防队（站）分普通专职消防队和特勤专职消防队两类。其中，普通专职消防队又分为一级消防站和二级消防站两种。见表 2-1 所示。

表 2-1　消防队（站）规模的分类

专职消防队(站)类别		建筑面积/m²	消防车数/台	一个班次执勤人数
普通消防站	一级消防站	2300～3400	5～7	30～45
	二级消防站	1600～2300	3～4	15～25
特勤消防站		3500～4900	8～11	45～60

注：专职消防队（站）一个班次执勤人员配备，可按所配消防车每台平均定员 6 人确定；消防站车库的车位数含 1 个备用车位。

2. 建立专职消防队应当考虑的因素

根据专职消防队以本单位自救能力为主，协作为辅的原则，所以其建设的规模，应根据人员数量、执勤车辆的多少和实际需要来确定。单位专职消防队可由一个单位建立，也可以由几个单位联合建立。但必须符合国家规定的标准，并报当地公安机关消防机构验收。

为了统一领导和指挥，减少人员编制，石油化工等企业当设有其他救援队（如气防队）时，应合建专职消防队。

（1）工厂的规模和火灾危险性的大小　工厂的规模越大，生产过程越复杂，生产的用人相对也多，生产当中用火、动火的概率越多，火灾危险因素越多；另外，所用原料、半成品和产品越易燃，火灾危险性越大，越易发生火灾，且一旦发生火灾，往往损失大、伤亡大、危害大、影响大。如石油化工企业所用的原料、半成品和产品绝大部分都是易燃易爆危险物品，且大都具有一定规模，是火灾危险性很大的企业，所以，具有一定规模的石油化工企业都应建立专职消防队。根据《石油天然气工程设计防火规范》GB 50183—2004 的规定，"当邻近消防协作力量不能在30min 内到达时，对于油品储罐总容量大于 600000m³ 的站场，都应设消防站"。

（2）固定消防设施的设置情况　企业专职消防队的规模除与企业的大小、火灾危险性等有关外，还与企业内固定消防设施的设置情况密切相关。当石油化工厂的固定消防设施比较完善时，消防队（站）的规模可适当减小；当固定消防设施还不够完善时，消防队（站）的规模应当相应加大。设置等级不低于二级消防站的标准。

（3）邻近单位消防协作条件　专职消防队（站）的设置规模还应考虑邻近协作单位能否提供适用于扑救石油化工火灾的消防车等协作条件。如能够提供适用于扑救石油化工火灾的消防车等协作条件，则规模可以适当小一些，反之，则规模就应当大一些。

3. 专职消防队（站）的服务范围

消防站服务半径以行车距离和行车时间表示。为了节约投资，当前我国石油化工企业主要依靠机动消防设备扑救火灾，所以，要求消防车的行车时间应当比较严格。但若火灾危险性较小和主要依靠固定消防设施灭火时，行车时间可适当放宽。如丁、戊类等火灾危险性较小的场所及设有固定消防设施的罐区可以适当放宽要求。

消防站的服务半径，应当根据被保护物的抗烧能力、行车时间和行车速度来确定。根据钢结构、钢储罐的抗烧能力一般在 8min 左右的实际情况，为及时尽快扑救装置火灾，以防蔓延，罐区灭火消防车应当在 5min 内赶到，加之战斗展开亦需要 3min，行车车速按每小时 30km 计，那么，5min 的行车距离即为 2.5km。因此，按接火警后消防车到达火场的时间不超过 5min 计算，消防站的服务半径不宜大于 2.5km；对丁、戊类的局部场所及设有固定消防设施的罐区，消防站的服务范围可加大到 4km。

4. 专职消防队（站）位置的选择

为使专职消防队（站）能满足迅速、安全、及时扑救火灾的要求，消防站的位置，应选择在便于消防车迅速通往工艺装置区和罐区、避开工厂主要人流道路和远离噪声的场所；并位于生产区全年最小频率风向的下风侧。

专职消防队（站）的主体建筑，应位于距甲类装置及设施的防火间距不应小于 200m；距甲、乙类生产厂房、库房的距离不应小于 100m；距医院、学校、幼儿园、托儿所、影剧院、商场、娱乐活动中心等容纳人员较多的公共建筑的主要疏散口应大于 50m；且便于车辆迅速出动的地段。

5. 专职消防队的组织建设

专职消防队的队员，应当优先在本单位职工中选调。亦可在农村青年中招收五年以上的长期合同工，也可招用 1～5 年的短期合同工或定期轮换工。专职消防队员经训练能够适应灭火执勤需要，经当地公安机关消防机构对国家规定内容进行验收后才能投入执勤。

专职消防队可根据人数的多少和中队数量，设置企业消防支队、大队、中队。一般设置中队在 5 个以上，人数在 200 人左右的，可成立专职消防支队；设置中队在 2 个以上，人数在 100 人左右的，可以成立专职消防大队；人数不足 100 人，并设置一个中队的，即为专职消防中队或专职消防队。

企业专职消防队的队长、指导员，应当由企业干部担任。企业专职消防队的建立或撤销，应当报省级公安消防机构验收。干部的配备或调整，应征求当地公安消防机构的意见。

6. 专职消防队的任务

专职消防队按照国家规定专职消防队承担本企业重大灾害事故和其他以抢救人员生命为主的应急救援工作。也负有支援公安消防部队抢险救援的任务和扑救邻近单位、居民火灾的任务。其具体任务是：

(1) 拟订本单位的消防工作计划；

(2) 负责领导本企业内志愿消防队的工作；

(3) 组织防火班或防火员检查消防法规和各项消防制度的执行情况；

(4) 开展防火检查，及时发现火灾隐患，提出整改意见，并向有关领导汇报；

(5) 配合有关部门对本单位职工进行消防安全宣传教育；

(6) 维护保养消防设备和器材；

(7) 经常进行灭火技术训练，制定灭火作战预案，定期组织灭火演练；

(8) 发现火灾立即出动，积极进行扑救，并向公安消防部队报告；

(9) 协助本单位有关部门调查火灾原因；

(10) 配合公安消防部队参加灭火战斗。

7. 专职消防队设施及执勤人员的配置要求

根据所担负任务的需要，专职消防队最基本的应当建设有车库、通讯室、办公室、值勤宿舍、药剂库、器材库、干燥室（寒冷或多雨地区）、培训学习室及训练场、训练塔，消防车辆、灭火器材、救援器材、消防员个人防护器材、通信器材、训练器材以及其他必要的营具等生活设施。

(1) 消防车辆的配备标准　消防站车辆的配置数量，应根据灭火系统的设置情况，以满足扑救该消防站服务范围内最大火灾的要求为目的。石油化工企业消防车辆的车型配备，应以大型泡沫消防车为主，且应配备干粉或干粉-泡沫联用车。

大型泡沫车是指灭火泡沫的供给能力约300L/s、压力约1MPa的消防车辆，相当于目前黄河卡车底盘改造的泡沫消防车的能力。特种车辆的配备，需根据企业规模、生产性质、火灾危险性等因素综合考虑。对大型石油化工企业，应配备高喷消防车和通讯指挥消防车。

消防站主要消防车的技术性能应为，重型消防车、大功率、远射程炮车。消防车应采用双动式取力器，重型消防车应带自保系统。应当根据东、西部和南、北方地域自然条件的不同及消防保卫的特殊需要，可在现行标准基础上增减功能。如油气田地形复杂，地面交通工具难以跨越或难以作出快速反应时，可配备消防专用直升机及与之配套的地面指挥设施。如果消防站兼有水上责任区，还应加配消防艇或轻便实用的小型消防船、卸载式消防舟，并有供其停泊、装卸的专用码头。支队、大队级消防指挥中心的装备配备可根据实际需要选配。

天然气和石油化工企业的专职消防队（站），可根据罐区的油品总容量选配消防车辆：当油品储罐总容量等于或大于5000m³，固定顶罐单罐容量不小于5000m³

或浮顶罐单罐容量不小于 20000m³ 时，应配备 1 辆泡沫消防车；当油品储罐总容量大于或等于 100000m³，固定顶罐单罐容量不小于 5000m³ 或浮顶油罐单罐容量不小于 20000m³ 时，应配备 2 台泡沫消防车；当油气站场未设置固定消防系统时，如果邻近消防协作力量不能在 30min 内到达，应设三级消防站，或配备 1 台单车泡沫罐容量不小于 3000L 的消防车及 2 台重型水罐消防车。

专职消防队（站）消防车辆的配备，应根据被保护对象的实际需要计算确定，并按表 2-2 选配。

表 2-2　消防站消防车辆的配置

消防站类别　　　种类	普通消防站			加强消防站	特勤消防站
车辆配备数（台）	一级站	二级站	三级站	8～10	10～12
	6～8	4～6	3～6		
消防车种类 通讯指挥车	✓	✓		✓	✓
中型泡沫消防车	✓	✓	✓	✓	✓
重型水罐消防车	✓	✓	✓	✓	✓
重型泡沫消防车	✓	✓		✓	✓
泡沫运输罐车				✓	✓
干粉消防车	✓	✓	✓	✓	✓
举高云梯消防车				✓	✓
高喷消防车	✓			✓	✓
抢险救援工具车	✓			✓	✓
照明车	✓			✓	✓

注：1. 表中"✓"表示可选配的设备。

2. 北方高寒地区，可根据实际需要配备解冻锅炉消防车。

3. 为气田服务的消防站必须配备干粉消防车。

（2）训练设施的配备标准　为了保证消防队员的技能训练，专职消防队（站）应设置单双杠，独木桥，板障，软梯及室内综合训练器等技能、体能训练器材。水带、灭火剂、空气呼吸器备用钢瓶、消防站斗服等消耗性器材，应按照不低于 1:1 的比例保持储备量。消防站灭火器材、抢险救援器材、人员防护器材等的配备应符合国家现行有关标准的规定。

（3）火灾报警设施的配备标准　专职消防队（站）内应设接受火灾报警的设施。在设计火灾电话报警系统时，一、二级专职消防队（站）应设不少于两处火灾同时报警的录音受警电话，且宜设置无线通信设备；消防控制中心或消防站应设置可直接报警的外线直拨电话（119）；工厂生产调度中心、消防水泵房、消防控制室宜设受警监听电话。

（4）灭火剂的配备标准　由于在企业中，生产和储存、运输具有不同的特点；物料的物理、化学性质不同，气态、液态、固态的状态不同，储存方式及露天或室内的场合不同等，都需要采用不同的灭火手段和不同的灭火药剂。所以，专职消防队（站）应当根据实际需要设置与生产储存、运输的物料和操作条件相适应的向消防车快速灌装泡沫液的设施。

如消防站内储存泡沫液较多时，不宜用桶装。桶装泡沫液向消防车灌装时间长且劳动强度和劳动量大，往往不能满足火场灭火的需要。所以，应将泡沫液储存于高位罐中，依靠泡沫液的重力直接装入消防车，或从低位罐中用泡沫液泵将泡沫液提升到消防车内，以保证消防车连续灭火的需要。

在泡沫液车的协助下，消防车无需回站装泡沫液，可在火场更有效地发挥作用。输送泡沫液设施方法有多种，其中储压法相对简单，不需动力，可通过车上的氮气瓶将泡沫液罐中的泡沫液压出。泡沫比例混合器应为 3%、6% 两档，或无级可调。泡沫罐应有防止泡沫液沉降装置。

石化企业专职消防队（站）的一次车载灭火剂最低总量，应符合表 2-3 的要求。

表 2-3　消防站一次车载灭火剂最低总量/t

消防站类别 灭火剂	普通消防站			加强消防站	特勤消防站
	一级站	二级站	三级站		
水	32	30	26	32	36
泡沫灭火剂	7	5	2	12	18
干粉灭火剂	2	2	2	4	6

应按照一次车载灭火剂总量 1∶1 的比例保持储备量，若邻近消防协作力量不能在 30min 内到达，储备量应增加 1 倍。

（5）建筑设施的配备标准　专职消防队（站）的建筑面积，应根据所设站的类别、级别、使用功能和有利于执勤战备、方便生活、安全使用等原则合理确定。消防站建筑物的耐火等级应不小于 2 级。车库室内温度不宜低于 12℃，以有利于消防车迅速发动。由于车库在冬季时门窗关闭，为使消防车每天试车时排出的大量烟气迅速排出室外，消防车库应当设机械排风设施。滑杆室通向车库的出口处应有废气阻隔装置。

专职消防队（站）的供电负荷等级不宜低于二级，并应设配电室。为了便于迅速出警，消防车库、值勤宿舍必须设置警铃，并应在车库前场地一侧安装车辆出动的警灯和警铃。通信值班室、消防车库、值勤宿舍以及公共通道等有人员活动的场所，应设事故照明。

为便于消防车迅速出动，专职消防队（站）的车库大门应面向道路。从车库大门墙基至城镇道路规划红线的距离：二、三级消防站不应小于 15m；一级消防站不应小于 25m；加强消防站、特勤消防站不应小于 30m。另外，由于石油化工厂多设置大型消防车，车身长，为便于迅速出车，车库前场地应采用混凝土或沥青铺砌的地面，并应有不小于2%的坡度坡向道路。消防站车库门前公共道路两侧50m，应安装提醒过往车辆注意，避让消防车辆出动的警灯和警铃。

专职消防队（站）的消防车库应设置备用车位及修理间、检车地沟和供消防车补水用的室内消火栓或室外水鹤。修理间与其他房间应用防火墙隔开，且不应与火警调度室毗邻。消防车库大门开启后，应有自动锁定装置。

（6）专职消防队执勤人员配备标准　执勤人员由执勤队长、战斗（班）员、驾驶员和电话员组成。执勤队长由队长和指导员轮流担任，执勤人员的数量应根据消防车的类型确定。根据有关规定：重型消防车不少于5名；轻便消防车不少于3名；特种消防车（艇）的执勤战斗员应根据实际需要配备。

8. 专职消防队的管理

专职消防队应当充分发挥火灾扑救和应急救援专业力量的骨干作用；按照国家规定，组织实施专业技能训练，配备并维护保养装备器材，提高火灾扑救和应急救援的能力。

专职消防队应当充分发挥本企业火灾扑救和应急救援专业力量的骨干作用，组织实施专业技能训练，配备并维护保养装备器材，提高火灾扑救和应急救援的能力。根据扑救火灾的需要，专职消防队、志愿消防队等消防组织，应当听从公安机关消防机构的调动指挥，参加火灾扑救工作。

专职消防队行政上受本单位行政领导的管理，一般归口保卫部门管理，但也有归安全技术部门管理的。目前，也有一些火灾危险性较大的大、中型企业，将专职消防队作为企业的直属单位直接归厂长、经理领导。企业专职消防队应按公安消防部队的要求管理，业务上接受公安消防机构的指导。

企业专职消防队的执勤、灭火战斗、业务训练，应当参照执行公安部发布的《公安消防部队灭火执勤作战条令》和《公安消防部队基本功训练大纲》，建立正规的执勤秩序，实行昼夜执勤制度。节假日要加强执勤力量，坚守岗位，不得擅离职守。

专职消防队的队员依法享受社会保险和福利待遇，享受本单位生产职工同等保险福利待遇，离队后按新的岗位确定待遇。从社会上招收的专职消防队员，其转正、定级和工资待遇以及之后的晋级，都应按照国家有关政策和本单位的有关规定执行。

企业专职消防队的经费由本单位开支。其中消防设备维修费应在企业管理费中列支，队员的奖金、福利应在企业奖励基金和职工福利基金中列支，购置消防设备、器材应在企业更新改造基金和生产发展基金中列支。

实践证明，单位专职消防队是消防工作中不可缺少的力量。随着国家经济建设的不断发展，大型、中型企业的不断增加，易燃易爆危险品和高温、高压生产工艺的不断增多，尤其是近几年工厂企业向着联合化发展，加之城市市区面积不断扩大等，都可能出现公安消防部队无暇顾及的情况。因此，企业专职消防队的数量也要不断增加，人员和装备应不断加强，灭火技术应不断提高，企业单位领导要加强管理，公安消防部队要加强业务指导。

（二）群众义务消防队的建设

同火灾作斗争，与人民群众的切身利益有着直接联系，免受火灾危害是人民群众的共同愿望和要求。因此，只有充分调动人民群众的积极性，并把做好消防安全变成了人民群众的自觉行动，才有可能控制火灾的发生；而组织群众性的义务消防队则是达到上述目标的一种最好形式。

义务消防队由本单位从业人员组成，平时开展防火宣传和检查，定期接受消防训练；发生火灾时能够实施灭火和应急疏散预案，扑救初期火灾，组织疏散人员，引导消防队到现场，协助保护火灾现场，是一支群众性的消防组织。这个组织的每一名成员都是来自基层岗位，他们懂技术、懂操作、懂业务，了解产品、半成品和原料的性能，熟悉本单位的具体情况，是消防工作最广泛的群众基础。他们一旦掌握了消防知识，将会起到公安消防队、企业专职消防队都取代不了的重要作用。

1. 义务消防队的组建范围

根据《消防法》第四十一条的规定，机关、团体、企业、事业等单位以及村民委员会、居民委员会，应当根据需要建立义务消防队等多种形式的消防组织，开展群众性自防自救工作。

2. 义务消防队的组建方法

因为义务消防队是一支群众性的义务组织，组建时首先应当在本单位、本部门或城乡居民中广泛宣传，使群众充分认识到火灾的危害和组建义务消防队的重要性，然后在自愿的基础上，选择政治觉悟高、工作责任心强、身体强壮的青壮年职工组成。要力求精干，防止滥竽充数。对于火灾危险性特别大的液化石油气站、加油加气站、油库和其他易燃危险品仓库等职工人数较少的企业，全员都应是义务消防队员。

3. 义务消防队的组建形式

义务消防队的组建形式应根据本单位的实际情况而定，不宜千篇一律。一般对于工厂企业，宜与生产组织相适应，做到厂级有队，车间有班，班组有消防员，防火重点部位不出现空白点。对于大的工矿企业，一般每一个车间或工段都应有义务消防队。义务消防队内部应有一定的分工，通常可分为灭火组、供水组、抢救组、后勤联络组和警戒组等。

（1）灭火组 是义务消防队的前锋，主要负责火灾扑救。要求每个成员体魄健壮、勇敢顽强，具有一定的灭火技能。

（2）供水组 主要负责火场的供水，组织本单位群众向火场和消防车内供水。供水组的队员应熟悉本单位和附近的水源情况。

（3）抢救组 主要负责抢救人命及抢救和疏散物资，同时要与灭火组密切配合。

（4）后勤联络组 主要负责火灾报警、火场联络、后勤供应、接应公安消防队的消防车等。后勤联络组成员要懂得火灾报警知识，熟记火警电话"119"和本单位的程控电话号码。报警时应当说清着火单位的详细地址、到达路线、着火物质、火势大小等,并在大门口或主要路口迎候消防车。

(5)警戒组　主要担负安全警卫任务,维护火场秩序,保护火灾现场,防止物资丢失和现场破坏。

4. 义务消防队队员的任务

单位义务消防队队员分布在本单位的各个岗位和部位,平时开展消防安全宣传教育、灭火和应急疏散演练,在发生火灾时参加火灾扑救、组织人员疏散。归纳起来其任务应当包括以下几点:

(1)模范执行各项消防法规和消防制度;

(2)宣传消防安全知识;

(3)班前班后注意检查本岗位或部位以及单位消防制度的落实情况,查看有无火灾隐患,及时报告和制止有可能引起着火或爆炸危险的行为;

(4)检查维护本岗位或本部位的消防器材;

(5)制订消防应急预案,积极参加火灾扑救;

(6)协助调查火灾原因,积极提供有关线索。

5. 义务消防队的管理

单位义务消防组织是治安保卫组织的一个组成部分,应在本单位治保组织或专职消防队的领导下开展工作。义务消防队队员所在单位应当支持职工参加志愿消防队的相关活动。义务消防队所需的经费由建队单位负责解决。单位应当根据本单位的实际,给予义务消防队队员适当补贴。

义务消防队要根据本单位的实际情况和季节特点定期开展活动,一般每季不少于1次。活动的内容是:学习有关消防工作的文件、通信、通报和消防知识;结合本单位的实际学习有关消防规则和制度;组织消防技能训练,定期进行灭火实战演习;掌握本单位各种灭火设备和器材的使用方法和灭火方法以及灭火器材的保养方法,提高应急灭火能力和实战能力,真正做到平时能防火,遇火会扑救。

四、社会单位消防安全管理制度建设

单位制度是要求单位员工共同遵守的行为准则、办事规则或安全操作规程。为加强消防安全管理,各单位应当依据《消防法》的有关规定,从本单位的特点出发,制定、完善且切实可行的消防安全管理制度,规定本单位员工的消防安全行为。

(一)单位消防安全规章制度的组成

单位的消防安全规章制度应同单位的经营管理相结合,大体上可包括以下几个方面。

1. 总则

总则中应明确规定规章制度的目的、依据和规章制度的适用范围及消防安全工作应遵循的方针、原则,规定消防安全管理的总要求,实行"谁主管,谁负责"的逐级防火责任制,明确消防安全工作与生产经营的关系,规定如何与生产经营同研究、同布置、同检查、同总结、同评比的办事规则。

2. 组织领导体系

单位应成立由主要领导挂帅，各机构负责人参加组成的消防安全领导组织，并规定其组成和任务。

指定执行消防管理和监督检查的工作部门，规定其权限和职责。

规定单位自上而下应设的专业消防组织机构和人员，如主管消防安全的职能部门、专职和志愿消防队、专兼职消防安全检查员、班组防火安全员等，明确规定其职责和任务。

3. 逐级防火责任制和部门消防安全职责

明确规定各级领导，包括法定代表人和分管负责人、各职能部门领导及车间主任、工段（班组）长等负责人所管范围的消防安全职责和各职能部门的消防安全职责。

4. 重点要害部位消防安全制度

明确确定本单位的重点要害部位，制定各重点部位的防火安全制度。重点要害部位主要包括：煤气站、氧气站、液化石油气站、油库、化工物品库、喷漆和油漆间、乙炔发生站、电石库、使用易燃易爆物品的场所、木工房和木材堆场、化验室、蓄电池房、沥青熬炼点等易燃易爆部位和场所；一般物资仓库、原材料库、产品成品库等物资仓库；汽车库、车辆修理间等运输装卸作业场所；电气焊操作场所、使用火炉的地点、吸烟场所等使用明火的场所；变配电室、锅炉房等电力、动力场所、施工场地；礼堂、图书档案资料室、电子计算机房、电话总机室、医院病房、集体宿舍、食堂、招待所、幼儿园、商店等重要的办公、服务设施。

5. 岗位防火责任制度

具体规定各种岗位工人（工作人员）的消防安全职责。

为增强责任制的针对性，各岗位要认真分析本岗范围内的火灾危险因素，按照排列结果，理出内容顺序，定工作、定责任、定要求。其中主要应包括：如何遵守劳动纪律、安全操作规程，如何正确地操作设备和器具，如何做好机器设备的维护和保养，如何管理好原材料和产品，如何控制好事故点和危险点等。

要根据不同的岗位情况，从实际情况出发，依靠群众，采取领导干部、技术人员和工人三结合的方法，总结实践经验，反映客观固有规律，不断修改和完善责任制。要随着职工群众觉悟的提高，操作技术的不断熟练和科学技术的发展，适时修改那些不合理的内容，吸收新鲜的经验，使制度内容适应新情况，促进生产和安全的发展。

制度的条文应简明扼要、易懂易记，但要具体、清楚，不宜过于原则。

岗位防火责任制要和企业内部的经济责任制结合起来；每个岗位的责任、考核标准、经济效果等与职工的切身利益挂起钩来；根据完成任务的好坏，做到有奖有罚。

6. 灭火和应急疏散预案及演练制度

消防安全重点单位制定的灭火和应急疏散预案应当包括灭火行动组、通信联络组、疏散引导组、安全防护救护组等组织机构，以及报警和接警处置、应急疏散、扑救初起火灾、通信联络、安全防护救护的组织程序和措施等内容。

消防安全重点单位应当依据灭火和应急疏散预案，每半年进行一次消防演练。其他单位应当至少每年组织一次消防演练。

7. 消防档案

消防安全重点单位的消防档案应当包括下列内容：

（1）建筑物或场所消防设计审核、消防验收以及使用、营业前消防安全检查的文件，建设（装修）工程竣工图纸。

（2）公安机关消防机构填发的各种法律文书。

（3）防火检查、巡查记录。

（4）消防设施定期检查记录、全面检查测试的报告以及维修保养的记录。

（5）有关燃气、电气设备检测（包括防雷、防静电）等记录资料。

（6）消防安全培训记录、灭火和应急疏散预案及演练记录。

其他单位应当将公安机关消防机构填发的各种法律文书、与消防工作有关的材料和记录等统一保管备查。

8. 火灾公众责任保险

公众聚集场所和生产、储存、运输、销售易燃易爆危险品的企业，应当积极投保火灾公众责任保险。

（二）单位各类消防安全管理制度

单位的消防安全管理制度主要应当包括：消防安全宣传教育、培训制度；防火巡查、检查制度；安全疏散设施管理制度；消防控制室值班制度；消防设施、器材维护管理制度；火灾隐患整改制度；用火、用电安全管理制度；易燃易爆危险物品场所防火管理制度；专职和志愿消防队的组织管理制度；灭火和应急疏散预案演练制度；燃气和电气设备的检测和管理（包括防雷、防静电）制度；消防安全工作考评和奖惩制度；其他必要的消防安全制度等。

1. 厂区防火制度

制度的基本内容应当包括：禁止吸烟和燃放烟花爆竹，不经批准不得擅自动火作业；未经批准不得堆放其他物品，不得搭建临时建筑；消防车通道不得阻塞；保持厂区整洁；易燃易爆企业的雨水和下水管道出水口应当设置水封井等。

2. 防火宣传教育制度

制度的基本内容应当包括：新职工入厂必须要进行厂、车间和班组的三级消防安全教育；对临时工、外包工、院校实习生必须进行消防教育后才可入厂和上岗；对重点工种要进行专门的消防训练；每年的"11·9"日进行消防宣传活动等。

单位应当通过多种形式开展经常性的消防安全宣传教育。消防安全重点单位应当每年组织一次全员消防安全培训。公众聚集场所应当至少每半年组织一次消防安全培训。对消防安全责任人；消防安全管理人；电焊、气焊等具有火灾危险作业的人员；自动消防设施操作人员及其他依规定应当接受消防安全专门培训的人员，应当接受专门消防安全培训。其中电焊、气焊等具有火灾危险作业的人员和自动消防设施操作人员必须持证上岗。

3. 防火检查、防火巡查和火灾隐患整改制度

制度的基本内容应当包括：单位领导季度查或月查、车间周查、班组日查的逐级防火检查制；规定检查的内容、依据、标准和如何进行季节、节假日、专业性的防火检查；明确专业职能部门检查时，被检查单位应派人参加，并主动提供情况和资料。

单位应当至少每季度，其他单位应当至少每月进行 1 次防火检查。检查应当填写检查记录，并由检查人员和被检查部门负责人在检查记录上签名。

消防安全重点单位应当进行每日防火巡查，其他单位可以根据需要组织防火巡查。防火巡查人员应当及时纠正违章行为，并填写巡查记录，巡查人员及其主管人员应当在巡查记录上签名。

公众聚集场所营业期间，应当至少每 2h 进行 1 次防火巡查；营业结束时应当对营业现场进行检查，消除遗留火种。医院、养老院，寄宿制的学校、托儿所、幼儿园夜间防火巡查不宜少于 2 次。

规定查出的重大隐患、一般隐患或不安全因素，要定隐患性质、定解决措施、定责任人和整改的期限，及时采取措施予以消除；明确能整改的隐患要立即整改，班组能整改的不上交车间，车间能整改的不上交单位，单位解决不了的要上报主管部门，单位自身无力解决的，应当提出解决方案，并及时向其上级主管部门或者当地人民政府报告。重大火灾隐患整改后，要报请公安机关消防机构验收等。

火灾隐患消除前，单位应当落实消防安全防范措施；不能确保消防安全，随时可能引发火灾或者一旦发生火灾将严重危及人身财产安全的，单位应当将危险部位停产停业整改。

对公安机关消防机构、公安派出所责令改正的火灾隐患，单位应当在整改后函告公安机关消防机构、公安派出所。

4. 建筑防火管理制度

制度的基本内容应当包括：对公安部规定的大型人员密集场所和特种建筑物的建筑工程，施工前报公安机关消防机构审核；工程竣工后报请公安消防机构参加验收的要求；搭建易燃建筑必须经企业领导同意，报公安消防机构审核，并规定使用期限等的限制要求。

5. 电气防火制度

制度的基本内容应当包括：电气的产品标准，应当符合消防安全的要求；电气产品的安装、使用及其线路、管路的设计、敷设、维护保养、检测，必须符合消防技术标准和管理规定；电气操作人员要对自己设计、安装、施工、维护、测试、焊接等操作的结果负责。

要建立严格考核制度并与单位的奖惩制度相结合，对于考试成绩不及格，违反

安全操作规程，并造成事故的电工，收回电工证，取消电工资格，并对应负的责任进行处理。

电动机、变压器、配电设备、电气线路和电热器具等电气设备安装、敷设、使用的防火防爆要求等。

值班的电气作业人员，必须坚守岗位，同时要做好值班记录，不得擅离职守；接班人员需提前15min到班，当班负责人负责交班，如到交班时间，接班者未到，交班者不得离开工作岗位，可将情况报告上级听候处理；交班时，交班全体人员均应在场，以便于交代清楚，问明情况。交班负责人按值班日志所记项目逐项交代清楚。

值班日志应包括：设备及配电系统运行情况、负荷电压变动情况、保护定量器、定值变动情况、事故情况及处理经过、有关文件通知、上级指示和对外联系事宜、检修进行情况及本班未完成之工作以及其他有关运行之重要事项。

交接班中发生事故应由交班者处理完毕后再行交班；交接班完毕后，交接班负责人应在值班日志上共同签字；下班停电时各部门车间、各科室凡是应停电的部位，工作结束后，要切断电源，并由值班人员或部门负责人进行一次检查，切断电源，做到人走灯灭。

6. 用火、动火管理制度

制度的基本内容应当包括：确定用火管理范围；划分用火作业级别及其动火审批权限和手续；禁止在具有着火、爆炸危险的场所使用明火；公共娱乐场所在营业期间禁止动火施工；因特殊情况需要进行电、气焊等明火作业的，动火部门和人员应当按规定办理动火审批手续，落实现场监护人，在确认无着火、爆炸危险后方可动火施工，不得擅自进行明火作业；有着火、爆炸危险的设备，动火前应采取的安全措施；动火施工人员应当遵守消防安全规定，并落实相应的消防安全措施；公众聚集场所或者两个以上单位共同使用的建筑物局部施工需要使用明火时，施工单位和使用单位应当共同采取措施，将施工区和使用区进行防火分隔，清除动火区域的所有可燃物，配置消防器材，安排专人监护，保证施工及使用范围的消防安全。吸烟和用火地点的防火要求。

7. 易燃易爆危险品管理制度

制度的基本内容包括：易燃易爆危险品的范围；物品储存的具体防火要求；领取物品的手续；使用物品单位和岗位，定人、定点、定容器、定量的要求和防火措施；使用地点明显醒目的防火标志；使用完了剩余物品的收回要求等。

8. 消防设施和器材管理制度

制度的基本内容应当包括：消防设施和器材不得挪用；损坏及时维修更换；消火栓不得圈占和埋压；消防设施定期试验和检查维护；明确消防器材的配置标准、配置地点、管理人员；失效的器材应及时更换等。

建筑物设有自动消防设施系统、消火栓系统的所有权单位或者管理单位，除本单位有专业技术人员、专业检测设备，具备检测能力外，应当与具备资质的单位签订建筑消防设施维修保养合同，每年至少 1 次对建筑消防设施进行检测和维护保养，确保完好有效。

9. 火灾事故处理制度

制度的基本内容应当包括：没有查清起火原因不放过、责任者没有受到处理和群众没有受到教育不放过、没有防范和改进措施不放过的"三不放过"原则；对需要单位自查火灾原因的，在单位消防安全责任人的领导下，由单位消防安全管理部门组织有关部门和人员追查火灾原因，对责任者提出处理意见，提出预防和改进的安全措施等。

10. 外包工综合管理制度

制度的基本内容应当包括：基建部门对外包施工队的审核、录用方法、录用条件（持有承包工程许可证和施工营业执照、施工队的综合说明）；安全施工的管理体制；施工队进企业施工的登记手续（填写施工队登记表一式若干份，并报单位安全保卫部门，领取施工人员临时出入证件）；施工前和施工过程中的安全教育；施工队使用易燃易爆危险品的安全保管制度；施工动火制度；电、气焊工和电工等特殊工种人员的持证上岗制度；施工队的施工面积、范围，搭建工棚的要求；施工期间违反规定或发生火灾事故的处罚措施等。

11. 消防工作奖惩制度

制度的基本内容应当包括：对在消防安全工作中有突出成绩的单位和个人的表彰、奖励，规定奖惩条件和标准；明确实施表彰和奖励的部门，表彰、奖励的程序；规定违反消防安全管理规定应受惩罚的各种情况及具体罚则等。奖惩要与工作、生产和经济利益挂钩。

通过上述制度的建立，使单位的消防安全工作层层分解，达到处处有人管、事事有人负责，形成专管成线、群管成网的格局。

五、单位各级防火安全责任人的职责

（一）单位法定代表人的消防安全职责

根据公安部关于《机关、团体、企业事业单位消防安全管理规定》的要求，单位法定代表人即是单位的消防安全责任人。为了做到权责统一，对本单位消防安全工作负责，必须有明确的消防安全管理职责。单位的消防安全责任人，应当履行下列消防安全职责：

（1）贯彻执行消防法律、法规，建立并落实消防安全责任制和岗位消防安全责任制，为本单位消防安全工作提供必要的经费和组织保障；

（2）统筹安排本单位消防安全工作，及时处理涉及消防安全的重大问题，督促整改火灾隐患；

（3）根据消防法律、法规的规定和本单位消防安全需要，建立专职消防队、志愿消防队；

（4）组织制定符合本单位实际的灭火和应急疏散预案，并实施演练。

（二）单位消防安全管理人的消防安全职责

单位消防安全管理人是指具体分管本单位消防安全管理工作的领导人。单位可以根据实际需要确定，通常由单位领导层的某位副职担任，也可以单独设置或者聘任。为了既明晰职责分工，又体现权责的统一性，确保各项消防安全管理工作的落实，消防安全管理人应当直接对单位的消防安全责任人负责，并在单位消防安全责任人领导下具体组织实施消防安全管理工作；应定期向消防安全责任人报告消防安全工作情况，及时报告涉及消防安全的重大问题。未确定消防安全管理人的单位，其消防安全管理工作由单位消防安全责任人即法定代表人负责实施。单位消防安全管理人应当按照下列规定实施本单位的消防安全管理工作。

（1）组织制定消防安全管理制度和保障消防安全的操作规程，并检查督促落实。

（2）组织实施防火检查，及时整改火灾隐患。

（3）组织对本单位消防设施、灭火器材和消防安全标志的检验、维修，确保其完好有效，确保疏散通道、安全出口和消防车通道畅通。

（4）组织管理专职消防队、志愿消防队或义务消防队。

（5）组织开展员工消防知识、技能的教育和培训，组织灭火和应急疏散预案的实施和演练。

（三）部门负责人的消防安全责任人职责

（1）组织实施本部门的消防安全管理工作计划。

（2）根据本部门的实际情况开展消防安全教育与培训，制订消防安全管理制度，落实消防安全措施。

（3）按照规定实施消防安全巡查和定期检查，管理消防安全重点部位，维护管辖范围的消防设施。

（4）及时发现和消除火灾隐患，不能消除的，应采取相应措施并及时向消防安全管理人报告。

（5）发现火灾，及时报警，并组织人员疏散和初期火灾扑救。

（四）车间（工段）、班组负责人的消防安全职责

1. 车间（工段）负责人的消防安全职责

（1）组织贯彻并执行有关消防安全工作的规定和各项消防安全管理制度，定期研究本车间（工段）的消防安全状况；

（2）组织制定本车间（工段）的消防安全管理制度和班组岗位防火责任制，并督促落实；

（3）负责检查消防安全制度的落实情况，认真整改发现的火灾隐患，及时上报本车间（工段）无力解决的问题；

（4）领导车间（工段）义务消防组织，有计划地组织业务学习和训练；

（5）负责对职工进行消防安全教育；

（6）负责审签车间（工段）级的动火手续；

（7）定期向企业消防安全责任人和有关职能部门汇报消防工作情况；

（8）申报消防器材的添置计划，负责消防器材的维修和保养。

2. 班组防火责任人的消防安全职责

（1）领导本班组的消防工作，随时向上级领导汇报本班组消防工作情况，协助车间（工段）防火责任人贯彻执行消防法规和上级消防安全工作的文件、指示精神；

（2）具体组织实施岗位防火责任制度；

（3）每天组织对本班组的消防安全检查，发现问题及时处理，并上报有关部门；

（4）组织本班组志愿消防队员的活动；

（5）组织职工参加火灾扑救，保护火灾现场，并协助上级和有关部门调查火灾原因。

（五）车间（工段）、班组的安全员、值班员和保安人员的消防安全职责

1. 车间（工段）、班组安全员的消防安全职责

（1）车间（工段）消防安全员协助车间（工段）防火安全责任人的工作，监督职工执行防火安全规章制度，负责管理好本车间的消防安全重点部位，控制好危险点。

（2）班组消防安全员在班组长领导下负责本班组的消防安全工作。

（3）对班组成员进行具体的消防安全教育，时刻提醒大家提高防火警惕。

（4）检查本班组成员遵守各项防火安全规章制度的情况。

（5）协同班组防火安全责任人对班组各点进行检查，并做好记录；维护保养班组配置的消防器材，保证其完整好用。

2. 消防控制室值班员、消防设施操作维护人员的消防安全职责

（1）熟悉和掌握消防设施及消防控制室设备的功能和操作规程，按照规定测试自动消防设施的功能，保障消防设施的正常运行。

（2）按照管理制度和操作规程等对消防设施进行检查、维护和保养，保证消防设施和消防电源处于正常运行状态，确保有关阀门处于正确位置。

（3）发现故障应及时排除，不能排除的应及时向上级主管人员报告。

（4）对火警信号应立即确认，火灾确认后应立即报火警并向消防主管人员报告，随即启动灭火和应急疏散预案。

（5）对故障报警信号应及时确认，消防设施故障应及时排除，不能排除的应立即向部门主管人员或消防安全管理人报告。

（6）不间断值守岗位，做好消防控制室的运行、火警、故障和操作等值班记录。

3. 保安人员的消防安全职责

（1）按照本单位的管理规定进行防火巡查，并做好记录，发现问题应及时报告。

（2）发现火灾应及时报火警并报告主管人员，实施灭火和应急疏散预案，协助灭火救援。

（3）劝阻和制止违反消防法规和消防安全管理制度的行为。

六、单位有关职能部门的消防安全职责

单位职能部门是指单位整体组成中负有一定职能的部门。单位的消防安全管理，除了与单位纵向的上下级有关外，还与横向的相关职能部门有着重要的关系。而各职能部门所管辖范围内消防安全措施的落实情况如何，也对本单位整体的消防安全有重要影响。故应当明确单位各职能部门的消防安全职责。

（一）单位消防安全管理机构（安全保卫、消防部门）

（1）贯彻执行消防安全工作的方针、政策，组织实施上级和本企业有关消防安全的规定、规范、规章制度和办法。

（2）掌握本企业的消防安全工作情况，收集和整理有关消防安全的信息，为领导决策当好参谋。

（3）组织消防安全检查，督促整改火灾隐患，制止违章行为。

（4）编制消防安全工作计划，制定修订消防安全管理制度，负责日常消防安全管理工作。

（5）负责消防器材的配置和管理。

（6）组织扑救火灾，保护火灾现场，协助公安机关消防机构调查处理火灾。

（7）对在消防安全工作中成绩突出者或事故责任者以及违反规定者，提出奖惩意见。

（8）具体组织实施本单位的消防安全教育和对职工的消防安全培训工作。

（9）具体组织管理本单位的专职消防队和志愿消防队，进行消防业务训练。

（10）负责与当地公安机关消防机构的联系，及时通报有关情况。

（二）生产计划技术部门

（1）在编制生产计划的同时，必须考虑在生产管理工作中应注意的消防安全事项，并把改善消防安全条件、应用消防安全新技术、解决重大火险隐患等纳入计划之中。

（2）实施、检查生产计划的同时，检查消防安全计划的实施、执行情况。

（3）在编制工艺规程、工艺守则和设计工艺设备时，同时考虑消防安全技术和措施。

（4）贯彻执行有关生产工艺的消防安全规范，研究和开发新产品时，提出消防安全上的要求。

（5）在进行技术改造和采用新工艺、新材料时，执行有关设计规范和标准，并将设计方案、施工计划，以及火灾危险性等资料提供给消防安全部门审核；对火灾危险性大的工程，应有消防安全保障措施。

（6）积极配合有关部门研究解决生产工艺流程中的火灾隐患及不安全问题。

（三）设备技术部门

（1）会同有关部门制定、修订和审查防火安全技术规程和防火安全管理制度，并负责监督、检查其执行情况。

（2）参加本企业的消防安全检查，负责审批重点部位动火作业的审批手续。

（3）制定包括消防安全措施在内的机械、电气、动力设备技术操作规程。

（4）对新设备，特别是受压容器和有着火爆炸危险的设备进行严格的技术检查和防火安全检查。

（5）对引进的重要设备，将其价值、参数和火灾危险性报安技、消防部门备案。

（6）经常检查设备运转情况，查禁易燃易爆部位的设备带病运转。

（7）发生设备火灾时，负责抢修、更换，尽快恢复生产，参加火灾事故分析，提出改进的防范措施。

（四）动力能源部门

（1）按有关规范的规定做好变、配电所及单位内的供电设计。

（2）检查维修变、配电设备和供电线路、用电设备，严禁带病运行。

（3）负责防雷装置的检测、维修，确保灵敏好用。

（4）负责消防给水的设计、施工、维修和电力增容等工作，确保消防用水的需要。

（5）负责燃油、燃气及设备的安全工作。

（五）供销部门

（1）根据生产、建设的需要，有计划地购入易燃易爆危险品，防止积压超储，并将其品种、用量呈报消防安全部门备案。

（2）严格贯彻执行有关易燃易爆危险品安全管理的规定和防火安全制度。

（3）按照《仓库防火管理规则》的规定，做好物资储运中的防火安全工作。

（4）负责保管人员的防火安全教育和运输车辆的防火安全管理。

（六）基建部门

（1）在单位新建、改建和扩建建筑工程项目时，主动与消防监督部门联系，送审有关设计图纸，贯彻执行建筑设计防火规范。

（2）在进行用于易燃易爆及其他重要生产设施的设计时，充分考虑自动报警、自动灭火、排烟通风等消防措施。

（3）对现有建筑中存在的属于设计方面的火灾隐患及不安全问题，配合消防部门研究解决。

（4）严格执行建筑工地的防火安全管理规定，负责对外包工的防火安全管理。

（七）总务部门

（1）负责宿舍、粮库、杂品库、车库、液化石油气站、食堂和单位所属幼儿园等生活服务场所的防火安全管理工作。

（2）负责本单位招待所的防火安全管理工作，对外来人员及居住单位内的职工家属进行防火安全教育。

（八）劳动工资部门

（1）对新工人组织三级防火安全教育和安全技术考核；

（2）对外来的临时工和实习生按规定进行防火安全教育；

（3）牵头同保卫部门研究确定重点部位人员的安排，并对调入人员进行消防安全知识教育；

（4）检查劳动纪律，并把劳动纪律与消防安全工作结合起来进行。

从上述职能部门应承担的防火职责中可以看出，这些部门的活动都直接或间接地与消防安全有关。从这个意义上讲，这些职能部门也应包括在单位消防安全管理系统之内。所以，督促和协助这些职能部门履行所管范围的消防安全职责，对于保证单位消防安全管理有着重要意义。

第三章　消防安全教育

消防安全教育是把消防安全知识传授给公民，让公民认识火灾的危害，懂得防止火灾的基本措施和扑灭火灾的基本方法，提高防火警惕性和同火灾作斗争的自觉性，以培养公民消防安全素养的一项教育工作。是消防安全管理工作中一项重要的基础工作。按教育的手段、内容和性质，消防安全教育可有消防安全宣传教育、消防安全培训教育和消防安全基础教育之分。

第一节　消防安全宣传教育

消防安全宣传教育是指对公众说明、讲解消防安全常识，让公民认识火灾的危害，提高防火警惕性和消防安全意识的教育工作。其特点是具有广泛的号召性和鼓动性。《消防法》第六条明确规定，"各级人民政府应当组织开展经常性的消防宣传教育，提高公民的消防安全意识"；"机关、团体、企业、事业等单位，应当加强对本单位人员的消防宣传教育"。所以，对全民进行消防安全宣传教育也是各级人民政府以及其他机关、团体、企业、事业等单位的一项重要职责。

一、消防安全宣传教育的意义和对象

从全国的火灾统计看，其惨重的人员伤亡和重大的财产损失，绝大多数都是由于人们消防安全意识不强，不懂基本的消防安全常识所致。所以，要保证公民的消防安全，就必须要提高公民个人的消防安全素质，而要提高公民个人的消防安全素质，就必须对全体公民进行广泛的消防安全宣传教育。

（一）消防安全宣传教育的意义

消防安全宣传教育的意义，主要表现在以下几点。

1. 可贯彻"专门机关与群众相结合"的工作路线

消防安全宣传教育工作是一项涉及整个社会及广大职工群众的工作，必须充分发动和依靠职工群众才能搞好。要充分调动全体公民做好消防安全工作的积极性，提高公民的消防安全意识，就必须走群众路线，就必须通过消防安全宣传教育工作这一主要途径，去宣传和教育群众。另外，从消防安全工作的实践来看，群众是消防安全实践的主体，同时也必然是思想认识的主体；但是正确的认识和信念的形成，从来不会自发产生，只有通过灌输、教育才能完成，所以，消防安全工作只有宣传教育和依靠人民群众，才会有坚实的基础，才能得到巩固和发展。

2. 可以普及消防知识

从消防工作的实践看，引起火灾的原因很多，但制约的因素是人而不是物。火灾统计分析结果也表明，绝大多数的火灾是由于人们思想麻痹、用火不慎或违反消防安全规章制度和安全技术操作规程所致。所以，要把消防安全工作做好，就必须要通过必要的宣传教育形式，向公民普及消防安全常识，增强公民的责任感和法制观念、集体观念，自觉遵守消防安全制度和操作规程，让广大民众平时注意防火，着火能够及时扑救，减少损失。造成一种人人都关心防火安全、人人都重视防火安全、人人都能够自觉做好消防安全工作的局面。

3. 可促进全社会精神文明和社会的稳定

从火灾造成的危害看，一方面会造成人员伤亡和经济损失，使人民群众的生命、健康受到伤害，影响经济的发展；同时，严重的火灾往往导致生产的停滞、企业的破产，影响社会的稳定和繁荣。所以，通过广泛的消防安全宣传教育，使职工群众人人重视防火，处处注意安全，创造良好的消防安全环境，从而提高公民的精神文明程度，促进社会的稳定和繁荣。

（二）消防安全宣传教育的对象

由于消防安全宣传教育的目的，是普及消防安全知识，增强社会消防安全能力和社会的整体消防安全素质。所以，消防安全宣传教育的首要任务，就是提高广大人民群众的消防安全素质。公民作为消防安全实践的主体，抓好他们的消防安全宣传教育对提升公民的消防安全能力至关重要。因此，消防安全宣传教育的对象必须是广大的社会民众。这也是由消防安全宣传教育的特点所决定的。

在对公民的消防安全宣传教育中，老、弱、病、残、儿童应当是重点。特别是随着改革开放的不断发展，城镇居民社区和农村人口的结构都发生了显著变化，大量青壮年外出务工，农村部分家庭只剩下妇女、儿童和老年人留守，其中老、弱、病、残及弱势群体的人口比重相对增加。由于老、弱、病、残及弱势群体的自防自救能力相对较弱，一旦发生火灾，将面临严重的威胁，因此，老、弱、病、残及弱势群体人员是消防安全宣传教育的重点。

二、消防安全宣传教育的形式

根据宣传教育的内容和手段，消防安全宣传教育的形式或渠道可有以下几种。

（一）报纸、杂志

1. 报纸

消防宣传教育可以根据报纸的特点和社会消防安全的需要，找准相关栏目的结合点，结合消防安全工作的实际情况，使其成为开展消防安全宣传教育的阵地；有条件的地方和单位，还可以在当地或本单位的报纸上专门开办消防安全宣传专栏，进行定期或不定期的消防安全知识宣传教育。如报道火灾新闻、火灾动态，表扬消防安全方面的好人好事，登载火灾事故处理情况、曝光火灾隐患和进行消防安全评论等。

2. 杂志

根据杂志的特点，可以专门创办消防安全期刊或利用相关期刊，连续刊载消防安全报道、消防安全技术、消防科研成果和进行消防安全研讨等，把较为系统的消防安全知识传播向全社会，达到宣传消防安全知识的目的。

（二）广播、电讯

1. 广播

消防安全宣传教育可以根据广播的特点，进行消防新闻播报、现场直播或运用专题广播栏目开展消防安全宣传教育活动。另外，由于有线广播在一个区域或单位，具有听众相对集中、没有栏目时间限制、在消防科普教育的内容上可长可短等优势，可根据消防安全宣传教育的需要随时播出。当大量的消防安全知识在无线广播不能满足传播时，有线广播完全可以给予弥补。

2. 电讯

在现代通信技术的条件下，有关消防安全知识可以利用移动通信、信息台或其他电讯平台进行宣传教育。如不少消防支队通过当地的中国移动通信、中国电信等，在手机的通话间隙发送"消防情系你我他，预防火灾靠大家"等有关消防安全知识方面的短信，均可收到较好的宣传效果。

（三）摄影、绘画

摄影就是用照相机拍下实物影像。在消防安全宣传教育中，我们可以通过拍摄或制作消防新闻图片、消防艺术图片、消防安全教育图片等形式进行广泛的消防安全宣传教育。如独立发布消防新闻，同时消防图片还可以作题图、插图、封面等，不仅传递消防信息，普及消防安全知识，还起到了美化版面和导读的作用，使报刊、网络的消防安全教育更加图文并茂。另外，图片消防安全知识不仅要渗透在高科技传播媒介，还要通过各种表现形式进行传播。如像组织开展消防安全教育摄影大赛、摄影展，制作消防安全教育知识画报、画册、画廊、公益广告等。

（四）电影、电视

1. 电影

电影是指利用摄影机以每秒 24 帧连续胶片拍摄记录的连续影像，通过相同帧速进行连续回放，在银幕上再现活动影像和完整故事的视觉手段。电影片受众面大，宣传消防安全教育效果好，人民公安报社与北京法宣影视文化有限公司联合摄制的《火海逃生》等电影片都取得了很好的社会效益。

2. 电视

电视是利用无线电波或导线把实物的活动影像和声音变成电信号传送出去，在接收端把收到的电信号变成影像和声音再现出来的装置。无论无线电视还是有线电视，都是我们开展消防宣传教育，传递消防安全知识重要且有效的手段。在电视消防安全宣传教育中，我们可以把相关的消防安全知识，运用娱乐、文艺类等节目形式，使教育内容更加丰富多彩和寓教于乐；对一些比较严肃的消防话题，也可以通过新闻、专题、访谈类等节目形式，及时传递给观众；有条件的地方还可以在当地电视台开办"消防安全宣传"教育栏目，建立固定的电视消防安全宣传教育阵地。

总之，电视节目的各种形式，都可以为消防安全宣传教育内容提供更为直观、有效的传播途径。

另外，随着电视事业的发展，各城市和县镇，以及一些大型企业、大型饭店宾馆等公众聚集场所、社区等区域，都建立了有线电视网。用其进行消防安全知识的传播，不仅会使消防安全宣传教育的内容针对性更强，而且观众相对更加集中。特别是针对不同行业、不同季节消防安全工作的实际需要制作的消防安全知识光盘，可以在这里随时播放、经常播放，加深观众对消防安全知识的了解和掌握，增强消防安全宣传教育的效果。

（五）互联网

互联网是指由若干计算机网络相互连接而成的网络。是消防安全宣传教育可以很好利用的又一个重要的平台。如最新的消防安全信息可以通过网络向全世界发布，可以将文字、图片、视频多媒体等各种内容集中在一起展示；可以通过消防游戏、有奖竞答、问卷调查、滚动新闻、友情链接消防网页、消防论坛互动等形式，加大互联网这一信息海洋宣传消防安全的力度。

消防网站的建立，在消防安全宣传教育和消防信息的交流中，人们可以看到文字、图片、活动影像，听到声音；可以进行网络教育和培训，建立消防数据资源库，把消防标准、规范、专利、论文等内容的消防数据资源登录到互联网上，可极大地丰富消防数据的可访问性；可建立有视频点播和以普及消防科普为主的 Flash文件消防互动内容模式，访问者在网上可以在线观看消防的一些现场火灾案例、消防实战片段甚至是消防文艺电影；建立网上博物馆，企业和个人建立消防网站等。还可以利用远程教育网络开展消防安全宣传教育，将消防安全宣传教育与远程教育相结合，制作消防安全知识、火灾案例分析、生产生活用火常识等影视片在远程教育中播出。

（六）舞台艺术

舞台艺术是指通过演员向观众的表演来展现其内容的特定的艺术门类。较为常见的表现形式主要有戏剧、小品、歌曲、曲艺、音乐、舞蹈等，在普通民众中间具有很大的吸引力。所以，消防安全宣传工作者应当充分利用这些资源，通过多种形式调动民间艺术创作者的积极性，把消防安全知识融入这些艺术之中，创作出富于生活气息的消防安全舞台艺术。如各地可在"11·9"消防安全宣传日，元旦、春节等文艺会演和民族风俗活动中开展丰富多彩、寓教于乐的消防文体娱乐节目，使民众能够以轻松的方式接受消防知识教育。

（七）标语口号

标语是用简短文字写出的有宣传鼓动作用的口号。用于宣传消防安全标语口号的手段目前常见的主要有：在主要街道或人群比较集中的场所张贴或悬挂宣传消防内容的标语；在较明显的墙体上刷写消防安全内容的标语；在电子屏幕、广告牌、灯箱等插入标语性的消防安全内容等。这些方式可以使人们在不经意间或休闲纳凉之时获取消防安全知识。综合各地的做法，消防安全宣传标语口号的内容主要有以下几种类型：

1. 通用

① 天天宣传天天安，日日防火日日宁。

② 人人把好防火关，有备无患保平安。

③ 消防安全工作，人人负有职责。

④ 消除事故隐患，确保消防安全。

⑤ 消除火灾隐患，构建和谐社会。

⑥ 为全面建设小康社会创造良好的消防安全环境。

⑦ 隐患险于明火，防范胜于救灾，责任重于泰山。

⑧ 多一些消防知识，少一分火灾威胁。

⑨ 学一点消防知识，添一分平安幸福。

⑩ 预防和减少火灾危害，维护公共安全和社会稳定。

⑪ 认真学习消防知识，提高自防自救能力。

⑫ 消防连着你我他，保障安全靠大家。

⑬ 消防情系你我他，预防火灾靠大家。

⑭ 消防安全人人抓，火灾预防靠大家。

⑮ 居安思危，防患于未然。

⑯ 火灾无情，防火先行。

⑰ 疏忽消防一瞬，可毁幸福一生。

⑱ 消防常识胸中装，遇到火情不惊慌。

⑲ 火警电话"119"，危难时刻真朋友。

⑳ 积极开展消防宣传活动，提高社会抵御火灾能力。

㉑ 百姓防火保护你我，全民防火保家卫国。

㉒ 落实"预防为主、防消结合"的方针。

㉓ 坚持"专门机关与群众相结合"的路线；

㉔ 履行安全职责，安全陪伴你我。

㉕ 安全自检、隐患自改、责任自负。

㉖ 强化消防宣传，普及消防知识。

㉗ 加强消防工作，保护经济腾飞。

㉘ 单位做好消防安全工作，社会稳定人民平安。

㉙ 掌握消防安全知识，遵守消防安全法规。

㉚ 贯彻消防安全法规，落实消防安全责任。

㉛ 预防火灾是全社会的共同的责任。

㉜ 增强全民消防安全意识，提高全民消防安全素质。

㉝ 增强科学发展观念，普及消防安全知识。

2. 家庭防火方面

① 人人防火防灾，家家平安愉快。

② 做好防火工作，全家幸福快乐。

③ 消防常识进万家，平安相伴你我他。

④ 消除火灾隐患，确保家庭平安。

⑤ 消防连万家，平安你我他。

⑥ 爱惜自己家园，驱逐火灾隐患。

⑦ 时时刻刻注意安全，家家户户能够平安

⑧ 家家防火，户户平安。

⑨ 爱心献人民，安全送万家。

⑩ 珍惜生命，远离火灾。

⑪ 关注消防，护我家园。

⑫ 远离火患，幸福平安。

⑬ 要想人财安，防火位居先。

⑭ 防火两大忌，麻痹和大意。

⑮ 消防常识到我家，我们牢牢记住它。

⑯ 火灾远离家庭，幸福平安稳定。

⑰ 做好防火工作，全家幸福快乐。

⑱ 饭可一日不吃，火不可一日不防。

⑲ 煤气泄漏别慌张，快关阀门快开窗。

⑳ 电气着火不要怕，快把电闸去拉下。

㉑ 装修材料要不燃，刷漆远离着火源。

㉒ 离家外出仔细查，煤气关住电拉闸。

㉓ 火灾牵动千万家，防火要靠你我他。

㉔ 楼道无杂物，消防无后顾。

㉕ 油锅着火别着急，捂盖严实火窒熄。

㉖ 家庭防火注意啥，煤气电源勤检查。

㉗ 防火减灾心有数，家中莫存爆炸物。

㉘ 家用电器看管好，火灾事故能减少。

㉙ 消防安全不可忘，楼道里面要通畅。

㉚ 消防常识都知晓，家家迎来吉祥鸟。

㉛ 吸烟烧香点蜡烛，远离床铺可燃物。

㉜ 用火用电要注意，千万不可太大意。

㉝ 商场购物四处瞅，注意安全出入口。

㉞ 电气起火忌水浇，先断电源最重要。

㉟ 家庭防火要注意，煤气电源查仔细。

㊱ 离家外出检查火险，关闭煤气切断电源。

㊲ 消防常识天天讲，家家防火日日宁。

㊳ 人人树立防火观念，户户清除火灾隐患。

㊴ 致富千日苦，火烧即时穷。

3. 社区防火方面

① 让消防走进社区，让家庭远离火灾。

② 人人关心消防，家家户户平安。

③ 为了您和他人的幸福，请注意消防安全。

④ 社区是我家，防火靠大家。

⑤ 创消防安全社区，让火灾远离生活。

⑥ 消除火患，珍爱家园。

4. 校园防火方面

① 防火常识进校园，自防自救保安全。

② 师生有情火无情，校园防火钟长鸣。

③ 儿童玩火很危险，家长老师要严管。

④ 祖国花朵真可爱，校园防火做表率。

⑤ 消防演练经常搞，火灾损失定减少。

⑥ 从小学习消防，共创家园平安。

5. 消防设施保护方面

① 依法保护消防设施，提高自防自救能力。

② 消防设施别乱动，扑救火灾有大用。

③ 严禁圈占消防设施，确保疏散通道畅通。

④ 维护消防安全，保护消防设施。

⑤ 爱护消防器材，掌握使用方法。

⑥ 遵守消防法律法规，减少火灾发展发生。

6. 火灾逃生方面

① 增强防火意识，掌握逃生常识。

② 遭遇火情不要慌，冷静逃生策为上。

③ 火灾起，生命为先，切莫贪图物和钱。

④ 火灾起，心莫急，湿巾捂鼻慢呼吸。

⑤ 自防，永不放松，警钟长鸣。

⑥ 自救，临危不惧，头脑清醒。

7. 用火安全方面

① 汽车加油要注意，不准吸烟打手机。

② 健全制度把好关，消灭火种少抽烟。

③ 今日注意防火，明日生意更火。

④ 柴草堆垛要管好，一旦失火不得了。

⑤ 用火完毕看仔细，消除余火再离去。

⑥ 风大莫烧荒，小心被烧光。

⑦ 燃放烟花爆竹，防火安全记住。

⑧ 烟头别乱扔，防火弦绷紧。

⑨ 用火防火不失火，为国为家也为我。

⑩ 小烟头，莫小看，随便乱扔留火患。

⑪ 用火不预防，失火就遭殃。

⑫ 安全用火，幸福你我。

8. 消防安全管理方面

① 人民消防为人民，救火不收半分文。

② 练兵习武显身手，降服火魔建奇功。

③ 用全部的热血和生命去谱写当代蹈火者的辉煌。

④ 坚持依法治火，保护人民平安。

⑤ 强化消防监督，消除火灾隐患。

⑥ 珍爱生命从防火做起，杜绝火患从自我做起。

⑦ 查找隐患堵漏洞，消防安全有保证。

⑧ 火灾不留情，预防要先行。

⑨ 注意防火别放松，免得大火一场空。

⑩ 人人重视防火，灾害远离你我。

⑪ 消除火患，造福后代。

⑫ 火灾无情，警钟长鸣。

⑬ 一人把关一处安，众人防火稳如山。

⑭ 火无情人有情，齐防火共安宁。

⑮ 防火装心间，处处保平安。

⑯ 防火意识不强是最大的火灾隐患。

⑰ 齐心协力除火患 国泰民安事业兴。

⑱ 消防有法可依 违法必受处罚。

标语的内容应及时更新，至少每年要更换 1 次，在有些场所还要做到经常更换。如在农村地区、城镇居民社区等地方，要根据不同时期或季节防火工作的需要，及时更换，使群众能够随时了解和掌握相关的消防安全知识。

（八）普通方式

1. 参观、展览

近几年来，中国各地的消防站和新建立的消防教育基地、消防博物馆先后面向社会开放，为开展消防安全宣传教育，传授消防安全知识，建立起了固定的场所。

2. "鸣锣喊寨"、"守寨护寨"

在农村，尤其是少数民族地区，村寨与乡（镇）政府之间，村寨与村寨之间相隔较远，分布较散，乡（镇）政府很难组织开展经常性的消防安全宣传教育。而"鸣锣喊寨"、"守寨护寨"等民间的传统方式较适合于农村特点，村民委员会可以通过此种方式，明确专人在村寨里巡逻，提醒村民们注意用火、防火，宣传消防安全常识，提高村民的防火警惕性。

3. 运用居民防火公约、乡规民约的方式

居民防火公约和乡规民约也是较为传统的方式，对于城镇居民和农村村民的行为具有一定的约束和指导作用。可以适当地把消防安全知识纳入乡规民约中，让村民了解和掌握一些必备的防火常识，从而达到宣传消防安全知识的目的。

另外，随着人们生活水平的提高，居民业余文化生活丰富多彩，一些经济相对发达的地区可以利用娱乐设施建立消防画廊或者在农村主要道路两侧设置农村防火宣传栏，普及消防安全知识。

4. 设置流动式消防宣传栏

城镇街道、居民社区、乡（镇）政府、村民委员会可以制作一些有关消防安全知识性的流动式宣传栏和消防画廊，在村民的赶集日、"11·9"宣传日、火灾多发季节和当地的民俗节日，大张旗鼓地开展消防安全宣传教育活动。对于内容比较多的消防安全知识，适宜在宣传栏、墙画、宣传橱窗、宣传册或报刊等传播媒介上发布。还可以利用宣传车、展会等形式进行，从而达到普及消防安全知识的目的。

（九）消防主题宣传活动

消防主题宣传活动是指具有独立鲜明主题的对公民进行消防安全宣传教育的专项活动。通常是由当地的公安机关消防机构，在每年春节、元旦、"五一"国际劳动节、国庆节和"11·9"消防安全日等重大和法定的节日，以政府名义组织；或由机关、团体、企业事业单位在本单位组织。

消防主题宣传活动应当结合当地或本单位的消防安全形势，有针对性的对当地民众或单位员工进行消防安全宣传教育。宣传教育的内容和形式，可在以上所叙的方式中选择。对于农村地区，可以组织开展生动有趣的消防安全知识竞赛；也可以结合开展普法教育和文化、科技、卫生"三下乡"活动的时机，通过送消防书籍、消防挂历进村、进寨、进校；可以通过编演小品、相声等群众喜闻乐见的形式进行。

（十）消防安全文学创作

文学创作是反映社会生活的一种文化形式。消防安全宣传教育完全可以利用这种形式进行宣传教育。如反映消防队生活和灾害预防方面的小说、报告文学、少儿等读物和儿童防火拍手歌谣、儿童防火游戏、儿童防火三字经等题材的作品，都起到了很好的宣传教育作用。

1. 儿童防火拍手歌

你拍一，我拍一，咱们不玩打火机；

你拍二，我拍二，火柴蜡烛咱不玩；

你拍三，我拍三，不乱动用火和电；

你拍四，我拍四，不玩鞭炮和摩丝；

你拍五，我拍五，爸爸抽烟我监督；

你拍六，我拍六，火警电话一一九；

你拍七，我拍七，做完饭后关煤气；

你拍八，我拍八，报警记着留电话；

你拍九，我拍九，学会逃生和自救；

你拍十，我拍十，报完火警留地址；

你拍几，我拍几，防火安全是第一；

从小学唱防火歌，消防安全记心窝。

2. 防火三字经

父母师	教子严	莫玩火	好习惯	常用火	把好关	可燃物	避火源
煤气漏	断气源	速开窗	忌火电	电器坏	及时换	电线破	莫等闲
电负荷	它有限	若超过	招祸端	保险丝	要准选	切勿用	铜铁线
易燃品	脾气坏	按规范	妥善管	禁火区	照章办	若动火	严防范
内装修	料阻燃	线穿管	防漏电	消火栓	不圈占	灭火器	保管严
消防道	莫挡拦	要时刻	保通便	119不收钱		有火警	速拨打
灭火灾	成人干	少儿小	逃生先	大火来	财莫贪	要机智	逃火难
消防事	常宣传	防消好	少灾难				

三、消防安全标识化管理

消防安全标识是由安全色、边框、图像、图形、符号、文字所组成，能够充分体现消防安全内涵、传达消防安全信息的标志。

根据单位自身的性质、规模和消防安全的内涵和要求，消防安全标识主要有：消防安全布局标识、消防安全知识宣传标识、危险场所和重点要害部位标识、防火安全设施标识、灭火设施、器材标识和消防控制室标识6类。

消防安全标识化管理的目的，是通过这些醒目的标志提醒人们什么场所应当注意什么，引导人们认识什么是灭火器材，什么地方可以疏散逃生等信息，培育社会单位消防安全自我管理教育能力，提高单位自我宣传教育培训水平的一个重要途径；是对员工进行消防安全教育的一个重要手段，所以，各单位应当重视消防安全标识化管理。

（一）消防安全标识的标识内容

消防安全标识应当根据不同部位和不同设施的特点标识内容。

1. 平面布局的标识

消防安全布局标识是在单位的主要出口附近、消防车道、防火间距等位置分别设置的消防安全标识。标识的内容主要有消防车道标识和防火间距标识等。

（1）在单位的主要出入口醒目位置应设置总平面布局标识，标明单位的消防水源（天然水源、单位室外消火栓及可利用的市政消火栓）、水泵接合器、消防车通道、消防安全重点部位、安全出口和疏散路线、主要消防设施位置等内容。总平面布局标识的面积，设置在室内的不应小于 $0.5m^2$，设置在室外的不应小于 $1m^2$。

（2）单位消防安全责任人办公室应张贴本单位的灭火应急疏散预案。

（3）对多层营业场所，应当每层设置平面布局标识，着重标明本层的疏散路线、安全出口、室内消防设施位置等内容。

（4）消防车道附近应设置消防车道标识，标明"消防车道"字样及宽度，提示严禁占用。

2. 消防安全知识宣传教育标识

消防安全知识宣传教育标识是单位根据消防安全要求及自身安全经营理念，在重点部位、重要场所、生产岗位设置的固定消防宣传标识。主要包括消防安全法规标识、消防职责制度标识、消防安全常识标识等。

消防安全知识宣传教育标识，主要是在单位的主要出入口、主要疏散通道出入口，利用电子屏、固定宣传版面等方式设置以下内容：

（1）消防法律法规和人民政府、消防监督机关关于消防安全的规定，以及本单位消防安全管理的承诺；

（2）消防法律法规、单位安全经营理念的标语口号、公共场所防火事项、火灾报警、安全疏散、逃生自救常识等内容。

3. 危险场所和重点要害部位标识

危险场所和重点要害部位标识主要是安全警示标识，主要包括安全管理规程标识和危险设施操作标识等。

（1）消防安全重点部位应在醒目位置设置"消防安全重点部位"标识，并应设置消防安全职责制度、操作规程标识；车辆、人员进出口处应设置醒目的"进入消防安全须知"，明确进入易燃易爆部位的要求和注意事项。

（2）商场、市场，医院的门诊部、住院部，学校的会议室、礼堂、图书馆等公众聚集部位应在出入口等醒目位置设置禁烟标识。

（3）宾馆的客房床头应摆放"禁止卧床吸烟"提示牌；宾馆房门背后中上部位置设置消防安全疏散指示图。

（4）一般可燃性物资仓库的入口处应设置"严禁使用明火"、"严禁吸烟"标识，墙上应设置消防安全制度、操作规程标识；库房地面上要划线标明储存区域、墙距、垛距、梁距。

（5）高压氧舱、氧气仓库和其他储存易燃易爆危险品的仓库，还应在醒目位置设置警示性标识，标明储存物品的类别、品名、最大储量、灭火方法及注意事项等。

（6）输送易燃易爆气体、液体管道的所入口处，应在醒目位置设置标识，标明输送物质的类别、流向；安全管理制度、操作规程、注意事项及危险事故应急处置程序等内容。

（7）操作失误易引发火灾危险事故、影响灭火救援效能的关键设施部位，应在醒目位置设置警示标识，标明操作方法及注意事项。

（8）液化石油气、汽油等散发有易燃易爆气体、蒸气、粉尘的区域，储罐、通气管上或装卸区，及加油、加气岛柱子上等醒目位置，应设置"严禁烟火"、"禁打手机"、"停车熄火"标识；加油、加气机侧面应设置标识，标明操作员安全操作规程和注意事项。

（9）易燃易爆危险品装卸区的消防沙池和灭火工具附近应设置标识，标明装卸作业安全操作规程、应急处置措施和注意事项。

（10）加油加气站内设有便利店的，应在便利店内的醒目位置设置"禁止吸烟"、"严禁使用电热器具"等标识。

4．防火安全设施标识

防火安全设施标识主要是防火安全认知标识和效率安全疏散标识，主要包括安全设施标识、疏散指示标识和疏散警示标识等。

（1）防火卷帘附近应设置"防火卷帘下严禁堆放物品"标识，并划线标明操作场地；防火卷帘按钮和防排烟按钮处应设置"消防设施按钮严禁遮挡"标识。

防火卷帘下方和防火门前方的地面上应喷涂黄色警示标志，用于疏散通道上的防火卷帘下方距帘板 0.5m 处地面上，距防火门前方 0.5m 处的地面上，距离用于划分防火分区 0.1m 处的地面上均应用黄色油漆喷涂警示区域，在警示区域内禁止摆放柜台和存放商品及杂物。

（2）配电室和发电机室的门上应设置"消防重点部位闲人免进"标识，墙上应设置消防安全职责制度、操作规程标识。

（3）安全出口和疏散门正上方应设置灯光"安全出口"标志。

（4）疏散走道应当设置灯光疏散指示标志。疏散指示标志在疏散走道及转角处的间距：距地面高度 1m 以下的墙面上的间距不应大于 20m；袋形走道不应大于10m；走道转角区不应大于 1m。

（5）疏散走道和主要疏散路线的地面上，应增设能保持视觉连续的灯光疏散指示标志或蓄光疏散指示标志。

（6）安全出口门上应设置"严禁锁闭"标识；常闭式防火门上应设置"防火门请随手关闭"标识；普通电梯应在电梯门及附近设置"火灾时不要使用电梯逃生"标识。

（7）设有防火型报警逃生门锁的安全出口上部，应设置灯光安全出口标识，逃生门上方醒目位置应标明使用方法和注意事项。

5．灭火设施、器材标识

灭火设施、灭火器材标识主要是灭火认知标识，包括灭火设施、器材操作使用标识和自动消防设施检测合格标识等。

（1）灭火器放置点、灭火器箱的箱盖上方，应设置标明名称、操作使用方法、维护保养责任人及维修时间的标识。

（2）室内消火栓箱上应设置标明名称、操作使用方法、维护保养责任人及维修时间和提示不得圈占、遮挡的标识。

（3）手动火灾报警按钮附近，应设置火灾报警按钮，并标明使用方法的标识。

（4）消防水泵房门上应设置"消防重点部位闲人免进"标识，墙上应设置消防安全职责制度、操作规程标识；在消防水泵、水泵控制柜上，应设置标明类别、编号、维护保养责任人和维护保养时间的标识。

(5) 消防水箱间的门上应设置"消防重点部位闲人免进"标识，消防水箱箱体上应设标注容量、维护责任人和注意事项的标识。

(6) 自动消防设施的场所应设置自动消防设施检测合格标识，并应标明系统名称、使用编号、维保单位、检验单位、检验负责人、检验日期等内容。

自动消防设施检测合格标识应按下列要求设置：有消防控制室的，标识应张贴在联动控制柜左上角；只有火灾自动报警系统的，标识应张贴在报警控制柜的左上角；只有自动喷水灭火系统的，标识应张贴在水泵控制柜的左上角；其他情况的，标识应张贴在醒目且有人值守的地方。

(7) 室外地下消火栓、水泵结合器附近的墙面上应设置标明名称、使用方法、维护保养责任人、维护保养时间的标识。

(8) 消防水池醒目位置应设置标明取水口和容积的标识。

(9) 消防设施、器材标识需要标明维护责任人、检查维护时间的，维护责任人变更及每次检查维护后，标识应及时注明。

6. 消防控制室标识

消防控制室标识主要是操作认知标识，主要包括消防安全设施的操作等。

(1) 消防控制室门外应设置标明"消防控制室闲人免进"的标识。

(2) 消防控制室内应设置《消防控制室管理制度》、《消防控制室值班人员职责》、《火警处置程序》、《火灾自动报警系统维护管理操作规程》等制度标识，并悬挂或张贴在控制室的墙面上。

(3) 消防控制室应有显示被保护建筑的重点部位、疏散通道、消防设备所在位置的平面或模拟图，并应按下列要求标识：

① 设备具有消防设施显示功能的，应当显示感烟、感温探测器、手动报警按钮、消火栓等设施图，并在控制室墙面显著位置设置消防设施和疏散路线图，标明消火栓、安全出口、疏散路线等；

② 设备无消防设施显示功能的，应在控制室墙面显著位置设置消防设施分布及疏散路线图，标明各类消防设施、安全出口的位置和疏散路线；

③ 建筑物楼层结构不同的，应在墙面设置标准层的消防设施分布及疏散图，其他楼层消防设施分布及疏散图应在消防控制室建立档案专卷。

(4) 自动消防设施检测合格后，应张贴标明系统名称、使用编号、维保单位、检验单位、检验负责人、检验日期等内容的《自动消防设施检测合格证》标识。

(5) 检测合格的自动消防设施，有消防联动控制柜的，张贴在联动控制柜的左上角；只有火灾自动报警系统的，张贴在报警控制柜的左上角；只有自动喷水灭火系统的，张贴在水泵控制柜的左上角。

(6) 消防控制室应将消防控制室相关职责、制度；消防设施分布及疏散路线图；消防设施维护保养协议、年度检测报告、季度、月份检查试验情况；消防控制室操作人员培训合格证复印件等资料整理归卷，并存放在控制室内。

（二）消防安全标识的管理要求

（1）消防安全标识应当醒目、美观、大方，能够充分体现消防安全内涵。单位应加强对消防标识的维护、管理，如有破损、缺失的，应及时更换。消防安全宣传标识的内容应根据消防安全管理工作定期更新。

（2）消防安全标识的材质、色彩、尺寸应结合单位整体形象按国家标准确定，夜间能够自蓄发光；国家没有规定的，可由省、市公安消防部门根据本地实际情况予以明确。

（三）常见的消防安全标志

根据中华人民共和国国家标准《消防安全标志》（GB 13495—92）的规定，我国的消防安全标志主要分为火灾报警和手动控制装置；火灾时疏散途径；灭火设备；易燃易爆场所或物质几种类型。

1. 消防安全禁止标志的标识

禁止阻塞
NO OBSTRUCTING

禁止锁闭
NO LOCKING

禁止用水灭火
NO WATERING TO PUT
OUT THE FIRE

禁止吸烟
NO SMOKING

禁止烟火
NO BURNING

禁止放易燃物
NO FLAMMBALE
MATERALS

禁止带火种
NO MATCHES

禁止燃放鞭炮
NO FIREWORKS

2. 消防安全引导标志的标识

水泵接合器

消防梯

灭火设备方向

灭火设备方向

发声警报器

火警电话

灭火设备

灭火器

消防水带

地下消火栓

| 地上消火栓 | 手动启动器 | 推开 | 拉开 | 疏散通道方向 |
| 疏散通道方向 | 紧急出口 | 紧急出口 | 滑动开门 | 滑动开门 |

四、消防宣传教育的要求

为使消防安全宣传教育工作能够深入扎实地搞好，并能持久地坚持下去，且保证效果，在进行消防安全宣传教育时，还应注意以下要求。

（一）内容要通俗易懂，简单明了

由于消防安全宣传教育的对象是广大民众，故其内容应当容通俗易懂，贴近实际、贴近群众、贴近生活。还由于消防安全宣传教育的许多事件都是涉及国计民生的大事，而新闻宣传一旦发布出去，就像泼出去的水无法再收回，所以，消防安全宣传教育所宣传的内容，应当准确无误，坚持正面宣传为主。不能以感想代替国家的法律、法规。对一些消防热点、难点和重大消防事件的宣传教育，特别是在揭露一些重大火灾隐患或进行批评性消防报道时，应该把握事件的主线，不能把非主线的、没有切实把握的不够准确的内容也"有闻必录"地宣传出去。

（二）语言要生动活泼，言简意赅

消防安全宣传教育语言，应注重现场感和受众参与感，语言要通俗、口语化，要追求新颖的形式、新鲜的语言，不拘一格、生动活泼、引人入胜，要让受众如闻其声、如观其行、如睹其物、如临其境；还由于宣传教育的受众是社会广大群众，所以要语言通俗、口语化，必须达到准确、通顺、严密、精练、健康、纯洁，是提炼过后高层次的口头语言；要能使受众更好地实现自己接受和消化的消防安全知识。一张报纸可以摊在桌子上慢慢看、细细看，而广播和电视报道对受众来说，却没有那么主动自由，声音、画面"一瞬即逝"，只能跟着听、跟着看，否则就会漏掉重要的东西。不可用大话、套话、空话和泛论，防止把宣传教育的内容变成"耳边风、笑料语"，做到念来顺口，听来顺耳，标准规范，具体形象。为了达到广播语言通俗化、口语化的要求，在消防安全宣传教育的语言表达上要注意以下几点。

1. 用句要简短，少用长句、倒装句

长句、短句各有优点。长句子严密周详，条理贯通，气势磅礴；短句子干净利落，通畅明白，朗朗上口。消防安全宣传稿，除了内容需要必须使用长句外，一般应多用短句。要采用群众习惯的说法，简明扼要地表达意思。对于消防新闻图片的文字说明要交代图片难以体现的新闻要素，如人物姓名、年龄、身份以及事件的地点、规模等，文字必须简短，只言图所未言，或揭示图中的"视觉中心"和"重点"，既有引导读者理解图片的功能，又有交代必要新闻要素的功能。

2. 合理重复，少用代词

我们有时在广播消防新闻里会听到，"这个单位"如何如何，"他怎样说，他怎样做"。到底是哪个单位？他是谁？如果报纸看看前文就会知道，广播电视则不行，声音、画面一听一看就过。为了让受众听懂听清楚、看懂看清楚，消防安全宣传教育稿，在写作上要少用代词，人名、地名或关键词语需要适当重复，以方便听众、观众，加深听众、观众的印象。

3. 不要滥用简称、略语，少用方言、土语

为了让群众听得懂、看得懂，不要滥用简称、略语。比如"危险品、爆炸品、易燃品"，最好是用全称，不可简称为"三品"。因为这样群众无法知道什么是那"三品"，也违反语言逻辑。如有的车站、码头、车船上，经常挂有"为了您和他人的安全，严禁携带易燃品、爆炸品、危险品进站上车"，有的干脆就写"严禁携带'三品'进站上车"。试想，易燃品、爆炸品是不是危险品呢？这种严重违反语言逻辑的标语口号比比皆是。

另外，有些难懂的方言、土语，除专门节目外，一般也要改成标准规范的用语。

4. 音同义不同的字和词要分清

现代汉语中有许多音同义不同的字和词，写在纸上，人们可以观其形而辨其义。但广播不可以，只能传音不能传形，如果用得不当，就容易造成语言不清，甚至使听众发生误解。例如："中队消防官兵全部去了"，容易错听为"中队消防官兵全不去了"，应改为"中队消防官兵全去了"。

5. 用语要准确，不要随意想象

现代汉语中有许多成语，言简意赅，朗朗上口，很受群众的欢迎。但一定要正确理解、正确使用，否则就可能闹出笑话。如"防患于未然"，其本意是指"事故的预防措施要采取于事故或灾害未发生之前"。但有的单位及工作人员，还自认为自己很有独创性，将"防患于未然"说成或写成防患于未"燃"，甚至有的电视报道中还生怕观众听不出来，专门特别解释说，这里的"燃"是燃烧的"燃"，这就闹出了贻笑大方的笑料。

6. 用语要符合语言逻辑，不要跟风

现在的不少报道中经常将"事故隐患"说成是"安全隐患"，将"灾害事故"说成"安全事故"等，这些都是违反语言逻辑的语法错误。试想，安全何来事故，事故何以安全，什么样的事故可以成为安全的事故呢？所以这些都是非常错误的用语。一些消防监督机构的公文和领导讲话，也不辨真伪，跟着将火灾隐患说成是"消防隐患"或"消防安全隐患"，将火灾事故说成是"消防事故"或"消防安全事故"等。这些是错误的，都是应当纠正的。

（三）政府有关部门应当履行消防安全宣传教育的职责

文化行政部门应当积极引导创作优秀消防安全文化产品，指导和监督文物保护单位、公共娱乐场所和公共图书馆、博物馆、文化馆、文化站等文化单位开展消防安全宣传教育工作。

广播影视行政部门应当指导和协调电影、广播电视节目、电视剧的制作机构和广播电视的播出机构，制作、播出相关消防安全节目，开展公益性消防安全宣传教育。

新闻、广播、电视等单位，应当积极开设消防安全教育栏目，制作节目，对公众开展公益性消防安全宣传教育。

公安机关及其消防机构应当加强消防法律、法规的宣传，并督促、指导、协助有关单位做好消防宣传教育工作。因此，各级公安消防机构的领导应当充分认识消防安全宣传教育在整个防火工作中的重要性，并拿出一定的精力去抓消防安全宣传教育工作。上级公安消防机构应当加强对下级公安消防机构的领导，并适时做出计划和安排，定期检查工作落实情况，注意信息反馈，及时纠正工作中存在的问题。

（四）居民委员会、村民委员会应当根据居民、村民的特点开展消防安全宣传教育

1. 居民、村民开展消防安全宣传教育的形式

（1）组织制定防火安全公约；

（2）在社区、村庄的公共活动场所设置消防宣传栏，利用文化活动站、学习室等场所，对居民、村民开展经常性的消防安全宣传教育；

（3）组织志愿消防队、治安联防队和灾害信息员、保安人员等开展消防安全宣传教育；

（4）利用社区、乡村广播、视频设备定时播放消防安全常识，在火灾多发季节、农业收获季节、重大节日和乡村民俗活动期间，有针对性地开展消防安全宣传教育。

2. 居民委员会、村民委员会开展消防安全宣传教育的要求

居民委员会、村民委员会应当确定至少1名专（兼）职消防安全员，具体负责消防安全宣传教育工作。

（五）物业服务企业应当在物业服务工作范围内开展消防安全宣传教育

物业服务企业应当在物业服务工作范围内，根据实际情况积极开展经常性消防安全宣传教育，每年至少组织一次本单位员工和居民参加的灭火和应急疏散演练。

由两个以上单位管理或者使用的同一建筑物，负责公共消防安全管理的单位应当对建筑物内的单位和职工进行消防安全宣传教育，每年至少组织一次灭火和应急疏散演练。

（六）有关重要场所应当根据自身的特点开展消防安全宣传教育

1. 公共场所的消防安全宣传教育

歌舞厅、影剧院、宾馆、饭店、商场、集贸市场、体育场馆、会堂、医院、客

运车站、客运码头、民用机场、公共图书馆和公共展览馆等公共场所应当按照下列要求对公众开展消防安全宣传教育：

（1）在安全出口、疏散通道和消防设施等处的醒目位置设置消防安全标志、标识等；

（2）根据需要编印场所消防安全宣传资料供公众取阅；

（3）利用单位广播、视频设备播放消防安全常识。

养老院、福利院、救助站等单位，应当对服务对象开展经常性的用火用电和火场自救逃生安全宣传教育。

2. 旅游景区、大型活动消防安全宣传教育

旅游景区的经营管理单位、大型群众性活动主办单位应当在景区、活动场所醒目位置设置疏散路线、消防设施示意图和消防安全警示标识，利用广播、视频设备、宣传栏等开展消防安全宣传教育。导游人员、旅游景区工作人员应当向游客介绍景区消防安全常识和管理要求。

3. 建设工地的消防安全宣传教育

建设工程的施工单位应当开展下列消防安全教育工作：

（1）建设工程施工前应当对施工人员进行消防安全教育；

（2）在建设工地醒目位置、施工人员集中住宿场所设置消防安全宣传栏，悬挂消防安全挂图和消防安全警示标识；

（3）对明火作业人员进行经常性的消防安全教育；

（4）组织灭火和应急疏散演练。

（七）消防安全宣传教育工作的奖惩

地方各级人民政府及有关部门对在消防安全宣传教育工作中有突出贡献或者成绩显著的单位和个人，应当给予表彰奖励。单位对消防安全教育培训工作成绩突出的职工，应当给予表彰奖励。

地方各级人民政府公安、教育、文化、广电、旅游等部门不依法履行消防安全宣传教育工作职责的，上级部门应当给予批评；对直接责任人员由上级部门和所在单位视情节轻重，根据权限依法给予批评教育或者建议有权部门给予处分。

第二节　消防安全培训教育

消防安全培训教育是指培养和训练消防安全技术工人、专业干部和业务骨干的教育工作，具有一定的专业技术性。是培养在职员工消防安全素质和消防安全业务骨干的一个重要途径。

一、消防安全培训教育的对象

消防安全培训教育的对象应当是消防安全工作实践的主体。

（一）企业事业单位的管理人员

企业事业单位的管理人员长期从事企业的实际工作，是普及消防安全知识不可或缺的力量，他们个人消防安全素质的高低，将影响到整个企业事业单位的消防安全的质量，因此，对企业事业单位管理人员的消防安全教育应该采取较为专业的方式，主要由公安消防部门对他们进行专业知识的培训教育，让他们深入了解一定的消防安全知识，以对本单位进行更加有效的消防安全管理。

（二）企业事业单位的员工及专业操作人员

企业事业单位的员工及专业操作人员，是消防安全实践的主体，是单位的主人，他们个人消防安全素质的好坏，将直接影响企业事业单位的安全。他们操作的每一个阀门、安装的每一个螺丝，敷设的每一根电线，按动的每一个按钮，开动的每一个开关，填加的每一种物料等，如若不具有一定的事业心，不掌握一定的消防安全知识和专业操作技术，就有可能出现差错，就会带来事故隐患，甚至造成事故。一旦造成事故最直接受到威胁的就是企业事业单位的这些一线的员工和专业操作人员，其次就是单位的财产损失。所以，必须对企业事业单位的员工及专业操作人员进行专门的消防安全培训教育，并应当是培训的重点。

（三）进城务工人员

进城务工人员是指户籍在农村而进城打工的人员，俗称农民工。据有关部门统计，在我国进城务工人员已达 2 亿（截至 2006 年），且随着经济建设的飞速发展，还会有更多的农民工进城务工。其中，2002 年我国建筑业从业人员已达 3552 万人，农民工占 80%。他们主要从事第一线的具体劳动。因此，他们安全意识的强弱，安全技术的高低，将直接影响公共消防安全和自身的人身安全。但是，由于他们的生活环境和受教育程度的不同，他们对城市生活还比较陌生，对城市家庭使用的燃气、家电等，其性能和使用方法都还不是很清楚；对企业生产过程中的消防安全知识、逃生自救知识也知之较少，往往因操作失误而造成事故，甚至危及自己的生命；尤其是遇到火灾事故因不知如何逃生而丧失性命。加之他们在社会生活中又处于弱势的地位，一旦出现事故又往往受到强势群体的侵害。另外，唐山林西百货大楼死亡 81 人的特大火灾、河南洛阳东都商厦死亡 309 人的特大火灾等，其直接原因也都是由于进城务工人员不懂基本的消防安全基本知识，违章操作所致。由此可见，加强对进城务工人员的消防安全教育非常重要。

二、消防安全培训教育的形式

消防安全培训教育的形式是由消防安全培训教育的内容和对象决定的。根据消防安全培训教育的内容、特点以及各单位消防安全工作的实践，消防安全培训教育的形式按受教育对象的多少和教育的层次可归纳为以下几种。

（一）按培训教育对象的多少

消防安全培训教育按被教育对象人数的多少，分为集体教育和个人教育两种形式。

1. 集体消防安全教育

集体消防安全教育按讲授方式又可分为讲课式和会议式两种。

（1）讲课式　主要是以办培训班或学习班的形式，在课堂上讲授消防安全知识。此种方式是有计划进行消防安全教育的基本方式。如成批的新工人入厂进行消防安全教育、公安消防机构或其他有关部门组织的消防安全培训等多采用此种方式。

（2）会议式　主要有消防安全会议、专题研讨会和讲演会、火灾现场会等形式。

安全会议教育是指各级管理人员定期召开某种安全会议，以研究解决消防安全工作中的有关问题，引起并保持人们对消防安全的重视和注意的形式。

研讨会式教育是指为了研究和讨论消防安全管理人员的疑难问题，在各机关、团体、企业事业单位的公司、厂、车间以及班前班后开会，分析讨论发生的事故、存在的事故隐患等问题，研究解决问题的方法，同时又对管理人员进行了消防安全教育。此种方式，教育的对象一般不是初学者，而是对消防安全知识和消防安全管理具有一定知识的人，人数不会很多。要求组织者要有丰富的经验，善于引导。参加者应有一定的实践经验，也可利用讲演的方式进行。

火灾现场会教育是用反面教训进行消防安全教育的方式。本单位或他单位发生了火灾，及时组织职工或领导干部在火灾现场召开会议，用活生生的事实进行教育，效果应该是最好的。在会上领导干部要引导分析导致火灾的原因，认识火灾的危害，提出今后预防类似火灾的措施和要求。

2. 个人消防安全培训教育

在工业企业单位中，职工的每个岗位都有其固有的特点，职工个人也有一定的目的性，如果完全采用集体消防安全教育的形式是不可能完全达到目的的，还必须与个别指导相结合，纠正错误之处，使作业人员逐步达到消防安全的要求。个人消防安全教育的形式主要有岗位培训教育、技能督察教育两种。

（1）岗位培训教育　是根据职工操作岗位的实际情况和特点而进行的。为使受教育职工能正确掌握"应知应会"的内容和要求，教育者必须按规定的内容、要领、方法和程序进行教育。

（2）技能督察教育　是指消防安全管理人员深入到职工操作岗位督促检查消防安全教育结果时进行的教育。要求各级消防安全管理人员要经常不断地深入到职工群众的作业岗位检查消防安全制度和措施落实情况，查看执行是否正确，发现问题要弄清原因和理由，提出措施和要求。根据各人的不同情况，管理人员还应采取个别劝告或其他更恰当的方法和手段进行教育。

（二）按培训教育的层次

在企业事业单位，消防安全培训按教育的不同层次，可分为厂（单位）、车间（部门）、班组（岗位）三级。要求新职工，包括从其他单位新调入的职工，都要进行三级消防培训安全教育。

1. 厂级教育

新工人来单位报到后，首先要由单位的领导、消防安全部门和有关技术人员给他们上消防安全知识课，介绍本单位的特点、重点部位、安全制度、灭火设施等，学会使用一般的灭火器材；从事易燃易爆生产、储存、销售和使用的单位，还要组织他们学习基本的化工知识，了解全部的工艺流程。经消防安全教育，考试合格者要填写消防安全教育登记卡，然后持卡向车间、部门报到。未经过厂级消防安全教育的新工人，车间可以拒绝接收。

2. 车间（工段）级教育

新工人到车间（工段）后，还要进行车间（工段）一级的教育，介绍本车间（工段）的生产特点、具体的安全制度及消防器材分布情况等。教育后同样要在消防安全教育登记卡上登记。

3. 班组级教育

班组消防安全教育，主要是结合新工人的具体工种，介绍操作中的防火知识、操作规程，以及发现了事故苗子后的应急措施等。对在易燃易爆岗位操作的工人以及特殊工种人员，只经过基本的的消防安全教育还是不能够单独上岗操作的，上岗操作还要先在老工人的监护下进行，在经过一段的时间实习后，经考核确认已具备独立操作的能力时，才可独立操作。

（三）按培训教育的内容

根据培训教育的主要内容，消防安全培训教育可以分为以下几种。

1. 消防安全工作的方针和政策教育

消防安全工作，是随着经济建设和工业化程度的发展而发展的。"预防为主，防消结合"的消防工作方针以及各项消防安全工作的具体政策，是保障公民生命财产安全、社会秩序安全、经济发展安全、企业生产安全的重要措施。所以，进行消防安全宣传教育，首先应当进行消防安全工作的方针和政策教育，这是调动民众积极性、做好消防安全工作的前提。

2. 消防安全法规教育

消防安全法规是人人应该遵守的准则。通过消防安全法规教育，使广大民众懂得哪些应该做，应该怎样做；哪些不能做，为什么不能做，做了又有什么危害和后果等，从而保证各项消防法规的正确贯彻执行。消防安全法规教育的主要内容包括国家消防工作方针、政策和消防法律法规等。

3. 消防安全科普知识教育

消防安全科普知识是普通公民都能接受且又非常需要公民知道的消防安全基本知识，其主要内容应当包括：火灾的危害和防火、灭火的基本方法等常识；日用危险物品（含燃气）使用的防火安全常识；常用电器使用防火安全常识；失火如何报警、如何扑救，如何使用常见的应急灭火器材，如何自救互救和疏散等消防安全知识等。使广大民群众都懂得这些基本的消防安全科普知识，是有效地控制火灾发生的重要基础。

4. 火灾案例教育

人们对火灾危害的认识往往需从火灾事故的教训中得到，而要提高人们的消防安全意识和防火警惕性，火灾案例教育则是一种最具说服力的方法。通过对火灾案例的宣传教育，可从反面提高人们对防火工作的认识，从中吸取教训，总结经验，采取措施，做好工作。

火灾案例教育一般是通过召开火灾现场会进行的。因为召开火灾现场会是最贴近群众的消防安全宣传教育形式，能够让群众最直观了解火灾发生的原因，从而从火灾事故中提高警觉性。尤其是在受经济条件制约的农村地区，由于缺乏消防安全宣传教育的硬件设施，大部分农村群众对消防安全知识又知之甚少，特别是封建迷信思想较为突出的地区，对一些未调查清楚原因的火灾，有些人就盲目认为是"火神显灵"，缺乏科学的认识。通过召开火灾现场会，组织群众到火灾现场听取火灾调查人员对火灾事故的分析，能够使群众正确认识火灾原因，同时起到普及消防安全知识，消除封建迷信思想的作用。

5. 激励教育

在消防安全教育中，激励教育是一项不可缺少的教育形式。激励教育有物质激励和精神激励之分，如对在消防安全工作中有突出表现的职工或工作人员给予一定的物质奖励或奖金，而对失职的人员给予一定的扣发奖金、罚款等物质惩罚，并通过公众场合宣布这些奖励或惩罚，这样就在物质和精神上都进行了教育。实践证明，精神上的激励往往比物质激励更重要，一个人在消防安全工作中有成绩，要及时进行适当的表扬，以激起人的光荣感，培养更大的进取心。一个消防安全做得好的同志受到表扬，他会总结经验，克服缺点，会在今后做得更好；对消防安全做得差的同志实事求是地给予批评，严而不苛，厉而不疏，激起痛改之心，鼓起奋发之志。这样从正反两方面进行激励，不仅会使有关人员受到激励，同时对其他同志也有很强的辐射作用。所以激励教育对职工群众是十分必要的。

6. 消防安全技能培训教育

消防安全技能教育主要是对作业人员而言的。在一个工业企业单位，要达到生产作业的消防安全，作业人员不仅要获得消防安全基础知识，而且还应掌握防火、灭火的基本技能。如果消防安全教育只是使受教育者拥有消防安全知识，那么实际上还不能完全防止火灾事故的发生。只有作业人员在实践中灵活地运用所掌握的消防安全知识，并且具有熟练的操作能力，才能体现消防安全教育的效果。培养这种能力，就需要消防安全技能教育。

三、消防安全培训教育的要求

为使消防安全培训教育工作搞得更好，在利用各种形式开展培训教育的同时，单位还应注意以下几点。

（一）要领导重视，列入日程，定期进行

单位领导要充分认识消防安全培训教育的重要性，列入工作日程，并作为企业文化的一个重要组成部分来抓。通过多种形式开展经常性的消防安全培训教育，切实提高职工的消防安全意识。根据国家有关规定，单位应当全员进行消防安全培训，消防安全重点单位对每名员工应当至少每年进行一次消防安全培训，其中公众聚集场所对员工的消防安全培训应当至少每半年进行一次。新上岗和进入新岗位的员工上岗前应再进行消防安全培训。

培训的重点是各级、各岗位的消防安全责任人、消防安全管理人；专、兼职消防管理人员；消防控制室的值班、操作人员；义务消防人员、保安人员；电工、电气焊工、油漆工、仓库管理员、客房服务员；易燃易爆危险品的生产、储存、运输、销售从业人员等重点工种岗位人员，以及其他依照规定应当接受消防安全专门培训的人员。

培训内容应当包括有关消防法规、消防安全制度和保障消防安全的操作规程；本单位、本岗位的火灾危险性和防火措施；有关消防安全设施的性能、灭火器材的使用方法；报火警、扑救初起火灾以及自救逃生的知识和组织、引导在场群众疏散的知识和技能等。

（二）要实行三级消防安全培训教育

要按照单位、分厂（车间）、部门（班组）三级进行消防安全培训教育。其要求是：

（1）职工在本单位范围内调动车间、部门工作时，凡车间、工种不同的，仍要重新进行车间级和班组级的消防安全教育；在车间范围内调动，凡改变工种的，亦要按新工种的要求进行专门的消防安全培训教育。

（2）接受过三级消防安全教育的工人，因违章而造成事故的，本人要负主要责任；如未对工人进行三级消防安全培训教育，由于不懂消防安全知识而造成事故的，则有关单位的领导要承担重要责任。

（3）三级消防安全教育是最基本的安全培训教育，新工人进入岗位后，还要经常进行，不断提高他们预防事故的警惕性和消防安全知识水平。特别是当生产情况发生变化时，更应对操作工人及时进行教育。不能一次教育就一劳永逸。

（三）教育的内容要有真实性、时效性、知识性、趣味性和针对性

1. 要有真实性

由于消防安全培训教育工作是教育人的，是通过各种渠道和形式的教育活动来提高人们的消防安全意识的，所以，宣讲的内容必须按照事物的本来面目加以认识和说明，按照符合事实真相的例证去说服教育，人们才能认识、接受你所讲的道理。否则，人们就不能正确认识和接受你所宣讲的内容。

2. 要有时效性

因为任何火灾的发生，总是在某种条件下出现的，它往往反映某个时期消防工作的特点。所以，消防安全教育应特别注意利用一切机会，抓住时机进行。譬如，发生一起典型的火灾，就要及时抓住这个机会，用活生生的事实进行教育。讲明为什么会发生这起火灾，它的直接起因是什么，间接原因又是什么，给生产和人民群

众的生活带来了怎样的后果，应该从中吸取什么教训，如何防止此类火灾的发生等。但时过境迁之后再去宣传这个案例，其时效性显然不如短时间之内好。另外在消防安全教育的内容上应和季节相吻合。如夏季教育危险品防热、防潮、防自燃，冬季教育炉火取暖防火、防煤气中毒等。但若不按事物的时间规律去做，相反在夏季讲注意炉火防火，而在冬季却教育危险品防热、防潮等，就不会有很好的效果。

3. 要有知识性

任何事物的发生、发展都有其必然的原因和规律，火灾的发生也不例外。要让人们知道防止火灾发生的办法，在进行消防安全培训教育时就必须设法让人们知道火灾发生、发展的原因和规律性才能奏效。这就要求在消防安全培训教育的方法和内容上要有知识性。譬如，在日常生活中，有人见到用纸做的灯罩罩在 75W 的白炽灯泡上，如果我们只是说这样做很不安全，不说或说不出为什么不安全的道理来，那么是不会达到消防安全教育的目的的。应当将知识性寓于其中，说明用纸做灯罩之所以不安全，是因为一个 75W 的白炽灯泡通电后，在一定时间内灯泡的表面温度可达 140～200℃，而纸张的燃点为 130℃，所以用纸做灯罩容易炭化起火。这样，人们通过知识性的培训教育，就能自然掌握消防安全知识，就能自觉注意消防安全。

4. 要有趣味性

在消防安全培训教育的内容和方法上还应具有趣味性。所谓趣味性，就是通过对教育内容的加工，针对不同的对象、时间、地点、内容，用形象、生动、活泼的艺术性手法或语言，将不同的听者、看者的注意力都聚集于所讲的内容上的一种手法。同样的内容，同一件事物，不同的讲授方法会产生不同的效果。所以要掌握趣味性的手法，使所讲授的内容对听者、看者具有吸引力，使人想听、想看，达到启发群众、教育群众的目的。

5. 要有针对性

消防工作不同时期会有不同的要求和重点，同时，不同季节、不同生产行业、不同工种的人员也都有不同的特点，如城市和农村不同，机关与企业不同，化工企业和轻纺企业不同，电焊工和保管员不同；同时在不同的季节消防安全教育的内容也是有区别的。所以，在进行消防安全培训教育时，都要注意区别这些不同特点，抓住其中的主要矛盾，有针对性、有重点地进行。

（四）采取不同层次、多种形式和方法进行培训

要根据单位和培训对象的实际情况采取多种形式和方法进行培训。对于大中型企业的法定代表人，消防控制室操作人员，消防工程的设计、施工人员，消防产品的生产、维修人员和易燃易爆危险物品生产、使用、储存、运输、销售的专业人员，宜由省一级的消防安全培训机构组织培训；对于一般的企业法定代表人，企业专职防火员，特种行业的电工、焊工等宜分别由省辖市一级的消防安全培训机构或区、县级的消防安全培训机构组织培训；对于机关、团体、企业事业单位普通职工的消防安全培训，宜由单位的安全保卫部门组织消防安全培训。

在培训的方法上要根据培训对象的实际情况，可集中上来培训，亦可就近培训，亦可深入到工厂、车间、工地、学校培训。总之，以有利于培训对象掌握消防安全知识、有利于增强消防业务素质、有利于企业的生产安全为宜。

（五）政府有关部门要加强消防安全培训的指导和监督

公安、教育、民政、人力资源和社会保障、住房和城乡建设、文化、广电、安全监管、旅游等部门应当按照各自职能，依法组织和监督管理消防安全教育培训工作，并纳入相关工作检查、考评。

1. 公安机关消防机构的要求

各级公安机关消防机构的领导应当充分认识消防安全培训教育在整个防火工作中的重要性，掌握本地区消防安全教育培训工作情况，向本级人民政府及相关部门提出工作建议；指导和监督社会消防安全教育培训工作；会同人力资源和社会保障部门对消防安全专业培训机构实施监督管理；定期对居民委员会、村民委员会的负责人和专（兼）职消防队、志愿消防队的负责人开展消防安全培训。

为了保证培训质量，各级公安机构消防机构应当对消防安全培训实施单位的教学场地、设施、设备、教材、教具，以及教学管理措施等教学必备的条件进行认真的考察和监督，具备条件的发给资质证书；对实施消防安全培训的教学人员的基础知识、教学能力、操作能力、授课水平等进行严格考核，合格者发给资格证书，不得滥竽充数。

2. 民政部门应当将消防安全教育培训工作纳入减灾规划并组织实施，结合救灾、扶贫济困和社会优抚安置、慈善等工作开展消防安全教育；指导居民委员会、村民委员会和各类福利机构开展消防安全教育培训工作；负责消防安全专业培训机构的登记，并实施监督管理。

3. 人力资源和社会保障部门的要求

人力资源部门应当指导和监督机关、企业和事业单位将消防安全知识纳入干部、职工教育、培训内容；依法对消防安全专业培训机构进行审批和监督管理，指导和监督有关职业培训机构，以及机关、企业和事业单位将消防安全知识纳入干部、职工教育和职业技能培训内容。

4. 住房和城乡建设部门的要求

住房和城乡建设行政部门应当指导和监督勘察设计单位、施工单位、工程监理单位、施工图审查机构、城市燃气企业、物业服务企业和风景名胜区经营管理单位等开展消防安全教育培训工作，将消防法律法规和工程建设消防技术标准纳入建设行业相关执业人员和从业人员的岗位培训及考核内容。

5. 安全监管部门的要求

安全生产监督管理部门应当指导、监督矿山、危险化学品、烟花爆竹等生产经营单位开展消防安全教育培训工作；将消防安全知识纳入安全生产监管监察人员和矿山、危险化学品、烟花爆竹等生产经营单位主要负责人、安全生产管理人员以及特种作业人员培训考核内容；将消防法律法规和有关消防技术标准纳入注册安全工程师培训及执业资格考试内容。

6. 旅游部门的要求

旅游行政部门应当指导和监督相关旅游企业开展消防安全教育培训工作，督促旅行社加强对游客的消防安全教育，并将消防安全条件纳入旅游饭店、旅游景区等相关行业标准，将消防安全知识纳入旅游从业人员的岗位培训及考核内容。

7. 科技、司法部门的要求

科技、司法部门应当将消防知识和消防法规纳入科普、普法教育内容。

对消防安全培训工作，上级机关应当加强对下级机关的领导，适时做出计划和安排，定期检查工作落实情况，注意信息反馈，及时纠正工作中存在的问题。

（六）加强对消防安全培训机构的管理

1. 消防安全专业培训机构的设立要求

国家机构以外的社会组织或个人，利用非国家财政性经费，或者其他依法设立的职业培训机构、职业学院及其他培训机构，面向社会从事消防安全专业培训的，应当经过省级人力资源和社会保障部门批准，取得消防安全职业培训批准书。

2. 培训机构成立应当具备的条件

成立消防安全专业培训机构或者申请从事消防安全专业培训应当符合下列条件：

（1）有规范的名称和必要的组织机构；

（2）注册资金或者开办费 100 万元以上；

（3）有健全的组织章程和培训、考试制度；

（4）具有与培训规模和培训专业相适应的专（兼）职教员队伍；专职教员应当不少于教员总数的二分之一；具有建筑、消防等相关专业中级以上职称，并有 5 年以上消防相关工作经历的教员不少于 10 人；消防安全管理、自动消防设施、灭火救援等专业课程应当分别配备理论教员和实习操作教员不少于 2 人。

（5）有同时培训 200 人以上规模的固定教学场所、训练场地，具有满足技能培训需要的消防设施、设备和器材；

（6）具有符合消防安全专业培训需要的其他条件。

3. 设立消防安全培训机构的申请和批办

申请成立消防安全专业培训机构，或者依法设立的职业培训机构、职业院校及其他培训机构申请从事消防安全专业培训的，应当依照《民办教育促进法》的规定，向省级人力资源和社会保障部门申请。

省级人力资源和社会保障部门受理申请后，应当征求同级公安机关消防机构的意见。省级公安机关消防机构配合人力资源和社会保障部门对师资条件、场地和设施、设备、器材等进行核查，出具书面意见。

人力资源和社会保障部门根据公安机关消防机构的书面意见和有关民办职业培训学校的规定进行综合评定，符合条件的发给消防安全职业培训批准书，并向社会公告。

4. 消防安全专业培训机构要求

公安、教育、民政、人力资源和社会保障、住房和城乡建设、安全监管、旅游部门管理的培训机构，应当根据培训对象特点和实际需要进行消防安全培训教育。消防安全专业培训机构应当按照国家有关法律、法规、规章、章程和公安部会同教育部、人力资源和社会保障部等共同制定、编制的全国统一的消防安全教育培训大纲开展消防安全专业培训，以保证培训质量。

消防安全专业培训机构开展消防安全专业培训，应当将消防安全管理、建筑防火和自动消防设施施工、操作、检测、维护技能作为培训的重点，对经理论和技能操作考核合格的人员，颁发培训证书。消防安全专业培训的收费标准，应当符合国家有关规定，并向社会公布。

5. 对培训机构的监督管理

省级人力资源和社会保障部门、民政部门应当依法对消防安全专业培训机构进行管理，监督、指导消防安全专业培训机构依法开展活动。公安部应当会同教育部、人力资源和社会保障部等共同制定、编制全国统一的消防安全教育培训大纲。

省级人力资源和社会保障部门应当对消防安全专业培训机构定期组织质量评估，并向社会公布监督评估情况。省级人力资源和社会保障部门在对消防安全专业培训机构进行质量评估时，应当邀请公安机关消防机构专业人员参加。

社会组织或者个人未经批准擅自举办消防安全专业培训机构的，或者消防安全专业培训机构在培训活动中有违法违规行为的，由教育、人力资源和社会保障、民政等部门依据各自职责依法予以处理。

地方各级人民政府及有关部门对在消防安全培训教育工作中有突出贡献或者成绩显著的单位和个人，应当给予表彰奖励。单位对消防安全教育培训工作成绩突出的职工，应当给予表彰奖励。

地方各级人民政府公安、民政、人力资源和社会保障、住房和城乡建设、安全监管等部门不依法履行消防安全教育培训工作职责的，上级部门应当给予批评；对直接责任人员由上级部门和所在单位视情节轻重，根据权限依法给予批评教育或者建议有权部门给予处分。

公安机关消防机构工作人员在协助审查消防安全专业培训机构的工作中疏于职守的，由上级机关责令改正；情节严重的，对直接负责的主管人员和其他直接责任人员依法给予行政处分。

第三节　消防安全基础教育

基础教育是指国家规定的对未成年人实施的最低限度的教育。同理，所谓消防安全基础教育，就是在按国家规定进行基础教育的同时，对未成年人进行的最低限度的消防安全知识普及教育。

众多的火灾事实告诫我们，很多火灾的发生都是由于人们不懂得最基本的消防安全常识所致。所以，要保证公民的消防安全，就必须要提高公民个人的消防安全素质，而要提高公民个人的消防安全素质，就必须从娃娃时抓起。对一个社会来讲，消防安全教育最重要的在于学校。因为教育是学校按一定要求培养人的工作，如果一个公民至少在学生时期就能够很好地接受消防安全教育的话，肯定能够使千千万万个学生长大进入社会以后在消防安全方面终身受益。如果全国每个学校都能够进行消防安全教育的话，那受益的将是我们整个国家、整个民族。

《消防法》第六条第 4 款规定："教育、人力资源行政主管部门和学校、有关职业培训机构应当将消防知识纳入教育、教学、培训的内容。"实践已经证明，要真正普及消防安全知识，仅靠消防部门一家的力量是不够的，教育部门也应承担起一定的责任。

一、消防安全基础教育的主要内容和形式

根据幼儿、小学生和中学生的生理和心理的不同特点，结合各地学校和幼儿园的实践，其消防安全教育主要形式可以有以下几种。

（一）结合国旗下的讲话

"国旗下的讲话"是具有鲜明主题的以学校少年先锋队或共产主义青年团对学生进行爱国主义教育的一种重要形式。在每周星期一的早上进行，每次都有一个鲜明的主题。各学校可以充分利用这种形式，结合当地的消防安全形势，把消防安全作为一个主题，有针对性地对学生进行消防安全教育。根据一些学校的实践，一个学期可以至少有一次以消防安全为主题的"国旗下的讲话"。

（二）结合主题班会

所谓主题班会，是指具有鲜明主题的、以班集体为单位进行的思想品德教育的活动。各学校的班主任老师，可以充分利用这种形式，结合当地的消防安全形势和本班学生的学习和生活情况，把消防安全作为一个主题，有针对性地对学生进行消防安全教育。为了把主题班会开好，班主任要善于抓住时机、选好主题、当好参谋和导演。根据一些学校的实践，一个学期至少可以有一次以消防安全为主题的"主题班会"。

（三）结合少先队的活动

少年先锋队组织是社会主义中国对中小学学生进行共产主义思想、集体主义思想和品德教育的一种组织形式。各学校可以充分利用这种组织形式，结合当地的消防安全形势，把消防安全科普教育纳入其中。不少学校还通过组建少年消防团或少年消防警校，向学生灌输消防科普知识等，都收到了较好的效果。

（四）结合社会实践活动

为了加强学生对社会的了解，提高学生的社会实践能力和综合素质，国家教育行政机关规定，要求小学和初中根据学生的生理和心理特点开设社会实践课。由于消防安全是一项社会性很强的工作，把对学生的消防安全教育与学校的社会实践课

结合起来，不失为一种提高学生消防安全素质的重要渠道。不少学校通过参观消防队（站），组织学生深入居民社区、家庭进行"问卷调查"，让学生写出"你所见到的火灾隐患"，并用相机拍摄下来等，不仅可以提高学生的消防安全意识和消防安全素质，同时还可促进居民消防安全意识的提高。

（五）结合学校管理教育活动

学校的消防安全管理是学校行政管理的一个重要组成部分。从近年来全国各学校发生的多起火灾事故看，学校的消防安全管理势在加强之列。如 2004 年 2 月 8 日晚，湖北省某中学学生宿舍因使用电器不慎发生火灾，烧毁房屋三间、床铺、被褥等物品，损失 1.5 万余元。再如，位于北京丰台区的燕京华侨大学的一间学生宿舍发生火灾，一名管理宿舍的 40 岁左右的老师，面部、四肢、躯体和呼吸道均被严重烧伤，烧伤面积达到 50％以上，情况非常危险。全国还有不少在上实验课和学生在宿舍违章用电发生的火灾事故。所以，各级学校应当在加强消防安全管理的同时，加强对学生的消防安全教育。

（六）结合"11·9"消防日

"11·9"消防日是《消防法》规定的一个"消防安全教育日"。它是为了提高全体公民的消防安全意识，发动群众整改火灾隐患，避免火灾事故的发生，在每年的 11 月 9 日设立的法定日期。因此，各级学校在每年的"11·9"消防日活动期间，应当通过各种形式配合社会的消防安全教育活动对学生进行消防安全教育。

"11·9"消防日的活动方式，可以与少先队的活动、社会实践活动、学校管理教育活动或冬（夏）令营活动结合起来一起搞，也可以单独搞。从有关学校的实践看，合起来搞更为合理。在活动期间，可以通过曲艺、小品、诗歌等文艺节目形式，也可以通过作文、摄影、绘画和知识竞赛等形式，还可以通过利用局域网络、电子课件、flash 创作大赛，展播学生们自编、自导、自拍、自演的 DV 校园安全短剧等一系列活动进行。

（七）结合夏令营或冬令营活动

夏令营或冬令营是各类小学少年先锋队活动和社会实践活动的一个具体形式。各小学可以把以上 6 种形式结合起来，将消防安全科普教育的内容纳入夏令营或冬令营活动中（含"11·9"消防日）进行。根据北京市房山区良乡第二小学等学校的实践，效果是很好的。

（八）结合军训活动

为了加强国防教育，国家有关规定，要求在初中、高中、职中阶段和大学阶段的新生入学，都要统一进行国防教育和基础的军事训练，课时安排一般不少于 120 学时（15 天），大学阶段时间安排还要长一些，各学校落实得也很好。根据这一情况，我们完全可以将消防安全教育纳入学校的军训之中，课时安排一般不少于 8～16 学时，并计入学分。如天津大学，军训安排 30 个教学日，其中，消防理论课 16 课时，消防训练 4 个教学日（32 课时），学分占军训的 5 分。

（九）结合教学过程渗透

结合教学过程，就是指在进行主课教育的同时将相关的副课知识渗透在主课中讲解、渗透的教育。根据有关学校的实践，消防安全知识在普通学校教育中作为副课知识，可以通过以下5种方式进行。

1. 结合教学活动内容渗透

在幼儿园和小学的教学过程中，可以通过儿歌、体育游戏、情境游戏、角色游戏、看图讲述、美工等教学过程，适当渗透相关的消防安全知识。如为了让幼儿知道如何正确拨打火警电话"119"，可将拨打方法和防火注意事项编成幼儿易学的儿歌对幼儿进行消防常识教育。这样，不仅可以让幼儿了解"119"报警电话的打法，还可增强孩子们的防火安全意识。

2. 结合教材内容渗透

在小学、幼儿园及各类中学、大学的教材中，都可以渗透相关的消防安全知识。例如，小学的《科学》和《品德与社会》，中学的《化学》、《物理》、《法律知识》等课程都是基础学科，其丰富的内涵在教学中发挥着独特的作用，完全可以在讲解主课时渗透相关的消防安全知识。如在讲授九年级《化学》上册第七单元"燃料及其利用"时，可以更加广泛地渗透消防安全知识。

3. 结合实验教学渗透

除了在教材内容中可以大量渗透消防安全知识外，在实验教学中也存在较多安全方面的问题，如若把握不好还容易造成课堂事故。如可燃性气体点燃前一定要验纯；一些实验中的化学反应虽然剧烈，但试剂量小并无危险，用药量稍大便会发生危险；再如，金属钠、钾与水反应可能引起着火甚至爆炸，所以，试样必须将钠切至绿豆大小；红磷在氧气里燃烧时，反应很剧烈，但药量少时并无危险，故在做分组实验时，让学生观察红磷在氧气里燃烧时的现象，放入的药量一定要适量，不得随意用药等，所有这些都应当在实验中把安全知识和正确的操作方法教给学生，否则就会发生爆炸事故。

同时，在实验教学中还应进行消防安全知识的研究。例如，氢气和氯气混合用光源点燃的实验，按课本的设计火灾危险性就比较大，但通过精心设计和探究把氢气和氯气的混合气装入塑料带，用照相机的闪光灯作为强光源，不仅实验现象较改进前明显，而且安全可靠。通过科学探究，还能够使学生在获得化学知识和技能的同时又受到科学方法的训练，体验探究的快乐，形成和锻炼学生探究的能力，启迪学生的科学思维，揭示化学现象的本质，体验科学探究的过程，帮助学生掌握安全知识、技能和方法。

4. 借助于重大事件和热点问题进行渗透

社会重大事件中，有许多素材和所学知识有关，适时巧妙地把它们引入课堂教学中，从事件存在的问题出发，引出化学学习的内容，进行消防安全教育，这对于激发学生的兴趣，开发学生的思维，提高教学质量有显著的作用。

例如，2003年12月23日22时，重庆市开县境内川东天然气矿矿井发生天然气井喷事故，造成191人丧生。在高一的"硫化氢"教学中，就可以此为教学背景，展开讨论，引导学生思考，"为什么会死这么多人？"，"硫化氢为什么有毒？""如果我在现场将会怎么办？"，让学生带着诸多的疑问进行学习，这样会在实际中能达到事半功倍的效果。

5. 结合教学活动渗透

各学科的教师应当不断寻找新的视角和切入点，因地制宜，发掘资源，对实际生活中"活"的资料加以利用，把当地生产中的资源与课本中的消防安全知识有机地结合起来，进行消防安全教育，充分开发和利用当地资源，开拓学生的视野，引导学生从课外活动和社会实践中学习消防知识，对促进学生积极主动的学习方法具有重要意义。如在讲授九年级《化学》上册第七单元"燃料及其利用"时，可以组织学生到当地的消防部门观看消防官兵的介绍和表演，让学生参与消防活动，亲自体验使用灭火器灭火的过程，掌握必要的灭火方法和自救手段，当遇到各种异常情况或危险时能够果断进行自救自护等。通过一系列参观、调查活动，使学生走向实际，学会在实践中发现问题、提出问题、分析和解决问题，通过查阅和收集资料、加工整理，使学生的合作能力、探究能力、实践能力得到增强，更加深刻理解课本中的化学、物理等知识和消防安全知识，并能对实际生活中存在的事故隐患提出合理的建议，作出客观的评价，学会关注人的生产、生活与安全的和谐发展，形成积极的人生观。

二、消防安全基础教育的要求

在全面实施素质教育的今天，我们强调以人为本，以学生全面发展为本，就应当把消防安全教育和学会生存纳入素质教育的重要内容，并逐步建立起学校消防安全教育的长效机制。为此，各教育行政主管部门、各学校的领导、教师以及家长和当地消防安全监督管理部门应当做好各自的工作。

（一）教育主管部门及各级领导和教师，要提高认识，加强领导

人生的学前阶段和各学校的教育阶段是人生启蒙、发展的重要阶段，要使每一位公民从幼儿园开始的幼小心灵就能初步得到消防安全知识的启迪和锻炼，作为基础教育最早的幼儿园及各小学、中学到大学，其上级主管部门、领导及每位教师，都有责无旁贷的责任和义务。都要充分认识对幼儿和学校学生进行消防安全教育的重要性和必要性，并拿到提高全民族及全体公民消防安全素质的高度去认识，积极主动地加强对消防安全知识普及工作的领导，并列入工作的重要日程。各主管教学的领导和学校的教学主管部门，要加强对学校消防安全知识渗透教育的教案和教学过程的督导、检查、总结、评比，并把消防安全知识渗透教育的实施情况作为考核教学绩效的重要内容。

（二）要将消防安全教育纳学校入教学大纲，编入教师教案

各幼儿园及各类学校，应当把有关消防安全教育的内容编入本校的教学大纲，作为必修课施教，并计入学分。各相关课程的任课教师，要通过培训、上网和阅读相关消防安全书籍，加强消防安全知识的学习。要把所授课程中应当渗透的相关消

防安全知识编入教案，并及时渗透在教学过程中。

各级各类学校应当将消防安全知识纳入教学内容；在开学初、放寒（暑）假前、学生军训期间，对学生集中开展专题消防安全教育；要结合不同课程实验课的特点和要求，对学生进行针对性的消防安全教育；组织学生到当地消防站参观体验；每学年至少组织学生开展一次应急疏散演练；对寄宿学生开展经常性安全用火用电教育。

各级各类学校应当至少确定一名熟悉消防安全知识的教师担任消防安全课教员，并选聘消防专业人员担任学校的兼职消防辅导员。

中小学校和学前教育机构应当针对不同年龄阶段学生认知特点，每学期对学生开展不少于2个课时的消防安全教育。小学阶段应当重点开展火灾危险及危害性、消防安全标志标识、日常生活防火、火灾报警、火场自救逃生常识等方面的教育。初中和高中阶段应当重点开展消防法律法规、防火灭火基本知识和灭火器材使用等方面的教育。学前教育机构应当采取游戏、儿歌等寓教于乐的方式，对幼儿开展消防安全常识教育。

高等学校应当每学年至少举办一次消防安全专题讲座，在校园网络、广播、校内报刊等开设消防安全教育栏目，对学生进行消防法律法规、防火灭火知识、火灾自救他救知识和火灾案例教育。普通高等学校和职业院校可以开设消防类专业或者设置消防类课程，培养消防专业人才。人民警察训练学校应当根据培训对象的特点，科学安排培训内容，开设消防基础理论和消防管理课程，并列入学生必修课程。师范院校应当将消防安全知识列入学生必修内容。

（三）要加强对教师及学生的消防安全教育培训

学校的消防安全主管部门，要制定学校消防安全教育培训工作规划和标准，将消防安全教育培训工作纳入教育督导和工作考核；指导和监督学校将消防安全知识纳入教学内容；将消防安全知识纳入学校管理人员和教师在职培训内容。要积极协助教学部门做好消防安全主题教育和渗透教育工作，积极与当地公安消防管理部门联系，为学校教学主管部门索要相关的消防安全科普知识书籍、光盘资料等。学校应当积极联系参观消防队（站）、城市少年消防教育馆，帮助开展好有关消防安全科普主题教育等活动。校园内应当建立固定的消防安全科普知识教育橱窗、专栏，图书馆或图书室应当购置消防安全教育类图书、挂图和音像资料等，有条件的学校应当利用校园广播、网站和电化教学等现代化的多媒体系统，开展消防安全知识专题教育。

各类学校未按照国家规定开展消防安全教育工作的，教育、公安、人力资源和社会保障等主管部门应当按照职责分工责令其改正，并视情对学校负责人和其他直接责任人员给予处分。单位违反教育培训义务的，构成违反消防管理行为的，由公安机关消防机构依照《消防法》予以处罚。

（四）教职员工要对学生充满爱心

对学生充满爱心是每一位教育工作者必备的重要条件。对学生的爱心不仅表现在日常的教学工作中，更表现在为保护学生生命的危急时刻。如在新疆克拉玛依友谊馆大火中，唯一让人怀念与尊敬的是那些以自己的血肉之躯掩护孩子的教师。人们在扑灭大火后发现有一老师的头和背已被烧焦。但是，她的两只臂肘下一边护着一名学生，其中一名学生的心脏还在微弱跳动。有的老师自己被大火烧得面目全非，然而他们的遗体都是张开双臂，还像母鸡护着小鸡一样，在墙边围护着几位死去的学生。人们后来发现许多老师的遗体，不是张开双手拉学生，就是扑在学生的身上。这些老师们在危难时刻，以自己的血肉之躯，在生命的最后时刻都在掩护着孩子们，他们都是全国各人民教师的楷模，全国人民都应当永远怀念在克拉玛依大火中永生的师恩，每位老师都应当向他们学习。

（五）家长要身体力行，从自身做起，做孩子的榜样

家长是孩子的第一任启蒙老师，也是最重要的一任老师。在孩子眼里，父母是自己心中的偶像，是崇拜的英雄，家长的一言一行都会在潜移默化中影响着孩子。因此，平时家长就要注意养成良好的生活习惯，做孩子学习的表率，不要把报纸、杂志之类的可燃物放在炉子、加热器、暖气片等近旁；不要把正在烧、烤、煮、蒸的东西置之不理；吸烟的家长不要卧床吸烟，刚吸完的烟蒂不要扔在垃圾桶里；不要在一个插座上使用多个电器设备；在使用完液化气或煤气灶后，要及时关掉阀门；在公共场所不要损坏消防设施和器材等。另外，家长朋友们还要注意不要带孩子去舞厅、卡拉 OK 等公共娱乐场所，更不要单独把孩子锁在家里；不要在城市街道上和加油加气站、液化石油气换瓶站、燃气加压站等易燃易爆设施附近燃放烟花爆竹。

（六）学校当地的教育和公安机关消防机构要积极引导、协助幼儿园和学校做好消防安全基础教育工作

提高施教者的消防安全意识，是开展消防安全教育的基础。教育部门应当指导和监督各级各类学校将消防知识纳入教育、教学、培训的内容。公安机关消防机构要把对幼儿园和学校的消防安全知识教育作为自己的主要职责之一，积极引导、协助幼儿园和学校做好消防安全教育工作；要积极主动的对教师进行有关消防安全知识的培训，对于幼儿园和小学低年级学生的安全教育，还应将教育面扩大到家长。因为作为教育者的教师和家长具备消防安全知识的多少，将直接影响受教育学生消防安全知识的掌握程度。

公安机关消防机构要积极主动地办好消防安全教育场馆，面向幼儿园和各类学校，提供最大的方便，让更多的幼儿和学生接受消防安全知识教育。

可以认为，通过以上幼儿形象教育、小学专题教育、中学渗透教育、中专大学的选修自学教育，并能够很好实施，相信我国全体公民的消防安全意识和消防安全素质一定会有很大的提高，并能够有效促进我国社会主义精神文明和物质文明的共同发展。

第四章　消防安全检查与火灾隐患整改

　　进行消防安全检查，及时发现并整改火灾隐患，做到防患于未然，是预防火灾发生的重要措施；是各级政府和机关团体企业事业单位实施消防安全管理，以及消防监督机关实施监督管理的一个主要手段。所以政府分管领导、消防监督机关的消防监督检查人员和社会单位的消防安全管理人员，应当掌握其基本形式、方法和要求。

第一节　消防安全检查

　　消防安全检查是指具有隶属关系的上级领导机关对下级单位或部门消防安全工作情况进行的专项检查。是为了督促查看所辖单位内部的消防工作情况和查寻验看消防工作中存在的问题而进行的一项安全管理活动，是实施消防安全管理的一条重要措施，也是控制重大火灾，减少火灾损失，维护社会秩序安定的一个重要手段。消防安全检查根据组织实施的单位，主要有政府组织的消防安全检查、消防监督机关组织的监督检查和单位自己组织的消防安全检查几种类型。

一、政府消防安全检查

　　政府消防安全检查是指地方各级人民政府对下一级人民政府和本级人民政府有关部门履行消防安全职责情况定期进行的专项检查。

　　（一）消防安全检查的作用

　　消防安全检查的作用，主要是通过实施检查活动而表现出来的。

　　（1）通过开展消防安全检查可以督促各种消防规章、规范和措施的贯彻落实。同时，对执行情况可及时反馈给制定规章的领导机关，使领导机关可以根据执行情况提出改进、推广或总结提高的措施。

　　（2）通过开展消防安全检查，可以及时发现所属单位及其下属单位和职工在生产和生活中存在的火灾隐患，督促各有关单位和职工本人按规范和规章的要求进行整改或采取其他补救措施，从而消除火灾隐患，防止火灾事故的发生。

　　（3）通过开展消防安全检查还可以体现上级领导对消防工作的重视程度和对人民群众生命、财产的关心、爱护和高度负责的精神，使职工群众看到消防安全工作的重要性；同时在检查过程中发现隐患、举证隐患，可以起到宣传消防安全知识的作用，从而提高领导干部和群众的防火警惕性，督促他们自觉做好防火安全工作，做到防患于未然。

（4）通过消防安全检查，可以提供司法证据。在开展消防安全检查的活动中，通过填写消防安全检查记录表和火灾隐患整改报告、公安消防机关签发的《火灾隐患责令当场改正通知书》、《火灾隐患责令限期改正通知书》、《火灾隐患责令整改通知书》等文书，在一定的时间和场合便是最好的司法证据，在法律上起着其他任何证据都难以替代的作用。

（5）通过开展消防安全检查，对所提出的整改意见和拟订的整改计划，经过反复论证，选择出认为是最科学、最简便、最经济的最佳方案，可以使企业或公民个人以尽可能少的资金达到消除隐患的目的。同时，通过检查及时发现并整改了隐患，杜绝了火灾的发生，或把火灾消灭在萌芽状态，从而也就避免了经济损失，也就收到了经济效益。

（二）政府消防安全检查的组织形式

（1）政府领导挂帅，组织有关部门参加的对所属消防安全工作的考评检查；

（2）以政府名义组织，由消防监督机关牵头，政府有关部门参加的联合消防安全检查；

（3）以消防安全委员会的名义组织政府有关部门参加的消防安全检查。

（三）政府消防安全检查的内容

（1）消防监督管理职责；

（2）涉及消防安全的行政许可、审批职责；

（3）开展消防安全检查，督促主管的单位整改火灾隐患的职责；

（4）城乡消防规划、公共消防设施建设和管理职责；

（5）多种形式消防队伍建设职责；

（6）消防宣传教育职责；

（7）消防经费保障职责；

（8）其他依照法律、法规应当落实的消防安全职责。

（四）政府消防安全检查的要求

（1）地方各级人民政府对有关部门履行消防安全职责的情况检查后，应当及时予以通报。对不依法履行消防安全职责的部门，应当责令限期改正。

（2）县级以上地方人民政府的国资委、教育、民政、铁路、交通运输、农业、文化、卫生、广播电视、体育、旅游、文物、人防等部门和单位，应当建立健全监督制度，根据本行业、本系统的特点，有针对性地开展消防安全检查，及时督促整改火灾隐患。

（3）对于公安机关消防机构检查发现的火灾隐患，政府各有关部门应当采取措施，督促有关单位整改。

（4）县级以上人民政府对公安机关依据《消防法》第七十条第五款报请的对经济和社会生活影响较大的涉及供水、供热、供气、供电的重要企业、重点基建工程、交通、通信、广电枢纽、大型商场等重要场所，以及其他对经济建设和社会生活构成重大影响事项的责令停产停业、停止使用、停止施工处罚的请示，应当在十个工作日内作出明确批复，并组织公安机关等有关部门实施。

（5）对各级人民政府有关部门的工作人员不履行消防工作职责，对涉及消防安全的事项未按照法律、法规规定实施审批、监督检查的，或者对重大火灾隐患督促整改不力的，尚不构成犯罪的，依法给予处分。

二、公安机关消防机构的消防监督检查

监督检查是指属于非隶属关系但具有监督之责的机关或机构对管辖范围内单位专项工作情况所实施的检查。公安机关消防机构的消防监督检查是指国家授权的消防监督机关为了督促查看所辖区域内各单位消防工作情况和查寻验看消防工作中存在的问题而进行的检查。公安机关消防机构实施的消防监督检查，是政府的一项消防安全管理活动，也是政府实施消防安全管理的一条重要措施。

（一）公安机关消防机构消防监督检查的分类

根据《消防法》的规定，公安机关消防机构所实施的监督检查，按照检查的对象和性质，通常有以下 6 种。

（1）对公众聚集场所在使用或者营业前的消防安全检查；

（2）对单位履行法定消防安全职责情况的监督抽查；

（3）对举报投诉的消防安全违法行为的核查；

（4）对大型群众性活动进行的监督检查；

（5）对大型人员密集场所和特殊建设工程建设工地的监督检查；

（6）根据需要进行的其他消防监督检查。

（二）公安机关消防监督检查的分工

（1）直辖市、市（地区、州、盟）、县（市辖区、县级市、旗）公安机关消防机构具体实施消防监督检查。

（2）公安派出所可以实施对居民住宅区的物业服务企业、居民委员会、村民委员会履行消防安全职责的情况和上级公安机关确定的未设自动消防设施的部分非消防安全重点单位的日常消防监督检查。

（3）上级公安机关消防机构应当对下级公安机关消防机构实施消防监督检查的情况进行指导和监督。

（4）公安机关消防机构应当对公安派出所开展日常消防监督检查工作进行指导，定期对公安派出所民警进行消防监督业务培训。

（5）县级公安机关消防机构应当落实消防监督员，分片负责指导公安派出所共同做好辖区消防监督工作。

（三）消防监督检查的方式

公安机关消防机构对单位履行消防安全职责的情况进行监督检查，可以通过以下基本方式进行。

（1）询问单位消防安全责任人、消防安全管理人和有关从业人员；

（2）查阅单位消防安全工作有关文件、资料；

（3）抽查建筑疏散通道、安全出口、消防车通道保持畅通，以及防火分区改

变、防火间距占用情况；

（4）实地检查建筑消防设施的运行情况；

（5）根据需要采取的其他方式。

（四）消防监督检查的内容

消防监督检查的内容，根据检查对象和形式确定。

1. 对单位履行法定消防安全职责情况监督抽查的内容

公安机关消防机构，应当结合单位履行消防安全职责情况的记录，每季度制定消防监督检查计划，对单位遵守消防法律、法规的情况；单位建筑物及其有关消防设施符合消防技术标准和管理规定的情况进行抽样检查。对单位履行法定消防安全职责情况的监督检查，应当针对单位的实际情况检查下列内容：

（1）建筑物或者建设工程是否依法通过消防验收或者消防验收备案，公众聚集场所是否通过使用、营业前消防安全检查；

（2）建筑物或者场所的使用情况是否符合消防验收或者备案时确定的使用性质；

（3）单位消防安全制度以及灭火和应急疏散预案是否制定；

（4）消防设施是否定期进行全面检测，消防设施、器材和消防安全标志是否定期组织检验、维修，是否完好有效；

（5）电气线路、燃气管路是否定期维护保养、检测；

（6）疏散通道、安全出口、消防车通道是否保持畅通，防火防烟分区是否改变，防火间距是否被占用；

（7）是否定期组织防火检查；是否组织消防演练和员工消防安全教育培训，自动消防系统操作人员是否持证上岗；

（8）易燃易爆危险品的生产、储存、销售场所是否与居住场所设置在同一建筑物内；其他物品的生产、储存、销售场所与居住场所设置在同一建筑物内的是否符合国家工程建设消防技术标准；

（9）人员密集场所的室内装修装饰材料是否符合消防安全技术标准；

（10）其他依法需要检查的内容。

2. 对消防安全重点单位检查的内容

对消防安全重点单位履行法定消防安全职责情况的监督检查，除消防监督抽查的内容外，还应当检查下列内容：

（1）消防安全管理人确定情况；

（2）每日防火巡查实施情况；

（3）定期组织消防安全培训和消防演练的情况。

3. 大型人员密集场所和特殊建设工地监督检查的内容

对大型密集场所和特殊建设工程的施工工地进行消防监督抽查，应当重点检查施工单位履行下列消防安全职责的情况：

（1）消防安全制度、灭火和应急疏散预案是否制定；

（2）电焊、气焊等使用明火作业的消防安全防护措施是否落实；

（3）是否设置了与施工进度相适应的临时消防水源，安装消火栓并配备水带和水枪，消防器材是否配备齐全并完好有效；

（4）是否设有施工人员的疏散通道和施工现场消防车通道；疏散通道、安全出口和施工现场消防车通道是否畅通；

（5）是否组织消防演练；员工是否进行消防安全培训教育；人员密集场所灭火和应急疏散预案中承担灭火和组织疏散预案的人员是否确定；

（6）员工集体宿舍是否与施工作业区分开设置；是否存在违章用火、用电、用油、用气。

4．大型群众性活动举办前活动现场消防安全检查的内容

（1）室内活动使用的建筑物（场所）是否依法通过消防验收或者进行消防竣工验收备案，公众聚集场所是否通过使用、营业前的消防安全检查；

（2）临时搭建的建筑物是否符合消防安全要求；

（3）是否制定灭火和应急疏散预案并组织演练；

（4）是否明确消防安全责任分工并确定消防安全管理人员；

（5）活动现场消防设施、器材是否配备齐全并完好有效；

（6）活动现场的疏散通道、安全出口和消防车通道是否畅通；

（7）活动现场的疏散指示标志和应急照明是否符合消防技术标准并完好有效。

5．错时监督抽查的内容

错时消防监督抽查是指公安机关消防机构针对特殊监督对象，把监督执法警力部署到火灾高发时段和高发部位，在正常工作时间以外时段开展的消防监督抽查。实施错时消防监督抽查，公安机关消防机构可以会同治安、教育、文化等部门联合开展，也可以邀请新闻媒体参加，但检查结果应当通过适当方式予以通报或向社会公布。公安机关消防机构夜间对营业的公众聚集场所进行消防监督抽查时，应当重点检查单位履行下列消防安全职责的情况：

（1）自动消防系统操作人员是否在岗在位，是否持证上岗；

（2）消防设施是否正常运行，疏散指示标志和应急照明是否完好有效；

（3）场所疏散通道和安全出口是否畅通；

（4）防火巡查是否按照规定开展。

（五）人员密集场所消防监督检查要点

1．单位消防安全管理检查

（1）消防安全组织机构健全。

（2）消防安全管理制度完善。

（3）日常消防安全管理落实。火灾危险部位有严格的管理措施；定期组织防火检查、巡查，能及时发现和消除火灾隐患。

（4）重点岗位人员经专门培训，持证上岗。员工会报警、会灭初期火灾、会组

织人员疏散。

（5）对消防设施定期检查、检测、维护保养，并有详细完整的记录。

（6）灭火和应急疏散预案完备，并有定期演练的记录。

（7）单位火警处置及时准确。对设有火灾自动报警系统的场所，随机选择一个探测器吹烟或手动报警，发出警报后，值班员或专（兼）职消防员携带手提式灭火器到现场确认，并及时向消防控制室报告。值班员或专（兼）职消防员会正确使用灭火器、消防软管卷盘、室内消火栓等扑救初期火灾。

2. 消防控制室检查

（1）值班员不少于2人，经过培训，持证上岗。

（2）有每日值班记录，记录完整准确。

（3）有设备检查记录，记录完整准确。

（4）值班员能熟练掌握《消防控制室管理及应急程序》，能熟练操作消防控制设备。

（5）消防控制设备处于正常运行状态，能正确显示火灾报警信号和消防设施的动作、状态信号，能正确打印有关信息。

3. 防火分隔设施检查

（1）防火分区和防火分隔设施符合要求。

（2）防火卷帘下方无障碍物。自动、手动启动防火卷帘，卷帘能下落至地板面，反馈信号正确。

（3）管道井、电缆井，以及管道、电缆穿越楼板和墙体处的孔洞封堵密实。

（4）厨房、配电室、锅炉房、柴油发电机房等火灾危险性较大的部位与周围其他场所采取严格的防火分隔，且有严密的火灾防范措施和严格的消防安全管理制度。

4. 人员安全疏散系统检查

（1）疏散指示标志及应急照明灯的数量、类型、安装高度符合要求，疏散指示标志能在疏散路线上明显看到，并明确指向安全出口。

（2）应急照明灯主、备用电源切换功能正常，切断主电源后，应急照明灯能正常发光。

（3）火灾应急广播能分区播放，正确引导人员疏散。

（4）封闭楼梯、防烟楼梯及其前室的防火门向疏散方向开启，具有自闭功能，并处于常闭状态；平时因频繁使用需要常开的防火门能自动、手动关闭；平时需要控制人员随意出入的疏散门，不用任何工具能从内部开启，并有明显标识和使用提示；常开防火门的启闭状态在消防控制室能正确显示。

（5）安全出口、疏散通道、楼梯间保持畅通，未锁闭，无任何物品堆放。

5. 火灾自动报警系统检查

（1）检查故障报警功能。摘掉一个探测器，控制设备能正确显示故障报警信号。

（2）检查火灾报警功能。任选一个探测器进行吹烟，控制设备能正确显示火灾报警信号。

（3）检查火警优先功能。摘掉一个探测器，同时给另一探测器吹烟，控制设备能优先显示火灾报警信号。

（4）检查消防电话通话情况。在消防控制室和水泵房、发电机房等处使用消防电话，消防控制室与相关场所能相互正常通话。

6. 湿式自动喷水灭火系统检查

（1）报警阀组件完整，报警阀前后的阀门、通向延时器的阀门处于开启状态。

（2）对自动喷水灭火系统进行末端试水。将消防控制室联动控制设备设置在自动位置，任选一楼层，进行末端试水，水流指示器动作，控制设备能正确显示水流报警信号；压力开关动作，水力警铃发出警报，喷淋泵启动，控制设备能正确显示压力开关动作及启泵信号。

7. 消火栓、水泵接合器检查

（1）室内消火栓箱内的水枪、水带等配件齐全，水带与接口绑扎牢固。

（2）检查系统功能。任选一个室内消火栓，接好水带、水枪，水枪出水正常；将消防控制室联动控制设备设置在自动位置，按下消火栓箱内的启泵按钮，消火栓泵启动，控制设备能正确显示启泵信号，水枪出水正常。

（3）室外消火栓不被埋压、圈占、遮挡，标识明显，有专用开启工具，阀门开启灵活、方便，出水正常。

（4）水泵接合器不被埋压、圈占、遮挡，标识明显，并标明供水系统的类型及供水范围。

8. 消防水泵房、给水管道、储水设施检查

（1）配电柜上控制消火栓泵、喷淋泵、稳压（增压）泵的开关设置在自动（接通）位置。

（2）消火栓泵和喷淋泵进、出水管阀门，高位消防水箱出水管上的阀门，以及自动喷水灭火系统、消火栓系统管道上的阀门保持常开。

（3）高位消防水箱、消防水池、气压水罐等消防储水设施的水量达到规定的水位。

（4）北方寒冷地区的高位消防水箱和室内外消防管道有防冻措施。

9. 防烟排烟系统检查

（1）检查加压送风系统。自动、手动启动加压送风系统，相关送风口开启，送风机启动，送风正常，反馈信号正确。

（2）检查排烟系统。自动、手动启动排烟系统，相关排烟口开启，排烟风机启动，排风正常，反馈信号正确。

10. 灭火器检查

（1）灭火器配置类型正确，如有固体可燃物的场所配有能扑灭 A 类火灾的灭火器。

（2）储压式灭火器压力符合要求，压力表指针在绿区。

（3）灭火器设置在明显和便于取用的地点，不影响安全疏散。

（4）灭火器有定期维护检查的记录。

11. 室内装修检查

（1）疏散楼梯间及其前室和安全出口的门厅，其顶棚、墙面和地面采用不燃材料装修。

（2）房间、走道的顶棚、墙面、地面使用符合规范规定的装修材料。

（3）疏散走道两侧和安全出口附近无误导人员安全疏散的反光镜子、玻璃等装修材料。

12. 外墙及屋顶保温材料和装修检查

（1）了解掌握建筑外墙和屋顶保温系统构造和材料使用情况。

（2）了解外墙和屋顶使用易燃可燃保温材料的建筑，其楼板与外保温系统之间的防火分隔或封堵情况，以及外墙和屋顶最外保护层材料的燃烧性能。

（3）对外墙和屋顶使用易燃可燃保温、防水材料的建筑，有严格的动火管理制度和严密的火灾防范措施。

13. 其他检查

（1）消防主、备电源供电和自动切换正常。切换主、备电源，检查其供电功能，设备运行正常。

（2）电气设备、燃气用具、开关、插座、照明灯具等的设置和使用，以及电气线路、燃气管道等的材质和敷设符合要求。

（3）室内可燃气体、液体管道采用金属管道，并设有紧急事故切断阀。

（4）防火间距符合要求。

（5）消防车道符合要求。

（六）消防监督检查的步骤

工作程序的正确与否，会对工作效果的好坏有着重要的影响。工作程序正确往往会收到事半功倍的效果，反之则不然。根据实践，消防安全检查应当按以下程序进行。

1. 拟订计划

在进行消防监督检查之前，要首先拟订检查计划，确定检查目标和主要目的，根据检查目标和检查目的，选抽各类人员组成检查组织；确定被检查的单位，进行时间安排；明确检查的主要内容，提出检查过程中的要求。

2. 检查准备

在实施消防监督检查之前，负责检查的有关人员，应当对所要检查的单位或部位的基本情况有所了解。如被检查单位所在位置及四邻单位情况，单位的消防安全责任人、管理人、安全保卫部门负责人、专职防火干部情况，生产工艺和原料、产品、半成品的性质，火灾危险性类别及储存和使用情况，重点要害部位情况，以往火灾隐患的查处情况和是否有火灾发生的情况等，都应有一个基本的了解。必要时还应当对所要检查单位、部位的检查项目一一列出消防安全检查表，以免检查时有所遗漏。

3. 联系接洽

在具体实施消防监督检查之前，应当与被检查单位进行联系。联系的部门通常是被检查单位的消防安全管理部门或专职的消防安全管理人员或是基层单位的负责人。把检查的目的、内容、时间和需要哪一级领导人参加或接待等需要被检查单位做的工作告知被检查单位，以便单位有所准备和接待上的安排。但不宜通知过早，以防造假应付。必要时也可采取突然袭击的方式进行检查，以利问题的发现。

与被检查单位的接待人员接洽时，应当首先自我介绍，并应主动出示证件，向接待的有关负责人重申本次检查的目的、内容和要求。在检查过程中，一般情况下被检查单位的消防安全责任人或管理人，以及消防安全管理部门的负责人和防火安全管理人员都应当参加。

4. 情况介绍

在具体实施实地检查之前，首先要听取被检查单位有关的情况汇报。汇报通常由被检查单位的消防安全责任人或消防安全管理部门的负责人介绍。汇报和介绍的主要内容应当包括：本单位的消防工作基本概况、消防安全管理的领导分工情况；消防安全制度的建立和执行情况；消防安全组织的建立和活动情况；职工的消防安全教育情况；工业企业单位的生产工艺过程和产品的变更情况；有无火灾等情况；上次检查发现的火灾隐患的整改情况及未整改的理由；消防工作的奖惩情况；其他有关防火灭火的重要情况等内容。

5. 实地检查

在汇报和介绍完情况之后，被检查单位应当派熟悉单位情况的负责人或其他人员等陪同上级消防安全检查人员深入到单位的实际现场进行实地检查，以协助消防安全检查人员发现问题，并随时回答检查人员提出的问题。亦可随时质疑检查人员提出的问题。

在对被检查单位的消防安全工作情况进行实地检查时，应从显要的并在逻辑上的必然地点开始。在一般情况下，应根据生产工艺过程的顺序，从原料的储存、准备，到最终产品的包装入库等整个过程进行，特殊情况也可例外。但是，无论情况如何，消防安全检查人员不能只是跟随陪同人员的简单观察，而必须是整个检查过程的主导；不能假定某个部位没有火灾危险而不去检查。疏散通道的每一扇门都应当打开检查，对锁着的疏散门应当要求陪同人员通知有关人员开锁。

6. 检查评议，填写法律文书

检查评议，就是把在实地检查中听到和看到的情况，进行综合分析，最后做出结论，提出整改意见和对策。对出具的《消防安全检查意见书》、《责令当场改正书》、《责令限期改正通知书》等法律文书，要抓住主要矛盾，情况概括要全面，归纳要条理，用词要准确，并要充分听取被检查单位的意见。

7. 总结汇报，提出书面报告。

消防安全检查工作结束，应当对整个检查工作进行总结。总结要全面、系统，对好的单位要给予表扬和适当奖励，对差的单位应当给予批评，对检查中发现的重大火灾隐患，应当通报督促整改。

8. 复查督促整改和验收

对于公安机关机构在监督检查中发现的火灾隐患，在整改过程中，消防部门应到现场检查，督促整改防止出现新隐患。整改期限届满或单位申请时，消防监督部门应主动或在接到申请后及时（通常2天内）前往复查。

（七）消防监督检查的要求

根据多年的实践，公安机关消防机构进行消防监督检查应注意以下几点。

1. 检查人员应当具备一定的素质

消防监督检查人员应当具有一定的素养，具备一定的知识结构，不能随便安排一个人就可以充当消防安全检查人员。公安消防监督检查人员必须是经公安部统一组织考试合格，并具有监督检查资格的专业人员。通常消防安全检查人员应当具备以下知识结构。

（1）应当具有一定的政治素养和正派的人品　所谓政治素养就是有为人民服务的思想，有满腔热忱和对技术精益求精的工作态度，有严格的组织纪律性和拒腐蚀、不贪财的素养。要具备这些素养，就不能够见到好的东西就想跟被检查单位要，就不能够几杯酒下肚就信口开河，就不能够接受特殊招待。

（2）应当具有一定的专业知识　消防监督检查所需要的专业知识主要包括：火灾燃烧知识、建筑防火知识、电气防火知识、生产工艺防火知识、危险物品防火知识、消防安全管理知识和公共场所管理知识，以及灭火剂、灭火器械和灭火设施系统知识、消防法等与消防安全有关的行政法规知识等。

（3）应当具有一定的社交协调能力和符合社会行为规范的举止　消防监督检查不仅仅是一项专业工作，它所面对的工作对象是各种不同的企业事业单位或是机关团体；或是不同的社会组织。他所代表的是上级领导机关或是国家政府机关的行为，所以，消防监督检查人员还应当具有一定的社会交际能力，其言谈、举止、着装等，都应当符合社会行为规范。

2. 发现问题要随时解答，并说明理由

在实地检查过程中，要注意提出并解释问题，引导陪同人员解释所观察到的情况。每发现一处火灾隐患，都要给被检查单位解释清楚，为什么说它是火灾隐患，它如何会引起火灾或造成人员伤亡，应当怎样消除或减少和避免此类火灾隐患等。对发现的每一处不寻常的作业以及新工艺、新产品和所使用的新原料（包括温度、压力、浓度配比等新的工艺条件、新的原料产品的特性）等值得提及的问题，都要记录下来，并分项予以说明，以供今后参考。当被检查单位提出质疑的问题时，能够回答的尽量予以回答；若难以回答，则应直率地告诉对方，"此问题我还不太清楚，待我弄清楚后再告诉你"，但事后一定找出答案，并及时告诉对方。万不可不懂装懂，装腔作势，信口蒙人。

3. 提出问题不可使用"委婉之术"

对在消防监督检查中发现的火灾隐患或不安全因素，应当十分慎重地、有理有据地、直言不讳地向被检查单位指出，不可竭力追求"委婉之术"。如有的采用"我所指出的这些问题仅仅是个人看法，不一定正确，请贵单位参考"的"参考式"；有的采用"××同志已指出了贵单位还需要整改的问题，我的看法也大同小异，希望你们引起注意"的"符合"方式，这就失去了安全检查的意义。

在消防监督检查工作中，指出被检查单位存在的问题，适当运用委婉的语气和态度，不搞盛气凌人、颐指气使那一套，无疑是正确的。但若采取这种不痛不痒、触而无感的隔靴搔痒的"委婉"之术，则对督促火灾隐患的整改是非常不利的，故必须克服之。

4. 要有政策观念、法制观念、群众观念和经济观念

具体问题的解决，要以政策和法规为尺度，绝不可随心所欲；要有群众观念，充分地相信和依靠群众，深入群众和生产第一线，倾听职工群众的意见，以更多得到真实情况，掌握工作主动权，达到检查的目的；还要有经济观念，把火灾隐患的整改建立在保卫生产安全和促进生产安全的指导思想基础之上，并看成是一种经济效益，当成一项提高经济效益的措施去下力气抓好。

5. 要科学安排时间

科学安排时间是一个时间优化问题。由于检查时间安排不同，收到的效果也不尽相同。如生产工艺流程中的问题，只有在开机生产过程中才会暴露得更充分一些，检查时间就应该选择在易暴露问题的时间进行；再如，值班问题在夜间和休假日最能暴露薄弱环节，那么就应该选择夜间和休假日检查值班制度的落实情况和值班人员尽职尽责情况。由于防火干部管理范围广，部门数量多，科学地安排好防火检查时间，将会大大地提高工作效率，收到事半功倍的效果。

6. 要认真观察、系统分析、实事求是，做到原则性和灵活性相结合

对消防监督检查中发现的问题需要认真观察，对问题进行合乎逻辑规律的、系统的、全面的、由此及彼、由表及里的分析，抓住问题的实质和主要方面；并有针对性地、实事求是地提出切合实际的解决办法。对于重大问题，要敢于坚持原则，但在具体方法上要有一定的灵活性，做到严得合理，宽得得当；检查要与指导相结合，检查不仅要能够发现问题，更重要的是解决问题，故应提出正确合理的解决问题的办法和防止问题再发生的措施，且上级机关应给予具体的帮助和指导。

7. 要注重效果，不走过场

消防监督检查是集社会科学与自然科学于一体的一项综合性的管理活动，是实施消防安全管理的最具体、最生动、最直接、最有效的形式之一，所以必须严肃认真、尊重科学、脚踏实地、注重效果。切不可图形式、走过场，只图检查的次数，不图问题解决的多少。检查一次就应有一次的效果，就应解决一定的问题，就应对某一方面的工作有一个大的推动。但也不应有靠一两次大检查就可以一劳永逸、岁岁平安的思想。要根据本单位的发展情况和季节天气的变化情况，有重点地定期

组织检查。但平时有问题，要随时进行检查，不要使问题久拖，以致酿成火灾。

8. 要注意检查通常易被人们忽略的隐患

要注意寻找易燃易爆危险品的储存不当之处和垃圾堆中的易燃废物；检查需要设"严禁吸烟"标志的地方是否有醒目的警示标志，在"严禁吸烟"的区域内是否有烟蒂；爆炸危险场所的电气设备、线路、开关等是否符合防爆等级的要求，以及防静电和防雷的接地连接是否紧密、牢固等；寻找被锁或被阻塞的出口，查看避难通道是否阻塞或标志是否合适；灭火器的质量、数量，以及与被保护的场所和物品是否相适应等。这些隐患往往易被人们忽略而导致火灾，故应当引起特别注意。

9. 态度要和蔼，注意礼节礼貌

在整个检查过程中，消防监督检查人员一定要注意礼节礼貌，着装要规范，举止要大方，谈吐要文雅，提问题要有理有据有逻辑。切不可着奇装异服、流里流气，讲话杂乱无章，低级趣味，说话必须言而有信。在检查结束离去时，应当对被检查单位的合作表示感谢，并应向负责人表示乐意帮助对方办到上级或消防监督机构能够办到的事情。以建立友好的关系。

10. 监督抽查应保证一定的频次

公安机关消防机构应当根据本地区火灾规律、特点以及结合重大节日、重大活动等消防安全需要，组织监督抽查。消防安全重点单位应当作为监督抽查的重点，但非消防安全重点单位，必须在抽查的单位数量中占有一定比例。通常情况下，对消防安全重点单位的监督抽查每半年至少应当组织一次，对属于人员密集场所的消防安全重点单位每年至少组织一次，对其他单位的监督抽查每年至少组织一次。

公安机关消防机构组织监督抽查，宜采取分行业或者地区、系统随机方式确定检查单位的方法。抽查的单位数量，根据消防监督检查人员的数量和监督检查的工作量化标准和时间安排确定。公安机关机构组织监督检查时，可以事先公告检查的范围、内容、要求和时间。监督检查的结果可以通过适当方式予以通报或者向社会公布。本地区重大火灾隐患情况应当定期公布。

11. 消防监督检查应当着制式警服，出示执法身份证件，填写检查记录

公安机关消防机构实施消防监督检查时，检查人员不得少于两人，应当着制式警服并出示执法身份证件。

消防监督检查应当填写检查记录，如实记录检查情况，并由消防监督检查人员、被检查单位负责人或者有关管理人员签名；被检查单位负责人或者有关管理人员对记录有异议或者拒绝签名的，检查人员应当在检查记录上注明。

12. 实施消防监督检查不得妨碍被检查单位正常的生产经营活动

为不妨碍被检查单位正常的生产经营活动，公安机关消防机构实施消防监督检查时，可以事先通知有关单位，以便被检查单位的生产经营活动有所准备和安排。被检查单位应当如实提供：消防设施、器材、消防安全标志的检验、维修、检测记录或者报告；防火检查、巡查和火灾隐患整改情况记录；灭火和应急疏散预案及其演练情况；开展消防宣传教育和培训情况记录；依法可以查阅的其他材料等。

（八）消防监督检查必须要严格遵守法定时限

1. 举报投诉消防安全检查的法定时限

公安机关消防机构接到举报投诉的消防安全违法行为，应当及时受理、登记。属于本单位管辖范围内的事项，应当及时调查处理；属于公安机关职责范围，但不属于本单位管辖的，应当在受理后的 24 小时内移送有管辖权的单位处理，并告知举报投诉人；对不属于公安机关职责范围内的事项，应当告知当事人向其他有关主管机关举报投诉。

（1）对举报投诉占用、堵塞、封闭疏散通道、安全出口或者其他妨碍安全疏散行为的，应当在接到举报投诉后 24h 内进行核查；

（2）对举报投诉其他消防安全违法行为的，应当在接到举报投诉之日起 3 个工作日内进行核查。

核查后，对消防安全违法行为应当依法处理。处理情况应当及时告知举报投诉人，无法告知的，应当在受理登记中注明。

2. 消防安全检查责令改正的法定时限

（1）在消防监督检查中，公安机关消防机构对发现的依法应当责令限期改正或者责令改正的消防安全违法行为，应当当场制发责令改正通知书，并依法予以处罚。

（2）对违法行为轻微并当场改正，依法可以不予行政处罚的，可以口头责令改正，并在检查记录上注明。

（3）对于依法需要责令限期改正的，应当根据消防安全违法行为改正难易程度合理确定改正的期限。

（4）公安机关消防机构应当在改正期限届满之日起 3 个工作日内进行复查。对逾期不改正的，依法予以处罚。

3. 恢复施工、使用、生产、营业检查的法定时限

（1）对于被责令停止施工、停止使用、停产停业处罚的当事人申请恢复施工、使用、生产、经营的，公安机关消防机构应当自收到书面申请之日起 3 个工作日内进行检查，自检查之日起 3 个工作日内作出书面意见，并送达当事人。

（2）对当事人已改正消防安全违法行为、具备消防安全条件的，公安机关消防机构应当同意恢复施工、使用、生产、营业；对违法行为尚未改正、不具备消防安全条件的，公安机关消防机构应当不同意恢复施工、使用、生产、经营，并说明理由。

4. 报告政府的情形、程序和时限

在消防监督检查中，发现城乡消防安全布局、公共消防设施不符合消防安全要求，或者发现本地区存在影响公共安全的重大火灾隐患的，公安机关消防机构负责人应当组织集体研究。自检查之日起 7 个工作日内提出处理意见，由公安机关书面报告本级人民政府解决。对本地区存在影响公共安全的重大火灾隐患的，还应当在确定之日起 3 个工作日内书面通知存在隐患的单位进行整改。

（九）公安机关消防机构要接受社会监督，完善制约机制

公安机关消防机构应当公开办事制度、办事程序，建立警风警纪监督员制度，自觉接受社会和群众的监督。应当公布举报电话，受理群众对消防执法行为的举报投诉，并及时调查核实，反馈查处结果。

公安机关消防机构应当实行消防监督执法责任制，建立和完善消防监督执法质量考核评议、执法过错责任追究等制度，防止和纠正消防执法中的错误或者不当行为。

（十）公安机关消防机构及其人员在消防监督检查中法律责任

公安机关消防机构及其人员在消防监督检查中违反本规定，有下列行为尚不构成犯罪的，应当依法给予有关责任人处分：

（1）不按规定制作、送达法律文书，不按照规定履行消防监督检查职责，拒不改正的；

（2）对不符合消防安全要求的公众聚集场所准予消防安全检查合格的；

（3）无故拖延消防安全检查，不在法定期限内履行职责的；

（4）未按照本规定组织开展消防监督抽查的；

（5）发现火灾隐患不及时通知有关单位或者个人整改的；

（6）利用消防监督检查职权为用户指定消防产品的品牌、销售单位或者指定消防安全技术服务机构、消防设施施工、维修保养单位的；

（7）接受被检查单位或者个人财物或者其他不正当利益的；

（8）近亲属在管辖区域或者业务范围内经营消防公司、承揽消防工程、推销消防产品的；

（9）其他滥用职权、玩忽职守、徇私舞弊的行为。

三、公安派出所的消防监督检查

公安派出所应当结合治安检查活动，对城市居民住宅区及物业服务企业和居民委员会、农村村民委员会履行法定消防安全职责情况和上级公安机关确定的单位的消防工作情况实施日常消防监督检查。

（一）公安派出所的检查频次及对举报投诉的处理

（1）公安派出所对其监督检查范围的单位进行消防监督检查，应当每半年至少检查一次。

（2）公安派出所对群众举报、投诉的消防安全违法行为，应当及时受理，依法处理；对属于公安机关消防机构管辖的举报、投诉，应当依照《公安机关办理行政案件程序规定》及时移送公安机关消防机构处理。

（3）公安派出所可以受公安机关消防机构的委托，对发现的消防安全违法行为，给予警告或者 500 元以下数额罚款的处罚。

（二）公安派出所消防监督检查的内容

1. 公安派出所日常消防监督检查的内容

公安派出所对单位进行日常消防监督检查应当检查以下内容，并对检查内容

负责。

（1）建筑物或者建设工程是否依法通过消防验收或者备案，公众聚集场所是否依法通过使用、营业前消防安全检查；

（2）单位消防安全制度是否制定；

（3）单位是否组织防火安全检查、消防安全教育培训、灭火和应急疏散演练；

（4）消防车通道、疏散通道、安全出口是否畅通，室内消火栓、疏散指示标志、应急照明、灭火器是否完好有效；

（5）易燃易爆危险品的生产、储存和销售场所是否与居住场所设置在同一建筑物内。

（6）设有消防设施的单位是否每年对消防设施至少进行一次全面检测；

（7）物业服务企业对管理区域内共用消防设施是否进行维护管理。

2. 公安派出所检查居民委员会、村民委员会内容

公安派出所应当对居民委员会、村民委员会履行消防安全职责的情况进行检查，主要包括以下内容：

（1）消防安全管理人的确定情况；

（2）消防安全工作制度、村（居）民防火安全公约的制定情况；

（3）消防宣传教育、防火安全检查的开展情况；

（4）社区、村庄消防水源（消火栓）、消防车通道、消防器材的维护管理情况；

（5）是否建立志愿消防队等多种形式的消防组织。

（三）公安派出所对消防安全违法行为的处罚

公安派出所民警在消防监督检查时，发现被检查单位有下列行为之一的，应当责令改正，并在委托处罚的权限内依法予以处罚：

（1）单位未制定消防安全制度、未组织防火检查和消防安全教育、未进行消防演练的；

（2）占用、堵塞、封闭疏散通道、安全出口的；

（3）占用、堵塞、封闭消防车通道，妨碍消防车通行的；

（4）埋压、圈占、遮挡消火栓或者占用防火间距的；

（5）室内消火栓、灭火器、消防安全标志和应急照明未保持完好有效的；

（6）人员密集场所在门窗上设置影响逃生和灭火救援的障碍物的；

（7）违反消防安全规定进入生产、储存和销售易燃易爆危险品场所的；

（8）违反规定使用明火作业或者在具有易燃易爆危险的场所吸烟、使用明火的；

（9）生产、储存和销售易燃易爆危险品的场所与居住场所设置在同一建筑物内的；

（10）未对消防设施定期进行全面检测的。

（四）公安派出所实施消防监督检查的要求

（1）公安派出所民警进行消防监督检查时，应当记录发现的消防安全违法行为、责令改正的情况。

（2）公安派出所发现被检查单位的建设工程未依法通过消防设计审核或者备案，擅自施工的；或者建筑物或建设工程未依法通过消防验收或者备案，擅自投入使用的；或者公众聚集场所未依法通过使用、营业前消防安全检查，擅自使用、营业的，以及对超出其受委托处罚权限的，应当在检查之日起 5 个工作日内书面移交公安机关消防机构处理。

（3）公安派出所在日常消防监督检查中发现存在严重威胁公共安全的火灾隐患，在责令改正的同时，应当书面报告乡镇人民政府、街道办事处和公安机关消防机构。

四、单位消防安全检查

单位消防安全检查是指上级单位对具有隶属关系的下属单位和有关部门履行消防安全职责的情况进行的专项检查。

（一）单位消防安全检查的组织形式

消防安全检查不是一项临时性措施，不能一劳永逸，它是一项长期的、经常性的工作，所以，单位在组织形式上应采取经常性检查和季节性检查相结合、群众性检查和专门机关检查相结合、重点检查和普遍检查相结合的方法。按消防安全检查的组织情况，通常有以下几种形式。

1. 单位本身的自查

单位本身的自查，是在各单位消防安全责任人的领导下，由单位安全保卫部门牵头，有单位生产、技术和专、兼职防火干部以及志愿消防队员和有关职工参加的检查。单位本身的自查，是单位组织群众开展经常性防火安全检查的最基本的形式，它对火灾的预防起着十分重要的作用，应当坚持厂（公司）月查，车间（工段）周查，班（组）日查的三级检查制度。基层单位的自查按检查实施的时间和内容，可分为以下几种。

（1）一般检查　这种检查也叫日常检查，是按照岗位防火安全责任制的要求，以班组长、安全员、消防员为主，对所在的车间（工段）库房、货场等处防火安全情况所进行的检查。这种检查通常以班前、班后和交接班时为检查的重点。这种检查能够及时发现火险因素，及时消除火灾隐患，应当很好落实。

（2）防火巡查　是消防安全重点单位常用的一种形式，是预防火灾发生的有效措施。根据《消防法》第十六条的规定，消防安全重点单位应当实行每日防火巡查，并建立巡查记录。公共聚集场所在营业期间的防火巡查应当至少 2 小时一次；营业结束时应当对营业现场进行安全检查，消除遗留火种。医院、养老院，寄宿制的学校、托儿所、幼儿园应当加强夜间的防火巡查，至少每晚巡逻不应少于 2 次。其他消防安全重点单位应当结合单位的实际情况进行夜间防火巡查。防火巡查主要依靠单位的保安（警卫），单位的领导或值班的干部和专职、兼职防火员要注意检查巡查情况。检查的重点是电源、火源，并注意其他异常情况，及时堵塞漏洞，消除事故隐患。

（3）定期检查　这种检查亦称季节性检查，根据季节的不同特点，并与有关的安全活动结合起来或在元旦、春节、"五一"劳动节、国庆节等重大节日进行，通常由单位领导组织并参加。定期检查除了对所有部位进行检查外，应对重点要害部位进行重点检查。通过检查，解决平时检查难以解决的重大问题。

（4）专项检查　是根据单位的实际情况和当前的主要任务，针对单位消防安全的薄弱环节进行的检查。常见的有电气防火检查、用火检查、安全疏散检查、消防设施设备检查、危险品储存与使用检查、防雷设施检查等。专项检查应有专业技术人员参加，也可与设备的检修结合进行。对生产工艺设备、压力容器、消防设施设备、电气设施设备、危险品生产储存设施、用火动火设施等，为了检查其功能状况和安全性能等，应当有专业部门，使用专门仪器设备进行检查，以检查细微之处的事故隐患，真正做到防患于未然。

2. 单位上级主管部门的检查

这种检查由单位的上级主管部门或母公司组织实施，它对推动和帮助基层单位或子公司落实防火安全措施、消除火灾隐患，具有重要作用。此种检查通常有互查、抽查和重点查三种形式。此种检查，单位主管部门应每季度对所属重点单位进行一次检查，并应向当地公安消防机关报告检查情况。

3. 单位消防安全管理部门的检查

这种检查单位授权的消防安全管理部门，为了督促查看消防工作情况和查寻验看消防工作中存在的问题而对不具有隶属关系的所辖单位进行的检查。这是单位的消防安全管理活动，也是单位实施消防安全管理的一条重要措施。

（二）消防安全检查的方法

消防安全检查的方法是指在实施消防安全检查过程中所采取的措施或手段。实践证明，只有运用方法正确才能顺利实施检查，才能对检查对象的安全状况作出正确的评价。总结各地的做法，消防安全检查的具体方法，主要有以下几种。

1. 直接观察法

直接观察法就是用眼看、手摸、耳听、鼻子嗅等人的感官直接观察的方法。这是日常采用的最基本的方法。如在日常防火巡查时，用眼看一看哪些不正常的现象，用手摸一摸有无过热等不正常的感觉，用耳听一听有无不正常的声音，用鼻子嗅一嗅有无不正常的气味等。

2. 询问了解法

询问了解法就是找第一线的有关人员询问，了解本单位消防安全工作的开展情况和各项制度措施的执行落实情况等。这种方法是消防安全检查中不可缺少的手段之一。通过询问可以了解到有些平时根本查不出来的火灾隐患。

3. 仪器检测法

仪器检测法是指利用消防安全检查仪器对电气设备、线路，安全设施，可燃气体、液体危害程度的参数等进行测试，通过定量的方法评定单位某个场所的安全状况，确定是否存在火灾隐患等。

（三）不同单位（场所）消防安全检查的基本内容

消防安全检查的内容，根据单位情况和季节的不同有所侧重，通常应以如下内容为主。

1. 工业企业单位消防安全检查的主要内容

① 生产是什么火灾危险性类别；

② 四至的防火间距是否足够；

③ 建筑物的耐火等级、防火间距是否足够；

④ 车间、库房所存物质是否构成重大危险源；

⑤ 车间、库房的疏散通道、安全门是否符合规范要求；

⑥ 消防设施、器材的设置是否符合规范要求；

⑦ 电气线路敷设、防爆电器标示、工艺设备安全附件情况是否良好；

⑧ 用火用电管理有何漏洞等。

2. 大型仓库消防安全检查的主要内容

① 储存物资是什么火灾危险性类别；

② 库房所存物质是否构成重大危险源；

③ 四至的防火间距是否足够；

④ 库房建筑物的耐火等级、防火间距是否足够；

⑤ 物资储存、养护是否符合《仓库防火规则》的要求；

⑥ 库房的疏散通道、安全门是否符合规范要求；

⑦ 防、灭火设施，灭火器材的设置是否符合规范要求；

⑧ 用火用电管理有何漏洞等。

3. 商业大厦消防安全检查的主要内容

① 本大厦是什么保护级别，高层建筑时属于何类别；

② 消防通道及防火间距是否足够；

③ 所售商品库房所存物质是否构成重大危险源；

④ 安全疏散通道、安全门是否符合规范要求；

⑤ 防火分区、防烟排烟是否符合规范要求；

⑥ 用火用电管理有何漏洞等；

⑦ 防、灭火设施，灭火器材的设置是否符合规范要求；

⑧ 有无消防水源，或虽有是否符合国家现行规范规定。

4. 公共娱乐场所消防安全检查的内容

① 本场所是什么保护级别，高层建筑时属于何类别；

② 消防通道及防火间距是否足够；

③ 防火分区、防烟排烟是否符合规范要求；

④ 安全疏散通道、安全门是否符合规范要求；

⑤ 用火用电管理有无漏洞等；

⑥ 消防设施、器材的设置是否符合规范要求；

⑦ 有无消防水源，或虽有是否符合国家现行规范规定；

⑧ 有无紧急疏散预案，是否每年都进行实际演练。

5．建筑施工的消防安全检查的主要内容

① 检查该工程是否履行了消防审批手续；

② 检查消防设施的安装与调试单位是否具备相应的资格；

③ 消防设施安装施工是否履行了消防审批手续，是否符合施工验收规范要求；

④ 选用的消防设施、防火材料等是否符合消防要求，是否选用经国家产品质量认证、国家核发生产许可证或者消防产品质量检测中心检测合格的产品；

⑤ 检查施工单位是否按照批准的消防设计图纸进行施工安装，有没有擅自改动现象；

⑥ 检查有无其他违反消防法规的行为。

第二节　火灾隐患整改

火灾隐患的整改是消防安全工作的一项基本任务，也是做好消防安全工作的一项重要措施。一个企业、一个单位在任何时候都不可以讲没有火灾危险或不存在火灾隐患，只不过是多与少、大与小的差别而已。单位的消防安全不在于有还是没有火灾隐患，而关键在于能不能及时发现和认真加以整改。少数单位对于火灾隐患麻木不仁，听之任之，熟视无睹，直至酿成火灾，这就是所谓的"养患成灾"。

一、火灾隐患的概念、分类与确认

（一）火灾隐患的概念及其含义

火灾隐患应当有广义和狭义之分：广义讲，应当是指在生产和生活活动中可能直接造成火灾危害的各种不安全因素；狭义讲，是指违反消防安全法规或者不符合消防安全技术标准，增加了发生火灾的危险性，或者发生火灾时会增加对人的生命、财产的危害，或者在发生火灾时严重影响灭火救援行动的一切行为和情况。据此分析，火灾隐患通常应包含以下三层含义。

① 增加了发生火灾的危险性。例如违反规定生产、储存、运输、销售、使用和销毁易燃易爆危险品；违反规定用火、用电、用气，明火作业等。

② 一旦发生火灾，会增加对人身、财产的危害。如建筑防火分隔、建筑结构防火、防烟排烟设施等随意改变，失去应有的作用；建筑物内部装修、装饰违反规定，使用易燃材料等；建筑物的安全出口、疏散通道堵塞，不能畅通无阻；消防设施、器材不完好有效等。

③ 一旦导致火灾会严重影响灭火救援行动。如缺少消防水源，消防车通道堵塞，消火栓、水泵结合器、消防电梯等不能使用或者不能正常运行等。

（二）火灾隐患的分类

火灾隐患根据其火灾危险性的大小和危害程度，按国家消防监督管理的行政措施可分为以下三类。

1. 特大火灾隐患

特大火灾隐患是指违反国家消防安全法律法规的有关规定，不能立即整改，可能导致火灾发生或使火灾危害增大，并可能造成特大人员伤亡或特大经济损失的严重后果和特大社会影响的重大火灾隐患。特大火灾隐患通常是指需要政府挂牌督导整改的重大火灾隐患。

2. 重大火灾隐患

重大火灾隐患是指违反消防法律法规，可能导致火灾发生或火灾危害增大，并由此可能造成特大火灾事故后果和严重影响社会的各类潜在不安全因素。

3. 一般火灾隐患

指除特大、重大火灾隐患之外的隐患。

由于在我国消防行政执法中只有重大火灾隐患和一般火灾隐患之分，还未将特大火灾隐患确定为具体管理对象，所以，我们常说的重大火灾隐患亦包括特大火灾隐患。

（三）火灾隐患的确认方法

火灾隐患与消防安全违法行为应当是互有交集的关系。是火灾隐患并不一定都是消防安全违法行为，消防安全违法行为则一定是火灾隐患。虽然绝大多数火灾隐患都是违反消防法规和消防技术规范、标准造成的，但对于由于国家消防技术标准的修改而造成的火灾隐患就不属于违法行为。所以，一定要正确区分火灾隐患与消防安全违法行为的关系。确定一个不安全因素是否是火灾隐患，不仅要从消防行政法律上有依据，而且还应在消防技术上有标准，其专业性、思想性和科学性很强，应当根据实际情况，全面细致地考察和了解，实事求是地分析和判定，并注意区分火灾隐患与消防安全违法行为的界限。

消防工作中存在的问题，包括的范围很广，一般是指思想上、组织上、制度上和包括火灾隐患在内的所有影响消防安全的问题。火灾隐患只是能够造成火灾和火灾危害的那部分问题。正确区别火灾隐患与一般工作问题很有实际意义。如果把消防工作中存在的一般性工作问题也视为火灾隐患，采取制发通知书的法律文书方式，把不适宜用消防行政措施解决的问题也不加区别地用消防行政措施去解决，就失去了消防安全管理的科学性和依法管理的严肃性，不利于火灾隐患的整改，故这些都是在实际工作中值得注意的。

综上所述，对于影响人员安全疏散或者灭火救援行动，不能立即改正的；消防设施不完好有效，影响防火灭火功能的；擅自改变防火分区，容易导致火势蔓延、扩大的；在人员密集场所违反消防安全规定，使用、储存易燃易爆危险品，不能立即改正的；不符合城市消防安全布局要求，影响公共安全的情况等，通常应当确定为火灾隐患。

根据公安部《消防监督检查规定》（公安部令107号），下列情形可以直接确定为火灾隐患：

（1）影响人员安全疏散或者灭火救援行动，不能立即改正的；

（2）消防设施未保持完好有效，影响防火灭火功能的；

（3）擅自改变防火分区，容易导致火势蔓延、扩大的；

（4）在人员密集场所违反消防安全规定，使用、储存易燃易爆危险品，不能立即改正的；

（5）不符合城市消防安全布局要求，影响公共安全的；

（6）其他可能增加火灾实质危险性或者危害性的情形。

二、火灾隐患的整改方法

火灾隐患的整改，按隐患的危险、危害程度和整改的难易程度，可以分为立即改正和限期整改两种方法。

1. 立即改正

立即改正的方法，是指不立即改正随时就有发生火灾的危险，或对整改起来比较简单，不需要花费较多的时间、人力、物力、财力，对生产经营活动不产生较大影响的隐患等，存在隐患的单位、部位当场进行整改的方法。消防安全检查人员在安全检查时，应当责令立即改正，并在《消防安全检查记录》上记载。

2. 限期整改

限期整改是指对过程比较复杂，涉及面广，影响生产比较大，又要花费较多的时间、人力、物力、财力才能整改的隐患，而采取的一种限制在一定期限内进行整改的方法。限期整改一般情况下都应由隐患存在单位负责，成立专门组织，各类人员参加研究，并根据公安机关消防机构的《重大火灾隐患整改通知书》或《停产停业整改通知书》的要求，结合本单位的实际情况制订出一套切实可行并限定在一定时间或期限内整改完毕的方案，并将方案报请上级主管部门和当地公安机关消防机构批准。火灾隐患整改完毕后，应申请复查验收。

三、整改火灾隐患的基本要求

1. 抓住主要矛盾，重大火灾隐患要组织集体讨论和专家论证

隐患就是矛盾，一个隐患可能包含着一对或多对矛盾，所以整改火灾隐患必须学会抓主要矛盾的方法。通过抓主要矛盾和解决主要问题的方法来达到其他矛盾的迎刃而解，起到纲举目张的作用，使问题得到彻底解决。抓整改火灾隐患的主要矛盾，要分析影响火灾隐患整改的各种因素和条件，制订出几种整改方案，经反复研究论证，选择最经济、最有效、最快捷的方案，避免顾此失彼而造成新的火灾隐患。确定重大火灾隐患及其整改期限应当组织集体讨论；涉及复杂或者疑难技术问题的，应当在确定前组织专家论证。

2. 树立价值观念，选最佳方案

整改火灾隐患应树立价值观念，分析隐患的危险性和危害程度。如果虽有危险性，但危害程度较小，就应提出简便易行的办法，从而得到投资少、消防安全价值

大的整改方案。如拆除部分建筑，提高建筑物的耐火等级，改变部分建筑的使用性质，堵塞建筑外墙上的门窗孔洞或安装水幕装置，设置室外防火墙等，以解决防火间距不足的问题；安装火灾自动报警、自动灭火设施和防火门、防火卷帘、水幕装置等，以解决防火分区面积过大的问题；增加建筑开口面积，加强室内通风，既可达到防爆泄压的目的，又可防止可燃气体、蒸气、粉尘的聚积；向室内输送适量水蒸气或经常往地面上洒水，还可以降低可燃气体、蒸气的浓度，防止可燃粉尘飞扬；改变电气线路型号，减少用电设备，采取错峰用电措施，解决电气线路超负荷的问题，延缓电线绝缘的老化过程。

但是，对于关键性的设备和要害部位存在的火灾隐患，要严格整改措施，拟订可行方案，力求解决问题干净、彻底，不留后患，从根本上确保消防安全。

3. 严格遵守法定整改期限

对于依法投入使用的人员密集场所和生产、储存易燃易爆危险品的场所（建筑物），当发现有关消防安全条件未达到国家消防技术标准要求的，单位应当按照下列要求限期整改。

（1）安全疏散设施未达到要求，不需要改动建筑结构的，应当在 10 日内整改完毕；需要改动建筑结构的，应当在 1 个月内整改完毕。应当设置自动灭火系统、火灾自动报警系统而未设置的，应当在 1 年内整改完毕。

（2）对于应当限期整改的火灾隐患，公安机关消防机构应当制作《责令限期改正通知书》；构成重大火灾隐患的，应当制作《重大火灾隐患限期整改通知书》，并自检查之日起 3 个工作日内送达。限期整改，应当考虑隐患单位的实际情况，合理确定整改期限和整改方式。组织专家论证的，可以延长 10 个工作日送达相应的通知书。

单位在整改火灾隐患过程中，应当采取确保消防安全、防止火灾发生的措施。

（3）对于确有正当理由不能在限期内整改完毕的，隐患单位在整改期限届满前应当向公安机关消防机构提出书面延期申请。公安机关消防机构对申请应当进行审查并作出是否同意延期的决定；同意或不同意的《延期整改通知书》应当自受理申请之日起 3 个工作日内制作、送达。

（4）公安机关消防机构应当自整改期限届满次日起 3 个工作日内对整改情况进行复查，并自复查之日起 3 个工作日内制作并送达《复查意见书》。对逾期不改正的，应当依法予以处罚；对无正当理由，逾期不改正的，应当依法从重处罚。

4. 从长计议，纳入企业改造和建设规划加以解决

对于建筑布局、消防通道、水源等方面的火灾隐患，应从长计议，纳入建设规划解决。如对于厂、库区布局或功能分区不合理，主要建筑物之间的防火间距不足等隐患，可结合厂、库区改造、建设，纳入企业改造和建设规划中加以解决；对于厂、库位置不当等，可结合城镇改造、建设，将危险建筑迁至安全地点。

5. 报请当地人民政府整改

在消防安全检查中发现城市消防安全布局或者公共消防设施不符合消防安全要

求的，应当书面报请当地人民政府或者通报有关部门予以解决；发现医院、养老院、学校、幼儿园、托儿所、地铁以及生产、储存易燃易爆危险品的单位等存在重大火灾隐患，单位自身确无能力解决的，或者本地区存在影响公共安全的重大火灾隐患难以整改的，以及涉及几个单位的比较重大的火灾隐患，应取得当地公安机关消防机构和上级主管部门的支持。公安机关消防机构应当书面报请当地人民政府协调解决。

无论什么火灾隐患，在问题未解决之前，都应采取必要的临时性防范补救措施，防止火灾的发生。

6. 消防安全检查人员要严格遵守工作纪律

消防安全检查人员要严格遵守工作纪律，不得滥用职权、玩忽职守、徇私舞弊。对于不按规定制作、送达法律文书，超过规定的时限复查，或者有其他不履行或者拖延履行消防监督检查职责的行为，经指出不改正的；依法受理的消防安全检查申报，未经检查或者经检查不符合消防安全条件，同意其施工、使用、生产、营业或举办的；对当事人故意刁难的或在消防安全检查工作中弄虚作假的；利用职务为用户指定消防产品的销售单位、品牌或者消防设施施工、维修、检测单位的；接受、索要当事人财物或者谋取不正当利益的；向当事人强行摊派各种费用、乱收费的；以及其他滥用职权、玩忽职守、徇私舞弊的行为。构成犯罪的，应当依法追究刑事责任，尚不构成犯罪的，应当依法给予责任人员行政处分。

四、重大火灾隐患的判定方法

重大火灾隐患的判定，应当依照公共安全行业标准《重大火灾隐患判定方法》（GA 653—2006）进行。根据判定的程序，重大火灾隐患可采取要件、要素综合分析判定的方法。所谓要件、要素综合判定法是指根据事物的构成要件和制约事物的要素进行对照、综合分析判定的方法。根据重大火灾隐患这一事物的构成要件和制约重大火灾隐患的要素进行对照、综合分析判定的方法，就是重大火灾隐患要件、要素综合判定法。要件是指构成事物的主要条件；要素是指制约事物存在和发展变化的内部因素。

（一）重大火灾隐患的构成要件

根据隐患的火灾危险程度和一旦导致火灾的危害程度，以及火灾自救、逃生、扑救的难度，构成重大火灾隐患这一事物的要件通常应包括以下几点。

（1）场所或设备内的物品属于易燃易爆危险品（包括甲、乙类物品和棉花、秫秸、麦秸等丙类易燃固体），且其量达到了重大危险源的标准（见第九章第六节）。

（2）场所建筑物属于二类以上保护建筑物（见第八章第一节）。

（3）建筑物属于高层民用建筑。

这三个要件的任一要件是构成重大火灾隐患的最基本要件，不具备任一一个要件都不构成重大火灾隐患。影响火灾隐患的任一因素，只能是一般火灾隐患。

（二）影响火灾隐患的要素

1. 违反规定进行生产、储存、装修等，增加了原有火灾危险性和危害性的要素

（1）场所或设备改变了原有的性质，增加了其火灾危险性和危害性的（如温度、压力、浓度超过规定，丙类液体、气体储罐改处甲类液体、气体等）；违反安全操作规程操作，增加了可燃性气体、液体的泄漏和散发。

（2）生产或储存设备、设施违反规定未设置或缺少必要的安全阀、压力表、温度计、爆破片、安全连锁控制装置、紧急切断装置、阻火器、放空管、水封、火炬等安全设施，或虽有但不符合要求或存在故障不能安全使用的。

（3）设备及工艺管道违反规定安装导致火灾危险性增加的（如加油站储罐呼气管的直径小于 50mm 而导致卸油时憋气、不安装阻火器等）；场所或设备超量储存、运输、营销、处置的。

（4）违反规定使用可燃材料装修的（如建筑内疏散走道、疏散楼梯间、前室室内的装修材料燃烧性能低于 B_1 级的）。

（5）原普通建筑物改为人员密集场所，或场所超员使用的。

2. 违反规定从事用火、用电和产生明火等能够形成着火源而导致火灾的要素

（1）违反规定进行电焊、气焊等明火作业的，或存在其他足以导致火灾的引火源的。

（2）违反规定使用能够产生火星的工具和进行开槽、凿墙眼等能够产生火星作业的。

（3）违反规定使用电器设备、敷设电气线路（如违反规定，在可燃材料或可燃构件上直接敷设电气线路或安装电气设备）的。

（4）违反规定在易燃易爆场所使用非防爆电器设备或防爆等级低于场所气体、蒸气的危险性的。

（5）未按规定设置防雷、防静电设施（含接地、管道法兰静电搭接线），或虽设置但不符合要求的。

3. 建筑物的防火间距、防火分隔、建筑结构，防火、防烟排烟、安全疏散违反国家消防规范标准，一旦发生火灾，会增加对人身、财产危害的要素

（1）建筑物的防火间距（包括建筑物之间、建筑物与火源；或重要公共建筑物与重大危险源之间的间距等）不能满足国家消防规范标准的；或建筑之间的已有防火间距被占用的。

（2）建筑物的防火分区不能满足国家消防规范标准，或擅自改变原有防火分区，造成防火分区面积超过规定的。

（3）厂房或库房内有着火、爆炸危险的部位未采取防火防爆措施，或这些措施不能满足防止火灾蔓延要求的。

（4）擅自改变建筑内的避难走道、避难间、避难层与其他区域的防火分隔设施，或避难走道、避难间、避难层被占用、堵塞而无法正常使用的。

（5）建筑物的安全疏散通道、疏散楼梯、安全出口、安全门、消防电梯或防烟

排烟设施等安全设施应设置但未设置，或虽已设置但不能满足国家消防规范标准的；未按规定设置疏散指示标志、应急照明，或虽已设置但不符合要求的。

如按规定安全出口应独立设置而未独立，或数量、宽度不符合规定或被封堵的；安全出口、楼梯间的设置形式不符合规定的；疏散走道、楼梯间、疏散门或安全出口设置栅栏、卷帘门，或未按规定设置防烟排烟设施，或已设置但不能正常使用或运行的等。

4. 违反国家消防规范标准，消防设施、器材不完好有效，一旦导致火灾会严重影响灭火救援行动的要素

（1）根据国家现行消防规范标准应当设置消防车通道但未设，或虽设置但不能满足国家消防规范标准的，以及消防车道被堵塞、占用不能正常通行的。

（2）根据国家消防规范标准应当设置消防水源、室（内）外消防给水设施，或备置相关灭火器材但未设置或配置，或虽设置或配置不符合国家消防规范标准的；或已设置但不能正常使用或运行的。

（3）根据国家消防规范标准应当设置火灾自动报警系统、自动灭火系统、但未设置，或虽设置或配置但不符合国家消防规范标准的；或系统处于故障状态不能正常使用或运行、不能恢复正常运行，或不能正常联动控制的。

（4）消防用电设备未按规定采用专用的供电回路、设备末端自动切换装置，或虽设置但不能正常工作的；消防电梯无法正常运行的。

（5）举高消防车作业场地被占用，影响消防扑救作业的；建筑既有外窗被封堵或被广告牌等遮挡，影响灭火救援的。

（三）重大火灾隐患的判定原则

（1）重大火灾隐患的三个构成要件是构成重大火灾隐患的最基本要件，不具备任一一个要件都不构成重大火灾隐患。

（2）根据以上要件，如果任一要素只要有一个因素与任一要件同时具备的，则应当确定为重大火灾隐患。但下列隐患违反规定达到一定的量时才能确定为重大火灾隐患：

① 场所或设备可燃物品（含易燃易爆危险品）的储存量超过原规定储存量的25%的。

② 人员密集场所（商店营业厅）内的疏散距离超过规定距离，或超员使用达25%的。

③ 高层建筑和地下建筑未按规定设置疏散指示标志、应急照明，或损坏率超过30%的；其他建筑未按规定设置疏散指示标志、应急照明，或损坏率超过50%的。

④ 设有人员密集场所的高层建筑的封闭楼梯间、防烟楼梯间门的损坏率超过20%的；其他建筑的封闭楼梯间、防烟楼梯间门的损坏率超过50%的。

⑤ 建筑物的或防火分区不能满足国家消防规范标准，或擅自改变原有防火分区，造成防火分区面积超过规定的50%的；防火门、防火卷帘等防火分隔设施损

坏的数量超过该防火分区防火分隔设施数量的50%的。

（3）根据以上要件，如果任一要素只要有2个以上因素与任一要件同时具备的，则应当确定为特大火灾隐患，即省政府挂牌督办的重大火灾隐患。

（4）其他的任一要素只有具备了其中1个要素的，则可以认定为一般火灾隐患。

（5）可以立即整改的，或因国家标准修订引起的（法律法规有明确规定的除外），或依法进行了消防技术论证，发生火灾不足以导致特大火灾事故后果或严重社会影响并已采取相应技术措施的火灾隐患，可不判定为重大火灾隐患。

（四）可直接判定的重大火灾隐患

（1）根据以上条件，以下情形均可直接判定为重大火灾隐患：

① 生产、储存和装卸易燃易爆危险物品的工厂、仓库和专用车站、码头、储罐区，未设置在城市的边缘或相对独立的安全地带的；

② 甲、乙类厂房设置在建筑的地下、半地下室的；

③ 甲、乙类厂房与人员密集场所或住宅、宿舍混合设置在同一建筑内的；

④ 公共娱乐场所、商店、地下人员密集场所的安全出口、楼梯间的设置形式及数量不符合规定的；

⑤ 旅馆、公共娱乐场所、商店、地下人员密集场所未按规定设置自动喷水灭火系统或火灾自动报警系统的；

⑥ 可燃性液体、气体储罐（区）未按规定设置固定灭火和冷却设施的。

（2）举例。

某市百货大厦，属于重要的公共建筑物，有消防车通道和消防水源，但防火分区面积超过了《建筑设计防火规范》规定的每层面积 $1500m^2$ 和总建筑面积 $3000m^2$ 以上设自动喷水灭火系统的标准。可见，该百货大楼已满足了以上的第一种情况，应当确定为重大火灾隐患；如若该百货大楼同时没有消防车通道或没有消防水源，那么该百货大楼的隐患就应当属于特大火灾隐患。

为了便于在实际工作中使用，可按表4-1进行判定。

五、重大火灾隐患整改程序

（一）发现

消防监督检查人员在进行消防监督检查或者核查群众举报、投诉时，发现被检查单位存在的可能构成重大火灾隐患的情形，应当在《消防安全检查记录》中详细记明，并收集建筑情况、使用情况等能够证明火灾危险性、危害性的资料，并在2个工作日内书面报告本级公安消防部门有关负责人。

（二）论证

公安机关消防机构负责人对消防监督人员报告的可能构成重大火灾隐患的不安全因素，应当及时组织集体讨论；涉及复杂或者疑难技术问题的应当由支队（含支队）以上地方公安消防机构组织专家论证。专家论证应当根据需要邀请当地政府有关行业主管部门、监管部门和相关技术专家参加。

104

表4-1 重大火灾隐患要件、要素综合判定法

重大火灾隐患的构成要件	影响重大火灾隐患的要素	重大火灾隐患的判定方法
(1)场所或设备存放的物品属于易燃易爆危险品，且其重大危险源达到了重大危险源的标准 (2)场所属于二类以上保护建筑物 (3)建筑物属于高层民用建筑 注：这三个要件中的任一要件都构成重大火灾隐患的基本要件。不具备任一要件——也会增加对人身、财产火灾危害的最重大隐患的因素，只能是一般火灾隐患的要素。	(1)场所或设备改变了原有的性质，增加了其火灾危险性和危害性的（如温度、压力、浓度超过规定，丙类液体、气体储罐改为处甲类液体、气体等；违反安全操作规程操作，增加了可燃性气体、液体的泄漏和散发 (2)生产或储存设备、设施违反规定未设置必要的安全连锁控制装置，紧急切断装置，阻火器，放空管，水封，火炬等安全设施，或虽有但有故障不能安全使用的 (3)设备与工艺管道违反规定安装导火灾危险性增加的（如加油加气站储罐呼气管的直径小于50mm而导致憋气时憋气，不安全操作，不安全处置的 (4)违反规定使用可燃材料装修的（如装修材料燃烧性能低于 B_1 级的） (5)原普通建筑场改为人员密集场所，或闹市场所超员使用的	1. 根据以上要件，如果任一要件——只要有1个要件与这一要素具备的，则应当确定为重大火灾隐患。但有下列隐患违反规定达到一定的量时才能确定为重大火灾隐患（含易燃易爆危险品） (1)场所或设备可燃物（含易燃易爆危险品）的储存量超过原规定储存量的25%的 (2)人员密集场所（商店营业厅）内的疏散距离超过规定距离，或超过规定达25%使用的 (3)高层建筑和地下建筑未按规定设置疏散指示标志，应急照明，或其他建筑未按规定设置疏散指示标志，应急照明的 疏散设施损坏率超过30%的；其他建筑损坏率超过20%的 (4)设有人员密集场所的封闭楼梯间，防烟楼梯间门的封闭楼梯间，防烟楼梯间门的损坏率超过50%的 (5)建筑物的消防设施、道路或防火门、或防火卷帘等防火分隔设施损坏的数量超过规定50%的；或防火卷帘等防火分隔设施损坏的数量超过该防火分隔区防火分区防火分隔设施数量的50%的
违反规定进行生产、储存、装修等，增加了原有火灾危险性和危害性的要素	(1)违反规定进行电焊、气焊等明火作业的，或存在其他足以导致火灾的引火源的 (2)违反规定使用能够产生火星和进行开槽、凿端眼等能够产生火星作业的工具和进行能够产生火星作业的 (3)违反规定使用电器设备，敷设电气线路（如电气线路在可燃材料或可燃构件上直接敷设电气线路或安装电气设备）的 (4)违反规定在易燃易爆场所使用非防爆电器设备或防爆设施（防静电接地、管道法兰静电搭接线），或虽设置但不符合防爆规定或防爆等级低于规定的要求的 (5)未按规定设置防雷、防静电设施（含接地）、管道法兰静电搭接线，或虽设置但不符合要求的	
违反规定从事用火、用电和产生火星等能够成为火源而导致火灾的要素		
建筑物的防火分隔、火灾结构、安全疏散防烟、排烟、违反国家消防防火设施规范标准，会增加或会发生火灾，一旦发生火灾，会蔓延对人身、财产危害的最重大火灾隐患的要素	(1)建筑物的防火间距（包括建筑防火间距等）不能满足国家现行消防技术标准的，或建筑之间的既有防火间距被占用的 (2)建筑物的防火分区不能满足国家消防技术标准，或擅自改变自原有防火分区，造成防火分区面积超过规定的 (3)厂房或库房内有着火、爆炸危险的部位未采取措施不能防止火灾蔓延的 (4)擅自改变建筑内的避难走道、避难间、避难层等的避难走道、避难间、避难层被占用、堵塞层被占用、堵塞而无法正常使用的	

续表

重大火灾隐患的构成要件	影响重大火灾隐患的要素	重大火灾隐患的判定方法
(1) 场所存放或设置的物品属于易燃易爆危险品，且重量达到了重大危险源的标准的 (2) 场所属于一类或以上保护建筑物 (3) 建筑物属于高层民用建筑 注：这三个要件是构成重大火灾隐患的最基本要素，不是构成火灾隐患的最有效的，一旦导致灭火救援行动都会严重影响灭火行动的要素。基本要素——因，影响重大火灾隐患，具备这三个要件的，都属于重大火灾隐患。影响重大火灾隐患的一因素，只能是一般火灾隐患	建筑物的防火间距、建筑结构、防火分隔、安全疏散、防烟排烟、消防设施违反国家消防规范标准，且一旦发生火灾，会增加对人身、财产危害的要素 (5) 安全疏散通道、安全门、消防电梯或防烟排烟设施等安全设施应设置但未设置，或已设置但不能满足国家现行消防规范标准的；未按规定设置疏散指示标志、应急照明，或已设置但不符合规定的；建筑安全出口数量及形式设置不符合规范标准，或安全出口独立设置或疏散楼梯而未设置，或建筑物安全出口数量不符合规定、疏散走道、楼梯间的宽度不符合规定的；未按规定设置防排烟设施，或已设置但不能正常使用或运行的等 (1) 根据国家消防规范标准，以及消防车通道应当设置但未设，或占用不能正常通行的 (2) 根据国家消防规范标准应当设置消防水源、室（内）外消防给水设施，或配备相关灭火器材但未设置，或虽设置但不能正常使用运行的 (3) 根据国家消防规范标准应当设置灭火自动报警系统、自动灭火系统，但未设置、或虽设置但配置不符合国家消防规范标准的；或系统处于故障状态不能正常使用运行的 (4) 消防用电设备未按规定采用专用的供电回路，设备末端自动切换装置不能正常工作的；消防电梯被占用、影响消防扑救作业的；建筑既有外窗封堵或被广告牌等遮挡，影响扑救灭火救援的 (5) 举高消防车作业场地被占用，影响扑救作业的；高层建筑消防车通道无法正常运行的等	2. 根据以上要件，如果任一要件与因素与以上因素同时具备的，则应当确定为政府挂牌督办的重大火灾隐患（特大火灾隐患） 3. 其他的任一要素只要具备了其中1个要素的，则可以认定为一般火灾隐患

注：
1. 消防设施，是指火灾自动报警系统、自动灭火系统、消火栓系统、防烟排烟系统以及应急广播和应急照明、安全疏散设施等。
2. 重要场所，是指发生火灾可能造成重大社会经济损失和经济损失的场所。如：国家机关、城市供水、供电、供气、供暖调度中心、广播、电视、电信楼、邮政、城市地铁、重要科研单位中的相关建筑物。包括工厂、仓库、储罐、专业商店、专用车站和码头、充装站等。省级以上博物馆、档案馆及文物保护单位。
3. 易燃易爆危险场所，是指生产、储存、销售易燃易爆危险品的场所。加油加气站、供应站、供油站、调压站、加油加气站和麦结、棉花、黄麻、稻草、秸秆、干草等属于易燃固体的易燃材料堆场。

经集体讨论、专家论证,存在《重大火灾隐患判定标准》可能导致严重后果的,应当提出判定为重大火灾隐患的意见,并提出合理的整改措施和整改期限。集体讨论、专家论证应当形成会议记录或纪要。

论证会议记录或纪要的主要内容应当包括:会议主持人及参加会议人员的姓名、单位、职务、技术职称;拟判定为重大火灾隐患的事实和依据;讨论或论证的具体事项、参会人员的意见;具体判定意见、整改措施和整改期限;集体讨论的主持人签名,参加专家论证的人员签名。

(三)立案并跟踪督导

构成重大火灾隐患的,报本级公安机关消防机构负责人批准后,应当及时立案并制作《重大火灾隐患限期整改通知书》,公安机关消防机构应当自检查之日起3个工作日内,将《重大火灾隐患限期整改通知书》送达重大火灾隐患单位。若系组织专家论证的,送达时限可以延长至10个工作日。同时,应当抄送当地人民检察院、法院、有关行业主管部门、监管部门和上一级地方公安机关消防机构。

公安机关消防机构应当督促重大火灾隐患单位落实整改责任、整改方案和整改期间的安全防范措施,并根据单位的需要提供技术指导。

(四)报告政府,提请政府督办

公安机关消防机构应当定期公布和向当地人民政府报告本地区重大火灾隐患情况。对于医院、养老院、学校、托儿所、幼儿园、车站、码头、地铁站等人员密集场所;生产、储存和装卸易燃易爆化学物品的工厂、仓库和专用车站、码头、储罐区、堆场,易燃气体和液体的充装站、供应站、调压站等易燃易爆单位或者场所;不符合消防安全布局要求,必须拆迁的单位或者场所;其他影响公共安全的单位和场所。若存在重大火灾隐患自身确无能力解决,但又严重影响公共安全的,公安机关消防机构应当及时提请当地人民政府列入督办事项或予以挂牌督办,协调解决。对经当地人民政府挂牌督办逾期仍未整改的重大火灾隐患,公安机关消防机构还应当提请当地人民政府报告上级人民政府协调解决。

(五)复查与延期审批

公安机关消防机构应当自重大火灾隐患整改期限届满之日起3个工作日内进行复查,自复查之日起3个工作日内制作并送达《复查意见书》。

对确有正当理由不能在限期内整改完毕,单位在整改期限届满前提出书面延期申请的,公安机关消防机构应当对申请进行审查并作出是否同意延期的决定,自受理申请之日起3个工作日内制作、送达《同意/不同意延期整改通知书》。

(六)处罚

对于存在的重大火灾隐患,经复查,逾期未整改的,应当依法进行处罚。其中对经济和社会生活影响较大的重大火灾隐患,公安机关消防机构应当报请当地人民政府批准,给予责令单位停产停业的处罚。对存在重大火灾隐患的单位及其责任人逾期不履行消防行政处罚决定的,公安机关消防机构可以依法采取措施、申请当地人民法院强制执行。

（七）舆论监督

公安机关消防机构对发现影响公共安全的火灾隐患，可以向社会公告，以提示公众注意消防安全。如定期公布本地区的重大火灾隐患及整改情况，并视情况组织报刊、广播、电视、互联网等新闻媒体对重大火灾隐患进行公示曝光和跟踪报道等。

（八）销案

重大火灾隐患经公安机关消防机构检查确认整改消除，或者经专家论证认为已经消除的，报公安机关消防机构负责人批准后予以销案。

政府挂牌督办的重大火灾隐患销案后，公安机关消防机构应当及时报告当地人民政府予以摘牌。

（九）建立档案

公安机关消防机构应当建立重大火灾隐患专卷。专卷的内容应当包括：卷内目录；《消防监督检查记录》；重大火灾隐患集体讨论、专家论证的会议记录、纪要；《重大火灾隐患限期整改通知书》；《同意/不同意延期整改通知书》；《复查意见书》或者其他法律文书；行政处罚情况登记；政府挂牌督办的有关资料；相关的影像、文件等其他材料。

六、消防安全违法行为的查处

在消防监督检查中发现消防安全违法行为的，公安机关消防机构应当按照《消防法》和《公安机关办理行政案件程序规定》有关规定，及时处理或者受案调查；对公安派出所移交查处的公众聚集场所消防安全违法行为，除应依法受案调查处理外，还应当将处理情况通报公安派出所。

（一）消防安全违法行为的处罚

1. 责令改正的处罚

在消防监督检查中，发现有下列消防安全违法行为之一的，应当责令当场改正，当场填发《责令改正通知书》，并依照《消防法》的规定予以处罚：

（1）违反有关消防技术标准和管理规定生产、储存、运输、销售、使用、销毁易燃易爆危险品的；或非法携带易燃易爆危险品进入公共场所或者乘坐公共交通工具的；

（2）违反消防安全规定进入生产、储存易燃易爆危险品场所的；违反消防安全规定使用明火作业或者在易燃易爆危险场所吸烟、使用明火的。

易燃易爆场所是指生产、储存、装卸、销售、使用易燃易爆危险品的场所；或者存在或在不正常情况下偶尔短时间存在可达燃烧浓度范围的可燃的气体、液体、粉尘或氧化性气体、液体、粉尘的场所。由于与其他场所相比，易燃易爆场所用油、用气多，火灾致灾因素多；火灾危险大，一旦发生事故，易造成重大人员伤亡和严重的经济损失，而且往往会对社会产生较大影响。所以，易燃易爆危险场所都必须严格限制用火、用电和可能产生火星的操作。

（3）消防设施、器材或者消防安全标志的配置、设置不符合国家标准、行业标准，或者损坏、挪用或者擅自拆除、停用，未保持完好有效的；埋压、圈占、遮挡消火栓或者占用防火间距的；

（4）占用、堵塞、封闭封闭消防车通道、疏散通道、安全出口或者有其他妨碍安全疏散行为、妨碍消防车通行的行为；

（5）人员密集场所在门窗上设置影响逃生和灭火救援的障碍物的；

（6）消防设施检测和消防安全监测等消防技术服务机构出具虚假文件的；

（7）对火灾隐患经公安机关消防机构通知后不及时采取措施消除的。

在消防监督检查中，公安机关消防机构对发现的依法应当责令改正的消防安全违法行为，应当当场制作责令改正通知书，并依法予以处罚。对违法行为轻微并当场改正完毕，依法可以不予行政处罚的，可以口头责令改正，并在检查记录上注明。

2. 责令限期改正的处罚

在消防监督检查中，发现有下列消防安全违法行为之一的，应当责令限期改正，自检查之日起 3 个工作日内填发并送达《责令限期改正通知书》；逾期不改正的，应当依照《消防法》规定予以处罚或者行政处分：

（1）人员密集场所使用不合格的消防产品或者国家明令淘汰的消防产品的；

（2）电器产品、燃气用具的安装、使用及其线路、管路的设计、敷设、维护保养、检测不符合消防技术标准和管理规定的；

（3）生产、储存、销售易燃易爆危险品的场所与居住场所设置在同一建筑物内，或者未与居住场所保持安全距离的；

（4）生产、储存、销售其他物品的场所与居住场所设置在同一建筑物内，不符合消防技术标准的；

（5）依法应当经公安机关消防机构进行消防设计审核的建设工程，未经依法审核或者审核不合格，擅自施工的；

（6）消防设计经公安机关消防机构依法抽查不合格，不停止施工的；

（7）依法应当进行消防验收的建设工程，未经消防验收或者消防验收不合格，擅自投入使用的；

（8）建设工程投入使用后经公安机关消防机构依法抽查不合格，不停止使用的；

（9）公众聚集场所未经消防安全检查或者经检查不符合消防安全要求，擅自投入使用、营业的。

（10）建设单位要求建筑设计单位或者建筑施工企业降低消防技术标准设计、施工的；

（11）建筑设计单位不按照消防技术标准强制性要求进行消防设计的；

（12）建筑施工企业不按照消防设计文件和消防技术标准施工，降低消防施工质量的；

（13）工程监理单位与建设单位或者建筑施工企业串通，弄虚作假，降低消防施工质量的。

（14）未履行《消防法》规定的消防安全职责或消防安全重点单位消防安全职责的；

（15）住宅区的物业服务企业未对其管理区域的共用消防设施进行维护管理、提供消防安全防范服务的；

（16）进行电焊、气焊等具有火灾危险作业的人员和自动消防系统的操作人员，未持证上岗或者违反消防安全操作规程的。

对责令限期改正的消防安全违法行为，公安机关消防机构应当根据违法行为改正的难易程度和所需时间，合理确定改正期限。

责令限期改正的，公安机关消防机构应当在改正期限届满之日起 3 个工作日内进行复查；对在改正期限届满前，违法行为人申请复查，公安机关消防机构应当在接到申请之日起 3 个工作日内进行复查。复查应当填写《消防监督检查记录》。

（二）临时查封的实施

1. 需临时查封的行为

公安机关消防机构在消防监督检查中发现火灾隐患，应当通知有关单位或者个人立即采取措施消除；对不及时消除可能严重威胁公共安全的，或经责令改正拒不改正的以下行为，应当对危险部位或者场所予以临时查封：

（1）疏散通道、安全出口数量不足或者严重堵塞，已不具备安全疏散条件的；

（2）消防设施严重损坏，不再具备防火灭火功能的；

（3）人员密集场所违反消防安全规定，使用、储存易燃易爆危险品的；

（4）公众聚集场所违反消防技术标准，采用可燃材料装修装饰，可能导致重大人员伤亡的；

（5）其他可能严重威胁公共安全的火灾隐患。

（6）占用、堵塞、封闭疏散通道、安全出口或者有其他妨碍安全疏散行为的；

（7）埋压、圈占、遮挡消火栓或者占用防火间距的；

（8）占用、堵塞、封闭消防车通道，妨碍消防车通行的；

（9）人员密集场所在门窗上设置影响逃生和灭火救援的障碍物的；

（10）当事人逾期不执行公安机关消防机构作出的停产停业、停止使用、停止施工决定的有关场所、部位、设施或者设备。

2. 临时查封的实施程序

（1）告知当事人拟作出临时查封的事实、理由及依据，并告知当事人依法享有的权利，听取并记录当事人的陈述和申辩。

（2）公安机关消防机构负责人应当组织集体研究决定是否实施临时查封。决定临时查封的，应当明确临时查封危险部位或者场所的范围、期限和实施方法，并自检查之日起 3 个工作日内制作和送达临时查封决定。

（3）实施临时查封的，应当在被查封的单位或者场所的醒目位置张贴临时查封决定，并在危险部位或者场所及其有关设施、设备上加贴封条或者采取其他措施，使危险部位或者场所停止生产、经营或者使用。

（4）对实施临时查封情况制作笔录。必要时，可以进行现场照相或者录音录像。

情况危急、不立即查封可能严重威胁公共安全的，消防监督检查人员可以在口头报请公安机关消防机构负责人同意后立即对危险部位或者场所实施临时查封，并在临时查封后 24 小时内按照以上规定作出临时查封决定，送达当事人。

3．临时查封的要求

（1）临时查封由公安机关消防机构负责人组织实施。需要公安机关其他部门或者公安派出所配合的，公安机关消防机构应当报请所属公安机关组织实施。

（2）实施临时查封后，当事人请求进入被查封的危险部位或者场所整改火灾隐患的，应当允许。但不得在被查封的危险部位或者场所生产、经营或者使用。

（3）临时查封期限不得超过一个月。但逾期未消除火灾隐患的，不受查封期限的限制。

4．临时查封的解除

火灾隐患消除后，当事人应当向作出临时查封决定的公安机关消防机构申请解除临时查封。公安机关消防机构应当自收到申请之日起 3 个工作日内进行检查，自检查之日起 3 个工作日内作出是否同意解除临时查封的决定，并送达当事人。

对检查确认火灾隐患已消除的，应当作出解除临时查封的决定。

第五章 消防安全行政许可管理

消防行政许可是根据公民、法人或者其他组织提出的消防安全申请产生的准予相对人从事特定消防安全活动的行政管理手段。它是国家授予政府的消防行政机关在社会消防安全管理事务中的一种管理控制的手段。在中国，消防行政许可是公安机关消防机构对社会单位实施消防安全管理的具体行政行为。根据《中华人民共和国消防法》的设定，消防安全行政许可主要有：对大型人员密集场所和特种建筑物的建设工程是否达到国家消防技术标准的消防安全审核；对公众聚集场所是否具备特定的消防安全要求所进行的消防安全检查认定、认可；对消防技术服务机构和执业人员是否具备资质条件进行消防安全许可；以及对新建的专职消防队是否合格进行验收许可等。其最主要、最基本的功能就是控制火灾危险，保证消防安全。

第一节 建设工程消防安全审核许可

建设工程的消防安全审核许可，主要是对大型人员密集场所和特种建筑物的建设工程是否达到国家消防技术标准的审核和按照国家工程建设消防技术标准需要进行消防设计的建设工程进行登记、备案和对特定的按照国家工程建设消防技术标准需要进行消防设计的建设工程行为进行登记、备案。

一、建设工程消防安全审核许可概述

（一）建设工程消防安全审核许可的目的

建设工程消防安全审核许可的目的，就是在城镇建设规划和建筑设计中贯彻"预防为主，防消结合"的消防工作方针，采取各种消防技术措施，从根本上防止火灾的发生，一旦发生火灾时能有效阻止火灾的蔓延扩大，为扑救火灾创造有利条件，把受灾区域和损失控制在较小范围。所以，建设工程的消防安全审核许可，不仅是公安机关消防机构的责任，同时也是规划、设计单位和建设、施工单位的责任。如果待一项建设工程竣工之后，才发现不符合消防安全要求，则为时晚矣。这时再去采取补救措施，不仅影响工程的投产使用，而且在资金、材料等方面都会造成巨大浪费，甚至有的根本无法挽回，只能停用拆毁。所以，建设、设计、施工、工程监理单位，应当充分认识对建设工程设计进行消防安全审核的重要性和必要性，严格遵守国家消防法规和国家工程建设消防技术标准，建立建设工程消防质量

管理责任制度，主动地将新建、改建、扩建建设工程的设计图纸和资料送当地公安机关消防机构审核、验收或备案，并对建设工程消防设计、施工质量负责。以保证各项消防安全措施的落实，防止遗留潜在火灾隐患。

（二）建设工程消防安全审核许可的法律依据

《消防法》第九条规定："建设工程的消防设计、施工必须符合国家工程建设消防技术标准。建设、设计、施工、工程监理等单位依法对建设工程的消防设计、施工的消防安全质量负责。"第十一条又规定："国务院公安部门规定的大型的人员密集场所和其他特殊建设工程，建设单位应当将消防设计文件报送公安机关消防机构审核。公安机关消防机构依法对审核的结果负责"。第十二条规定，依法应当经公安机关消防机构进行消防安全审核的建设工程设计，未经依法审核或者审核不合格的，负责审批该工程施工许可的部门不得给予施工许可，建设单位、施工单位不得施工；其他应当备案抽查的建设工程取得施工许可后经依法抽查不合格的，应当停止施工。这是公安机关消防机构对建设工程进行消防安全审核许可最明确的法律依据。

（三）公安机关消防机构建设工程消防安全审核许可的分工

根据《公安部建设工程消防安全管理规定》的规定，公安机关消防机构应当遵循公正、严格、文明、高效的原则，依法实施建设工程设计的消防安全审核、验收和备案、抽查，各级公安机关消防机构按以下原则进行分工。

（1）直辖市及所属区（县）、副省级市、地（市、州、盟）公安机关消防机构承担建设工程设计的消防安全审核、验收和备案、抽查工作；县（市、区、旗）公安机关消防机构承担辖区建设工程设计的消防安全备案、抽查等工作。

（2）地处偏远的县（市、旗）公安机关消防机构确有必要从事建设工程设计消防安全审核、验收工作的，由省级公安机关消防机构确定，并报公安部消防局备案。

（3）跨行政区域建设工程设计的消防安全审核、验收工作，由其共同的上一级公安机关消防机构指定管辖。

二、建设工程的消防安全审核与验收

（一）建设工程消防安全审核与验收的范围

根据《消防法》第十一条的规定，下列大型人员密集场所和其他特殊建设工程在建设时应当经公安机关消防机构消防安全审核许可。

1. 大型人员密集场所

根据公安部《建设工程消防安全管理规定》的有关规定，下列大型的人员密集场所，建设单位应当向公安机关消防机构申请消防设计审核、消防验收：

（1）建筑总面积大于20000m² 的体育场馆、会堂，公共展览馆、博物馆的展示厅；

（2）建筑总面积大于15000m² 的民用机场航站楼、客运车站候车室、客运码头候船厅；

(3) 建筑总面积大于 10000m² 的宾馆、饭店、商场、市场；

(4) 建筑总面积大于 2500m² 的影剧院，公共图书馆的阅览室，营业性室内健身、休闲场馆，医院的门诊楼，大学的教学楼、图书馆、食堂，劳动密集型企业的生产加工车间，寺庙、教堂；

(5) 建筑总面积大于 1000m² 的托儿所、幼儿园的儿童用房，儿童游乐厅等室内儿童活动场所，养老院、福利院，医院、疗养院的病房楼，中小学校的教学楼、图书馆、食堂，学校的集体宿舍，劳动密集型企业的员工集体宿舍；

(6) 建筑总面积大于 500m² 的歌舞厅、录像厅、放映厅、卡拉 OK 厅、夜总会、游艺厅、桑拿浴室、网吧、酒吧，具有娱乐功能的餐馆、茶馆、咖啡厅。

2. 特殊建设工程

特殊建设工程主要是指易燃易爆工程和性质特别重要的建设工程。根据公安部《建设工程消防安全管理规定》的有关规定，下列特殊建设工程，建设单位应当向公安机关消防机构申请消防设计审核、消防验收：

(1) 设有大型人员密集场所的建设工程；

(2) 国家机关办公楼、电力调度楼、电信楼、邮政楼、防灾指挥调度楼、广播电视楼、档案楼；

(3) 第一项、第二项规定以外的单体建筑面积大于 40000m² 或者建筑高度超过 50m 的其他公共建筑；

(4) 城市轨道交通、隧道工程，大型发电、变配电工程；

(5) 生产、储存、装卸易燃易爆危险物品的工厂、仓库和专用车站、码头，易燃易爆气体和液体的充装站、供应站、调压站。

(二) 建设工程消防安全审核、验收申请的受理

公安机关消防机构对建设单位提出的建设工程设计的消防安全审核、验收申请，应当根据下列情况分别作出处理：

(1) 申请事项属于本机构职权范围，申请材料齐全、符合法定形式，应当受理申请；

(2) 申请材料不齐全或者不符合法定形式的，当场或者 5 日内一次告知申请人需要补正的全部内容，申请人按要求提交全部补正申请材料的，应当受理申请（本书中的限定日期 "5 日"、"7 日"、"20 日"、"30 日" 均指工作日）；

(3) 申请材料可以当场补充、更正的，应当允许申请人当场补充、更正，并由申请人签字、盖章或者捺指印确认；

(4) 申请事项依法不需要消防安全审核、验收的，应当即时告知申请人不受理；

(5) 申请事项不属于本机构职权范围的，告知申请人向有关公安机关消防机构申请。

(6) 公安机关消防机构受理或者不予受理消防安全审核、验收申请，应当出具

114

书面凭证。

（7）实施建设工程消防设计审核、消防验收和备案抽查应当不少于2人，并根据需要出示执法证件。

（8）公安机关消防机构实施建设工程消防监督管理，应当遵循公正、严格、文明、高效的原则，提高办事效率，提供优质服务。

（三）建设工程设计的消防安全审核

1. 建设工程设计消防安全审核应当申报的材料

根据公安部《建设工程消防安全管理规定》的有关要求，建设单位应当在建设工程初步设计或者建筑内部装修工程设计完成后，向公安机关消防机构申请建筑设计消防安全审核。申请消防安全审核应当提供以下材料：

（1）建设工程设计消防安全审核申报表；

（2）建设单位的工商营业执照等合法身份证明文件；

（3）新建、扩建工程的建设工程规划许可证明文件；

（4）设计单位资质证明文件；

（5）消防设计文件。

除上述材料外，对于国家工程建设消防技术标准没有规定的；消防设计文件拟采用新技术、新工艺、新材料可能影响建设工程消防安全，不符合国家标准的；拟采用国际标准或者境外消防技术标准的，还应当同时提供特殊消防设计技术方案及说明或者国际标准、境外消防技术标准中文文本以及其他，有关消防设计的应有实例、产品说明等技术资料。

2. 建设工程设计符合消防安全审核要求的条件

公安机关消防机构应当自受理建设工程设计消防安全审核之日起20日内（专家评审时间不计算在审核时间内），依照消防法规和国家工程建设消防技术标准强制性要求对申报的建设工程消防设计文件进行消防安全审核。

国家工程建设消防技术标准强制性要求是指国家工程建设消防技术标准中必须严格执行的规定，即工程建设全文强制标准和工程建设强制性条文。

经过审核，对具备下列条件的应当作出同意的审核决定，并出具《建设工程消防设计审核意见书》；对不具备下列条件的应当作出不同意的审核决定并说明理由：

（1）新建、扩建工程已经取得建设工程规划许可证；

（2）设计单位具备相应的资质条件；

（3）消防设计文件的编制符合消防设计文件申报要求；

（4）建筑的总平面布局和平面布置、耐火等级、建筑构造、安全疏散、消防给水、消防电源及配电、消防设施等的设计符合国家工程建设消防技术标准强制性要求；

（5）选用的消防产品和有防火性能要求的建筑材料符合国家工程建设消防技术标准和有关管理规定。

3. 建设工程设计消防安全审核的要求

（1）对于国家工程建设消防技术标准没有规定的，消防设计文件拟采用新技术、新工艺、新材料可能影响建设工程消防安全，不符合国家标准规定和拟采用国际标准或者境外消防技术标准的建设工程，当地公安机关消防机构应当在受理申请5日内将申请材料报送省级公安机关消防机构。省级公安机关消防机构应当在收到申请材料后30日内会同同级住房和城乡建设行政主管部门召开专家评审会，对建设单位提交的消防技术方案进行评审。参加评审的专家应当具有相关专业高级技术职称，总数不应少于7人，并应当出具专家评审意见。评审专家有不同意见的，应当注明。

（2）省级人民政府公安机关消防机构应当在专家评审会后5日内将专家评审意见书面通知报送申请材料的公安机关消防机构，同时报公安部消防局备案。对三分之二以上评审专家同意的消防技术方案，受理消防设计审核申请的公安机关消防机构应当出具消防设计审核合格意见。

（3）建设、设计、施工单位不得擅自修改经公安机关消防机构审核合格的建设工程消防设计。确需修改的，应当由建设单位重新向原审批的公安机关消防机构申请消防设计审核。

（四）建设工程的消防安全验收

1. 建设工程消防安全验收应当申报的材料

经消防安全审核的建设工程，建设单位应当在组织竣工验收合格后向公安机关消防机构申请消防安全验收。申请消防安全验收应当提供以下材料：

（1）建设工程消防安全验收申报表；

（2）工程竣工验收报告；

（3）消防产品质量合格证明文件；

（4）有防火性能要求的建筑构件、建筑材料、室内装修装饰材料符合国家标准或者行业标准的证明文件、出厂合格证；

（5）消防设施、电气防火技术检测合格证明文件；

（6）施工、工程监理、检测单位的合法身份证明和资质等级证明文件；

（7）其他依法需要提供的材料。

2. 建设工程符合消防安全验收要求的判定

（1）对申报消防验收的建设工程，公安机关消防机构应当自受理消防验收申请之日起20日内组织消防验收，对消防安全审核同意的建设工程设计内容进行抽查，依照建设工程消防验收评定标准组织消防验收。

（2）对综合评定结论为合格的建设工程，公安机关消防机构应当出具消防验收合格意见；对综合评定结论为不合格的，应当出具消防验收不合格意见，并说明理由。

（3）公安机关消防机构对于通过消防安全审核的高层建筑、地下工程以及采用新技术、新工艺、新材料的建设工程，应当根据需要对施工现场进行消防安全检查，督促单位落实工程建设消防安全和质量责任。

三、建设工程消防安全审核与竣工验收的备案与抽查

为了保证消防安全措施能够在各项建设工程中得以落实，除了对大型的人员密集场所和其他特殊建设工程进行消防安全审核外，根据《消防法》第十条的规定，对于其他按照国家工程建设消防技术标准需要进行消防设计的建设工程实行备案、抽查制度。

（一）建设工程设计消防安全审核备案与抽查

1. 备案与抽查的程序

（1）建设单位应当在取得施工许可之日起7日内，通过省级公安机关消防机构网站的消防设计备案受理系统进行消防设计备案，或者报送纸质备案表由公安机关消防机构录入消防设计备案受理系统。

（2）公安机关消防机构收到消防设计备案后，应当出具备案凭证，并通过消防设计备案受理系统中预设的抽查程序，随机确定抽查对象；被抽查到的建设单位应当在收到备案凭证之日起5日内按照备案项目向公安机关消防机构提供本有关规定的材料。

（3）公安机关消防机构应当在收到消防设计备案材料之日起30日内，依照消防法规和国家工程建设消防技术标准强制性要求完成图纸检查，制作检查记录。检查结果应当在消防设计备案受理系统中公告。

2. 设计违法的处理

（1）公安机关消防机构发现消防设计不合格的，应当在5日内书面通知建设单位改正；已经开始施工的，同时责令停止施工。

（2）建设单位收到通知后，应当停止施工，对消防设计组织修改后送公安机关消防机构复查。经复查，对消防设计符合国家工程建设消防技术标准强制性要求的，公安机关消防机构应当出具书面复查意见，告知建设单位恢复施工。

（3）建设工程的消防设计未依法报公安机关消防机构备案的，公安机关消防机构应当依法处罚，责令建设单位在5日内备案，并纳入抽查范围；对逾期不备案的，公安机关消防机构应当在备案期限届满之日起5日内通知建设单位，责令其停止施工、使用。

（二）建设工程竣工验收的消防安全备案与抽查

1. 备案与抽查的程序

（1）建设单位应当在取得工程竣工验收合格之日起7日内，通过省级公安机关消防机构网站的竣工验收备案受理系统进行竣工验收备案，或者报送纸质备案表由公安机关消防机构录入竣工验收备案受理系统。

（2）公安机关消防机构收到竣工验收备案后，应当出具备案凭证，并通过竣工验收备案受理系统中预设的抽查程序，随机确定抽查对象；被抽查到的建设单位应当在收到备案凭证之日起5日内按照备案项目向公安机关消防机构提供本有关规定的材料。

（3）公安机关消防机构应当在收到竣工验收备案材料之日起 30 日内，按照建设工程消防验收评定标准完成工程检查，制作检查记录。检查结果应当在竣工验收备案受理系统中公告。

2. 设计违法的处理

（1）公安机关消防机构实施竣工验收抽查时，发现有违反消防法规和国家工程建设消防技术标准强制性要求或者降低消防施工质量的，应当在 5 日内书面通知建设单位改正。

（2）建设单位收到通知后，应当停止使用，组织整改后向公安机关消防机构申请复查。经复查符合要求的，公安机关消防机构应当出具书面复查意见，告知建设单位恢复使用。

（3）建设工程的竣工验收未依法报公安机关消防机构备案的，公安机关消防机构应当依法处罚，责令建设单位在 5 日内备案，并纳入抽查范围；对逾期不备案的，公安机关消防机构应当在备案期限届满之日起 5 日内通知建设单位，责令其停止施工、使用。

四、建设工程消防安全审核许可的监督

（一）建设工程设计消防安全审核许可的监督措施

为保证建设工程设计消防安全审核公平、公正和审核的质量，根据公安部建设工程消防安全管理规定，公安机关消防机构应当采取以下措施予以保证。

1. 上级加强对下级的监督

上级公安机关消防机构对下级公安机关消防机构建设工程消防监督管理情况应当进行监督、检查和指导。

2. 实行审核与验收分离制度

公安机关消防机构办理建设工程设计消防安全审核、验收，应当实行主责承办、技术复核、审验分离和集体会审等制度。实施建设工程设计消防安全审核、验收的主责承办人、技术复核人和行政审批人，应当依照职责对消防执法质量负责。

3. 加强对备案与抽查的管理

省级公安机关消防机构应当在互联网上设立受理备案网站，结合辖区内建设工程数量和消防设计、施工质量情况，统一确定消防设计与竣工验收备案预设程序和抽查比例，并对备案、抽查实施情况进行定期检查。对设有人员密集场所的建设工程，抽查比例不应低于 50%。

公安机关消防机构和人员应当依照国家规定对建设工程设计进行消防安全审核和竣工验收实施备案抽查，不得擅自确定抽查对象。

4. 实行回避制度

办理建设工程设计消防安全审核、验收、备案抽查的公安机关消防机构工作人

员，如果是申请人、利害关系人的近亲属，或者与申请人、利害关系人有其他关系可能影响办理公正的，应当主动回避。

5. 举报处理

公安机关消防机构接到公民、法人和其他组织有关建设工程违反消防法律法规和国家工程建设消防技术标准的举报，应当在 3 日内组织人员核查，核查处理情况应当及时告知举报人。

6. 限制干预

公安机关消防机构实施建设工程消防监督管理时，不得对消防技术服务机构、消防产品设定法律法规规定以外的地区性准入条件。

7. 廉政措施

（1）不得干预或者参与　公安机关消防机构及其工作人员不得指定或者变相指定建设工程的消防设计、施工、工程监理单位和消防技术服务机构；不得指定消防产品和建筑材料的品牌、销售单位；不得参与或者干预建设工程消防设施施工、消防产品和建筑材料采购的招投标活动。

（2）不得收取费用　公安机关消防机构实施消防安全审核、验收和备案、抽查，不得收取任何费用。

（3）信息公开　公安机关消防机构实施建设工程消防监督管理的依据名称、条件、程序、期限及其需要提交的全部材料的目录和申请书示范文本应当在互联网网站、受理场所、办公场所公示。

建设工程设计的消防安全审核、验收、备案抽查结果，除涉及国家秘密、商业秘密和个人隐私外，应当予以公开，公众有权查阅。

（4）行政复议　公民、法人和其他组织对公安机关消防机构建设工程消防监督管理中做出的具体行政行为不服的，可以向上一级公安机关消防机构申请行政复议。

（二）错误许可的撤销

建设工程消防安全审核、验收合格意见具有下列情形之一的，作出消防安全审核或者验收合格决定的公安机关消防机构或者其上级公安机关消防机构，根据利害关系人的请求或者依据职权，除撤销消防安全审核或者验收合格的决定可能对公共利益造成重大损害的外，可以依法撤销消防安全审核或者验收的合格决定：

（1）对不具备申请资格或者不符合法定条件的申请人作出的；

（2）建设单位以欺骗、贿赂等不正当手段取得的；

（3）公安机关消防机构超出法定职责和权限作出的；

（4）公安机关消防机构违反法定程序作出的；

（5）公安机关消防机构工作人员滥用职权、玩忽职守作出的。

（三）部门抄告

为了互通信息，使城乡建设行政主管部门掌握建设工程的消防安全情况，有下列情形之一的，公安机关消防机构可以函告同级住房和城乡建设行政主管部门：

（1）公安机关消防机构已经作出责令停止施工、停止使用处罚决定的建设工程；

（2）经消防安全审核、竣工验收抽查不合格的建设工程；

（3）发现建设工程设计、施工、工程监理单位资质存在违法情形的；

（4）其他需要函告的。

五、建设工程消防安全审核许可的法律责任

为约束和惩治建设工程设计消防安全审核中的违法行为，对于违反规定进行消防安全审核的，应当依照《中华人民共和国消防法》第五十八条、第五十九条、第六十五条二款、第六十六条、第六十九条的规定给予处罚。构成犯罪的，依法追究刑事责任。

（一）建设、设计、施工、工程监理单位、消防技术服务机构及其从业人员违法应当承担的法律责任

（1）建设、设计、施工、工程监理单位、消防技术服务机构及其从业人员违反有关消防法规、国家工程建设消防技术标准，造成危害后果的，除依法给予行政处罚或者追究刑事责任外，还应当依法承担民事赔偿责任。

（2）建设单位在申请消防设计审核、消防验收时，提供虚假材料的，公安机关消防机构不予受理或者不予许可并处警告。

（二）公安机关消防机构应当函告同级住房和城乡建设行政主管部门的责任

有下列情形之一的，公安机关消防机构应当函告同级住房和城乡建设行政主管部门：

（1）建设工程被公安机关消防机构责令停止施工、停止使用的；

（2）建设工程经消防设计、竣工验收抽查不合格的；

（3）其他需要函告的。

（三）公安机关消防机构的人员违法应当承担的法律责任

公安机关消防机构的人员玩忽职守、滥用职权、徇私舞弊，构成犯罪的，依法追究刑事责任。有下列行为之一，尚未构成犯罪的，依照有关规定给予处分：

（1）对不符合法定条件的建设工程出具消防设计审核合格意见、消防验收合格意见的；

（2）对符合法定条件的建设工程消防设计、消防验收的申请，不予受理、审核、验收或者拖延时间办理的；

（3）指定或者变相指定设计单位、施工单位、工程监理单位的；

（4）指定或者变相指定消防产品品牌、销售单位或者技术服务机构、消防设施施工单位的；

（5）利用职务接受有关单位或者个人财物的。

第二节　公众聚集场所开业的消防安全检查许可

公众聚集场所，是指宾馆、饭店、商场、集贸市场、客运车站候车室、客运码头候船厅、民用机场航站楼、体育场馆、会堂以及公共娱乐场所等经常聚集大量人员的社会活动场所。根据《消防法》第十五条的规定，公众聚集场所在投入使用、营业前，建设单位或者使用单位应当向场所所在地的县级以上地方人民政府公安机关消防机构申请消防安全检查。公安机关消防机构应当自受理申请之日起 10 个工作日内，根据消防技术标准和管理规定，对该场所进行消防安全检查。未经消防安全检查或者经检查不符合消防安全要求的，不得投入使用、营业。

一、公众聚集场所消防安全检查许可的范围及其火灾危险性

（一）公众聚集场所包括的范围

公众聚集场所主要包括：影剧院、夜总会、录像厅、舞厅、卡拉 OK 厅、游乐厅、保龄球馆、桑拿浴室等公共娱乐场所；客房数在 50 间以上的旅馆、宾馆、饭店和餐位在 200m² 以上的营业性餐馆；总建筑面积超过 3000m² 的商场、超市和市内市场；礼堂、大型展览场馆、20 层以上的写字楼；摄影棚、演播室；大专院校、中小学校、幼儿园和医院等经常聚集有大量人员的社会活动场所。

（二）公众聚集场所消防安全检查许可的范围

（1）建筑面积 200m² 以上的公众聚集场所使用、营业前的消防安全检查由公安机关消防机构实施。其他公众聚集场所使用、营业前的消防安全检查由公安派出所实施。

（2）依法投入使用、营业的公众聚集场所扩建、改建、装修或者变更用途，应当在依法经消防设计审核、消防验收或者备案后，重新申请消防安全检查。

（三）公众聚集场所的火灾危险性

由于公众聚集场所大部分装饰装修使用的都是可燃材料，甚至是燃烧后能够产生有毒烟雾的材料，用电设备多、着火源多、火源不宜控制，建筑防火条件差，建筑结构易产生烟囱效应；用火用电用气量大，火灾致灾因素多，营业厅面积大，各层空间上下连通，易造成蔓延扩大，可燃商品多，易造成重大经济损失，营业期间人员较为密集，极容易造成重大人员伤亡，所以是消防安全的重点。

二、公众聚集场所开业前消防安全检查应当提交的材料

公众聚集场所在投入使用、营业前，建设单位或者使用单位应当向场所所在地的县级以上人民政府公安机关消防机构申请消防安全检查，并提交下列材料：

（1）消防安全检查申报表；

（2）营业执照复印件或者工商行政管理机关出具的企业名称预先核准通知书；

（3）依法取得的建设工程消防验收或者进行消防竣工验收备案的法律文件复

印件；

（4）消防安全制度、灭火和应急疏散预案；

（5）员工消防安全培训教育记录和自动消防系统操作人员取得的消防行业特有工种职业资格证书复印件；

（6）其他依法应当申报的材料。

对依法实行消防验收备案且没有进行验收抽查的公众聚集场所申请消防安全检查的，还应当提交场所室内装修消防设计施工图、使用的消防产品的质量合格证明文件，以及装修装饰材料防火性能符合消防技术标准的注明文件、出厂合格证。

公安机关消防机构对消防安全检查的申请，应当按照行政许可的有关规定受理。

三、公众聚集场所消防安全检查行政许可的办理

（一）公众聚集场所开业前消防安全检查许可的内容

公安机关消防机构对公众聚集场所进行投入使用、营业前的检查，是一项法定的政府行政许可行为，必须认真检查以下内容：

（1）场所依法通过消防验收合格或者验收备案抽查合格；依法实行消防验收备案且没有进行抽查的场所消防设施、室内装修、消防产品符合消防技术标准；

（2）有消防安全管理制度、灭火和应急疏散预案；

（3）自动消防系统操作人员持证上岗，员工经过消防安全培训；

（4）消防设施、器材配置符合消防技术标准并完好有效；

（5）疏散通道、安全出口和消防车通道保持畅通；

（6）室内装修材料是否符合消防技术标准；场所的电器产品、燃气用具的安装、使用及其线路、管路的敷设是否符合消防技术标准和管理规定。

（二）公众聚集场所开业前消防安全检查许可的时限与许可证的颁发

对公众聚集场所进行投入使用、营业前的消防安全检查，公安机关消防机构应当自受理申请之日起 10 个工作日内进行检查；并应当自检查之日起 3 个工作日内作出同意或者不同意投入使用或者营业的决定，并向申请人送达决定书；同意投入使用或者营业的，同时颁发消防安全证书。

（三）公众聚集场所开业前消防安全检查许可的撤销

对依法投入使用、营业的公众聚集场所被处以停产停业或者予以临时查封的，公安机关消防机构应当同时撤销原消防安全检查许可决定，并收回消防安全许可证。

第三节　大型群众性活动的公共安全许可

公共安全许可主要包括社会治安、消防安全、交通安全，甚至涉及国家安全等。由于举办一次大型群众性活动往往涉及很多消防安全方面的问题，甚至存在重

大火灾隐患。所以，公安机关消防机构应当重视大型群众性活动公共安全行政许可中的消防安全检查。

一、对举办大型群众性活动实行公共安全行政许可的意义

大型群众性活动，是指大型集会、焰火晚会、灯会等群众性活动。如春节、"五一"节、国庆节、元宵节以及各民族的传统节日，许多地方都组织成千上万人的大型群众庆祝活动和大型的灯会、花会、焰火晚会，还有重大的国内、国际体育比赛和各种展览、展销等活动等都是群众性的大型活动。随着改革开放的深入及市场经济的发展，全国各地举办大型集会、焰火晚会、灯会等群众性的活动越来越多。这些活动的举行是国家政治稳定、经济繁荣、社会祥和昌盛的象征，是人民群众安居乐业、生活水平不断提高的体现。但在这些活动中，往往具有火灾危险性和危害性，稍有疏漏就会发生火灾事故；且还会由于参加人员众多且聚集，容易引起混乱，如果存在火灾隐患，消防措施不得力，就可能发生火灾，甚至造成众多的人员伤亡和不良的政治影响，造成公民生命财产的重大损失。如 1992 年 2 月 10 日（正月初七），河北省衡水地区组织焰火晚会，引起附近的棉纺厂棉花堆垛失火，造成了 980 多万元的特大经济损失。所以，举办大型群众性活动应当依法向公安机关申请安全许可。

二、大型群众性活动消防安全检查的内容

对大型群众性活动进行消防安全检查，应当重点检查承办人履行下列消防安全职责的情况：

（1）是否制定灭火和应急疏散预案，是否组织演练；

（2）是否明确消防安全责任分工，是否确定消防安全管理人员；

（3）消防设施和消防器材是否配置齐全，是否完好有效；

（4）疏散通道、安全出口和消防车通道是否符合消防技术标准，是否保持畅通；

（5）疏散指示标志、应急照明是否符合消防技术标准，是否完好有效。

三、大型群众性活动主办单位的消防安全要求

《消防法》第二十条规定："举办大型群众性活动，承办人应当依法向公安机关申请安全许可，制定灭火和应急疏散预案并组织演练，明确消防安全责任分工，确定消防安全管理人员，保持消防设施和消防器材配置齐全、完好有效，保证疏散通道、安全出口、疏散指示标志、应急照明和消防车通道符合消防技术标准和管理规定。"因此，举办大型集会、焰火晚会、灯会等群众性活动的主办单位应当认真落实有关的消防安全措施。

（一）制定灭火和应急疏散预案

体育场馆、展览馆、博物馆的展览厅等场所临时举办活动时，应制定相应消防安全预案，明确消防安全责任人。大型群众性活动的灭火和应急疏散预案除了应符

合消防安全重点单位一般预案的基本要求外，还应当包括组织领导机构、各级各岗位人员的职责，灭火措施，疏散路线，出口，应急措施等。

（二）认真落实消防安全措施

举办大型群众性活动应当认真落实各项消防安全措施，重点应当落实：电气线路、照明电器等具有火灾危险性的电器的消防安全措施；绝对禁止在活动场所储藏、使用易燃易爆危险品，禁止携带易燃易爆危险品进入活动场所。

必须施放焰火或使用易燃易爆危险品的，对所施放的焰火物品应当保证质量，安全系数应当达到标准，施放后应当燃烧彻底而不能有阴燃物存在，焰火物品的药剂量应当有所限制，在焰火可能放飞的半径范围内，地面上不得有露天的可燃物资堆场，并严格落实易燃易爆危险品的各项监控措施。

需要搭建临时建筑时，应采用燃烧性能不低于 B1 级的材料。临时建筑与周围建筑的间距不应小于 6.0m。

大型演出或比赛等活动期间，配电房、控制室等部位须有专人值班。要严格控制各种火源，在活动场所内禁止吸烟，禁止动用明火（除施放焰火外），必需的用火须经批准并办理用火动火许可证。

要配置必要的消防器材，保证消防水源，落实灭火措施，场所系高层等大型建筑物时还应有火灾自动监测、报警、联动灭火等自动消防措施。

要加强管理，保障疏散通道、安全出口畅通，严格控制活动人员的总量。展厅等场所内的主要疏散走道应直通安全出口，其净宽度不应小于 4.0m，其他疏散走道净宽度不应小于 2.0m。

（三）积极申请消防监督检查，认真落实整改意见

在举办活动前，主办单位应当积极向公安机关消防机构申请消防监督检查，认真落实公安机关消防机构提出的整改意见。申请应当包括主办单位的名称、地址、负责人、活动的内容、地点、灭火和应急疏散预案，采取的消防安全措施等。

当地公安机关消防机构在接到申请后，应当对活动场所进行检查，主办单位应当认真落实公安机关消防机构提出的整改意见，在消防安全措施或公安机关消防机构提出的整改意见没有落实前，活动不得举办，否则应当承担法律责任。

四、大型群众性活动公安机关消防机构的要求

当地公安机关消防机构对主办单位申请举办的大型集会、焰火晚会、灯会等群众性的活动，应当督促主办单位将消防安全工作纳入活动的总体方案之中，及时了解活动内容、范围、时间、人员、场地等情况，在地点选择、电气线路的架设、电器的安装及消防设施的配置等方面，要按照有关消防法规和工程建筑消防技术标准严格把关。

在对活动场所进行消防监督检查时，应当把消除火灾隐患作为重点。在重大活动前，必须对活动场所的水源情况、安全通道、电器设备、消防设施以及其他不安全因素进行检查。消防安全措施不落实的不得举办，非法举办的应当责令当场改

正，当场不能改正的，应当责令停止举办，并依据《消防法》和《治安管理处罚法》的有关条款追究责任。

为了切实保障消防安全，维护社会消防安全秩序，对特别重大的大型集会、焰火晚会、灯会等群众性的活动，当地的公安机关消防机构还应根据需要派出消防干警及车辆现场执勤，以确保消防安全。

第四节　消防安全技术服务行政许可

为规范社会消防技术服务活动，建立公平竞争的消防技术服务市场秩序，促进提高消防技术服务质量，根据《中华人民共和国消防法》第三十四条关于"消防产品质量认证、消防设施检测、消防安全监测等消防技术服务机构和执业人员，应当依法获得相应的资质、资格；依照法律、行政法规、国家标准、行业标准和执业准则，接受委托提供消防技术服务，并对服务质量负责。"的规定。国家对在中华人民共和国境内从事社会消防技术服务活动、对消防技术服务机构实施资质许可制度。

一、概述

1. 消防技术服务机构资质许可制度

消防技术服务机构实行资质许可制度，是指消防技术服务机构应当取得相应消防技术服务机构资质证书（以下简称资质证书），并在资质证书确定的业务范围内从事消防技术服务活动的管理制度。根据国家有关规定，凡进行消防安全技术服务的企业，除保修期内的消防设施由施工单位进行维护保养外，都必须具备技术服务的资质。

2. 消防技术服务机构及服务人员

（1）消防技术服务机构　消防技术服务机构是指从事消防设施维护保养检测、消防安全评估等消防技术服务活动的社会组织。

（2）消防技术服务从业人员　消防技术服务从业人员，是指依法取得注册消防工程师资格并在消防技术服务机构中执业的专业技术人员，以及按照有关规定取得相应消防行业特有工种职业资格，在消防技术服务机构中从事消防设施维护保养检测的一般操作人员。

（3）注册消防工程师　指经考试取得相应级别注册消防工程师资格证书，并依法注册后，从事消防设施检测、消防安全监测等消防安全技术工作的专业技术人员。分为高级注册消防工程师、一级注册消防工程师和二级注册消防工程师三个级别。

3. 社会消防技术服务活动的原则

消防技术服务机构及其从业人员开展社会消防技术服务活动应当遵循客观独

立、合法公正、诚实信用的原则。

二、消防安全技术服务机构执业应当具备的资质条件

根据《社会消防技术服务管理规定》的有关规定，消防设施维护保养检测机构的资质分为一级、二级和三级，消防安全评估机构的资质分为一级和二级。

（一）消防设施维护保养检测机构的资质条件

1. 消防设施维护保养检测机构三级资质应当具备的条件

（1）企业法人资格，注册资本 30 万元以上。

（2）维修用房满足维修灭火器品种和数量的要求，且建筑面积 100m² 以上。

（3）与灭火器维修业务范围相适应的仪器、设备、设施。

（4）注册消防工程师 1 人以上，具有灭火器维修技能的人员 5 人以上。

（5）健全的质量管理制度。

（6）法律、行政法规规定的其他条件。

2. 消防设施维护保养检测机构二级资质应当具备的条件

（1）企业法人资格，注册资本 200 万元以上，场所建筑面积 200m² 以上。

（2）与消防设施维护保养检测业务范围相适应的仪器、设备、设施。

（3）注册消防工程师 6 人以上，其中一级注册消防工程师至少 3 人。

（4）操作人员取得中级技能等级以上建（构）筑物消防员职业资格证书，其中高级技能等级以上至少占 30%。

（5）健全的质量管理体系。

（6）法律、行政法规规定的其他条件。

3. 消防设施维护保养检测机构一级资质应当具备的条件

（1）取得消防设施维护保养检测机构二级资质 3 年以上，且申请之日前 3 年内无违法执业行为记录。

（2）注册资本 400 万元以上，场所建筑面积 300m² 以上。

（3）与消防设施维护保养检测业务范围相适应的仪器、设备、设施。

（4）注册消防工程师 10 人以上，其中一级注册消防工程师至少 6 人。

（5）操作人员取得中级技能等级以上建（构）筑物消防员职业资格证书，其中高级技能等级以上至少占 30%。

（6）健全的质量管理体系。

（7）申请之日前 3 年内从事过至少 20 项设有自动消防设施的单体建筑面积 20000m² 以上的工业建筑、民用建筑的消防设施维护保养检测活动。

（8）法律、行政法规规定的其他条件。

（二）消防安全评估机构机构的资质条件

1. 消防安全评估机构二级资质应当具备的条件

（1）法人资格，注册资本 200 万元以上，场所建筑面积 100m² 以上。

（2）与消防安全评估业务范围相适应的设备、设施和必要的技术支撑条件。

（3）注册消防工程师 8 人以上，其中一级注册消防工程师至少 4 人。

（4）健全的消防安全评估过程控制体系。

（5）法律、行政法规规定的其他条件。

2. 消防安全评估机构一级资质应当具备的条件

（1）取得消防安全评估机构二级资质 3 年以上，且申请之日前 3 年内无违法执业行为记录。

（2）注册资本 400 万元以上，场所建筑面积 200m² 以上。

（3）与消防安全评估业务范围相适应的设备、设施和必要的技术支撑条件。

（4）注册消防工程师 12 人以上，其中一级注册消防工程师至少 8 人。

（5）健全的消防安全评估过程控制体系。

（6）申请之日前 3 年内从事过至少 10 项单体建筑面积 30000m² 以上的工业建筑、民用建筑的消防安全评估活动。

（7）法律、行政法规规定的其他条件。

3. 同时取得两项以上消防技术服务机构资质的条件

一个消防技术服务机构可以同时取得两项以上消防技术服务机构资质。同时取得两项以上消防技术服务机构资质的，应当具备下列条件。

（1）注册资本不少于拟同时取得的各单项资质条件的注册资本之和的 80%，且不得低于 500 万元。

（2）场所建筑面积 300m² 以上。

（3）注册消防工程师数量不少于拟同时取得的各单项资质条件要求的注册消防工程师人数之和的 80%，且不得低于任一单项资质条件的人数。

（4）拟同时取得的各单项资质的其他条件。

（三）消防安全技术服务构机构的执业

1. 可以跨省、自治区、直辖市执业的条件

具备下列条件的一级资质的消防设施维护保养检测机构可以跨省、自治区、直辖市执业，但应当在拟执业的省、自治区、直辖市设立分支机构。

（1）取得一级资质 2 年以上，申请之日前 2 年内无违法执业行为记录。

（2）注册消防工程师 10 人以上，其中一级注册消防工程师至少 8 人，不包括拟转到分支机构执业的注册消防工程师及已设立的分支机构的注册消防工程师。

（3）拟设立的分支机构注册消防工程师数量，应当不少于所申请的消防技术服务机构资质条件要求的注册消防工程师人数的 80%，且符合相应消防技术服务机构资质的其他条件。

（4）消防技术服务机构的分支机构，应当在分支机构取得的资质范围内执业。

（5）一级资质的消防安全评估机构可以在全国范围内执业。其他消防技术服务机构可以在许可所在省、自治区、直辖市范围内执业。

2. 临时消防安全技术服务执业的条件

在《消防安全技术服务规定》实施前已经从事社会消防技术服务活动的社会组

织，应当自本规定实施之日起六个月内，按照规定的条件和程序申请相应的资质。逾期不申请或者申请后经审核不符合资质条件，继续从事社会消防技术服务活动的，应当依照本国家规定处罚，并向社会公告。

在国家规定实施前已经从事消防设施维护保养检测、消防安全评估活动三年以上，且符合国家规定的消防安全技术服务资质条件的（二级资质从业时间除外），可以在国家规定实施之日起六个月内申请临时一级资质。临时一级资质有效期为二年，期限届满后，应当依照国家规定申请相应的资质。

三、消防安全技术服务机构执业资质的行政许可

消防技术服务机构资质由省级公安机关消防机构审批；其中，对拟批准消防安全评估机构一级资质的，由公安部消防局书面复核。

（一）申请消防安全技术服务机构资质应当提交的材料

1. 申请消防安全技术服务非分支机构资质应当提交的材料

申请消防技术服务机构资质的，应当向机构所在地的省级公安机关消防机构提交下列材料。

（1）消防安全技术服务机构资质申请表。

（2）营业执照等法人身份证明文件复印件。

（3）法人章程，法定代表人身份证复印件。

（4）从业人员名录及其身份证、注册消防工程师资格证书及其社会保险证明、消防行业特有工种职业资格证书、劳动合同复印件。

（5）验资证明，场所权属证明复印件，主要仪器、设备、设施清单。

（6）有关质量管理文件。

（7）法律、行政法规规定的其他材料。

申请一级资质的，还应当提交二级资质证书和申请之日前三年内承担的消防技术服务项目目录。

2. 消防安全技术服务机构申请设立分支机构，应当提交的材料

消防技术服务机构申请设立分支机构，应当向拟设立分支机构地的省级公安机关消防机构提交下列材料。

（1）设立消防技术服务分支机构申请表。

（2）资质证书复印件。

（3）所属注册消防工程师情况汇总表、注册消防工程师资格证书及其社会保险证明和身份证复印件。

（4）分支机构的从业人员名录及其身份证、注册消防工程师资格证书及其社会保险证明、消防行业特有工种职业资格证书、劳动合同复印件。

（5）分支机构的验资证明，场所权属证明复印件，主要仪器、设备、设施清单。

（6）有关质量管理文件，对分支机构的管理办法。

（7）法律、行政法规规定的其他材料。

（二）申请消防安全技术服务机构资质的受理

省级公安机关消防机构收到申请后，对申请材料齐全、符合法定形式的，应当出具受理凭证；不予受理的，应当出具不予受理凭证并载明理由；申请材料不齐全或者不符合法定形式的，应当当场或者在五日内一次告知申请人需要补正的全部内容，逾期不告知的，自收到申请材料之日起即为受理。（"日"是指工作日，不含法定节假日；"以上"、"以下"均含本数）。

省级公安机关消防机构受理申请后，应当自受理之日起二十日内作出行政许可决定。二十日内不能作出决定的，经省级公安机关消防机构负责人批准，可以延长十日，并将延长期限的理由告知申请人。

对拟颁发消防安全评估机构一级资质证书的，省级公安机关消防机构应当自受理申请之日起二十日内审查完毕，并将审查意见以及申请材料报公安部消防局。公安部消防局应当自收到审查意见之日起十日内完成复核工作。

作出许可决定的，应当自作出决定之日起十日内向申请人颁发、送达资质证书；不予许可的，应当出具不予许可决定书并载明理由。

（三）消防安全技术服务机构资质的审批

1. 资质证书的评审

公安机关消防机构在审批期间应当组织专家评审，对申请人的场所、设备、设施等进行实地核查。专家评审时间不计算在审批时限内，但最长不得超过三十日。专家评审的具体办法应当符合国家有关程序规定并公布。

2. 资质证书的有效期

（1）资质证书分为正本和副本，式样由公安部统一制定，正本、副本具有同等法律效力。资质证书有效期为三年。

（2）申请人领取消防设施维护保养检测、消防安全评估一级资质证书时，应当将二级资质证书交回原发证机关并予以注销。

（3）消防技术服务机构的资质证书有效期届满需要续期的，应当在有效期届满三个月前向原许可公安机关消防机构提出申请。原许可公安机关消防机构应当按照国家规定的程序进行复审；必要时，可以进行实地核查。

（4）经复审，消防技术服务机构不再符合资质条件，或者在资质证书有效期内有三次以上违反应当承担法律责任的国家规定的，不予办理续期手续。

3. 资质证书的变更

（1）消防技术服务机构的名称、地址、注册资本、法定代表人等发生变更的，应当在十日内向原许可公安机关消防机构申请办理变更手续。

（2）消防技术服务机构遗失资质证书的，应当向原许可公安机关消防机构申请补发。

（3）原许可公安机关消防机构受理变更、补发资质证书申请后，应当进行审查，并自受理之日起五日内办理完毕。

四、消防安全技术服务机构技术服务的管理

消防安全技术服务机构及其从业人员应当依照法律法规、技术标准和执业准则，开展下列社会消防技术服务活动，并对服务质量负责。

（一）消防安全技术服务机构的允许服务范围

1. 消防设施维护保养检测机构的允许服务范围

（1）三级资质的消防设施维护保养检测机构可以从事生产企业授权的灭火器检查、维修、更换灭火药剂及回收等活动。

（2）一级资质、二级资质的消防设施维护保养检测机构可以从事建筑消防设施检测、维修、保养活动。

（3）一级资质、临时一级资质的消防设施维护保养检测机构可以从事各类建筑的建筑消防设施的检测、维修、保养活动。

（4）二级资质的消防设施维护保养检测机构可以从事单体建筑面积 40000m^{2}以下的建筑、火灾危险性为丙类以下的厂房和库房的建筑消防设施的检测、维修、保养活动。

2. 消防安全评估机构的允许服务范围

（1）消防安全评估机构可以从事区域消防安全评估、社会单位消防安全评估、大型活动消防安全评估、特殊消防设计方案安全评估等活动，以及消防法律法规、消防技术标准、火灾隐患整改等方面的咨询活动。

（2）一级资质、临时一级资质的消防安全评估机构可以从事各种类型的消防安全评估以及咨询活动。

（3）二级资质的消防安全评估机构可以从事社会单位消防安全评估以及消防法律法规、消防技术标准、一般火灾隐患整改等方面的咨询活动。

3. 消防安全技术服务机构不得从事的社会消防技术服务活动

消防安全技术服务机构在从事社会消防技术服务活动中，不得有下列行为。

（1）未取得相应资质，擅自从事消防技术服务活动。

（2）出具虚假、失实文件。

（3）涂改、倒卖、出租、出借或者以其他形式非法转让资质证书。

（4）泄露委托人商业秘密。

（5）指派无相应资格从业人员从事消防技术服务活动。

（6）法律、法规、规章禁止的其他行为。

（二）消防安全技术服务机构的服务要求

1. 消防安全技术服务机构从业人员的管理要求

（1）消防技术服务机构应当依法与从业人员签订劳动合同，加强对所属从业人员的管理。

（2）注册消防工程师不得同时在两个以上社会组织执业。消防技术服务机构所属注册消防工程师发生变化的，应当在五日内通过社会消防技术服务信息系统予以

备案。

2. 消防安全技术服务机构从事服务活动的管理要求

（1）消防安全技术服务机构应当设立技术负责人，对本机构的消防技术服务质量实施监督管理，对出具的书面结论文件进行技术审核。

技术负责人应当具备注册消防工程师资格，一级资质、二级资质的消防技术服务机构的技术负责人应当具备一级注册消防工程师资格。

（2）消防安全技术服务机构承接业务，应当与委托人签订消防技术服务合同，并明确项目负责人。项目负责人应当具备相应的注册消防工程师资格。消防技术服务机构不得转包、分包消防技术服务项目。

（3）消防安全技术服务机构出具的书面结论文件应当由技术负责人、项目负责人签名，并加盖消防安全技术服务机构印章。

（4）消防安全技术服务机构应当在消防安全技术服务项目完成之日起五日内，通过社会消防技术服务信息系统将消防技术服务项目目录以及出具的书面结论文件予以备案。

（5）消防安全技术服务机构应当对服务情况作出客观、真实、完整记录，按消防安全技术服务项目建立消防技术服务档案。对于特殊消防设计方案安全评估档案保管期限为长期，灭火器维修档案保管期限为五年，其他消防技术服务档案保管期限为二十年。

（6）消防技术服务机构应当在其经营场所的醒目位置公示资质证书、营业执照、工作程序、收费标准、收费依据、执业守则、注册消防工程师资格证书、投诉电话等事项。

（7）消防技术服务机构收费应当遵守价格管理法律法规的规定。

3. 消防设施维护保养检测机构服务的专项要求

（1）消防设施维护保养检测机构应当按照国家标准、行业标准规定的工艺、流程开展检测、维修、保养，保证经维修、保养的建筑消防设施、灭火器的质量符合国家标准、行业标准。

（2）消防设施维护保养检测机构对消防设施、灭火器进行维修、保养后，应当制作包含消防技术服务机构名称及项目负责人、维修保养日期等信息的标识，在消防设施所在建筑的醒目位置、灭火器上予以公示。

（3）具有消防设施维护保养检测资质的施工企业为其施工项目出具的竣工验收前的消防设施检测意见，不得作为建设单位申请建设工程消防验收的合格证明文件。

五、消防安全技术服务机构的监督管理

（一）消防安全技术服务机构的监督管理机关

县级以上公安机关消防机构应当依照有关法律、法规和本规定，对本行政区域内的社会消防技术服务活动实施监督管理。

消防技术服务机构及其从业人员对公安机关消防机构依法进行的监督管理应当协助和配合，不得拒绝或者阻挠。

（二）对消防安全技术服务机构的监督管理要求

1. 基本要求

（1）县级以上公安机关消防机构应当结合日常消防监督检查工作，对消防技术服务质量实施监督抽查。

（2）公民、法人和其他组织对消防技术服务机构及其从业人员的执业行为进行举报、投诉的，公安机关消防机构应当及时进行核查、处理。

（3）公安机关消防机构对发现的消防技术服务机构违法执业行为，应当责令立即改正或者限期改正，并依法查处，将违法执业事实、处理结果、处理建议及时通知原许可公安机关消防机构。

（4）公安机关消防机构发现消防技术服务机构取得资质后不再符合相应资质条件的，应当责令限期改正，改正期间不得从事相应社会消防技术服务活动。

2. 应当注销消防技术服务机构资质的条件

消防技术服务机构有下列情形之一的，作出许可的公安机关消防机构应当注销其资质。

（1）自行申请注销的。

（2）自行停止执业一年以上的。

（3）自愿解散或者依法终止的。

（4）资质证书有效期届满未续期的。

（5）资质被依法撤销或者资质证书被依法吊销的。

（6）法律、行政法规规定的其他情形。

（三）对行业协会的管理要求

国家鼓励依托消防协会成立消防技术服务行业协会。消防技术服务行业协会应当加强行业自律管理，组织制定并公布消防技术服务行业自律管理制度和执业准则，弘扬诚信执业、公平竞争、服务社会理念，规范执业行为，促进提升服务质量，反对不正当竞争和垄断，维护行业、会员合法权益，促进行业健康发展。

消防协会、消防技术服务行业协会不得从事营利性社会消防技术服务活动，不得从事或者通过消防技术服务机构进行行业垄断。

（四）公安机关消防机构的监督管理要求

1. 公安机关消防机构工作人员的要求

（1）公安机关消防机构的工作人员滥用职权、玩忽职守作出准予消防技术服务机构资质许可的，作出许可的公安机关消防机构或者其上级公安机关消防机构，根据利害关系人的请求或者依职权，应当撤销消防技术服务机构资质。

（2）公安机关消防机构及其工作人员不得设立消防技术服务机构，不得参与消防技术服务机构的经营活动，不得指定或者变相指定消防技术服务机构，不得滥用

132

行政权力排除、限制竞争。

2. 省级公安机关消防机构的管理要求

省级公安机关消防机构应当建立和完善社会消防技术服务信息系统，公布消防技术服务机构及其注册消防工程师的有关信息，发布执业、诚信和监督管理信息，并为社会提供有关信息查询服务。

六、消防安全技术服务机构执业的法律责任

各级公安机关消防机构、各消防安全技术服务机构及其注册消防工程师等从业人员，都应当严格遵守国家有关消防安全技术服务的管理规定，各司其职。否则就应当承担相应的法律责任。

（一）消防安全技术服务机构违反法律规定应当承担的法律责任

1. 申请人隐瞒有关情况或者提供虚假材料申请资质的

申请人隐瞒有关情况或者提供虚假材料申请资质的，公安机关消防机构不予受理或者不予许可，并给予警告；申请人在一年内不得再次申请。

申请人以欺骗、贿赂等不正当手段取得资质的，原许可公安机关消防机构应当撤销其资质，并处二万元以上三万元以下罚款；申请人在三年内不得再次申请。

2. 消防技术服务机构资质条件不具备执业的

消防技术服务机构违反本规定，有下列情形之一的，责令改正，处二万元以上三万元以下罚款：

（1）未取得资质，擅自从事社会消防技术服务活动的；

（2）资质被依法注销，继续从事社会消防技术服务活动的；

（3）冒用其他社会消防技术服务机构名义从事社会消防技术服务活动的。

3. 消防技术服务机构超越资质许可范围执业的

消防技术服务机构违反本规定，有下列情形之一的，责令改正，处一万元以上二万元以下罚款。

（1）超越资质许可范围从事社会消防技术服务活动的。

（2）不再符合资质条件，经责令限期改正未改正或者在改正期间继续从事相应社会消防技术服务活动的。

（3）涂改、倒卖、出租、出借或者以其他形式非法转让资质证书的。

（4）所属注册消防工程师同时在两个以上社会组织执业的。

（5）指派无相应资格从业人员从事社会消防技术服务活动的。

（6）转包、分包消防技术服务项目的。

对有前款第四项行为的注册消防工程师，处五千元以上一万元以下罚款。

4. 消防安全技术服务机构技术文件违法的

消防安全技术服务机构违反本规定，有下列情形之一的，责令改正，处一万元以下罚款。

（1）未设立技术负责人、明确项目负责人的。

（2）出具的书面结论文件未签名、盖章的。

（3）承接业务未依法与委托人签订消防技术服务合同的。

（4）未备案注册消防工程师变化情况或者消防技术服务项目目录、出具的书面结论文件的。

（5）未申请办理变更手续的。

（6）未建立和保管消防技术服务档案的。

（7）未公示资质证书、注册消防工程师资格证书等事项的。

5. 消防技术服务机构出具虚假文件的

消防技术服务机构出具虚假文件的，责令改正，处五万元以上十万元以下罚款，并对直接负责的主管人员和其他直接责任人员处一万元以上五万元以下罚款；有违法所得的，并处没收违法所得；情节严重的，由原许可公安机关消防机构责令停止执业或者吊销相应资质证书。

消防技术服务机构出具失实文件，造成重大损失的，由原许可公安机关消防机构责令停止执业或者吊销相应资质证书。

6. 消防设施维护保养检测机构违反规定维护保养检测的

消防设施维护保养检测机构违反本规定，有下列情形之一的，责令改正，处一万元以上三万元以下罚款。

（1）未按照国家标准、行业标准检测、维修、保养消防设施或灭火器的。

（2）经维修、保养的建筑消防设施、灭火器质量不符合国家标准、行业标准的。消防设施维护保养检测机构未按照本规定在经其维修、保养的消防设施所在建筑的醒目位置或者灭火器上公示消防技术服务信息的，责令改正，处五千元以下罚款。

7. 消防安全技术服务机构有违反规定执业给他人造成损失的

消防安全技术服务机构有违反本规定的行为，给他人造成损失的，依法承担赔偿责任；经维修、保养的建筑消防设施不能正常运行，发生火灾时未发挥应有作用，导致伤亡、损失扩大的，从重处罚；构成犯罪的，依法追究刑事责任。

8. 其他违法行为

本规定设定的行政处罚除本规定另有规定的外，由违法行为地的县级以上公安机关消防机构决定。

（二）消防安全技术服务机构及其从业人员的权利

消防安全技术服务机构及其从业人员对公安机关消防机构在消防技术服务监督管理中作出的具体行政行为不服的，可以依法申请行政复议或者提起行政诉讼。

（三）公安机关消防机构工作人员的法律责任

公安机关消防机构的工作人员指定或者变相指定消防技术服务机构，利用职务接受有关单位或者个人财物，或者有其他滥用职权、玩忽职守、徇私舞弊的行为，依照有关规定给予处分；构成犯罪的，依法追究刑事责任。

第五节　消防产品质量管理行政许可

消防产品是指专门用于火灾预防、灭火救援和火灾防护、避难、逃生的产品。为了加强对消防产品的监督管理，提高消防产品质量，依据《中华人民共和国消防法》、《中华人民共和国产品质量法》、《中华人民共和国认证认可条例》等有关法律和行政法规的规定，凡在中华人民共和国境内生产、销售、使用消防产品的，均实行市场准入制度，以确保消防产品的质量。

一、消防产品的分类

消防产品的品种很多，按其性能和用途，大体上可分为以下六类。

（一）灭火剂产品

灭火剂是指能够有效地破坏燃烧的条件，中止燃烧的物质。常见的灭火剂主要有水、泡沫、二氧化碳等。比较专业的主要有以下几种。

1. 干粉灭火剂

干粉又称化学粉末灭火剂，是一种易于流动的微细固体粉末。一般借助于专用的灭火器或灭火设备中的气体压力，将干粉从容器中喷出，以粉雾的形式灭火。干粉灭火剂按组成分，主要有：钠盐干粉、氨基干粉、通用或多用干粉和钾盐干粉等几种。干粉灭火剂按用途分为：普通干粉灭火剂、多用途干粉灭火剂和 D 类干粉灭火剂 3 类。

普通干粉灭火剂主要是全硅化碳酸氢钠干粉。这类灭火剂适用于扑灭 B 类火灾和 C 类火灾，又称为 BC 类干粉。BC 类干粉还按照主要成分，分为钠盐干粉（以碳酸氢钠为基料）、紫钾盐干粉（以碳酸氢钾为基料）、钾钠盐干粉（以氯化钾为基料的钾盐干粉和以硫酸钾为基料）、氨基干粉（以尿素和碳酸氢钠或碳酸氢钾为基料）等。

多用途干粉灭火剂主要是磷酸铵盐干粉，具有抗复燃的性能，不仅适用于扑救液体、气体火灾，还适用于扑救一般固体物质的火灾（A 类火），因此又称为 ABC 类干粉。ABC 类干粉还按照主要成分，分为磷酸盐干粉（以磷酸二氢铵、磷酸氢二铵、磷酸铵或焦磷酸盐等为基料的）和碳硫氨基干粉（以碳酸铵与硫酸铵混合为基料的干粉和以聚磷酸铵为基料）等。D 类干粉是指适用于扑救 D 类物质的火灾的干粉。其基料目前主要有氯化钠、碳酸氢钠和石墨等。

干粉按粒径的大小分为：普通干粉灭火剂和超细干粉灭火剂两类。超细干粉灭火剂是指 90% 粒径小于或等于 $20\mu m$ 的固体粉末灭火剂。

2. 气溶胶灭火剂

气溶胶灭火剂是一种以液体或固体为分散相，气体为分散介质所形成的粒径小于 $5\mu m$ 的溶胶体系的灭火介质。其特点是：可以不受方向的限制绕过障碍物达到保护空间的任何角落，并能在着火空间有较长的驻留时间，从而实现全淹没灭火；不需耐压容器；灭火效率较干粉灭火剂更高；用于封闭空间，也可用于开放的空间，对臭氧层的耗损指标为零。由于该灭火剂具有不易降落、可以绕过障碍物等气体的特性，故在工程上也当作气体灭火剂使用。按形成方式的不同，气溶胶灭火剂还分为热气溶胶和冷气溶胶两类。

3. 金属火灾灭火剂

扑救金属火灾可以选用的灭火剂，从目前主要有以下几种。

(1) 偏硼酸三甲酯 (7150)。偏硼酸三甲酯 (7150) 是一种无色透明的可以固化的液体灭火剂，化学名称为三甲氧基硼氧六环，化学分子式为 $(CH_3O)_3B_3O_3$，由硼酸三甲酯与硼酐按一定比例加热回流反应而制得。其灭火机理是，当把其喷洒到着火物质表面时，可在燃烧高温的烘烤下迅速固化，并把着火物质的表面包裹起来，使其与空气隔绝而使燃烧窒息。但是，由于其价格较贵，使用面不太广，故市场上销售较少。

(2) 原位膨胀石墨灭火剂。原位膨胀石墨灭火剂是一种灰黑色鳞片状粉末，稍有金属光泽，是石墨层间化合物，由石墨与络合剂硫酸及水在辅助试剂存在下反应，并加入润湿剂，再解吸和吸附除去对环境有害的分解产物，再加入无害的反应物而制得。主要成分是原位膨胀石墨，具有不污染环境、易于储存、喷洒方便和易于清除灭火后金属表面上附着的固体物和回收未烧毁的剩余金属等优点。主要用于扑救金属钠等碱金属和镁等轻金属火灾。其灭火机理是，将其喷洒在着火的金属表面上时，灭火剂中的反应物，在火焰的高温作用下迅速呈气体逸出使石墨迅速膨胀，且由于化合物的松装密度低，能够在燃烧的金属表面形成海绵状泡沫，与金属接触部分则被燃烧的金属润湿，生成金属碳化物或部分生成石墨层间化合物（若灭金属钠火灾，则生成的化合物为 $C_{64}Na$ 和 NaC_2），瞬间造成与空气隔绝的耐火膜，从而达到灭火的效果。

(二) 灭火器产品

灭火器是指将灭火剂充装于容器内，再借助自身的驱动压力，将其内部所充装的灭火剂喷出以扑救火灾，并可由人力移动的灭火器具。根据所充装灭火剂的不同，主要有：水型灭火器、泡沫灭火器、干粉灭火器、二氧化碳灭火器等。按照构造形式又分为手提式和推车式 2 种，其中干粉灭火剂还有背负式的。

(三) 消防电子产品

消防电子产品是指专门用于消防安全上的无线电和电子技术产品。目前电子消防产品主要有：火灾探测器、火灾报警控制器、消防车用警报器和消防通信器材等。其中火灾探测器根据其作用原理的不同，有感烟探测器、感温探测器、感光探测器 3 种。感烟探测器有离子型和光电型 2 种；感温探测器有定温型、差温型 2 种；感光探测器又分为紫外光和红外光型 2 种。其他的消防电子产品还有可燃气体报警器、可燃气体检漏仪、静电电位计等。

(四) 工程消防产品

所谓工程消防产品，是指工业与民用建筑、地下工程、轮船、飞机、海上石油钻井平台等安装使用的固定式灭火设备。目前主要有自动喷水灭火设备和泡沫、干粉、二氧化碳、混合气体（烟落尽）、气溶胶等灭火剂装配的固定灭火设备。这些固定设备若与自动报警设备连成一体，即成为自动报警灭火系统，近期已有发展为应用电子计算机控制的。另外还有建设工程中用于消防安全的建筑防火构配件和设备等消防产品。

（五）消防装备产品

消防装备产品是指装备于公安、专职、义务消防队伍用的消防车、艇，消防车随车装备和消防战斗员的个人装备等产品。

消防车是消防队伍最重要的灭火装备，在发生火灾时它是运载消防指战员、消防器具、灭火剂紧急出动，迅速驶向火场，为扑救火灾、抢救公民生命财产和保护消防员自身安全提供物资保证的重要装备。国产的消防车产品当前主要有：泵浦消防车、水罐消防车、供水消防车；泡沫、干粉、二氧化碳和干粉、泡沫联用消防车；云梯车；登高平台车；居高喷射车；通讯指挥车；火场照明、破拆工具，后勤供应、消防救护车和摩托消防车等。

消防车的随车装备有：吸水管、水枪、水带、滤水器、接口等供水线路上的器具；单杠梯、挂钩梯、二节和三节拉梯等消防梯；消防斧、铁链、背负式金属切割机等破拆工具。

消防战斗员的个人装备，是提高消防战斗员战斗力和保护自身安全的消防产品。主要有头盔、战斗服、靴、安全带、安全钩、保险钩；安全绳、腰斧、隔热服、避火服、空气或氧气呼吸器、手提式照明灯具等；还有用于救人或自救的救生网、救生袋、缓降器等。

（六）防火产品

防火产品是指专为防止火灾而用的消防产品。主要有防火门、防火玻璃、防火涂料、防火堵料、防火阀门、防火烟筒、火星熄灭器（防火帽）、阻火器、阻燃电缆、阻燃织物、阻燃材料等，及其他与防止火灾有关的产品。

防火材料、阻燃制品的消防安全性能，应当符合国家标准或者行业标准，并经依照产品质量法的规定确定的检验机构检验合格。

上述这些消防产品均属消防产品管理的对象和范围。随着科学技术的进步，国民经济的发展、工业生产技术水平的提高，还会有更多新的消防产品问世。由于消防产品涉及到更大民众的消防安全，所以，必须符合国家标准；没有国家标准的，必须符合行业标准。未制定国家标准、行业标准的，也应当符合消防安全要求，并符合保障人体健康、人身财产安全的要求和企业标准。

二、消防产品质量管理的法定职责

（一）国家有关部门的监督管理职责

（1）国家质量监督检验检疫总局、国家工商行政管理总局和公安部，按照各自职责对生产、流通和使用领域的消防产品质量实施监督管理。

（2）消防产品进出口检验监管，由出入境检验检疫部门按照有关规定执行。

（3）消防产品属于《中华人民共和国特种设备安全监察条例》规定的特种设备的，还应当遵守特种设备安全监察的有关规定。

（二）地方政府有关部门的监督管理职责

（1）县级以上地方质量监督部门、工商行政管理部门和公安机关消防机构，应当按照各自职责对本行政区域内生产、流通和使用领域的消防产品质量实施监督管理，依据《中华人民共和国产品质量法》以及相关规定对生产领域、流通领域的消防产品质量进行监督检查。

（2）公安机关消防机构和认证认可监督管理部门，按照各自职责对消防产品技术鉴定机构进行监督。

（3）公安部会同国家认证认可监督管理委员会参照消防产品认证机构和实验室管理工作规则，制定消防产品技术鉴定工作程序和规范。

（三）消防产品生产者

消防产品生产者，应当对其生产的消防产品质量负责，建立有效的质量管理体系，保持消防产品的生产条件，保证产品质量、标志符合相关法律、法规和标准要求。不得生产应当获得而未获得市场准入资格的消防产品、不合格的消防产品或者国家明令淘汰的消防产品；应当建立消防产品销售流向登记制度，如实记录产品名称、批次、规格、数量、销售去向等内容。

（四）消防产品销售者

消防产品销售者，应当建立并执行进货检查验收制度，验明产品合格证明和其他标志，不得销售应当获得而未获得市场准入资格的消防产品、不合格的消防产品或者国家明令淘汰的消防产品。并应当采取措施，保持销售产品的质量。

（五）消防产品使用者

消防产品使用者，应当查验产品合格证明、产品标志和有关证书，选用符合市场准入的、合格的消防产品。

（1）建设工程设计单位在设计中选用消防产品，应当注明产品规格、性能等技术指标，其质量要求应当符合国家标准、行业标准。当需要选用尚未制定国家标准、行业标准的消防产品时，应当选用经技术鉴定合格的消防产品。

（2）建设工程施工企业，应当按照工程设计要求、施工技术标准、合同的约定和消防产品有关技术标准，对进场的消防产品进行现场检查或者检验，如实记录进货来源、名称、批次、规格、数量等内容；现场检查或者检验不合格的，不得安装。现场检查记录或者检验报告应当存档备查。应当建立安装质量管理制度，严格执行有关标准、施工规范和相关要求，保证消防产品的安装质量。

（3）工程监理单位，应当依照法律、行政法规及有关技术标准、设计文件和建设工程承包合同对建设工程使用的消防产品的质量及其安装质量实施监督。

（4）机关、团体、企业、事业等单位，应当按照国家标准、行业标准，定期组织对消防设施、器材进行维修保养，确保完好有效。

三、消防产品质量的市场准入管理

根据规定，依法实行强制性产品认证的消防产品，应当由具有法定资质的认证机构按照国家标准、行业标准的强制性要求认证合格后，方可生产、销售、使用。

（一）消防产品认证机构的指定与认证要求

1. 消防产品认证机构的指定

（1）从事消防产品强制性产品认证活动的机构，以及与认证有关的检查机构、实验室等，应当由国家认证认可监督管理委员会按照《中华人民共和国认证认可条例》的有关规定，经评审并征求公安部消防局意见后指定，并向社会公布。

（2）消防产品认证机构，应当将与消防产品强制性认证的有关信息报国家认证认可监督管理委员会和公安部消防局。

（3）实行强制性产品认证的消防产品目录由国家质量监督检验检疫总局、国家认证认可监督管理委员会会同公安部制定并公布，消防产品认证基本规范、认证规则，由国家认证认可监督管理委员会制定并公布。

2. 消防产品认证机构及工作人员的认证要求

（1）消防产品认证机构及其工作人员，应当按照有关规定从事认证活动，客观公正地出具认证结论，对认证结果负责。不得增加、减少、遗漏或者变更认证基本规范、认证规则规定的程序。

（2）从事消防产品强制性产品认证活动的检查机构、实验室及其工作人员，应当确保检查、检测结果真实、准确，并对检查、检测结论负责。

（3）新研制的尚未制定国家标准、行业标准的消防产品，经消防产品技术鉴定机构技术鉴定符合公安部制定消防安全要求的，方可生产、销售、使用。

（二）消防产品技术鉴定机构的认定与技术鉴定程序

1. 消防产品技术鉴定机构的认定

（1）消防产品技术鉴定机构，应当具备国家认证认可监督管理委员会依法认定的向社会出具具有证明作用的数据和结果的消防产品实验室资格或者从事消防产品合格评定活动的认证机构资格。

（2）消防产品技术鉴定机构名录由公安部公布。

2. 消防产品技术鉴定应当遵守的程序

（1）委托人向消防产品技术鉴定机构提出书面委托，并提供有关文件资料。

（2）消防产品技术鉴定机构依照有关规定对文件资料进行审核。

（3）文件资料经审核符合要求的，消防产品技术鉴定机构按照消防安全要求和有关规定，组织实施消防产品型式检验和工厂检查。

（4）经鉴定认为消防产品符合消防安全要求的，技术鉴定机构应当在接受委托之日起九十日内颁发消防产品技术鉴定证书，并将消防产品有关信息报公安部消防局；认为不符合消防安全要求的，应当书面通知委托人，并说明理由（消防产品检验时间不计入技术鉴定时限）。

3. 消防产品技术鉴定机构及其工作人员的责任与义务

（1）消防产品技术鉴定机构及其工作人员应当按照有关规定开展技术鉴定工作，对技术鉴定结果负责。

（2）消防产品技术鉴定机构应当对其鉴定合格的产品实施有效的跟踪调查，鉴定合格的产品不能持续符合技术鉴定要求的，技术鉴定机构应当暂停其使用直至撤销鉴定证书，并予公布。

（3）经强制性产品认证合格或者技术鉴定合格的消防产品，由公安部消防局予以公布。

4. 消防产品技术鉴定书的法定效力

（1）消防产品技术鉴定证书有效期为三年。

（2）有效期届满，生产者需要继续生产消防产品的，应当在有效期届满前的六个月内，依照有关规定重新申请消防产品技术鉴定证书。

（3）在消防产品技术鉴定证书有效期内，消防产品的生产条件、检验手段、生产技术或者工艺发生变化，对性能产生重大影响的，生产者应当重新委托消防产品技术鉴定。

（4）在消防产品技术鉴定证书有效期内，相关消防产品的国家标准、行业标准颁布施行的，生产者应当保证生产的消防产品符合国家标准、行业标准。

（5）按照有关规定已被列入强制性产品认证目录的消防产品，应当按规定实施强制性产品认证。未列入强制性产品认证目录的，在技术鉴定证书有效期届满后，可不再进行技术鉴定。

四、消防产品质量管理的监督检查

（一）公安机关消防机构对消防产品的日常监督检查

公安机关消防机构，应当按照日常监督检查和监督抽查相结合的方式对使用领域的消防产品质量进行监督检查。

公安机关消防机构在消防监督检查和建设工程消防监督管理工作中，应当按照公安部《消防监督检查规定》和《建设工程消防监督管理规定》，对使用领域的消防产品质量进行日常监督检查。

（二）公安机关消防机构对使用领域消防产品质量监督的专项抽查

公安机关消防机构对使用领域消防产品质量进行的专项监督抽查，由省级以上公安机关消防机构制定监督抽查计划，由县级以上地方公安机关消防机构具体实施。

1. 公安机关消防机构对使用领域消防产品质量监督抽查的内容

公安机关消防机构对使用领域的消防产品质量进行监督抽查，应当检查下列内容。

（1）列入强制性产品认证目录的消防产品是否具备强制性产品认证证书，新研制的尚未制定国家标准、行业标准的消防产品是否具备技术鉴定证书。

（2）按照强制性国家标准或者行业标准的规定，应当进行型式检验和出厂检验的消防产品，是否具备型式检验合格和出厂检验合格的证明文件。

（3）消防产品的外观标志、规格型号、结构部件、材料、性能参数、生产厂名、厂址与产地等是否符合有关规定。

（4）消防产品的关键性能是否符合消防产品现场检查判定规则的要求。

（5）法律、行政法规规定的其他内容。

2. 公安机关消防机构对使用领域消防产品质量监督抽查的要求

（1）公安机关消防机构实施消防产品质量监督抽查时，检查人员不得少于两人，并应当出示执法身份证件。

（2）实施消防产品质量监督抽查应当填写检查记录，由检查人员、被检查单位管理人员签名；被检查单位管理人员对检查记录有异议或者拒绝签名的，检查人员应当在检查记录中注明。

（3）公安机关消防机构应当根据规定和消防产品现场检查判定规则，实施现场检查判定。对现场检查判定为不合格的，应当在三日内将判定结论送达被检查人。被检查人对消防产品现场检查判定结论有异议的，公安机关消防机构应当在五日内依照有关规定将样品送符合法定条件的产品质量检验机构进行监督检验，并自收到检验结果之日起三日内，将检验结果告知被检查人。

（4）检验抽取的样品由被检查人无偿供给，其数量不得超过检验的合理需要。检验费用在规定经费中列支，不得向被检查人收取。

（5）被检查人对公安机关消防机构抽样送检的产品检验结果有异议的，可以自收到检验结果之日起五日内向实施监督检查的公安机关消防机构提出书面复检申请。

（6）公安机关消防机构受理复检申请，应当当场出具受理凭证。

公安机关消防机构受理复检申请后，应当在五日内将备用样品送检，自收到复检结果之日起三日内，将复检结果告知申请人。

（7）复检申请以一次为限。复检合格的，费用列入监督抽查经费；不合格的，费用由申请人承担。

（三）对消防产品质量监督的投诉检查

（1）质量监督部门、工商行政管理部门，在接到对消防产品质量问题的举报投诉时，应当按职责及时依法处理。对不属于本部门职责范围的，应当及时移交或者书面通报有关部门。

（2）公安机关消防机构接到对消防产品质量问题的举报投诉，应当及时受理、登记，并按照公安部《公安机关办理行政案件程序规定》的相关规定和消防产品质量监督检查程序处理。

（3）公安机关消防机构对举报投诉的消防产品质量问题进行核查后，对消防安全违法行为应当依法处理。核查、处理情况应当在三日内告知举报投诉人；无法告知的，应当在受理登记中注明。

（四）对消防产品使用领域质量消防安全检查违法行为的查处

（1）公安机关消防机构发现使用依法应当获得市场准入资格而未获得准入资格的消防产品或者不合格的消防产品、国家明令淘汰的消防产品等使用领域消防产品质量违法行为，应当依法责令限期改正。

公安机关消防机构应当在收到当事人复查申请或者责令限期改正期限届满之日起三日内进行复查。复查应当填写记录。

（2）公安机关消防机构对发现的使用领域消防产品质量违法行为，应当依法查处，并及时将有关情况书面通报同级质量监督部门、工商行政管理部门；质量监督部门、工商行政管理部门应当对生产者、销售者依法及时查处。

（3）质量监督部门、工商行政管理部门和公安机关消防机构应当按照有关规定，向社会公布消防产品质量监督检查情况、重大消防产品质量违法行为的行政处罚情况等信息。

（五）消防产品监督检查中对单位和个人的要求

（1）任何单位和个人在接受质量监督部门、工商行政管理部门和公安机关消防机构依法开展的消防产品质量监督检查时，应当如实提供有关情况和资料。

（2）任何单位和个人不得擅自转移、变卖、隐匿或者损毁被采取强制措施的物品，不得拒绝依法进行的监督检查。

五、消防产品质量管理违法的法律责任

1. 生产、销售不合格消防产品或者国家明令淘汰消防产品应当承担的法律责任

生产、销售不合格的消防产品或者国家明令淘汰的消防产品的，由质量监督部门或者工商行政管理部门依照《中华人民共和国产品质量法》的规定从重处罚。

2. 建设工程建设、设计、施工和工程监理单位违反消防产品管理规定应当承担的法律责任

建设工程建设单位、设计单位、施工单位和工程监理单位有下列情形之一的，由公安机关消防机构责令改正，依照《中华人民共和国消防法》处罚。

（1）建设单位要求建设工程施工企业使用不符合市场准入的消防产品、不合格的消防产品或者国家明令淘汰的消防产品的。

（2）建设工程设计单位选用不符合市场准入的消防产品，或者国家明令淘汰的消防产品进行消防设计的。

（3）建设工程施工企业安装不符合市场准入的消防产品、不合格的消防产品或者国家明令淘汰的消防产品的。

（4）工程监理单位与建设单位或者建设工程施工企业串通，弄虚作假，安装、使用不符合市场准入的消防产品、不合格的消防产品或者国家明令淘汰的消防产品的。

3. 消防产品技术鉴定机构出具虚假文件应当承担的法律责任

消防产品技术鉴定机构出具虚假文件的，由公安机关消防机构责令改正，依照《中华人民共和国消防法》处罚。

4. 违法使用不符合市场准入的消防产品应当承担的法律责任

（1）人员密集场所使用不符合市场准入的消防产品的，由公安机关消防机构责令限期改正；逾期不改正的，依照《中华人民共和国消防法》第六十五条第二款处罚。

（2）非人员密集场所使用不符合市场准入的消防产品、不合格的消防产品或者国家明令淘汰的消防产品的，由公安机关消防机构责令限期改正；逾期不改正的，对非经营性场所处五百元以上一千元以下罚款，对经营性场所处五千元以上一万元以下罚款，并对直接负责的主管人员和其他直接责任人员处五百元以下罚款。

5. 国家机关及其工作人员违反规定应当承担的法律责任

（1）公安机关消防机构及其工作人员进行消防产品监督执法，应当严格遵守廉政规定，坚持公正、文明执法，自觉接受单位和公民的监督。

（2）公安机关及其工作人员不得指定消防产品的品牌、销售单位，不得参与或者干预建设工程消防产品的招投标活动，不得接受被检查单位、个人的财物或者其他不正当利益。

（3）质量监督部门、工商行政管理部门、公安机关消防机构工作人员在消防产品监督管理中滥用职权、玩忽职守、徇私舞弊的，依法给予处分。

（4）违反本规定，构成犯罪的，依法追究刑事责任。

第六节　专职消防队建立的消防安全验收许可

专职消防队是承担重大灾害事故和其他以抢救人员生命为主的应急救援工作的职业消防队伍。按照所属关系，中国的专职消防队主要有政府专职消防队（公安专职消防队）和企业专职消防队两类。由于其工作任务艰巨、性质特殊而重要，所以，它的建立必须要满足其工作任务完成的需要。根据《消防法》第四十条的规定，专职消防队的建立，应当符合国家有关规定，并报当地公安机关消防机构验收。

一、建立专职消防队的条件

县级以上地方人民政府应当按照国家规定的消防站建设标准和消防规划选址建立公安消防队、专职消防队。

（一）乡镇政府建立专职消防队的条件

根据《中华人民共和国消防法实施条例》的规定，符合下列条件之一的乡镇的人民政府应当建立专职消防队：

（1）国内生产总值一亿元以上或者人口五万以上的镇；

（2）历史文化名镇或者历史文化名村较多的乡镇；

（3）国家级风景名胜区所在地的乡镇。

（二）单位建立专职消防队的条件

根据《消防法》第三十九条的规定，下列单位应当建立单位专职消防队：

（1）大型核设施单位、大型发电厂、民用机场、主要港口；

（2）生产、储存易燃易爆危险品的大型企业；

（3）储备可燃的重要物资的大型仓库、基地；

（4）第一项、第二项、第三项规定以外的火灾危险性较大、距离公安消防队较远的其他大型企业；

（5）距离公安消防队较远、被列为全国重点文物保护单位的古建筑群的管理单位。

单位专职消防队可由一个单位建立，也可以由几个单位联合建立。

（三）专职消防队应当满足的条件

（1）消防站建设、消防车辆和其他装备、器材配备符合国家规定；

（2）消防队员满18周岁、不超过35周岁，身体和生理条件经训练适应灭火执勤需要，总数不少于20人；

（3）队长、班长具有1年以上火灾扑救实战经验；

（4）训练、指挥体系比较健全；

（5）有必要的经费保障；

（6）其他保障灭火执勤的工作情况。

专职消防队经训练能够适应灭火执勤需要，经当地公安机关消防机构对前款规定内容验收后，投入执勤。

二、专职消防队的任务

公安消防队、政府专职消防队除承担火灾扑救工作外，按照国家规定承担以抢救人员生命为主的危险化学品泄漏、道路交通事故、地震及其次生灾害、建筑坍塌、重大安全生产事故、空难、爆炸及恐怖事件和群众遇险事件的应急救援工作，参加配合处置水旱灾害、气象灾害、地质灾害、森林和草原火灾等自然灾害、矿山和水上事故、重大环境污染、核与辐射事故、突发公共卫生事件。

三、专职消防队的管理

政府的专职消防队应当纳入公安机关消防机构指挥调度体系，按照公安机关消防机构的指令负责辖区火灾的扑救等抢险救援工作。

（一）政府应当加强对消防队伍的领导

县级以上人民政府应当逐步整合各类应急资源，利用公安消防队、政府专职消防队建立综合性的应急救援队伍，充分发挥公安消防队、政府专职消防队火灾扑救和应急救援专业力量的骨干作用。公安消防队、专职消防队的布局、消防站建筑标准和消防装备配备尚不符合国家规定的，县级以上人民政府应当协调、督促有关部门限期加以解决。

（二）专职消防队要加强训练，提高应急救援的能力

公安消防队、政府专职消防队应当按照国家规定，开展日常性的消防车辆和器材操作训练，加强高层建筑、地下建筑、石油化工等特殊火灾扑救和危险化学品泄漏、恐怖袭击破坏、地震、建筑物倒塌等灾害事故处置专业训练和演练，全面提高综合应急救援能力。

（三）公安机关消防机构统一指挥灭火救援工作

公安机关消防机构根据扑救火灾的需要，可以调动指挥专职消防队参加火灾扑救工作。专职消防队接到公安机关消防机构的指令后，应当立即赶赴火灾现场，在公安机关消防机构的统一指挥下开展工作。公安机关消防机构可以根据实际需要，在公安消防队中设立专业应急救援队伍。

（四）各级人民政府应当加强公安消防队、政府专职消防队应急救援能力建设

对于在消防监督、灭火救援、消防科技等领域表现突出的消防技术人才，各级人民政府应当给予岗位津贴，并建立人才培养和岗位保障机制，提高政府管理消防工作能力。

各级人民政府应当按照事权、财权划分原则，加强公安消防队、政府专职消防队应急救援能力建设，保障应急救援装备、器材和相关设施建设经费。

政府专职消防队队员的工资、奖金、社会保险和福利待遇列入当地人民政府财政预算。单位专职消防队队员的工资、奖金、社会保险和福利待遇由建队单位保障，并保证与其工作性质、劳动强度相适应。

（五）专职消防队要服从公安机关消防机构的管理

专职消防队变更队长、班长等骨干人员或者裁减消防队员、消防车辆、经费保障，应当征求当地公安机关消防机构意见。撤销专职消防队，应当经当地公安机关消防机构同意。

第六章　建筑工程消防安全管理

　　建筑是供人们居住、学习、工作、生产、娱乐的场所。随着国民经济的发展，人民生活水平的提高，民用住宅建筑、大型公共建筑和各类高层建筑及工业建筑不断增多，加之建筑本身及其内部装修可燃物的存在和使用中存在的易燃易爆危险物或聚集大量人员等情况，不仅发生建筑火灾的概率增大，而且经常发生群死群伤的恶性火灾。所以，加强建筑物的消防安全管理非常重要。

第一节　建筑物的分类

　　从消防安全管理的角度，建筑物主要有以下几种分类。

一、按使用性质分

　　根据建筑物的使用性质，建筑物可分为民用建筑（居住建筑、公共建筑）、工业建筑和农业建筑三大类。

　　民用建筑又分为居住建筑和公共建筑两类。居住建筑是指供人们居住使用的建筑物，还可分为住宅建筑和集体宿舍两类；公共建筑是指办公楼、商店、旅馆、影剧院、体育馆、展览馆、医院等公众人员使用的建筑物。

　　工业建筑是指直接用于生产的厂房和库房。

　　农业建筑是指直接服务于农业生产的暖棚、牲畜棚等。

二、按建筑物的建筑高度或层数分

　　按建筑高度或层数，建筑物分为地下建筑、半地下建筑、单层与多层建筑、高层建筑和超高层建筑五类。

　　1. 地下建筑

　　地下建筑是指房间地平面低于室外地平面的高度超过该房间净高一半的建筑物。

　　2. 半地下建筑

　　半地下建筑是指房间地平面低于室外地平面的高度超过该房间净高 1/3 且不超过 1/2 的建筑物。

　　3. 单层、多层建筑

　　单层、多层建筑是指 9 层及 9 层以下的居住建筑和建筑高度不超过 24m（或已超过 24m 但为单层）的公共建筑和工业建筑。

　　房屋层数是指房屋的自然层数，一般按室内地坪±0.00 以上计算；采光窗在室外地坪以上的半地下室，其室内层高大于 2.20m 以上，计算自然层数。加层、附层（夹层）、插层、阁楼（暗楼）、装饰性塔楼，以及突出屋面的楼梯间、水箱间不计层数。房屋总层数为房屋地上层数与地下层数之和。

4. 高层建筑

高层建筑是指 10 层及 10 层以上的居住建筑（包括首层设置商业服务网点的住宅）和建筑高度超过 24m 且为两层以上的民用公共建筑，以及建筑高度超过 24m 的两层及两层以上的厂房、库房等工业建筑。其中与高层民用建筑相连的建筑高度不超过 24m 的附属建筑称为高层民用建筑裙房。

5. 超高层建筑

超高层建筑是指建筑高度超过 100m 的高层建筑。它不论是住宅还是公共建筑、综合性建筑，均称为超高层建筑。

高层民用建筑还根据使用性质、火灾危险性、疏散和扑救难度等分为两类。

Ⅰ类高层民用建筑

（1）居住建筑　主要包括高级住宅和 19 层及 19 层以上的普通住宅。

（2）公共建筑　主要包括：医院；高级旅馆；建筑高度超过 50m 或每层建筑面积超过 1000m² 的商业楼、展览楼、综合楼、电信楼、财贸金融楼；建筑高度超过 50m 或每层建筑面积超过 1500m² 的商住楼；中央级和省级（含计划单列市）广播电视楼；网局级和省级（含计划单列市）电力调度楼；省级（含计划单列市）邮政楼、防灾指挥调度楼；藏书超过 100 万册的图书馆、书库；重要的办公楼、科研楼、档案楼建筑高度超过 50m 的教学楼和普通的旅馆、办公楼、科研楼、档案楼等。

Ⅱ类高层民用建筑

（1）居住建筑　主要包括 10 层至 18 层的普通住宅。

（2）公共建筑　主要包括：除一类建筑以外商业楼、展览楼、综合楼、电信楼、财贸金融楼、商住楼、图书馆、书库；省级以下的邮政楼、防灾指挥调度楼、广播电视楼、电力调度楼；建筑高度不超过 50m 的教学楼和普通的旅馆、办公楼、科研楼、档案楼等。

三、按建筑物危险性的大小分

根据建筑物的使用性质、生产、使用和储存物品的火灾危险性、可燃物数量、火灾蔓延速度、扑救的难易程度以及可能造成的损失大小等因素，可分为严重危险级、中危险级、轻危险级三个危险等级。

（1）严重危险级　指功能复杂，用火用电多，设备贵重，火灾危险性大，可燃物数量多，起火后蔓延迅速或容易造成重大火灾损失的建筑物。

（2）中危险级　指用电用火多，设备贵重，火灾危险性较大，可燃物数量较多，起火后蔓延较迅速的建筑物。

（3）轻危险级　指用火用电较少，火灾危险性较小，可燃物数量较少，起火后蔓延较缓慢的建筑物。

四、按建筑物保护等级分

国家根据民用建筑物的性质、重要程度、人员密集程度，被保护建、构筑物分为以下四类。

1. 重要公共建筑物

（1）地市级及以上的党政机关办公楼。

（2）高峰使用人数或座位数超过 1500 人（座）的体育馆、会堂、会议中心、电影院、剧场、室内娱乐场所、车站和客运站等公众聚会场所。

（3）藏书量超过 50 万册的图书馆；地市级及以上的文物古迹、博物馆、展览馆、档案馆等建筑物。

（4）省级及以上的邮政楼、电信楼等通信、指挥调度建筑物。

（5）省级及以上的银行等金融机构办公楼。

（6）高峰使用人数超过 5000 人的露天体育场、露天游泳场和其他露天公众聚会娱乐场所。

（7）使用人数超过 500 人的中、小学校；使用人数超过 200 人的幼儿园、托儿所、残疾人员康复设施；150 床位及以上的养老院、疗养院、医院的门诊楼和住院楼等医疗、卫生、教育建筑物（有围墙者，从围墙边算起）。

（8）建筑面积超过 15000m² 的其他公共建筑物。

（9）地铁出入口、隧道出入口。

2. 一类保护建筑物

除重要公共建筑物以外的下列建筑物属于一类保护物：

（1）县级党政机关办公楼。

（2）高峰使用人数或座位数超过 800 人（座）的体育馆、会堂、会议中心、电影院、剧场、室内娱乐场所、车站和客运站等公众聚会场所。

（3）文物古迹、博物馆、展览馆、档案馆和藏书量超过 10 万册的图书馆等建筑物。

（4）县级及以上的邮政楼、电信楼等通信、指挥调度建筑；支行级及以上的银行等金融机构办公楼。

（5）高峰使用人数超过 1000 人的露天体育场、露天游泳场和其他露天公众聚集娱乐场所。

（6）中小学校、幼儿园、托儿所、残疾人员康复设施、养老院、疗养院、医院的门诊楼和住院楼等医疗、卫生、教育建筑物（有围墙者，从围墙边算起）。

（7）总建筑面积超过 3000m² 的商店（商场）、综合楼、证券交易所；总建筑面积超过 1000m² 的地下商店（商业街）以及总建筑面积超过 5000m² 的菜市场等商业营业场所。

（8）总建筑面积超过 5000m² 的办公楼、写字楼等办公建筑物。

（9）总建筑面积超过 5000m² 的居住建筑（含宿舍）、商住楼。

（10）高层民用建筑物。

（11）总建筑面积超过 6000m² 的其他建筑物。

（12）车位超过 50 个的汽车库和车位超过 150 个的停车场。

（13）城市主干道的桥梁、高架路等。

3. 二类保护建筑物

除重要公共建筑物和一类保护物以外的下列建筑物属于二类保护建筑物。

（1）体育馆、会堂、电影院、剧场、室内娱乐场所、车站、客运站、体育场、露天游泳场和其他露天娱乐场所等室内外公众聚会场所。

（2）地下商店（商业街）、总建筑面积超过 1000m² 的商店（商场）、综合楼、证券交易所以及总建筑面积超过 1500m² 的菜市场等商业营业场所。

（3）总建筑面积超过 1000m² 的办公楼、写字楼等办公类建筑物。

（4）总建筑面积超过 1000m² 的居住建筑（含宿舍）或居住建筑群。

（5）总建筑面积超过 2000m² 的其他建筑物。

（6）车位超过 20 个的汽车库和车位超过 50 个的停车场。

（7）除一类保护物以外的桥梁、高架路等。

4. 三类保护建筑物

除重要公共建筑物、一类和二类保护物以外的建筑物属于三类保护建筑物。

注：与上述同样性质或规模的独立地下建筑物等同于上述各类建筑物。

第二节 城乡建设消防安全规划管理

一、城乡建设消防安全规划的组织与实施

城乡建设消防安全规划应当由各城市、乡镇人民政府负责组织本行政区域内城乡、镇、乡和村庄进行编制和实施。发展改革、建设、规划、财政、国土资源、公安消防、市政、通信等行政主管部门应当按照各自职能具体负责实施。

城乡建设消防安全规划的编制，应当遵循有关法律、行政法规，与城乡经济建设和社会发展相适应，并分别纳入城乡总体规划、镇总体规划、乡规划和村庄规划。城乡消防安全规划不符合城乡经济建设和社会发展需要的，应当及时修订调整。建设经济开发区、保税区、工业区，应当编制专项消防安全规划，并符合城乡建设消防安全规划的要求。

城乡建设消防安全规划是城乡建设规划的重要组成部分，是城乡消防建设的重要依据，应当纳入城乡规划中。城乡消防设施的建设，应在城乡消防安全规划的指导下与城乡其他基础设施同步建设、同步发展。

城乡建设消防安全规划的编制，要在全面收集研究有关基础资料的基础上，依据总体规划，与城乡给水工程、道路交通、供电工程、电信工程、燃气工程等其他

专业规划相协调，从实际出发，正确处理城乡建设与消防安全的关系，统一规划，合理布局，注重操作性，建立满足城乡消防安全需要的城乡消防体系，规划不仅要有总体长远的考虑，更重要的是要有近期建设的计划安排，为消防安全布局和消防设施的建设提供合理的建设依据。

城乡消防安全规划涉及城乡用地、市政、供水、电信、交通、电力、燃气等内容，要编制好城乡消防安全规划，必须要由政府统一领导和协调，由城乡公安消防机构会同城乡规划主管部门及其他有关部门共同组织，并委托具有国家规定的相应城乡规划设计资格的设计单位具体编制。

二、城乡建设消防安全规划的内容和要求

城乡建设消防安全规划应当根据城乡性质、规划期限、规划范围、规划人口、用地规模、城乡自然条件及经济发展规划等人文现状；大型易燃易爆危险品生产、储存、运输场所的分布、规模、火灾危险性现状；汽车加油加气站、燃气管道、液化石油气储存站、储配站、罐瓶站、煤气调压站等的分布、规模，以及与周围建筑物的防火间距等现状；城乡棚户区的分布、面积、人口、道路、水源等现状；古建筑、重点文物保护单位、重要建筑、周围水源、道路的分布等现状；城乡消防站数量、分布，每个责任区的面积、装备等现状；城乡供水能力，城乡可利用的天然水源、供水管网、市政消火栓等现状；城乡消防通道现状和城乡119火灾报警线路数量、城乡消防通信指挥系统现状进行。

（一）城乡总体布局的消防安全规划

城乡总体布局是城乡总体规划的重要工作内容，是一项为城乡长远合理发展奠定基础的全局性工作，也是用来指导城乡建设的百年大计。城乡总体布局中的消防安全要求是为了使城乡布局更合理、更科学。在城乡总体布局的消防安全规划基本要求如下。

（1）在城乡总体布局中，必须将生产、储存易燃易爆危险品的工厂、仓库设在城乡边缘的独立安全地区，并与人员密集的公共建筑保持规定的防火安全距离。位于旧城区严重影响城乡消防安全的工厂、仓库，必须纳入改造规划，采取限期迁移或改变生产使用性质等措施，消除不安全因素。

（2）在城乡规划中，应合理选择燃气供应站的储罐、瓶库，汽车加油加气站和煤气、天然气调压站的位置，并采取有效的消防措施，确保安全。合理选择城乡输送可燃的气体、液体管道的位置，严禁在其干管上修建任何建筑物、构筑物或堆放物资。输送可燃的气体、液体管道阀门井盖应有标志。

（3）装运易燃易爆危险品的专用车站、码头，必须布置在城乡或港区的独立安全地段。

（4）城区内新建的各种建筑，应建造一级、二级耐火等级的建筑，控制三级耐火等级建筑，严格限制四级耐火等级建筑。

（5）城乡中原有耐火等级低，相互毗连的建筑密集区或大面积棚户区，必须纳

入城乡近期改造规划，积极采取防火分隔，提高耐火性能，开辟防火间距和消防车通道等措施，逐步改善消防安全条件。

（6）地下铁道、地下公路交通隧道、地下街、地下停车场的规划建设与城乡其他建设，应有机地结合起来，合理设置防火分隔、疏散通道、安全出口和报警、灭火、排烟等设施。

（7）在城乡设置集市、贸易市场或营业摊点时，城乡规划部门应会同公安交通管理部门、公安消防监督部门、工商行政管理部门，确定其设置地点和范围，不得堵塞消防车通道和影响消火栓的使用。

（二）城乡组成要素规划布局的消防安全要求

1. 工厂、仓库

工厂、仓库是城乡形成与发展的主要因素，在布置上满足运输、水源、动力、劳动力、环境和工程地质等条件的同时，还应根据工厂、仓库的火灾危险程度和卫生类别、对外交通、货运量及用地规模等，合理地进行布局，以保障其消防安全。

（1）按照经济、消防安全、卫生的要求，应将石油化工、化学肥料、钢铁、水泥、石灰等污染较大的工厂、仓库以及易燃易爆的工厂、仓库远离城乡布置；或将同类型工厂、仓库布置在城乡郊区；或依托旧城区，在其郊区以新建大型企业为基础，建立新的工业城镇。将协作密切、占地多、货运量大、火灾危险性大、有一定污染的工厂、仓库，按其不同性质组成工业区，布置于城乡的边缘、毗邻其居住区。

（2）对于占地面积不大、不需要铁路运输、生产过程中的火灾危险性不大、基本上无污染的工厂、仓库，可组成独立的街坊，布置在城乡内单独地段、居住区的边缘和交通干道的一侧。

（3）对于用地少、运输量少、对建筑物无特殊要求、生产过程中火灾危险性小、基本上无污染的工厂、仓库，可散置在居住街坊内，或与城乡绿化组合，组成前店后厂。

（4）工厂、仓库在城乡中的布置要综合考虑风向、地形、周边环境等多方面的影响因素。火灾危险性大的石油库、化学危险品库应布置在城乡郊区的独立地段，并应布置在该市常年主导风向的下风向或侧风向。靠近河岸的石油库应布置在港口码头、船舶所、水电站、水利工程、船厂以及桥的下游，如果必须布置在上游时，则距离要增大。

（5）要设置必要的防护带。工厂、仓库与居民区之间要有一定的安全距离构成防护带，防护带内应当加以绿化，起到阻止火灾蔓延的分隔作用。

（6）布置工厂、仓库应注意靠近水源并能满足消防用水量的需要，应注意交通便捷，消防车沿途必须经过的公路及桥涵应能满足其通过的可能，且尽量避免公路与铁路交叉。

2. 大型公共建筑、公园、广场、绿地

大型公共建筑、公园、广场、绿地是消防分区的隔离带，在消防灭火、抢险救援、疏散人员和物资有着重要的实际意义，其布置应考虑分期建设，远近结合，留有发展余地的要求。对于旧城区原有布置不均衡、消防条件差的大型建筑、公园、绿地、广场，应结合规划作适当调整，并考虑对原有设施充分利用和逐步改善消防安全条件的可能性，以符合消防安全抢险救灾疏散的要求。

城乡中对大型公共建筑应按照《建筑设计防火规范》、《高层民用建筑设计防火规范》、《建筑内部装修设计防火规范》的规定，规划设计建筑物。提高居住区边缘或临街建筑物的耐火等级，控制可燃建筑，以此形成城乡防火阻燃隔离带。

经验教训证明，当市区内发生大火，为避免辐射热造成人员伤亡，疏散避难场所（公园、绿地、广场）至少要在 10ha 以上（国外标准为 25ha 以上），最远疏散距离不应超过 3km（国外标准为 2km 以内），也可结合城乡及河川、道路等设置防火绿地网。防火绿地网是城乡构成中连续而系统化的空间，即以公园和绿地为核心，将河川道路、阻燃树林、广场和不燃化建筑布置成防火上的有效空间，在受灾时成为防火的网络，起到市区内切断火势、疏散避难的作用。防火绿地网的技术条件是疏散距离要控制在 2km 以内。为了切断火势蔓延，防火绿地网的宽度应考虑为 100~300m。防火绿地网核心问题是公园和绿地及广场组成的避难场所，同时这些场所应具有信息收集、传递、指挥、急救等职能。

3. 旧城区的改造

城乡旧城区的改造，应当根据程度不同、规模不等、耐火性能各异、水源道路条件判别等情况，进行改造规划。

（1）在旧城区改造时，应本着"充分利用，逐步改造"的原则将消防安全纳入城乡改造规划之内，并与旧城区改造同步规划、同步设计、同步使用，积极改善防火条件。

（2）对于长条形棚户区或临街的易燃建筑，宜每隔 80~100m 采用防火分隔措施。有条件的城乡可每隔 100~120m 开辟或拓宽防火通道，其宽度不宜小于 6m，既可阻止火势蔓延，又可作为消防车通道，且方便居民生活。

（3）对于大面积的方形或长方形的易燃棚户区，一时不易成片改造的，可划分防火分区。每个防火分区的占地面积不宜超过 200m^2。各分区之间应留出不小于 6m 的防火通道，或者每个分区的四周，建造三级及三级以上耐火等级的建筑，且每隔 150m 留出一消防车通道和每隔 80m 留出人行通道，使之成为与防火墙相似的立体防火带。

（4）对于消防给水缺乏或不足的旧城区，一方面要结合区域内生活、生产给水管道的改造，积极改善消防给水设施，如加大供水管道管径，增设消火栓和消防加压点等；另一方面要进一步解决消防用水量。对于无市政消火栓或消防给水不足，无消防车通道的，城乡建设部门应根据具体条件修建容量为 100~200m^3 的消防蓄水池。

（5）消除火险因素。针对旧城区电气线路年久失修等情况，加强维护管理，有计划地对棚户区旧电线逐步进行改造，以免养患成灾。

152

（6）严禁在人口稠密的旧城区建设火灾危险性大、易燃易爆的工厂、仓库。现有在人口稠密旧城区火灾危险性大的易燃易爆工厂、仓库必须纳入搬迁计划，限期解决。

4. 城乡居住小区

城乡居住小区消防安全规划一般包括以下几方面的内容：

（1）城乡居住小区总体布局中的防火间距　城乡居住小区总体布局应根据城乡规划的要求进行合理布局，各种功能不同的建筑物群之间要有明确的功能分区。根据居住小区建筑物的性质和特点，各类建筑物之间应有必要的防火间距，具体应按《建筑设计防火规范》和《高层民用建筑设计防火规范》中的有关规定执行。

在城乡居住小区内设置的煤气调压站、液化石油气瓶库等生活服务设施，与民用建筑的防火间距必须符合现行国家标准《建筑设计防火规范》GB 50016 的有关规定。

（2）城乡居住小区消防给水　居住小区消防给水规划总的原则是：城镇、居住区、企事业单位规划和建筑设计时，必须同时设计消防给水系统。消防用水可由给水管网、天然水源或消防水池供给，也可采用独立的消防给水管道系统供给。利用天然水源时，应确定枯水期最低水位时消防用水的可靠性，且应设置可靠的取水设施；采用独立的消防给水管道系统供给时，消防给水宜与生产、生活给水管道系统合用，若合用不经济或技术上不可能，则可分别供给。

（3）城乡居住小区消防道路　城乡居住小区道路系统规划设计，要根据其建筑布局、车流和人流的数量等因素按功能分区，力求达到短捷畅通。道路的走向、坡度、宽度、交叉、拐弯等，要根据自然地形和现状条件，按现行国家标准《建筑设计防火规范》GB 50016 的规定进行合理设计。

在高层建筑和规模较大的会堂、体育馆、剧院等建筑物周围，应设环形消防车道（可利用交通道路），如设环形车道有困难时，可沿建筑物的两个长边设置消防车道；当建筑物的总长度超过 220m 时，应设置穿过建筑物的消防车道；消防车道的宽度不应小于 3.5m，其路边距建筑物外墙宜大于 5m，道路上空如遇有障碍物或穿过建筑物时，其净高不应小于 4m；如穿过门垛时，其净宽不应小于 3.5m。消防车道下面的管道和暗沟，应能承受大型消防车辆压力。

对居住小区不能通行车辆的道路，要结合城乡改造，根据具体情况，采取裁弯取直，扩宽延伸以及开辟新路的办法，逐步改善道路网，使之符合消防道路的要求。

（4）城乡居住小区消防队（站）　城乡居住小区要按照公安部和建设部颁布的《城乡消防站建设标准》的规定，结合居住小区的工业、商业、人口密度、建筑现状以及道路、水源、地形等情况，合理地设置消防站。消防站的保护半径是以接到火警后 5min 内消防队可以到达责任区边缘为原则。

（5）城乡居住小区消防通信　消防通信装备是城乡火灾报警、受理火警、调度指挥灭火力量、把火灾损失降到最低限度的必需装备，随着科技的发展，现代电子通信产品和技术已在消防通信设备中得到广泛地应用，居住小区规划的消防报警形式应多样化、现代化，但必须满足火灾发现及时、报警及时的要求。

(三) 城乡公共消防设施规划

1. 城乡消防站的规划

城乡消防站担负着扑救城乡火灾和抢险救援的重要任务，是城乡消防基础设施的重要组成部分。城乡消防站的建设应符合《城乡消防站建设标准》的要求。

(1) 消防站责任区面积要求　以接警后 5min 内消防队到达责任区内任意单位为标准计算，标准普通消防站的责任区面积不应大于 $7km^2$，小型普通消防站的责任区面积不应大于 $4km^2$，特勤消防站兼有责任区面积要求的，其责任区面积同标准型普通消防站。

(2) 消防站的选址　消防站的选址，应以便于消防车迅速出动扑救火灾和保障消防站自身安全为原则。设在责任区内适中位置和便于车辆迅速出动的临街地段。消防站的主体建筑距医院、学校、幼儿园、托儿所、影剧院、商场等容纳人员较多的公共建筑的主要疏散出口不应小于 50m。责任区内有生产、储存易燃易爆危险品单位的，消防站应设置在其常年主导风向的上风或侧风处，其边界距上述部位一般不应小于 200m。消防站车库门应朝向城乡道路，至城镇规划道路红线的距离宜为 10~15m。

(3) 消防站的通信　消防站应当建设比较先进的有线、无线火灾报警和消防通信指挥系统。有条件的消防站，应当建成由计算机控制的火灾报警和消防通信指挥中心，由指挥中心集中受理火警，使消防通信系统的接警、调度、通信、信息传送及力量出动等程序实现自动化。

大城乡的电话局或小城乡的电话局以及建制镇、独立工矿区至城乡消防指挥中心或火警接警中队的 119 火灾报警线路不应少于 2 对，以满足同时受理一个地区两起火灾的需要。

消防指挥中心或火警接警中队与城乡供水、供电、供气、急救、交通、环保等部门以及消防重点单位，应当设置专线通信，以保证报警、灭火等抢险救援工作的顺利进行。

2. 城乡消防给水

(1) 消防水源　城乡消防用水量，应当按照《建筑设计防火规范》等消防技术规范的规定，并结合城乡的实际情况综合确定。城乡供水能力应能同时满足生产、生活和消防用水量的要求，当市政水源不能满足消防给水要求时，可采取对现有水厂进行更新、扩建，或增建新的水厂，提高城乡水厂供水能力；或根据城乡的具体条件，建设合用或单独的消防给水管道、消防水池、水井或加水点等措施。

大面积棚户区或建筑耐火等级低的建筑密集区，无市政消火栓或消防给水不足、无消防车道通道的，应由城建部门根据具体条件修建 $100~200m^3$ 的消防蓄水池。

有天然水源的城乡，应当充分利用江河、湖泊、水塘等作为消防水源，并修建通向天然水源的消防车通道或取水设施。

（2）消防给水管网 市政消防给水管网宜布置成环状管网。管道的最小管径不应小于 100mm，最不利点市政消火栓的压力不应小于 0.1MPa；对于给水管道陈旧，管径、水量、水压不能满足消防要求的现有给水管网，供水部门应密切结合市政给水管网的更新、改造，使城乡给水管网达到消防给水要求；对于给水管网压力低的地区和高层建筑集中地区，应增建给水加压站，确保给水管网的压力达到消防要求。

（3）市政消火栓 消火栓应沿道路设置，间距不应超过 120m；当道路宽度超过 60m 时，宜在道路两边设置消火栓，并宜靠近十字路口。

地上式消火栓应有一个直径为 150mm 或 100mm 和两个直径为 65mm 的栓口；地下式消火栓应有直径为 100mm 和 65mm 的栓口各一个，并有明显的标志。

3. 城乡消防通道

城乡消防通道主要系指能供消防车行驶的道路。消防通道同城乡交通道路合用，城乡消防通道一并随城乡道路规划建设。

（1）消防通道的宽度、间距和限高 为保证火灾时消防车的顺利通行，城乡道路应考虑消防车的通行要求，其宽度不应小于 4m。由于消火栓的保护半径为 150m 左右，为便于消防车使用消火栓灭火，城乡道路中心线间距不宜超过 160m，当建筑物沿街部分长度超过 220m 时，应在适中位置设穿过建筑物的消防通道。考虑到常用消防车的高度，消防通道上空 4m 范围内不应有障碍物。

（2）环行消防通道 对于高层建筑、占地面积超过 3000m² 的甲、乙、丙类厂房，占地面积超过 1500m² 乙、丙类库房、大型公共建筑、大型堆场、储罐区等较为重要的建筑物和场所，为了便于及时扑救火灾，其周围应当设置环行消防通道。

环行消防通道至少应有两处与其他车道连通，尽头式消防车道应设回车道或回车场。考虑到目前几种常用消防车的转弯半径的情况，消防车回车场的面积不小于 12m×12m 或 15m×15m 或 18m×18m 三种形式。

（3）消防车道的其他要求 供消防车取水的天然水源和消防水池，应当设置消防车道。对于有内院或天井的建筑物，当其短边长度超过 24m 时，可设置进入内院或天井的消防车道。有河流、铁路通过的城乡，可采取增设桥梁等措施，保证消防车道的畅通。

4. 城乡消防通信

城乡消防通信对于传递消防信息，搞好队伍执勤备战，完成火灾扑救任务，具有重要的保证作用。为了使我国城乡消防通信高度指挥日趋系统化、科学化、现代化。实现报警快，接警迅速，高度准确，通信畅通，适应灭火战斗的需要，必须逐步建立完善的消防通信指挥系统。

三、城乡建设消防安全规划的管理

（一）城乡建设消防安全规划的审批

城乡建设消防安全规划在编制过程中，需要协调处理好各种问题，为了达到消防安全规划的目的，编制规划时可提出多种方案，进行方案论证和比较，并征求有关部门的意见。

城乡消防安全规划审批前，当地人民政府可邀请上一级人民政府规划行政主管部门和公安消机构以及有关专家进行评审，其评审意见是审批规划的重要依据。

城乡消防安全规划应当报人民政府批准。经批准的城乡消防安全规划是城乡消防工程建设的依据，当地人民政府应纳入城乡总体规划并按计划分步实施。

（二）编制和实施经费保障措施

各级人民政府应当将城乡消防安全规划的编制经费以及公共消防设施和消防装备的建设、维护、管理经费纳入本级财政预算，并予以保障。

投资主管部门应当根据城乡消防安全规划的要求对公共消防设施建设予以立项，并列入地方年度固定资产投资计划；在审查城乡基础设施建设、改造项目时，应当审查公共消防设施的投资计划。

建设、财政部门应当在城乡维护费中列出专项资金用于公共消防设施的维护和管理。消防供水费用应当列入地方财政专项资金支出。

城乡消防安全规划编制以及公共消防设施和消防装备建设、维护、管理经费具体办法由国务院财政、发展改革、公安部门联合制定。

（三）消防安全规划用地控制

城乡、镇控制性详细规划应当落实消防安全规划确定的公共消防设施具体用地位置和面积，划定公共消防设施用地界线，明确公共消防设施控制指标的地理坐标。国土资源行政主管部门应当保证公共消防设施建设用地。

城乡土地开发利用和各项建设不得违反城乡消防安全规划的要求。新建、改建、扩建的建设工程项目不符合城乡消防安全布局要求的，城乡规划主管部门不得核发建设用地规划许可证和建设工程规划许可证。

（四）不符合规划的处理

位于旧城区严重影响城乡消防安全的工厂、仓库，必须纳入规划优先改造，采取限期迁移或者改变生产使用性质等措施，消除不安全因素。旧城改造中，应当优先安排耐火等级低、相互毗连的建筑密集区或者大面积棚户区、城中村的拆迁、改造。

人员住宿与生产、储存、销售合用场所的密集区，乡和村庄木结构建筑连片的区域，应当纳入规划改造，改善消防安全条件。

（五）公共消防设施建设基本要求

公共消防设施应当与其他公共基础设施统一规划、统一设计、统一建设、统一验收。建设行政主管部门在安排年度城乡基础设施建设、改造计划时，应当根据城乡消防安全规划的要求将公共消防设施纳入建设、改造计划，统筹实施。

1. 公共消防供水设施的维护管理

市政消火栓等消防供水设施应当由市政供水主管部门负责建设和维护。自建设施供水的单位，负责供水区域内市政消火栓的建设和维护。乡、镇消防水源和消防供水设施由乡、镇人民政府负责管理、维护。村庄的消防水源应当纳入村庄整治和人畜饮水工程同步建设，村庄的消防水源由村民委员会负责管理、维护。

2. 消防车通道的建设和维护

城乡消防车通道由市政工程主管部门负责建设和维护。乡、镇、村庄消防车通道由乡、镇人民政府负责建设和维护。单位投资建设消防车通道的，由投资建设的单位或者其委托的单位负责维护。

3. 消防通信的建设和维护

电信业务经营单位应当负责消防通信线路的建设和维护管理，确保消防通信线路的畅通。无线电管理部门应当保障消防无线通信专频专用，不受干扰。

4. 公共消防设施保护

公共消防设施需要拆除、迁移的，应当报公安机关消防机构备案；拆除、迁移以及修复、重建公共消防设施的费用，由建设单位承担。公安机关消防机构发现公共消防设施不能保证正常使用时，应当通知并督促有关部门和单位及时维护、保养。

第三节　建筑物使用消防安全管理

建筑工程在经验收合格、投入使用之后，使用单位应继续加强对建筑工程的消防安全管理，并注意以下几个方面的问题。

一、不能随意改变使用性质

建筑工程的使用应当与消防安全审核意见相一致，建筑结构、用途、性质不能随意改变。如报批的是丙类生产建筑，不能变更为甲类生产建筑使用；报批的是会议室，不能变更为歌舞厅。这是因为建筑物的耐火等级、平面布局、建筑面积、层数、防火间距等，都是依据其使用性质和火灾危险性而确定的，当其使用性质发生变化后，其火灾危险性也会随之改变，因而，建筑物的耐火等级、层数、平面布局、建筑面积和防火间距的消防安全要求也都应随之改变。否则，该建筑物就不能适应使用性质改变后带来的火灾危险性的变化，就会产生新的火灾隐患，就有可能导致火灾的发生，甚至带来严重的后果。

如福州市高福纺织有限公司，违反《建筑设计防火规范》的有关规定，擅自改变厂房功能，将厂房的第四层车间改做仓库，存放大量的化学纤维腈纶纱等可燃物料；并严重违反规定在仓库内紧靠东侧防火墙上凿出 7 个 $1.2m \times 1m$ 的孔洞，用木龙骨和纤维板搭盖了 8 间女工临时倒班宿舍，严重破坏了防火墙及封闭楼梯间的防火防烟功能，以至在 1993 年 12 月 13 日发生火灾后职工无法逃生，造成了 61 人死亡，8 人受伤，过火建筑面积 $3979m^2$，直接财产损失 606.3 万元的特大火灾。

因此，建筑物的使用性质不能随意改变，如因特殊情况而必须对建筑进行改建、扩建或变更使用性质时，也必须重新报经公安机关消防机构审批，以保证消防安全措施的落实，防止形成新的火灾隐患。

二、严禁违法使用可燃材料装修

建筑内部装修、装饰材料，应当使用不燃、难燃材料，严禁违法使用可燃材料装修和使用聚氨酯类以及在燃烧后产生大量有毒烟气的材料。疏散通道、安全出口处不得采用反光或者反影材料。

如广东省深圳市龙岗区龙岗街道龙东社区的舞王俱乐部，屋顶的天花板采用聚氨酯泡沫塑料装修，于 2008 年 9 月 20 日 22 时 49 分因在舞台燃放烟火不当发生的特大火灾，虽然燃烧范围小，但有毒烟雾产生的多；还因室内为达环保要求以防对附近居民的噪声污染，全部采用了密闭且易燃的装修，加之防烟排烟系统和事故照明不合格，安全通道狭窄，聚氨酯泡沫塑料燃烧产生的大量有毒烟雾无法排出，致使近千人被困密封火场，酿成人踩人惨剧，使 44 人丧生，88 人受伤的惨痛教训。

三、物资库房不得随意超量储存

由于仓库建筑物的耐火等级、结构、建筑面积、防火间距、层数等，都是根据所储物资的火灾危险性和储存量的多少来确定的，所储物质不同，其火灾危险性也不同，储存量增大，同样也会增加火灾危险性；而且一旦发生火灾，还会扩大火灾损失，给日常防火管理带来困难。易燃易爆危险品的储存应当符合如下要求。

1. 普通易燃易爆危险品库房储存量的限制要求

根据我国《常用化学危险品储存通则》第 6.2 条的规定，每栋化学危险物品库房的储存量不应超过表 6-1 的限额规定。

表 6-1　危险品仓库房的允许储存量

储 存 量	储 存 方 式			
	露天储存	隔离储存	隔开储存	分离储存
平均单位面积储存量 t/m²	1.0～1.5	0.5	0.7	0.7
单一储存区最大储存量/t	2000～2400	200～300	200～300	400～600

注：1. 隔离储存：指同一房间或同一区域内，不同的物料之间分开一定距离，非禁忌物料间用通道保持空间的储存方式；

2. 隔开储存：指在同一建筑或同一区域内，用隔板或墙，将其与禁忌物料分离开的储存方式；

3. 分离储存：指储存在不同的建筑物或远离所有建筑的外部区域内的储存方式。

2. 石油化工企业易燃易爆危险品库房储存量的限制要求

对石油化工企业的厂内库房，甲类危险品储量不应超过 30t，乙、丙类危险品不应超过 500t。

3. 爆炸品库房储存量的限制要求

为了防止一旦库房炸药发生爆炸时对四周造成更大的危害，《民用爆破器材工

158

程建设设计安全规范》（GB 50089—2006）的有关规定，爆炸品仓库的储存量必须严格限制，并不准超过库房安全距离所允许的最大储存量。

生产区单个中转库房的最大允许储存量应尽量压缩到最低限度，中转库炸药的总存药量：梯恩梯不应大于 3 天的生产需用量；炸药成品中转库的总存药量不应大于 1 天的炸药生产量，当炸药日产量小于 5t 时，炸药成品中转库的总存药量不应大于 3t。

四、防火间距不得随便占用

因为防火间距是为了防止火灾蔓延和保证火灾扑救、消防车通行的预留场地。如果使用单位随便在防火间距之内搭建其他建筑或构筑物，或堆放其他物资，就会在一旦发生火灾时影响消防车的通行和灭火救援战斗的展开，甚至造成火势蔓延、扩大。如吉林市中百商厦，既不留有防火间距，也不考虑设置有效的防火分隔，而是贴邻商厦搭建高 2.7m，长 42m 的库房和锅炉房，且在仓库内留有 10 个窗户与大厦连通，当当地公安机关消防机构列为重大火灾隐患限期整改后，该单位仅用砖封堵了东西两侧的 6 个窗户，中间 4 个用装修物掩盖了事，未进行彻底的防火分隔，结果于 2004 年 2 月 15 日因库房职工抽烟引起火灾，并迅速蔓延至中百商厦，造成了死亡 54 人，受伤 70 人，过火建筑面积 2040m²，商厦一层商品全部烧毁，直接财产损失 426 万元的特大火灾。

五、安全疏散通道、出口不得堵塞

安全疏散通道和出口是保证建筑内人员安全疏散的逃生之路，其数量、宽度及长度的限制都是根据建筑物的使用性质、面积、层数和人员情况来确定的，一旦堵塞，发生事故时人员就难以迅速疏散和逃生，对人员密集场所来说，就可能造成大量的人员伤亡等难以想象的后果。如新疆克拉玛依市的友谊馆建造时本来留有 6 个门，而在使用中把安全门都锁上或堵死，只留有一个门且只开一扇，结果在 1994 年 12 月 8 日发生火灾时大批学生无法逃生，造成了死亡 325 人、受伤 130 人的特大伤亡事故；又如辽宁省阜新市艺苑歌舞厅发生火灾时，两个出口中一个宽 1.8m 的门被封挡，300 余人只能从另一个只有 0.8m 宽且须上下 5 步台阶的门逃生，结果烧死 233 人，烧伤 21 人，教训十分惨痛。因此，安全疏散通道和安全门是绝对不能堵塞的。尤其在使用时必须全部打开，在疏散通道内也不得摆放任何影响安全疏散的物品。建筑物的防火分区不得擅自改变，建筑物装修材料的燃烧性能等级不得擅自降低，建筑内部装修不应改变疏散门的开启方向，减少安全出口、疏散出口的数量及其净宽度，影响安全疏散畅通。

六、消防设施不得圈占和埋压

消防设施是扑救火灾的重要设施，一旦被圈占和埋压，失火时就不能保证使用而影响火灾的扑救。如吉林市博物馆建筑物外仅有消火栓 2 个也被埋压和损坏，致使 5km 范围内没有一个消火栓可用，结果银都歌舞厅失火后，消防车只能到 5km

地之外的单位去拉水灭火，严重影响了火灾的扑救，加大了不应有的火灾损失，该教训非常值得有关单位吸取。建筑物的消防设施不得擅自改变。

七、车间或仓库不得设置员工宿舍

员工集体宿舍是人员杂居的地方，人们抽烟、用火、用电较多，故导致火灾的因素也较多；近年来，一些单位在车间或仓库内设置了员工集体宿舍，且由于员工集体宿舍居住人员多，一旦遭遇火灾，往往造成大量人员伤亡和财产损失。如1991年以来，广东、福建等省发生多起由于将车间、仓库、宿舍设置在同一建筑物内，发生火灾造成群死群伤的恶性事故。如1991年5月，广东东莞兴业制衣厂火灾造成72人死亡，47人受伤；1993年11月，深圳致丽工艺玩具厂火灾，烧死87人，烧伤51人；同年12月福建福州高福纺织有限公司发生火灾，烧死61人，伤7人；1996年1月，广东深圳胜利圣诞饰品有限公司火灾，造成20人死亡，109人受伤；1997年，福建晋江裕华鞋厂发生火灾，烧死32人，烧伤4人。这些火灾之所以屡屡造成群死群伤的恶性事故，一方面是由于这些企业对员工人身安全不重视，缺乏消防安全管理制度和措施，造成严重的火灾隐患；另一方面就是由于在车间、仓库内设置员工集体宿舍。因此，必须严格禁止在车间或仓库内设置员工集体宿舍。

第四节　古建筑防火管理

古建筑作为一种存在的奇观，或某一地区或某一时代的特征标志，即有文化价值、精神价值，又有实用价值，故向来是供人们观赏、旅游和进行文化传统教育的人文景点。目前，随着改革开放的深入，对外交流的增多，旅游事业的发展，绝大多数古建筑已成了当地的重点旅游景点，且有的地方已将旅游事业作为带动当地经济发展的一大支柱产业，使得古建筑旅游景点的消防安全管理工作越发重要。所以，将古建筑人文景点作为文化旅游企业在此叙述之。

中国古建筑在世界上是一个独立的建筑体系，它的发展历史约有7千年之久。我国现存的古建筑星罗棋布，到处可见。据不完全统计，我国古建筑包括点和面约有3000余处（不包括古民居建筑），其中古塔1000余座，殿堂2000多座。

在我国的古建筑保护工作中，防火保护至关重要，这是因为我国古代一直发展了以木构架为主的建筑体系的缘故。事实上，古建筑的毁坏绝大多数是火灾造成的。如北京的故宫自明永乐到清朝灭亡的400多年间，共发生火灾50多起，平均不到10年就发生一起火灾。近年来，由于国家采取了种种措施，一些地方的古建筑火灾有所下降，但是绝对数量还不少，而且其中有些火灾损失相当严重。据不完全统计，1950～1986年全国共发生了85起古建筑火灾，而1981～1986年就发生了34起，其中造成重大损失的有8起。故防火安全工作是古建筑保护工作中最重要的一环。

一、古建筑的火灾危险性

我国历史上众多的建筑之所以毁于火灾，今天幸存下来的绝大多数古建筑也历经火劫。究其原因，正在于这些古建筑本身即具有很大的火灾危险性。

（一）火灾荷载巨大

我国古建筑，以木材为主要材料，采用以木构架为主的结构方式，形成一种独特的风格。这种木构架建筑，虽然分为抬梁、穿斗、井干等不同形式，但无论哪一种结构，都必须采用大量的木材。基础上立木柱，柱上架木梁，梁上再立瓜柱，瓜柱上再架梁，层层叠叠，垒成一组木构架。在平行的两组木构架之间，用檩、枋联结，檩上再设椽子，再加上斗栱、天花、藻井、各种门窗，乃至门匾等等，无处不用木材。一幢古建筑，无论是金碧辉煌的宫殿，还是庄严肃穆的庙堂，或秀丽典雅的园林建筑，其实就是一个堆积成山的木材垛，所不同的是经过能工巧匠之手，巧妙地把它"编结"成了一个巨大的木制工艺品罢了。

一座古建筑需用木材的多少，与其采用的结构方式、建筑面积和高度等密切相关。通常的古建筑，大体上是每平方米建筑面积需用 $1m^3$ 的木材。以明清故宫的太和殿为例，据专家们测算，殿高 26.92m，台基高 8.13m，总高为 35.05m，东西长 63.96m，南北宽 37.17m，总建筑面积为 $2377.39m^2$。采用最高级的重檐庑殿顶，上檐施 11 踩斗栱，下檐施 9 踩斗栱。殿内共有 86 根巨柱，其中 6 根为蟠龙金漆柱。殿顶中央为蟠龙金凤藻井，天花板也是用厚厚的木龙骨和木板组成。殿中央设平台，高 2m，平台上设九龙宝座，均用楠木雕成。共用木材 $4754m^3$，折合每平方米使用木材 $2m^3$。太和殿是世界上建筑面积最大的古代木构架建筑物，也是使用木材最多的古建筑之一。山西应县佛宫寺释迦塔，高 66.6m，外观为五层方檐，底层平面为八角形，直径 30m，共用木材 $3746m^3$。按底层建筑计算，每平方米约需木材 $4.78m^3$，又大大超过了太和殿的标准。

正由于古建筑大多以木构架为主要结构形式，大量采用木材，因而具备了容易发生火灾的物质基础。而古建筑中的木材，经过多年的干燥，成了"全干材"，含水量大大低于"气干材"，因此极易燃烧，特别是一些枯朽的木材，由于质地疏松，在干燥的季节，遇到火星就会起火。

一座建筑物火灾危险的大小，直接取决于可燃物质数量的多少。按火灾荷载总平均不超过 $20kg/m^2$（木材）计算，每平方米木材平均质量为 $630kg/m^3$，那么，在现代建筑中，木材的用量不应多于 $0.03m^3/m^2$，包括其他可燃物折合木材的用量在内，这是一个比较科学的标准，以此标准来衡量古建筑，就不难看出古建筑火灾危险性之大了。

我国的古建筑，多采用松、柏、杉、楠等木材。普通松木的相对密度为 $597kg/m^3$，楠木相对密度达 $904kg/m^3$。如前所述，在古建筑中，大体上每平方米需用木材 $1m^3$，每立方米木材重 63.0kg 计算，那么，古建筑的火灾荷载，要比现代建筑的火灾荷载量大 31 倍。故宫太和殿的火灾荷载为 62 倍；应县佛宫寺释迦塔的火灾荷载则更大，约为现代建筑的 148 倍。

（二）具有特别良好的燃烧条件

木材是传播火焰的媒介，而在古建筑中的各种木材构件，又具有特别良好的燃烧和传播火焰的条件，起火后，犹如架满了干柴的炉膛，起火轰燃，难以控制，往往直到烧完为止。这种现象是由下列三种因素促成的：

（1）结构易燃　我国的古建筑，无论采用何种结构形式，均系用大木柱支承巨大的屋顶，而屋顶又是由梁、枋、檩、椽、斗拱、望板，以及天花、藻井等大量的木构件组成，架于木柱的中、上部，等于架空堆积干柴。古建筑周围的墙壁、门、窗和屋顶上覆盖的陶瓦、压背等将木构架围在中间，形成了类似堆满干木材的炉膛，对古建筑造成了特别良好的燃烧条件。

（2）容易轰燃　古建筑屋顶严实紧密，在发生火灾时，屋顶内部的烟热不易失散，温度容易积聚，会迅速导致"轰燃"。轰燃是在环境温度持续升高，并大大超过可燃物的燃点时发生的。因而无须火焰直接点播。出现轰燃后的火灾，是充分发展了的火灾，是火灾发展极盛的阶段，扑救相当困难。容易发生轰燃，是古建筑火灾难以扑救的原因之一。

（3）蔓延迅速　古建筑中除少数大圆柱的表面积相对小一些外，经过加工的梁、枋、檩、椽等构件，表面积都很大。那些层层叠架的斗拱、藻井和经过雕镂具有不同几何形状的门窗、扇等，表面积更大。古建筑发生火灾时，出现轰燃和大面积燃烧，主要也是由于这些构件的巨大表面积而造成的。

古建筑中的木材，比疏松的松木还要易燃，由于长期干燥和自然的侵蚀，往往出现许多大小裂缝；另外，有的大圆柱，其实并非完整的原木，而是用四根木料拼合而成，外面裹以麻布，涂以漆料，在发生火灾时，木材的裂缝和拼接的缝隙，就成了火势向纵深蔓延的途径，从而加快了燃烧的速度。加之古建筑的通风条件一般都比较好，殿堂高大宽阔，发生火灾时，氧气供应充足，燃烧速度相当惊人。还由于许多古建筑都建在高高的台基之上，特别是钟楼、鼓楼、门楼等建筑，更是四面迎风。对一些坐落在高山之巅的古建筑，情况就更加突出。起火后，风助火势，火仗风威，会很快付之一炬。

（三）容易出现"火烧连营"

我国的古建筑，无论是宫殿、道观、王府、衙署和禁苑、民居，都是以各式各样的单体建筑为基础，组成各种庭院。大型的建筑，又以庭院为单元，组成庞大的建筑群体。这种庭院和建筑群体的布局，大多采用均衡对称的方式，沿着纵轴线和横轴线进行布局，高低错落，疏密相同，丰富多彩，成为我国建筑传统的一大特色，但从消防安全的观点来看，这种布局方式却潜伏着极大的火灾危险。

（1）缺少防火分隔和安全空间　"四合院"的建造形式是将主要建筑布置在中轴线上，两侧布置次要建筑，组成一个封闭式的庭院。就是围绕一个院子，四周都是建筑物，我国的古建筑，基本上都采用这种庭院布局，单座的古建筑很少。一些大型的古建筑群体，更是飞檐交臂，庭院相连。因此，所有的古建筑，几乎都缺少防火分隔和安全空间。如果其中一处起火，一时得不到有效地扑救，毗连的木结构建筑，就会出现大面积的燃烧，形成火烧连营的局面。

（2）"回廊"成了火灾蔓延的通道　"廊院"的建造形式是，主要建筑和次要建筑都布置在中轴线上，在两侧布置回廊，通过回廊，把所有的建筑连接起来，这种布局的火灾危险性，与"四合院"式的布局比，有过之而无不及。1948年镇江金山寺毁于火，原因之一，就是金山寺的主要建筑和次要建筑，依山而建，全部用回廊连接，具有"晴天不撑伞，雨天不湿鞋"的特点，游人香客游览金山寺的全部活动，都可在建筑物内进行。但在火灾发生时，这些回廊就成了火焚金山的通道。

清康熙十八年（公元1680年），故宫太和殿火灾尤为典型，这次起火的地方为在太和殿西相距约200m处的御膳房，大火从御膳房蔓延到西配殿，又通过西斜廊一直延烧到了太和殿。后来康熙皇帝在重建太和殿时，认真吸取了教训，下决心破除祖制，将东西斜廊改建为防火墙，使故宫的防火条件有了一定的改善。

（四）消防施救困难

我国的古建筑，不仅容易发生火灾和蔓延，而且在发生火灾时，施救相当困难，千百年来，已成定律。因而，当古建筑发生火灾时，一旦蔓延开来，人们往往束手无策，只好望火兴叹，看着它灰飞烟灭。远离城乡，没有消防施救力量的古建筑如此；就是在拥有现代消防施救力量的城乡里的古建筑，一旦起火，也是难逃厄运。1981年4月，北京中轴线上的景山寿皇门发生火灾，消防部门立即出动29部消防车、5辆洒水车、300多名消防人员，经过7个多小时的灭火战斗，寿皇门这颗中轴线上的明珠最终仍被烧毁。为什么古建筑发生火灾后难于施救呢？除前述古建筑易于燃烧和蔓延等原因外，还在于古建筑火灾扑救有许多棘手的问题，难以解决。

（1）鞭长莫及　我国的古建筑分布全国各地，且大多远离城镇，建于环境幽静的高山深谷之中，而国家的消防力量则主要分布在大、中城乡和部分县城集镇。一旦发生火灾，设在城镇的消防队鞭长莫及，远水难救近火；加上消防警力不足，装备又比较落后。这样，起火待援的古建筑，不是处于孤立无援的境地，就是想援也难援，无能为力。如1985年4月，全国重点文物保护单位拉卜楞寺发生火灾，所在的夏河县城没有消防队，只好向省里、州里求援。但最近的甘南藏族自治州消防队，也有67km，较近的临夏回族自治州消防队也相距120km，而力量较强的兰州市消防队，则相距270km，虽然他们都以最快的速度出动，但等到赶至火场时，起火的大经堂已经烧塌。

（2）自卫无能　扑救古建筑火灾，想完全依靠社会消防力量，这在相当长的一段时期内，对多数古建筑单位来说，都是不现实的。因此，这些古建筑只有依靠自卫自救。然而从目前情况来看，却又普遍缺乏自卫自救的能力。既没有足够的训练有素的人员，也没有具有一定威力的灭火设备，一旦起火，只有任其燃烧，直到烧完为止。峨眉山金顶的永明华藏寺、山西平顺县的龙祥观、河北涉县的清泉寺等古建筑火灾，都莫不如此。

（3）水源缺乏　水是火的一大克星，扑救古建筑火灾，主要靠水。当然，杯水车薪也是无济于事的，必须要有充足的水源。一般说来，1000kg 木材燃烧时，需要耗费 2000kg 水才能使燃烧终止。水的耗费量要比燃烧物的体积大一倍。一座 2000m² 的古代建筑，如果它的实用木材量为 2000m³ 的话，那么，在这座古建筑失火时，要想及时加以扑救，至少需要 4000m³ 水的储备和供应。但是，目前许多地方的古建筑，都缺乏消防水源。特别是北方缺水地区和高山上的古建筑群，连生活用水都比较艰难，消防用水就更成问题。即使是一些建于历史名城的古建筑，已安装现代消防供水系统的，也寥寥无几，可以说是凤毛麟角。

（4）通道障碍　古建筑因为古，在设计施工时，根本就考虑不到消防车辆等现代装备的应用，所以缺乏现代消防通道。如坐落在一些名山上的古刹道观，根本就无车道可通，发生火灾时，消防车开到山前，也只能深叹可望而不可及。有一些古建筑，坐落在古老的街巷内，道路狭窄，连两人抬着手抬泵也很难通过。又如北京的紫禁城，被高墙分隔成九十多个庭院，处处是红墙夹道、门隘重重、台阶遍布、高低错落，现代的消防车辆，特别是曲臂登高车一类大型车辆，根本无法进入，即使进入也无法展开。

（5）人员难近　古建筑以木结构居多，起火时烟雾弥漫，一座 1000m² 的大殿，其中如有 20kg 木材在燃烧，5min 内就会使整个殿堂充满烟雾。在烟雾中不仅含有许多有毒物质，有使人中毒或窒息死亡的危险，而且烟雾还会降低火场上的能见度，使人视线不清，找不到起火点和被困人员的准确位置，难以进行有效的施救。还由于火焰温度高，辐射热强，古建筑周围往往又有高墙或其他建筑物阻挡，辐射热相对集中，使消防施救人员难以接近火源去有效地打击火势。

（6）有水难攻　因为古建筑一般都比较高大，许多殿堂室内净高都在 10m 以上，甚至高达 30m，相当于一幢 10 层楼现代建筑的高度。现代建筑每隔 3～4m 就是一层楼，失火时攀登救火、救人都比较方便，而一座 30m 高的殿堂失火，却无法攀登，往往是人上不去，水也射不上去。加之天花板、斗栱等构件的阻挡，水流很难射中。顶部的火点加上粗大的梁、柱又不易施展拆破手段等，这样，火势就更加难以控制。

古建筑的屋面，一般都呈斜坡形或圆锥形，上面盖以琉璃瓦或布袋瓦，瓦下铺一层灰泥，有的还铺一层锡背，防水防潮的效果很好，雨水落到屋面，很快下流，但这在发生火灾时，就成了有水难攻的又一难题。当古建筑起火时，室内烟雾大、温度高，人员难以进去，在起火部位较低时，还可以在室外通过门窗朝有火光的地方射水，但当火焰在大屋顶内燃烧时，灭火人员只能把水流射向屋面，只要屋顶未塌落，则水流射上去多少，便流下来多少，根本达不到灭火的目的。倘若在北国寒冬，冰天雪地，射到屋面上的水，很快结成一层冰，也起不到灭火的作用，而且由于冰面很滑，登上屋顶的消防人员很难展开灭火作业，稍不当心，便有可能滑下来

164

造成伤亡事故。

（五）使用管理的问题较多

古建筑使用、管理方面，存在不少火灾危险因素，直接或间接地威胁和影响着古建筑的安全。

（1）古建筑用途不当，未能得到很好保护而隐患重重　不少地方利用古建筑开设旅馆、饭店、招待所、食堂、工厂、仓库、办公室、幼儿园，或用作职工宿舍、居民住宅等。据有关部门前几年统计，全国的古建筑（包括附属建筑在内），被用于上述用途的占80％。这种不适当的使用或占用，不仅影响古建筑的社会效益，而且严重威胁着古建筑的安全。在全国造成重大损失的古建筑火灾中，75％是由于占用单位忽视古建筑的消防安全，放松管理而造成的。

（2）周围环境不良，受到外来火灾的威胁　有些地方的古建筑处于居民包围之中，有与其他建筑毗连在一起，更有甚者将易燃易爆的危险品仓库与古建筑毗邻。

另外，在一些古建筑比较集中的旅游胜地，往往有不少个体户临时设摊开店，经营各种小吃。这样固然方便了游人，但由于缺乏统一规划和管理，他们临时搭建的棚屋，不是靠近古建筑，就是设在林间草丛之中，柴灶煤炉比比皆是，稍有不慎，极易失火，并有蔓延扩大到古建筑的危险。

（3）火源、电源管理不善　有的寺庙、道观、香火旺盛，却无严格的防火要求，任香客在神台供桌上点烛烧香，甚至在供桌前焚化文书纸钱。使得殿内香烟缭绕，烛火通明，香客熙熙攘攘，人头济济，神佛面前点燃着长明油灯或蜡烛。而这些佛殿神堂之内，悬挂的幡幔伞帐又随风飘荡，稍不小心，就有可能引火上梁而使殿堂遭灾。

电源的管理问题尤为突出。目前，许多古建筑内，特别是游人香客众多的寺庙、道观，都已先后引进电源，但大多不符合安全要求。有的直接把电线敷设在梁、柱、檩、椽和楼板等上面，甚至临时电线乱拉乱接，线路开关随意乱钉；有的电线已经老化，长年得不到更新。

有一些著名的古建筑内，管理部门借口接待外宾需要，不仅安装了豪华的照明设备，而且还安装了大功率的空调设备。使古老的建筑完全"现代化"了。这不仅增加了火灾危险性，而且使古建筑遭到破坏，很不协调。一些著名的古建筑专家，对此十分恼火，批评这种做法"不伦不类"。

（4）消防器材短缺，装备落后，水源缺乏　不少古建筑单位，没有自救的能力，且相当普遍。有的地方对一些著名的古建筑在修缮或重建过程中，为了压缩投资，往往首先砍掉消防设计费用。

（5）在管理体制和领导思想意识方面也存在问题　我国的古建筑分别由文物、宗教、园林等部门管理和使用，有的地方，还有属工会管辖的。在这种多头管理、使用的情况下，往往由于各主管部门之间分工不明、职责不清，使消防安全工作出现无人管理的混乱局面。如1984年4月，昆明市筇竹寺华严阁被烧毁教训之一就与这种管理体制有关。筇竹寺原属园林部门管理、使用，落实宗教政策后，划归宗教部门使用，但寺在园中，许多行政管理方面的事仍离不开园林部门。这样一来，在消防安全问题上就出现了两个部门都管，实际上两个部门都没有认真的管。以致在做佛事时疏于防范，使一座著名的元朝建筑毁于一旦。

有些管理、使用单位的领导，对古建筑的消防安全工作重视不够，甚至不闻不问，采取不负责任的官僚主义态度。据国家文事业管理调查，有的地方文物管理使用单位的领导，对文化部、公安部 1984 年发布的《古建筑消防管理规则》竟一无所知，自然更谈不上如何去贯彻执行了。

二、我国古建筑火灾的特点和原因

研究和认识引起古建筑火灾的直接原因，对于加强古建筑的消防安全管理具有十分重要的意义。因为只有找到了确切的起火原因，才能有的放矢、针锋相对地采取预防措施。

古建筑火灾的直接原因，以前多是用火不慎、雷击、放火和战火等几种。但在当代，情况就不同了。随着科学技术和生产的发展，古建筑使用电气设备的越来越多，并采用了煤气、煤油、汽油等新的能源，古建筑的使用范围也从供游览参观，到宗教、居住、生产、教育、文艺等应有尽有。致使古建筑火灾的致灾因素增加，情况比以往更加复杂。

（1）生活用火不慎 这种原因主要有两种情况：一是僧、尼、道士和居住在古建筑内的其他人员用火不慎所引起的。如 1961 年 2 月，福建省泰宁县建于宋朝、列为省级重点文物保护单位的甘露寺，因寺内老尼姑起床做早饭时点火照明，引燃垫在床上的稻草，扑救不及时，扩大成灾，致使全寺烧毁。又如 1980 年 12 月，河北省涉县始建于北齐、明朝重修，列为省级重点文物保护单位的清泉寺，因住在寺内的农村社员在烧柴灶时失火，引燃柴草，蔓延成灾。大火烧了 6h，4 座大殿和 85 间配殿、廊房全部化为灰烬，还烧坏碑刻、石雕 30 余块；二是同古建筑毗连的居民、商店等用火不慎，殃及古建筑。如 1950 年 12 月，北京市建于明朝的西安门，被毗连的商棚失火殃及而全部烧光。

（2）电气线路和电器设备安装、使用不当 这种火灾原因主要有三种情况：一是电线陈旧、绝缘损坏或安装不符合安全要求，引起短路起火；二是电器设备不良或使用时间过长，以致温升过高引起火灾；三是灯泡尤其是大功率灯泡紧靠可燃物，长时间烘烤而起火。

（3）吸烟不慎 如 1965 年 3 月，山东省青岛市崂山始建于宋朝的太平宫（又名太平天国院，列为市级重点文物保护单位），因一道士吸烟不慎，乱丢烟头引起火灾，烧毁大殿三间，该道士也被大火吞噬。

（4）小孩玩火 如 1982 年 2 月北京市明朝建筑万寿寺西路行宫因小孩玩火被烧毁。

（5）宗教烧香 如 1984 年 4 月，云南省昆明市元代建筑，列为省级重点文物保护单位的筇竹寺华严阁，因两位信女进阁烧"头炷香"引发火灾被烧毁。

（6）雷击 如 1964 年 9 月，河北省承德市建于清乾隆时期、列为国家级重点文物保护单位的避暑山庄外八庙之一的普佑寺，因未安装避雷设备，遭雷击起火，著名的法轮殿（占地 750m²）和周围的群楼、配殿 94 间全部付之一炬，316 尊木金漆罗汉佛像化为灰烬；又如西安市列为国家重点文物保护单位的明代建筑碑林大成殿，虽然安装了避雷设备，却因不符合要求，同样遭到雷击。

（7）违反安全规定　如江苏省扬州市重点文物保护单位"卢宅"是晚清盐商所建的豪华住宅的代表建筑，全国罕见，造价为纹银 7 万两，有很高的艺术、文物价值。1981 年 9 月 20 日凌晨，因占用"卢宅"的五一食品厂，把刚出锅并带有炭化火星的炒面粉，堆放在可燃的箩筐、麻袋和木箱上，由于散热条件很差，热面粉聚热自燃起火，整个建筑群几乎全部化为灰烬。事后，我国著名的古建园林专家陈从周教授愤慨地说"用这样的建筑做工场，简直等于用商周铜器煮牛肉。"

（8）精神病人放火　如 1985 年 7 月，河北省内丘县建于元代、列为县级文物保护单位的扁鹊庙因一位精神病患者放火发生火灾，将一座 200 多平方米的殿宇付之一炬。

（9）放火　如 1974 年 4 月，安徽省青阳县九华山建于清朝的十王殿，因当地一青年农民与寺内的老和尚有仇，乘和尚外出时纵火，烧毁房屋 22 间、佛像 18 尊。

（10）原因不明　如 1962 年 5 月，辽宁省沈阳市的省级重点文物保护单位、东陵的福陵大明楼全部烧毁，原因不详。福陵是清太祖努尔哈赤及皇后的陵墓，建成于清朝顺治八年（1651 年），修复工作延续了 20 余年。

三、古建筑的防火管理措施

古往今来，我国大量的古建筑毁灭无存的历史事实证明：火灾是古建筑的大敌。因此，加强古建筑的防火工作，落实各项消防措施，确保古建筑的安全，是全社会的一项紧迫任务。

（一）加强领导，从严管理

古建筑旅游景点的单位领导，应把消防安全工作列入日程，加强管理，定期检查，督促所属部门落实消防安全措施。单位及其所属各部门都要确定一名主要行政领导为防火责任人，负责本单位和本部门的消防安全工作。认真贯彻和执行《文物保护法》、《中华人民共和国消防法》、《古建筑消防管理规则》、《博物馆安全保卫规定》以及有关的消防法规。要确定专职、兼职防火干部，负责本单位的日常消防安全管理工作，建立各项消防安全制度和防火档案，组织职工学习文物古建筑消防保护的法规，学习消防安全知识，不断提高职工群众主动搞好古建筑消防安全的自觉性。要建立健全义务消防组织，定期进行训练，并制定灭火应急方案，配合当地公安消防队联合组织消防演习。

（二）加强拍摄影视和组织庙会等的消防安全管理

利用古建筑拍摄电影、电视和组织庙会、展览会等活动，主办单位必须事前将活动的时间、范围、方式、安全措施、负责人等，详细向公安消防机关和文物管理部门提出申请报告，经审查批准，方可进行活动。古建筑的使用和管理单位不得随意向未经公安消防机关和文物管理部门批准的单位提供拍摄电影、电视或举办展览会等活动的场地和文物资料。获准使用古建筑拍摄电影、电视或举办展览会等活动的单位，应严格遵守文物建筑管理使用单位的各项消防安全制度，负责现场的消防安全，保护好文物古建筑，严格按批准的计划进行活动，不得随意增加活动项目和扩大范围。要根据活动范围，配置足够适用的灭火器材。古建筑的使用和管理单位要组织专门力量在现场值班、巡逻检查。

（三）改善防火条件，创造安全环境

改善防火条件，创造安全环境，是减少古建筑火灾的客观基础，所以凡是列为古建筑的单位，除建立博物馆、保管所或为参观游览的场所外，不得用来开设饭店、餐厅、茶馆、旅馆、招待所和生产车间、物资仓库、办公机关以及职工宿舍、居民住宅等。已经占用的，有关部门必须按国家规定，采取果断措施，限期搬迁。

在古建筑范围内，禁止堆放柴草、木料等可燃物品；严禁储存易燃易爆危险品，已经堆放、储存的，须立即搬迁；禁止搭建临时易燃建筑，包括在殿堂内利用可燃材料进行分隔等，以避免破坏原有的防火间距和分隔，已经搭建的，必须坚决拆除；在古建筑外围，凡与古建筑毗连的易燃棚屋，必须拆除，有从事危及古建筑安全的易燃易爆物品生产或储存的单位，有关部门应协助采取消除危险的措施，必要时，应予以关、停、并、转。

坐落在森林区域的古建筑周围，应开设宽度为 30～35m 的防火线，以免在森林发生火灾时危及古建筑的安全。在郊野的古建筑，即使没有森林，在秋冬枯草季节，也应将周围 30m 以内的枯草清除干净，以免野火蔓延。对一些重要古建筑的木构件部分，特别是闷顶内的梁架等，应喷涂防火涂料以增加其耐火性能。今后在修缮古建筑时，应对木构件进行防火浸料处理，用于古建筑内的各种棉、麻、丝、毛纺织品制作的饰物，特别是寺院、道观内悬挂的帐幔、幡幢、伞盖等，均应进行阻燃处理。

一些规模较大的古建筑群，应考虑在不破坏原有格局的情况下，适当设置防火墙、防火门进行防火分隔，以使某一处失火时，不致很快蔓延到另一处。

（四）完善消防设施

（1）开辟消防通道 凡消防车无法到达的重要古建筑旅游点，除在山顶以外，都应开辟消防通道，以便在发生火灾时，消防车能迅速赶来施救。古建筑群，应在不破坏原布局的情况下，开辟消防通道。消防通道最好形成环行，否则，其尽头应设迂回车道或面积不小于 12m×12m 的回车场。对供大型消防车使用的回车场，其面积应不小于 15m×15m。车道下面的管道和暗沟要能承受大型消防车的压力。

（2）改善消防给水条件 在城乡内的古建筑，应利用市政供水管网，在每座殿堂、庭院内安装室外消火栓，有的还应加装水泵接合器。消火栓的设置应符合技术规范标准；规模大的古建筑群，应设立消防泵站，以便补水加压；体积大于 3000m³ 的古建筑，应考虑安装室内消火栓；在设有消火栓的地方，应当配置消防附件器材箱，箱内应备有水带、水枪等附件，以便在发生火灾时充分发挥消防管网出水快的优点，这一点在门户重重，通道曲折的古建筑内尤其必要；在郊野、山区中的古建筑，以及消防供水管网不能满足消防用水的古建筑，应修建消防水池，消防水池的储水量、场地、间距等都应符合规范的有关要求；在寒冷地区，水池还应采取防冻措施，在有河、湖等天然水源可以利用的地方的古建筑，应修建消防码头，供消防车辆停靠、吸水，在消防车不能到达的地方，应设固定或移动的消防泵取水；在消防器材短缺的地方，为能及时就近取水扑灭初起火灾，应准备水缸、水桶等器具。

（3）采用先进的消防技术措施　凡属国家级重点文物保护单位的古建筑旅游单位，必须采用先进的消防技术设施。要根据《火灾自动报警系统设计规范》和古建筑的实际情况安装火灾自动报警系统。火灾探测器的种类与安装方式，主要选用离子感烟探测器和红外光束感烟探测器两种。重要的砖木结构和木结构的古建筑内，应安装闭式自动喷水灭火系统。在建筑物周围容易蔓延火灾的场合，应设置固定或移动式水幕。为了不影响古建筑的结构和外观，自动喷水的水管和喷头，可安装在天花板的梁架部位和斗栱屋檐部位。为了防止误动作或冬季冰冻，自动喷水灭火装置应采用预作用的形式，并安装预作用阀门、水流传感器、压力开关等。在重点古建筑内，存放或陈列忌水文物的地方，应安装二氧化碳灭火系统。安装上述自动报警和自动灭火系统的古建筑，应设置消防控制中心，对整个自动报警、自动灭火系统实行集中控制与管理。

（4）配置轻便灭火器　为防万一，保证在一旦出现火情时，能及时有效地把火灾扑灭在初起阶段，可根据实际情况，按《建筑灭火器配置规范》的有关规定、配置一定数量的应急用轻便灭火器材。特别是开放供游人参观的宫殿、楼阁和有宗教活动的寺庙，道观的殿堂，收藏文物的库房及办公和生活区等部位，应作重点配置。灭火器在维修调换药剂时，应分批替换，切不可一次集中，统统撤走，以免出现空当。

（五）严格火源管理，消除致火因素

在古建筑内不仅有生活用火，用电也是火源的一种，而且由于宗教活动的需要，许多古建筑内还多了一种火源——香火。因此，必须严格管理各种火源。

（1）严格生活和维修用火管理　在古建筑内严禁使用液化石油气和安装煤气管道。炊煮用火的炉灶烟囱，必须符合防火安全要求。冬季，必须取暖的地方，取暖用火的设置，应经单位消防管理人员检查定点并报单位消防安全责任人批准，指定专人负责。供游人参观和举行宗教等活动的地方，禁止吸烟，并应设有鲜明的标志。工作人员和僧、道等神职人员吸烟，应划定地方，且烟头、火柴梗必须丢在带水的烟缸或痰盂里，禁止随手乱扔。如因维修需要，临时使用焊接、切割设备的，必须经单位领导批准，指定专人负责，落实安全措施。

（2）严格电源管理　凡列为重点保护的古建筑，除砖、石结构外，国家有关部门都明确规定，一般不准安装电灯和其他电器设备。如必须安装使用时，须经当地文物行政管理机关和公安消防机关批准，并由正式电工负责安装、维修，严格执行电气安装、使用规程。没有安装电器设备的古建筑，如临时需要使用电器照明或其他设备，也必须办理临时用电申请审批手续，经批准后由正式电工安装，到批准期限结束，即行拆除。

(3) 严格香火管理　未经政府批准，进行宗教活动的古建筑（寺庙、道观）内，禁止燃灯、点烛、烧香、焚纸，经批准进行宗教活动的古建筑（寺庙、道观）内，允许燃灯、点烛、烧香、焚纸。但必须落实防范措施，切实注意防火安全，小心火烛。燃灯、点烛、烧香、焚纸，应规定地点和位置，并指定专人负责看管，最好以殿堂为单位，采用"众佛一炉香"的办法，集中一处管理。神佛像前的"长明灯"，应设固定的灯座，并把灯放置在瓷缸或玻璃缸内，以免碰翻。神佛像前的蜡烛，也应有固定的烛台，以防倾倒，发生意外。有条件的地方，可把蜡烛的头改装成低压小支光的灯泡，既明亮，又安全。香炉应用不燃材料制作，放置香、烛、灯的木制供桌上，应铺盖金属薄板，或涂防火涂料，以防香、烛、灯火跌落在上面时引起着火。所有的香、烛、灯火，严禁靠近帐幔、幡幢、伞盖等可燃物。除"长明灯"在夜间应有人巡查外，香烛必须在人员离开前熄灭。焚烧纸钱、锡箔的"化钱炉"应用不燃材料制作，并设在殿堂外靠墙角的避风处。

(4) 认真落实防雷措施　古建筑是否安装防雷装置，不应只从建筑物的高矮考虑，应从保护历史文化遗产和古建筑火灾危险性的角度考虑。多年的实践证明，雷击不仅对高大古建筑有威胁，对低矮古建筑也同样有威胁。因此，凡重点文物保护单位的古建筑，尽可能都要安装防雷装置。古建筑安装防雷装置，除按照我国防雷规程的要求安装外，还须注意两点：

① 选择避雷针安装方式，必须准确计算它的保护范围，屋顶和屋檐四角应在保护范围之内；无论是采用避雷针或避雷带的安装方式，均应注意引下线在建筑重檐的弯曲处，引下线两点间的垂直长度，要求大于弯曲部分实长的十分之一。

② 当采用避雷带时，应沿屋脊、斜脊等突出的部分敷设。当古建筑安装的节日彩灯与避雷带平行时，避雷带应高出彩灯顶部 30mm，避雷带的支持卡子的厚度应大于一个等级；彩灯线路由建筑物的上部供电时，应在线路进入建筑物的入口端装设低压阀避雷器，其接地线应与避雷引下线相连接。

(六) 加强古建筑修缮时的防火工作

修缮古建筑是保护古建筑的一项根本措施。所有的古建筑，都有必要进行修缮。但是在古建筑修缮过程中，又增加了不少火灾危险性，如大量存放可燃性物料，大量使用电动工具和明火作业。同时，维修人员多而杂，进出频繁，稍有不慎，就有可能引起火灾。因此，古建筑修缮过程中的防火工作尤须加强，并特别要注意以下几点。

(1) 修缮工程较大时，古建筑的使用管理单位和施工单位应遵照《古建筑消防管理规则》第十六条的规定，将工程项目、消防安全措施、现场组织制度、防火责任人、逐级防火责任制等事先报送当地公安消防机关，未获批准，不得擅自施工。

工地消防安全领导组织、义务消防队、值班巡逻、各项消防安全制度，以及配置足够的消防器材等消防安全措施都必须落到实处。

（2）修缮操作时，在古建筑内和脚手架上，不准进行焊接、切割作业，如必须进行焊接、切割时，必须严格按"火源管理"的要求执行。电刨、电锯、电砂轮不准设在古建筑内，木工加工点、熬炼桐油、沥青等明火作业，要设在远离古建筑（群）的安全地方。修缮用的木材等可燃物料不得堆放在古建筑内，也不能靠近重点古建筑堆放。油漆工的料具房，应选择远离古建筑的地方单独设置。施工现场使用的油漆稀料，不得超过当天的使用量。贴金时要将作业点的下部封严，地面能浇湿的要洒水浇湿，防止纸片乱飞遇明火而燃烧。

（3）支搭的脚手架要考虑防雷。在建筑的四个角和四个边的脚手架上应安装数根避雷针，并直接与接地装置相连接，应能保护施工工地全部面积。其保护角可按60°计算，避雷针至少要高出脚手架顶端 30cm。

第七章　消防安全重点管理

所谓消防安全重点管理，就是根据抓主要矛盾的工作原理，对消防安全重点单位及其重点工作作为重点进行管理的一种工作方法。实践证明，加强对消防安全重点管理，是防止和减少火灾事故的科学而有效的方法，抓好了完全可以收到事半功倍的效果。

第一节　消防安全重点单位管理

消防安全重点单位是指发生火灾可能性较大以及发生火灾可能造成重大的人身伤亡或者财产损失的单位。公安机关消防机构受理本行政区域内消防安全重点单位的申报，将确定为消防安全重点的单位，由公安机关报本级人民政府备案。

一、确定消防安全重点单位的条件

确定消防安全重点单位的条件，通常包括以下十个方面：

（1）人员密集场所；

（2）国家机关；

（3）广播电台、电视台和邮政、通信枢纽；

（4）客运车站、码头、民用机场；

（5）档案馆以及具有火灾危险性的文物保护单位；

（6）发电厂（站）和电网经营企业；

（7）易燃易爆危险品的生产、充装、储存、供应、销售单位；

（8）重要的科研单位；

（9）高层办公楼（写字楼）、高层公寓楼等高层公共建筑，城市地下铁道、地下观光隧道等地下公共建筑和城市重要的交通隧道，粮、棉、木材、百货等物资集中的大型仓库和堆场，国家和省级等重点工程的施工现场。

（10）其他发生火灾可能性较大以及一旦发生火灾可能造成重大人身伤亡或者财产损失的单位。

消防安全重点单位的具体标准应当根据省、自治区、直辖市人民政府公安机关制定并公布的标准执行。

二、消防安全重点单位的界定标准

消防安全重点单位的确定应当根据发生火灾的危险性以及一旦发生火灾的危害后果和当地的经济发展情况来界定。

1．人员密集场所

（1）建筑面积在 1000m² （含本数，下同）以上且经营可燃商品的商场（商店、市场）；

（2）客房数在 50 间以上的宾馆（旅馆、饭店）；

（3）公共的体育场（馆）、会堂；

（4）建筑面积在 200m² 以上的公共娱乐场所。

（5）住院床位在 50 张以上的医院；

（6）老人住宿床位在 50 张以上的养老院；

（7）学生住宿床位在 100 张以上的学校；

（8）幼儿住宿床位在 50 张以上的托儿所、幼儿园；

（9）生产车间员工在 100 人以上的服装、鞋帽、玩具等劳动密集型企业。

2．党委、人大、政府、政协和群众团体机关

（1）县级以上的党委、人大、政府、政协机关；

（2）人民检察院、人民法院机关；

（3）中央和国务院各部委机关；

（4）共青团中央、全国总工会、全国妇联的办事机关。

3．广播、电视和邮政、通信枢纽

（1）广播电台、电视台；

（2）城镇的邮政、通信枢纽单位。

4．客运车站、码头、民用机场

（1）候车厅、候船厅的建筑面积在 500m² 以上的客运车站和客运码头；

（2）民用机场。

5．公共图书馆、展览馆、博物馆、档案馆以及具有火灾危险性的文物保护单位

（1）建筑面积在 2000m² 以上的公共图书馆、展览馆；

（2）公共博物馆、档案馆；

（3）具有火灾危险性的县级以上文物保护单位。

6．发电厂（站）和电网经营企业

7．易燃易爆危险品的生产、充装、储存、供应、销售单位

（1）生产易燃易爆危险品的工厂；

（2）易燃易爆气体和液体的灌装站、调压站；

（3）储存易燃易爆危险品的专用仓库（堆场、储罐场所）；

（4）营业性汽车加油站、加气站，液化石油气供应站（换瓶站）；

（5）营销易燃易爆危险品的化工商店（其界定标准以及其他需要界定的易燃易爆化学物品性质的单位及其标准，由省级公安机关消防机构根据实际情况确定）。

8．重要的科研单位

界定标准由省级公安机关消防机构根据实际情况确定。

9．高层公共建筑、地下铁道、地下观光隧道，粮、棉、木材、百货等物资仓

库和堆场，重点工程的施工现场

（1）高层公共建筑的办公楼（写字楼）、公寓楼等；

（2）城市地下铁道、地下观光隧道等地下公共建筑和城市重要的交通隧道；

（3）国家储备粮库、总储量在10000t以上的其他粮库；

（4）总储量在500t以上的棉库；

（5）总储量在10000m³以上的木材堆场；

（6）总储存价值在1000万元以上的其他可燃物品仓库、堆场；

（7）国家和省级等重点工程的施工现场。

10. 其他发生火灾可能性较大以及一旦发生火灾可能造成人身重大伤亡或者财产重大损失的单位

界定标准由省级公安机关消防机构根据实际情况确定。

三、消防安全重点单位管理的基本措施

（一）确定消防安全责任人、管理人和管理工作归口的职能部门

任何一项工作目标的实现，都不能缺少具体负责人和负责部门的实施，否则，该项工作将无从落实。消防安全重点单位的管理工作也不能例外。目前许多单位未设置或确定消防安全管理工作归口管理职能部门，消防安全管理分工不明，职责不清，权责分离，各项消防安全制度和措施难以真正落实，都与此有关。因此，消防安全重点单位应当设置或者确定消防工作的归口管理职能部门，并确定专职或者兼职的消防管理人员。消防安全重点单位归口管理的职能部门和专兼职消防管理人员，应当在消防安全管理人领导下（没有确定消防安全管理人的，在消防安全责任人领导下）具体开展消防安全管理工作，做到分工明确，责任到人，各尽其职，各负其责，形成一种科学、合理的消防安全管理机制，确保消防安全责任、消防安全制度和措施落到实处。

为了让符合《消防安全重点单位界定标准》的单位自觉"对号入座"，保障当地公安消防机关及时掌握本辖区内消防安全重点单位的基本情况，消防安全重点单位还必须将已明确的本单位的消防安全责任人、消防安全管理人报当地公安机关消防机构备案，以便按照消防安全重点单位的要求进行严格管理。

（二）建立防火档案

1. 消防安全重点单位建立消防档案的作用

建立消防档案是保障单位消防安全管理工作以及各项消防安全措施落实的基础工作，是对消防安全重点单位进行管理的一项重要措施。通过档案对各项消防安全工作情况的记载，可以检查单位相关岗位人员履行消防安全职责的实施情况，强化单位消防安全管理工作的责任意识，有利于推动单位的消防安全管理工作朝着规范化、制度化的方向发展。

2. 消防档案应当包括的主要内容

消防档案的内容主要应当包括消防安全基本情况和消防安全管理情况两个

方面：

（1）消防安全基本情况　消防安全重点单位的消防安全基本情况主要包括以下方面。

① 单位基本概况。主要包括：单位名称、地址、电话号码、邮政编码、防火责任人，保卫、消防或安全技术部门的人员情况和上级主管机关、经济性质、固定资产、生产和储存的火灾危险性类别及数量，总平面图、消防设备和器材情况，水源情况等。

② 消防安全重点部位情况。主要包括：火灾危险性类别、占地和建筑面积、主要建筑的耐火等级及重点要害部位的平面图等。

③ 建筑物或者场所施工、使用或者开业前的消防设计审核、消防验收以及消防安全检查的文件、资料。

④ 消防管理组织机构和各级消防安全责任人。

⑤ 消防安全制度。主要包括：火源管理制度、动火审批制度、特殊工种防火制度、职工防火教育制度等消防安全管理制度。

⑥ 消防设施、灭火器材情况。

⑦ 专职消防队、志愿消防队人员及其消防装备配备情况。

⑧ 与消防安全有关的重点工种人员情况。

⑨ 新增消防产品、防火材料的合格证明材料。

⑩ 灭火和应急疏散预案等。

（2）消防安全管理情况　消防安全重点单位的消防安全管理情况主要包括以下方面。

① 公安消防机关填发的各种法律文书。

② 消防设施定期检查记录、自动消防设施全面检查测试的报告以及维修保养的记录。

③ 历次防火检查、巡查记录。主要包括：检查的人员、时间、部位、内容，发现的火灾隐患（特别是重大火灾隐患情况）以及处理措施等。

④ 有关燃气、电气设备检测。主要包括：防雷、防静电等记录资料。

⑤ 消防安全培训记录。应当记明培训的时间、参加人员、内容等。

⑥ 灭火和应急疏散预案的演练记录。应当记明演练的时间、地点、内容、参加部门以及人员等。

⑦ 火灾情况记录。包括历次发生火灾的损失、原因及处理情况等。

⑧ 消防奖惩情况记录等。

3. 建立消防档案的要求

（1）凡是消防安全重点单位都应当建立健全消防档案。

（2）消防档案包括（消防安全基本情况和消防安全管理情况）的内容应当齐全。

（3）内容记录应当详实，全面反映单位消防工作的基本情况，并附有必要的图表，根据情况变化及时更新。

（4）单位应当对消防档案统一保管、备查。

（5）消防安全管理部门应当熟悉掌握本单位防火档案情况，并将每次消防安全检查情况和发生火灾的情况记入档案。

（6）防火档案建立后要切实加强管理，根据发展变化的实际情况经常充实、变更档案内容，使防火档案及时、正确地反映单位的客观情况。

（7）非消防安全重点单位亦应当将本单位的基本概况、公安机关消防机构填发的各种法律文书、与消防工作有关的材料和记录等统一保管备查。

（三）实行每日防火巡查

防火巡查制度就是指定专门人员负责防火巡视检查，以便及时发现火灾苗头，扑救初期火灾。

1. 防火巡查的主要内容

（1）员工遵守消防安全制度情况，纠正违章、违纪行为。

（2）安全出口、疏散通道是否畅通无阻，安全疏散标志是否完好。

（3）各类消防设施、器材是否在位，是否完整好用，是否处于正常运行状态。

（4）及时发现火灾隐患并妥善处置。

2. 防火巡查的要求

（1）公众聚集场所在营业期间的防火巡查应当至少每2小时一次。

（2）营业结束时应当对营业现场进行检查，消除遗留火种。

（3）医院、养老院、寄宿制的学校、托儿所、幼儿园应当加强夜间防火巡查（其他消防安全重点单位可以结合实际组织夜间防火巡查）。

（4）防火巡查人员应当及时纠正违章行为，妥善处置火灾危险，无法当场处置的，应当立即报告。发现初起火灾应当立即报警并及时扑救。

（5）防火巡查应当填写巡查记录，巡查人员及其主管人员应当在巡查记录上签名。

（四）员工进行消防安全培训

消防安全重点单位应当全员进行消防安全培训。对每名员工应当至少每年进行一次消防安全培训。其中公众聚集场所对员工的消防安全培训应当至少每半年进行一次。新上岗和进入新岗位的员工上岗前应再进行消防安全培训。

培训内容应当包括有关消防法规、消防安全制度和保障消防安全的操作规程；本单位、本岗位的火灾危险性和防火措施；有关消防设施的性能、灭火器材的使用方法；报火警、扑救初起火灾以及自救逃生的知识和组织、引导在场群众疏散的知识和技能等。

（五）制订灭火和应急疏散预案

为切实保证消防安全重点单位的安全，在抓好防火工作的同时，还应做好充分的灭火准备，制订周密的灭火和应急疏散预案。

1. 灭火和应急疏散预案的主要内容

灭火和应急疏散预案的主要内容应当包括：

（1）组织机构，包括：灭火行动组、通信联络组、疏散引导组、安全防护救护组。

（2）报警和接警处置程序。

（3）应急疏散的组织程序和人员疏散疏导路线等措施。

（4）各级各岗位的职责分工，扑救初起火灾的程序和措施。

（5）通信联络、安全防护救护的程序以及其他特定的防火灭火措施和应急措施等。

2. 制定灭火和应急疏散预案的程序

（1）确定消防安全重点单位和部位。

（2）预测火灾条件下的着火面积和燃烧周长。

（3）确定灭火战术和应急疏散措施。如各种火灾情况下的进攻路线、工艺灭火措施（关阀、断料、排空、放空等）；人员、物资的疏散、疏导路线、方法及防毒、排烟计划等。

（4）确定灭火战斗力量，包括所需人员和灭火剂的数量及消防车和灭火器材的数量等。

（5）填写灭火预案和绘制灭火应急疏散预案图。

3. 制定灭火和应急疏散预案的要求

为了增强人们的消防安全意识，熟悉消防设施、器材的位置和使用方法，以更有效地保护人员的生命和财产的安全。

（1）应当按照灭火和应急疏散预案定期进行实际的操作演练，通常至少每半年进行一次，并结合实际，不断完善预案。

（2）其他单位应当结合本单位实际，参照制订相应的应急方案，至少每年组织一次演练。

（3）消防演练时，应当设置明显标识，并事先告知演练范围内的人员。

四、消防安全重点单位验收标准

消防安全重点单位一经确定，本单位和上级主管部门就应有计划地、经常不断地进行消防安全检查，督促落实各项防火措施，使之达到消防安全重点单位消防安全"十项标准"的要求。具体内容是：

1. 有领导负责的逐级防火责任制

其验收标准如下。

（1）单位各级行政领导都要对消防安全负责。单位的法定代表人是单位消防安全的第一责任人，应当全面负责本单位的消防安全工作，并可确定一名副职为消防安全责任人，具体负责本单位的消防安全工作。分管其他工作的领导要负责分管范围内的消防安全工作。

（2）建立有领导负责的防火领导组织和逐级防火责任制，做到任务明确，层层负责。

（3）把消防安全列入领导议程，与生产和经营管理同计划、同布置、同检查、同总结、同评比。

2. 有生产岗位防火责任制

其验收标准如下。

（1）每个生产岗位都要有符合实际、切实可行的岗位防火责任制度。

（2）每个生产岗位的职工都要明确各自的防火责任区，明确本岗位的火灾危险性。

（3）每个岗位职工都能严格履行本岗位的防火责任，自觉地遵守消防安全规章制度和安全操作规程。

3. 有专职或兼职防火安全干部

其验收标准如下。

（1）轻工、纺织、商业、交通、化工、能源等工厂、企事业单位，应配备足够数量的专职防火干部，其他单位一般设兼职防火干部。

（2）专、兼职防火干部有明确的职责、任务和权限，做到熟悉业务、坚持原则、认真负责、积极工作。

（3）专职防火干部要保持相对稳定，变动时要事先征得上级主管部门和公安消防机关的同意。

4. 有群众性的志愿消防队和必要的消防器材装备，规模大、火灾危险性大和离公安消防队较远的企业设有专职消防队

其验收标准如下。

（1）要建立与生产班组相结合的志愿消防队。

（2）明确规定志愿消防队的训练时间、教育内容和活动制度及报警信号，并能认真组织实施，真正发挥作用，有效扑救初期火灾。

（3）根据灭火需要，配备必要的消防器材，有专人保管，定期检查，保证好用。

（4）规模大、火灾危险性大、离公安消防队较远的消防安全重点单位，要有专职消防队。

每个专职消防队员应当宣传、检查防火工作，及时消除火灾隐患。必须做到：懂得本单位生产过程和物资储存中的火灾危险性及火灾预防措施；熟悉单位消防水源和消防器材情况；熟悉火灾的扑救措施和灭火方法。

5. 有健全的消防安全制度

其验收标准如下。

（1）要建立健全各项消防安全制度，包括用火用电、易燃易爆危险物品管理、安全操作规程、值班值宿、防火安全检查、火灾隐患整改、火灾事故报告和调查处理、防火宣传教育、建筑防火送审、消防器材管理、消防安全奖惩等制度。

（2）制定各项消防安全制度要经过群众充分讨论，职工代表大会通过，作为单位规章公布执行。

（3）各项消防安全制度要符合实际，简要明确，要求合理，并教育职工自觉遵

守，对违章现象要严肃处理。

6. 对火灾隐患能及时发现和立案、整改

其验收标准如下。

（1）要有内容明确、责任清楚的厂月检查、车间周检查、班组日检查、职工班前班后检查的四级检查制度，并能坚持执行。

（2）消防安全检查要注意实际效果，能及时发现火灾隐患，并及时登记、整改。一时整改不了的重大火灾隐患要建档立案，限期整改，未整改前采取可靠的安全措施。

7. 对消防重点部位做到定点、定人、定措施，并根据需要采用自动报警和灭火新技术

其验收标准如下。

（1）对重点部位要由本单位领导、保卫、安技部门和技术人员共同研究确定。

（2）重点部位有健全的消防规章制度、严格的防火安全措施和相应有效的消防设备、设施，并根据需要采用自动报警和灭火新技术。

（3）重点部位的防火责任落实到人。

8. 对职工群众普及消防知识，对重点工种人员进行专门的消防训练和考核

其验收标准如下。

（1）对全体职工群众要经常进行消防知识教育，定期进行考核，将其列为评选先进、晋升级别的一项内容。

（2）对新工人和变换工种的工人都要进行消防安全教育，经考试合格后才能上岗操作。

（3）对电工、焊工、保管员和更夫等特殊工种人员要经常进行专业性的消防训练，定期进行考核，实行持证上岗制度。

（4）通过教育和训练，使每个职工达到"四懂"、"四会"要求，即：懂得本岗位生产过程中的火灾危险性，懂得预防火灾的措施，懂得扑救火灾的方法，懂得逃生的方法；会报警，会使用消防器材，会扑救初期火灾，会自救。

9. 有防火档案和灭火预案

其验收标准如下。

（1）有健全的防火档案，做到内容完整、图字清晰，并随时记载，管好用活。

（2）重点部位有扑救初期火灾的预案，并组织义务消防队和有关人员熟悉演练。

10. 对消防工作定期总结评比，奖惩严明

其验收标准如下。

（1）把消防工作纳入单位总结、检查、评比之中，有明确的评比内容和条件，并把消防工作作为生产经营管理竞赛的一项内容。

（2）奖惩严明。对认真遵守消防规章制度，在消防安全工作中有显著成绩的单位和个人，要给予表扬和奖励；对违反消防规章制度的单位和个人，要进行批评教育、经济处罚或行政处分；对造成事故的单位和个人，要依法严肃处理。

单位应当将消防安全工作纳入内部检查、考核、评比内容。对在消防安全工作中成绩突出的部门（班组）和个人，单位应当给予表彰奖励。对未依法履行消防安全职责或者违反单位消防安全制度的行为，应当依照有关规定对责任人员给予行政纪律处分或者其他处理。

第二节　消防安全重点部位管理

在一座城市、一个系统、一个行业或一个企业集团，有其消防安全重点单位，在一个重点单位也有重点和一般的区分；对一个普通单位来讲，也并非没有重点。所以，我们在抓消防安全重点单位管理的同时，还应抓好重点部位的消防安全管理；在抓消防安全重点部位管理时，应首先抓好消防安全重点单位的重点部位，其次是抓好一般单位的重点部位。这就是说，抓了重点单位不能忘记抓一般单位，而抓一般单位应主要抓好重点防火部位。

一、消防安全重点部位的确定

根据发生火灾的危险性和发生火灾后的影响，下列部位应确定为消防安全重点部位：

1. 特容易发生火灾的部位

单位容易发生火灾的部位主要是指：生产企业的油罐区、储存易燃易爆危险品的仓库、生产工艺流程中易出现险情的部位等火灾危险性较大，或发生火灾危害性大的部位。例如化工生产设备间、化验室、油库、化学危险品库，可燃液体、气体和氧化性气体的钢瓶、储罐库，液化石油气储配站、供应站，氧气站、乙炔站、煤气站、加油加气站，油漆、喷漆、油浸出、烘烤、电气焊操作间、木工间、汽车库等。

2. 一旦发生火灾会影响全局的部位

单位内部与火灾扑救密切相关的配电房、消防控制室、消防水泵房、消防电梯机房等部位。如变配电所（室）、生产总控制室、电子计算机房、燃气（油）锅炉房、档案资料室、贵重仪器、设备间等。

3. 物资集中场所

贵重物品室、档案资料室、精密仪器室等部位。如各种库房、露天堆场，使用或存放先进技术设备的实验室、车间、储藏室等。

4. 人员密集场所

人员聚集的厅、室、疏散通道、舞台等部位，以及发生火灾后影响人员安全疏散的部位等。如礼堂（俱乐部、文化宫）、托儿所、幼儿园、集体宿舍、医院病房等。

具备上述特征的部位都与单位的消防安全密切相关，必须采取严格的措施加强管理，确保消防安全。单位要结合实际将容易发生火灾的部位确定为消防安全的重点部位进行管理。

二、消防安全重点部位管理的基本措施

（1）对消防安全重点部位的管理，单位领导和安全保卫部门以及技术人员，应当从单位的实际出发，共同研究和确定，并填写重点部位情况登记表，存入消防答案，并报上级主管部门备案。

（2）重点部位应有责任明确的防火责任制，建立必要的消防安全规章制度，任用政治可靠、责任心强、业务技术熟练、懂得消防安全知识、身体健壮的人员负责消防安全工作。

（3）要采取领导干部、工程技术人员和工人三结合的方法，具体研究和分析重点部位的火灾危险因素，确定危险点和控制点，落实火灾预防措施。

（4）对重点部位的重点工种人员，应进行消防安全知识的"应知应会"教育和防火安全技术培训。

（5）对消防安全重点部位的管理，要做到定点、定人、定措施，并根据场所的危险程度，采用自动报警、自动灭火、自动监控等消防技术设施。

（6）随着企业的改革与技术革新和工艺条件、原料、产品的变更等客观情况的变化，重点部位的火灾危险程度和对全局的影响也会因之发生变化，所以，对重点部位也应及时进行调整和补充，防止失控漏管。

第三节　消防安全重点工种管理

火灾事故的发生，表面看似乎只是与直接责任人有关，但如果作进一步的深入分析就可发现，直接原因是另外一些原因的结果，这其中就包含着管理方面的原因。由于操作人员的麻痹不慎或缺乏必要的知识，特别是在生产、储存操作中使用燃烧性能不同的物质和产生可导致火灾的各种着火源等，如果操作者违反了安全操作规程或不掌握安全防事故的办法，常会导致火灾事故的发生。所以，加强对此类岗位操作工人和管理人员的消防安全管理，是防止和减少火灾的重要措施。

一、消防安全重点工种的分类和火灾危险性特点

（一）消防安全重点工种的分类

消防安全重点工种根据不同岗位的火灾危险性程度和岗位的火灾危险特点，可大致分为以下三级。

（1）A级工种　是指引起火灾的危险性极大，在操作中稍有不慎或违反操作规程极易引起火灾事故的岗位。例如：可燃气体、液体设备的焊接、切割，超过液体自燃点的熬炼，使用易燃溶剂的机件清洗、油漆喷涂，液化石油气、乙炔气的灌瓶，高温、高压、真空等易燃易爆设备的操作等岗位均属此类工种。

（2）B级工种　是指引起火灾的危险性较大，在操作过程中不慎或违反操作规程容易引起火灾事故的岗位。例如：普通的烘烤、熬炼、热处理，氧气、压缩空气等乙类危险品仓库保管等岗位均属此类工种。

（3）C级工种　是指在操作过程中不慎或违反操作规程有可能造成火灾事故的岗位。例如电工、木工、丙类仓库保管等岗位均属此类工种。

（二）消防安全重点工种的火灾危险性特点

消防安全重点工种的火灾危险性主要有以下特点。

（1）所使用的原料或生产的对象具有很大的火灾危险性。如乙炔、氢气生产，盐酸的合成，硝酸的氧化制取，乙烯、氯乙烯、丙烯的聚合等。这些生产岗位火灾危险性大，安全技术复杂，操作规程要求严格，一旦出现事故，将会造成不堪设想的后果。

（2）工作岗位分散，人员少，操作时间、地点灵活性大，哪里需要就到哪里去，什么时间需要就在什么时间进行，工作环境和条件一般都比较复杂，且由于岗位人手少，不利于迅速扑灭初起火灾。如电工、焊工、切割工、木工等都属于操作时间、地点不定、灵活性较大的工种，仓库保管的取货时间也是不固定的，这些岗位都是火灾发生概率比较大的工种。

二、消防安全重点工种人员的消防安全管理

由于重点工种岗位具有较大的火灾危险性，因此，根据其工种岗位特点进行管理，是搞好消防安全工作的重要环节。重点工种人员既是宣传教育的重点对象，又是消防安全工作的依靠力量，对其管理应侧重两个方面。

（一）提高专业素质和消防安全素质

重点工种人员上岗前，要对其进行专业培训，使其全面地熟悉岗位操作规程，系统地掌握消防安全知识，通晓岗位消防安全的"应知应会"内容。为达到这个要求，可采取如下管理办法。

1. 实行持证上岗制度

对操作复杂、技术要求高、火灾危险性大的岗位作业人员，企业生产和技术部门应组织他们实习和进行技术培训，经考试合格后方能上岗。电气焊工、电工、锅炉工、热处理等工种，要经考试合格取得操作证后才能上岗。平时对重点工种作业人员要进行定期考核、抽查或复试，对持证上岗的人员可建立发证与吊销证件相结合的制度。

2. 建立重点工种人员档案

为加强重点工种队伍的建设，提高重点工种人员的安全作业水平，应建立重点工种人员的个人档案，其内容既应有人事方面的，又应有安全技术方面的。对重点工种人员的人事概况以及事故等方面的记载，是对重点工种人员进行全面、历史的了解和考察的一种重要管理方法。这种档案有助于对重点工种的评价、选用和有针对性地再培训，有利于不断提高他们的业务素质。所以，要充分发挥档案的作用，

作为考察、评价、选用、撤换重点工种人员的基本依据；档案记载的内容，必须有严格手续。安全管理人员可通过档案分析和研究重点工种人员的状况，为改进管理工作提供依据。

3.抓好重点工种人员的日常管理

要定期组织重点工种人员的技术培训和消防知识学习，并制订切实可行的学习、训练和考核计划，研究和掌握重点工种人员的心理状态和不良行为，帮助他们克服吸烟、酗酒、上班串岗、闲聊等不良习惯，不断改善重点工种的工作环境和条件，并将改善工作环境的工作纳入企业规划。

（二）制定和落实岗位消防安全责任制度

建立重点工种岗位责任制是企业消防安全管理的一项重要内容，也是企业责任制度的组成部分。建立岗位责任制的目的是使每个重点工种岗位的人员都有明确的职责，建立起合理、有效、文明、安全的生产和工作秩序，消除无人负责的现象。重点工种岗位责任制要同经济责任制相结合，并与奖惩制度挂钩，有奖、有惩，以使重点工种人员更加自觉地担负起岗位消防安全的责任。

三、常见重点工种岗位人员的防火管理

（一）电焊工

（1）焊工未经学习和考核，无操作证，不能进行焊接和焊割作业；在非专门电、气焊操作场地进行作业，必须按动火审批制度的规定办理动火作业许可证。

（2）各种焊机应在规定的电压下使用，电焊前应检查焊机的电源线的绝缘是否良好，焊机应避雨雪、潮湿，放置在干燥处。

（3）焊机、导线、焊钳等接点应采用螺栓或螺母拧接牢固；焊机二次线路及外壳必须接地良好，接地电阻不小于$1M\Omega$。

（4）开启电开关时要一次推到位，然后开启电焊机；停机时先关焊机再关电源开关；移动焊机时应先停机断电。焊接中突然停电，应立即关好电焊机；焊条头不得乱扔，应放在指定的安全地点。

（5）电弧切割或焊接有色金属及表面涂有油品等物件时，作业区环境应良好，人要在上风处。

（6）作业中注意检查电焊机及调节器，温度超过60℃应冷却。发现故障、电线破损、熔丝一再烧断应停机维，电焊时的二次电压不得偏离60～80V。

（7）盛装过易燃液体或气体的设备，未经彻底清洗和分析，不得动焊；有压的管道、气瓶（罐、槽）不得带压进行焊接作业；焊接管道和设备时，必须采取防火安全措施。

（8）对靠近木板墙、天棚、木地板以及通过板条抹灰墙时的管道等金属构件，不得在没有采取防火安全措施的情况下进行焊割和焊接作业。

（9）电气焊作业现场周围的可燃物以及高空作业时地面上的可燃物必须清理干净，或者施行防火保护；在有火灾危险的场所进行焊接作业时，现场应有专人监

护，并配备一定数量的应急灭火器材。

（10）需要焊接输送汽油、原油等易燃液体的管道时，通常必须拆卸下来，经过清洗处理后才可进行作业；没有绝对安全措施，不得带液焊接。

（11）焊接作业完毕，应检查现场，确认没有遗留火种后，方可离开。

（二）电工

电工是指从事电气、防雷、防静电设施的设计、安装、施工、维护、测试等人员。电气从业人员素质的高低与电气火灾密切相关，故必须是经过消防安全培训合格后持证上岗的正式人员，这是抓好电气防火管理的重要环节。

1. 实行持证上岗制度

根据《消防法》第二十一条第二款关于进行电焊、气焊等具有火灾危险作业的人员，必须持证上岗，并遵守消防安全操作规程的规定。因此，电气从业人员也必须是经过消防安全培训合格后持证上岗的正式人员。无证不得上岗操作，不能进行作业。

2. 建立健全电气安全操作规程

企事业单位及其主管部门，应加强电气防火管理，建立电气安全岗位责任制，明确各级电气安全管理负责人，建立、健全电气安全操作规程。所有从业人员都必须学习、掌握这些操作规程。

3. 建立电气防火档案

电气防火安全档案要有完整的内容，包括：领导小组、电工小组成员名单、电气图纸，电工分片专责区，电气隐患部位，电气要害部位，爆炸和火灾危险部位等。对重要的电气设备，要分类编码登记立卡；电气防火档案要有专门部门保管。

4. 加强电工的技术培训

定期举办电工培训班，学习基本知识、安装规程和电气设备的使用与管理，解决安全技术方面的难题，不断提高他们的技术、业务水平和安全管理水平。单位所有的电工必须经过考试取得电工证后方能从事电气工作，严禁无证电工、非电工人员作业，学徒工在作业时需在有证电工的监护下进行。

5. 严格按操作规程操作

（1）电工人员必须严格按照电气操作规程操作，并定期和不定期地对单位的电源部分、线路部分、用电部分及防雷和防静电情况等进行检查，发现问题，及时处理，防止各种电气火源的形成。工作时间不准脱离岗位，不准从事与本岗位无关的工作，并严格交接班手续。

（2）增设电气设备、架设临时线路时，必须经有关部门批准；各种电气设备和线路不许超过安全负荷，发现异常应及时处理；敷设线路时，不准用钉子代替绝缘子，通过木质房梁、木柱或铁架子时要用磁套管，通过地下或砖墙时要用铁管保护，改装或移装工程时要彻底拆除线路。

（3）电开关箱要用铁皮包镶，其周围及箱内要保持清洁，附近和下面不准堆放可燃物品；保险装置要根据电气设备容量大小选用，不得使用不合格的保险装置或保险丝（片）；变配电所（室）和电源线路要经常检查，做好设备运行记录，室内不得堆放可燃杂物。

（4）电气线路和设备着火时，应先切断电源，然后用干粉或二氧化碳等不导电的灭火器扑救。

（三）气焊工

（1）检查乙炔、氧气瓶、橡胶软管接头、阀门等可能泄漏的部位是否良好，焊炬上有无油垢，焊（割）炬的射吸能力如何。

（2）氧气瓶、乙炔气瓶应分开放置，间距不得少于5m。作业点宜备清水，以备及时冷却焊嘴。

（3）使用的胶管应为经耐压实验合格的产品，不得使用代用品、变质、老化、脆裂、漏气和沾有油污的胶管，发生回火倒燃应更换胶管，可燃气体和氧气胶管不得混用。

（4）当气焊（割）炬由于高温发生炸鸣时，必须立即关闭乙炔供气阀，将焊（割）炬放入水中冷却，同时也应关闭氧气阀。

（5）焊（割）炬点火前，应用氧气吹风，检查有无风压及堵塞、漏气现象。

（6）对于射吸式焊割炬，点火时应先微开焊炬上的氧气阀，再开启乙炔气阀，然后点燃调节火焰。

（7）使用乙炔切割机时，应先开乙炔气，再开氧气；使用氢气切割机时，应先开氢气，后开氧气，此顺序不可颠倒。

（8）作业中当乙炔管发生脱落、破裂、着火时，应先将焊机或割炬的火焰熄灭，然后停止供气。

（9）当氧气管着火时，应立即关闭氧气瓶阀，停止供氧。禁止用弯折的方法断气灭火。

（10）进入容器内焊割时，点火和熄灭均应在容器外进行。

（11）熄灭火焰、焊炬，应先关乙炔气阀，再关氧气阀；割炬应先关氧气阀、再关乙炔及氧气阀门。

（12）当发生回火，胶管或回火防止器上喷火，应迅速关闭焊炬或割炬上的氧气阀和乙炔气阀，再关上一级氧气阀和乙炔气阀门，然后采取灭火措施。

（13）橡胶软管和高热管道及高热体、电源线隔离、不得重压。

（14）气管和电焊用的电源导线不得敷设、缠绕在一起。

（四）仓库保管员

（1）保管员必须坚守岗位，尽职尽责，严格遵守仓库的入库、保管、出库、交接班等各项制度，不得在库房内吸烟和使用明火，对外来人员要严格监督，防止将火种和易燃品带入库内；进入储存易燃易爆危险品库房的人员不得穿带钉鞋和化纤衣服，搬动物品时要防止摩擦和碰撞，不得使用能产生火星的工具。

（2）应熟悉和掌握所存物品的性质，并根据物资的性质进行储存和操作；不准超量储存；堆垛应留有主要通道和检查堆垛的通道，垛与垛和垛与墙、柱、屋架之间应符合公安部《仓库防火安全管理规定》规定的防火间距。

（3）易燃易爆危险品要按类、项标准和特性分类存放，贵重物品要与其他材料隔离存放，遇水或受潮能发生化学反应的物品，不得露天存放或存放在低洼易受潮的地方；遇热易分解自燃的物品，应储存在阴凉通风的库房内。

（4）对爆炸品、剧毒品，要执行双人保管、双本账册、双把门锁、双人领发、双人使用的"五双"制度。

（5）库房内经常检查物品堆垛、包装，发现洒漏、包装损坏等情况时应及时处理，并按时打开门窗或通风设备进行通风；下班前，应仔细检查库房内外，拉闸断电，关好门窗，上好门锁。

（6）应熟悉、会用库内的灭火器材、设施，并注意维护保养，使其完整好用。

（五）消防控制室操作人员

（1）消防控制室的日常管理应符合《建筑消防设施的维护管理》（GA 587）的有关要求，确保火灾自动报警系统和灭火系统处于正常工作状态。消防控制室必须实行每日 24h 专人值班制度，每班不应少于 2 人。

（2）熟知本单位火灾自动报警和联动灭火系统的工作原理，各主要部件、设备的性能、参数及各种控制设备的组成和功能；熟知各种报警信号的作用，熟悉各主要设备的位置，能够熟练操作消防控制设备，遇有火情能正确处置火灾自动报警及灭火联动系统。

（3）认真执行交接班制度，每次接班都要对各系统进行巡检，看有无故障或问题存在，并及时排除；交班时，对存在的问题要认真向接班人员交代并及时处置，难以处理的问题要及时报告领导解决；值班期间必须坚守岗位，不得擅离职守，不准饮酒，不准睡觉。

（4）应确保火灾自动报警系统和灭火系统处于正常工作状态。确保高位消防水箱、消防水池、气压水罐等消防储水设施水量充足；确保消防泵出水管阀门、自动喷水灭火系统管道上的阀门常开；确保消防水泵、防排烟风机、防火卷帘等消防用电设备的配电柜开关处于自动（接通）位置。

（5）接到火灾警报后，必须立即以最快方式确认。火灾确认后，必须立即将火灾报警联动控制开关转入自动状态（处于自动状态的除外），同时拨打"119"火警电话报警。并立即启动单位内部灭火和应急疏散预案，并应同时报告单位负责人。

第四节 火 源 管 理

着火源是使可燃物与氧化剂发生燃烧反应的激发能源，是燃烧得以发生的条件之一。由于在人们的生产和生活中，可燃物和氧化剂（空气中的氧气）两要素往往是难以分离和消除的，故严格对火源的管理是消防安全管理的重要措施。

一、动火、用火的定义

所谓动火，是指在生产中动用明火或可能产生火种的作业。如熬沥青、烘砂、烤板等明火作业和凿水泥基础、打墙眼、电气设备的耐压试验、电烙铁锡焊、凿键槽、开坡口等易产生火花或高温的作业等都属于动火的范围。

所谓用火，是指持续时间比较长，甚至是长期的，一般为正常生产或与生产密切相关的辅助性的使用明火的作业。如生产或工作中经常使用的酒精炉、茶炉、煤气炉、电热器具等有明火或赤热表面的作业都属于用火作业。

根据国家有关规定，凡是在禁火区内从事动火、用火的作业，都应办理动火、用火审批手续，落实各项安全措施。

虽然动火作业和用火作业都是在禁火区内使用或动用的产生明火或赤热表面的作业，但它们在作业工具、作业时间及作业性质上还是有区别的。

从作业工具上看，用火作业所用的工具一般是指电炉、酒精灯、电热器、茶炉、化验室煤气炉、液化气炉等；而动火作业所用的工具一般是指电焊、气焊（割）、喷灯、砂轮、电钻等。从作业时间上看，用火作业一般持续时间较长，甚至是长期的，如化验分析的用火、饮用水的电热器、建筑施工的沥青熬炼用火等；而动火作业一般持续时间较短，即为临时性的，由几小时到几天不等，没有长期性。从作业性质上看，用火作业一般为正常生产或与生产密切相关的辅助用火；而动火作业一般是为检修、维护、基建等所服务的动火作业。所以，在什么情况下办理动火许可证、什么情况下办理用火许可证，可根据以上不同点加以区别。

二、动火的分级

动火作业根据作业区域火灾危险性的大小分为特级、一级、二级三个级别。

1. 特级动火

特级动火是指在处于运行状态的易燃易爆生产装置和罐区等重要部位的具有特殊危险的动火作业。所谓特殊危险是相对的，而不是绝对的。如果有绝对危险，必须坚决执行生产服从安全的原则，就绝对不能动火。特级动火的作业一般是指在装置区、厂房内包括设备、管道上的作业。凡是在特级动火区域内的动火必须办理特级动火证。

2. 一级动火

一级动火是指在甲、乙类火灾危险区域内动火的作业。甲、乙类火灾危险区域是指生产、储存、装卸、搬运、使用易燃易爆物品或挥发、散发易燃气体、蒸气的场所。凡在甲、乙类生产厂房、生产装置区、储罐区、库房等与明火或散发火花地点规定的防火间距内的动火，均为一级动火。其区域为30m半径的范围，所以，凡是在这30m范围内的动火，均应办理一级动火证。

3. 二级动火

二级动火是指特级动火及一级动火以外的动火作业。即指化工厂区内除一级和特级动火区域外的动火和其他单位的丙类火灾危险场所范围内的动火。凡是在二级动火区域内的动火作业均应办理二级动火许可证。

以上分级方法只是一个原则，但若企业生产环境发生了变化，其动火的管理级别亦应做相应的变化。如全厂、某一个车间或单独厂房的内部全部停车，装置经清洗、置换分析都合格，并采取了可靠的隔离措施后的动火作业，可根据其火灾危险性的大小，全部或局部降为二级动火管理；若遇节假日、或在生产不正常的情况下动火，应在原动火级别上作升级动火管理，如将一级升为特级；二级升为一级等。

三、固定动火区和禁火区的划分

工业企业，应当根据本企业的火灾危险程度和生产、维修、建设等工作的需要，经使用单位提出申请，企业的消防安全管理部门登记审批，划定出固定的动火区和禁火区。

1. 设立固定动火区的条件

固定动火区系指允许正常使用电气焊（割）、砂轮、喷灯及其他动火工具从事检修、加工设备及零部件的区域。在固定动火区域内的动火作业，可不办理动火许可证，但必须满足以下条件：

（1）固定动火区域应设置在易燃易爆区域全年最小频率风向的上风或侧风方向；

（2）距易燃易爆的厂房、库房、罐区、设备、装置、阴井、排水沟、水封井等不应小于30m，并应符合有关规范规定的防火间距要求；

（3）室内固定动火区应用实体防火墙与其他部分隔开，门窗向外开，道路要畅通；

（4）生产正常放空或发生事故时，能保证可燃气体不会扩散到固定动火区；在任何气象条件下，动火区域内可燃气体、蒸气的浓度都必须小于爆炸下限的20%；

（5）不存放任何可燃物及其他杂物，并配有一定数量的灭火器材；

（6）设有醒目、明显的标志。其标志包括"固定动火区"的字样；动火区的范围（长×宽）；动火工具、种类；防火责任人；防火安全措施及注意事项；灭火器具的名称、数量等内容。

除以上条件外，在实际工作中还应注意固定动火区与长期用火的区别。如在某一化工生产装置中，因生产工艺需要设有明火加热炉，那么在其附近并非是固定动火区，而可定为长期用火作业。

2. 禁火区的划定

在易燃易爆工厂、仓库区内固定动火区之外的区域一律为禁火区。在禁火区域内因检修、试验及正常的生产动火、用火等，均要办理动火或用火许可证。各类动火区、禁火区均应在厂图上标示清楚。

四、用火、动火许可证的审核与签发

（一）用火许可证的签发

凡是在禁火区域内进行的用火作业，均须办理"用火许可证"。"用火许可证"

188

上应明确负责人、有效期、用火区及防火安全措施等内容。用火许可证一律由企业防火安全管理部门审批，有效期最多不许超过一年。在用火时，应将"用火许可证"悬挂在用火点附近备查。

（二）动火许可证的签发

1. 动火许可证的主要内容

凡是在禁火区域内进行的动火作业，均须办理动火许可证。动火许可证应清楚地标明动火级别、动火有效期、申请办证单位、动火详细位置、作业内容、动火手段、防火安全措施和动火分析的取样时间、地点、分析结果，每次开始动火时间以及各项责任人和各级审批人的签名及意见。

2. 动火许可证的有效期

动火许可证的有效期根据动火级别而确定。特级动火和一级动火，许可证的有效期不应超过1天（24小时）；二级动火，许可证的有效期可为6天（144小时）。时间均应从火灾危险动火分析后不超过30min的动火时算起。

3. 动火许可证的审批程序和终审权限

为严格对动火作业的管理，区分不同动火级别的责任，对动火许可证应按以下程序审批：

（1）特级动火 由动火部门（车间）申请，厂防火安全管理部门复查后报主管厂长或总工程师终审批准。

（2）一级动火 由动火部位的车间主任复查后，报厂防火安全管理部门终审批准。

（3）二级动火 由动火部位所属基层单位报主管车间主任终审批准。

（三）各项责任人的职责

从动火申请，到终审批准，各有关人员不是签字了事，而应负有一定的责任，必须按各级的职责认真落实各项措施和规程，确保动火作业的安全。各项责任人的职责是：

1. 动火项目负责人

动火项目负责人通常由分派给动火执行人动火作业任务的当班班组长或临时负责人担任。动火项目负责人对执行动火作业负全责，必须在动火之前详细了解作业内容和动火部位及其周围的情况，参与动火安全措施的制定，并向作业人员交代任务和防火安全注意事项。

2. 动火执行人

动火执行人在接到动火许可证后，要详细核对各项内容是否落实，审批手续是否完备。若发现不具备动火条件时，有权拒绝动火，并向单位防火安全管理部门报告。动火执行人要随身携带动火许可证，严禁无证作业及审批手续不完备作业。每次动火前30min（含动火停歇超过30min的再次动火）均应主动向现场当班的班组长呈验动火许可证，并让其在动火许可证上签字。

3. 动火监护人

动火监护人一般由动火作业所在部位（岗位）的操作人员担任，但必须是责任心强、有经验、熟悉现场、掌握灭火手段的操作工。动火监护人负责动火现场的防火安全检查和监护工作，检查合格，应当在动火许可证上签字认可。动火监护人在动火作业过程中不准离开现场，当发现异常情况时，应立即通知停止作业，及时联系有关人员采取措施。作业完成后，要会同动火项目负责人、动火执行人进行现场检查，消除残火，确定无遗留火种后方可离开现场。

4. 化工班组长（值班长、工段长）

化工班组长（值班长、工段长）负责生产与动火作业的衔接工作。在动火作业中，生产系统如有紧急或异常情况时，应立即通知停止动火作业。

5. 动火分析人

动火分析人要对分析结果负责，根据动火许可证的要求及现场情况亲自取样分析，在动火许可证上如实填写取样时间和分析结果，并签字认可。

6. 各级审查批准人

各级审查批准人，必须对动火作业的审批负全责，必须亲自到现场详细了解动火部位及周围情况，审查并确定动火级别、防火安全措施等，在确认符合安全条件后，方可签字批准动火。

7. 两个以上单位共同使用建筑物局部施工的责任

公众聚集场所或者两个以上单位共同使用的建筑物局部施工需要使用明火时，施工单位和使用单位应当共同采取措施，将施工区和使用区进行防火分隔，清除动火区域内所有可以燃烧的物质，配置消防器材，专人监护，保证施工及使用范围的消防安全。

五、动火操作的程序和要求

在禁火区动火时，应按以下程序和要点进行。

1. 执行动火的基本程序

（1）审证　禁火区内动火应办理"动火许可证"的申请、审核和批准手续，明确动火的地点、时间、范围、动火方案、安全措施、现场监护人。没有动火许可证或动火许可证手续不齐、动火证已过期的不准动火；动火许可证上要求采取的安全措施没有落实之前亦不准动火；动火地点或内容更改时应重办审证手续，否则亦不准动火。

（2）联系　动火前应和有关的生产车间、工段联系，明确动火的设备、位置，由生产部门指定专人负责动火设备的置换、扫线、清洗或清扫工作，并做书面记录；由审证的消防安全管理部门通知邻近车间、工段或部门提出动火期间关闭门窗，不要进行放料、进料操作，不要进行放空作业等的要求，以防逸出可燃气体或泄漏可燃液体。

（3）拆迁　凡能拆迁到固定动火区或其他安全地点进行动火的作业不应在生产现场（禁火区）内进行，以尽量减少禁火区内的动火工作量。

（4）隔离　动火检修的设备无法拆迁时，动火设备应与其他生产系统运用加堵盲板等方法进行可靠隔离，防止运行中设备、管道内的物料泄漏到动火设备中来；将动火区与其他区域采取临时隔火墙等措施加以屏隔，防止火星飞溅而引起着火事故。特别要注意搞好附近电缆地沟的隔离措施。

（5）移去可燃物　将动火地点周围10m以内的溶剂、润滑油、回丝、未清洗的盛放过易燃液体的空桶、木框等一切可燃物移到安全地点。

（6）落实应急灭火措施　动火期间，动火地点附近的水源要保证充足，不可中断；在动火现场要准备好适用而数量足够的灭火器具；对于火灾危险性大的重要地段的动火，应有消防车和消防队员到现场保护。

（7）检查和监护　上述工作就绪后，根据动火制度的规定，厂、车间或消防安全部门负责人应到现场进行检查，对照动火方案中提出的安全措施检查是否已落实，并再次明确和落实动火监护人和动火项目负责人，交代安全注意事项。

（8）按要求操作　在操作时，要严格遵守操作规程，精力要集中，防火安全措施必须落实，监护人员必须到位。监护要全神贯注，不得敷衍应付。在动火操作中如遇非正常情况要及时采取有效措施，预防事故的发生。

（9）善后处理　动火结束后应清理现场，熄灭余火，不遗漏任何火种，切断动火作业所用的电源。

2. 执行动火的操作要求

（1）动火操作及监护人员应由经安全考试合格的人员担任，压力容器的焊补工作应由经考试合格的锅炉压力容器焊工担任，无合格证者不得独自从事焊补工作。

（2）动火作业时要注意火星的飞溅方向，可采用不燃或难燃材料做成的挡板控制火星的飞溅，防止火星落入有火灾危险的区域。

（3）在动火作业中遇到生产装置紧急排空或设备、管道突然破裂、可燃物质外泄时，监护人员应立即指令停止动火，待恢复正常，重新分析合格，并经原批准部门批准，才可重新动火。

（4）高处动火应遵守高处作业的安全规定，五级以上大风不准安排室外动火，已进行时，动火作业应停止。

（5）进行气焊作业时，氧气瓶和乙炔瓶不得有泄漏，放置地点应距明火地点10m以上，氧气瓶和乙炔的间距不应小于5m。

（6）在进行电焊作业时，电焊机应放于指定地点，火线和接地线应完整无损，禁止用铁棒等物代替接地线和固定接地点，电焊机的接地线应接在被焊设备上，接地点应靠近焊接处，不准采用远距离接地回路。

第五节　易燃易爆设备防火管理

现代化企业的生产主要依赖于大量的现代化的机器设备。而在现代化的机器设备中，大多又是易燃易爆设备，所以易燃易爆设备管理如何，会直接影响企业的消防安全，且随着企业机械化和自动化水平的不断提高，易燃易爆设备对企业消防安全的影响会越来越大。因此，加强易燃易爆设备的管理是企业消防安全管理的一个重点。

易燃易爆设备的管理，主要包括设备的选购、进厂验收、安装调试、使用维护、修理改造和更新等，其基本要求是合理地选择、正确地使用、安全地操作、经常维护保养、及时更换和维修，通过设备管理制度和技术、经济、组织等措施的落实，达到经济合理和安全生产的目的。

一、易燃易爆设备的分类

易燃易爆设备按其使用性能分为以下四类。

(1) 化工反应设备　如反应釜、反应罐、反应塔及其管线等。

(2) 可燃、氧化性气体的储罐、钢瓶及其管线　如氢气罐、氧气罐、液化石油气储罐及其钢瓶、乙炔瓶、氧气瓶、煤气柜等。

(3) 可燃的、强氧化性的液体储罐及其管线　如油罐、酒精罐、苯罐、二硫化碳罐、双氧水罐、硝酸罐、过氧化二苯甲酰罐等。

(4) 易燃易爆物料的化工单元操作设备　如易燃易爆物料的输送、蒸馏、加热、干燥、冷却、冷凝、粉碎、混合、熔融、筛分、过滤、热处理设备等。

二、易燃易爆设备的火灾危险特点

(一) 生产装置、设备日趋大型化

为获得更好的经济效益，工业企业的生产装置、设备正朝着大型化的方向发展。如生产聚乙烯的聚合釜已由普遍采用的 $7\sim13.5m^3$/台发展到了 $100m^3$/台，而且已制造出了直径 12m 以上的精馏塔和直径 15m 的填料吸收塔，塔高达 100 余米。石油化工企业配装的高压离心机的最大流量达 210,000m³/h，最高转数达 25,000r·p·m。生产设备的处理量增大也使储存设备的规模相应加大，我国 50,000t 以上的油罐已有 10 余座。由于这些设备所加工储存的都是易燃易爆的物料，所以规模的大型化，也使设备的火灾危险性加大。

(二) 生产和储存过程中承受高温高压

为了提高设备的单机效率和产品回收率，获得更佳的经济效益，许多工艺过程都采用了高温、高压、高真空等手段，使设备的操作要求更为严格、困难，同时也增大了火灾危险性。如以石脑油为原料的乙烯装置，其高温稀释蒸气裂解法的蒸气温度为 1000℃，加氢裂化的温度也在 800℃以上；以轻油为原料的大型合成氨装置，其一段、二段转化炉的管壁温度在 900℃以上，普通的氨合成塔的压力有 32MPa，合成酒精、尿素的压力都在 10MPa 以上；高压聚乙烯装置的反应压力达 275MPa 等。这些高温高压的反应设备使物料的自燃点降低，爆炸范围变宽，且对设备的强度提出了更高的要求，操作中一有闪失，便会有对全厂造成毁灭性破坏的危险。

192

（三）生产和储存过程中易产生跑冒滴漏

由于多数易燃易爆设备都承受高温、高压，很容易造成设备疲劳、强度降低，加之多与管线连接，连接处很容易发生跑冒滴漏；而且由于有些操作温度超过了物料的自燃点，一旦跑漏便会着火。再加之生产的连续性强，一处失火就会影响整个生产。还由于有的物料具有腐蚀性，设备易被腐蚀而使强度降低，或造成跑冒滴漏，这些又增加了设备的火灾危险性。

三、易燃易爆设备使用的消防安全要求

1. 合理配备设备

要根据企业生产的特点、工艺过程和消防安全要求，选配安全性能符合规定要求的设备，设备的材质、耐腐蚀性、焊接工艺及其强度等，应能保证其整体强度，设备的消防安全附件，如压力表、温度计、安全阀、阻火器、紧急切断阀、过流阀等应齐全合格。

2. 严把试车关

易燃易爆设备启动时，要严格试车程序，详细观察和记录各项试车数据，各项安全性能要达到规定指标。试车启用过程要有安全技术和消防管理部门共同参加。

3. 配备与设备相适应的操作人员

对易燃易爆设备应确定具有一定专业技能的人员操作。操作人员在上岗前要进行严格的消防安全教育和操作技能训练，并经考试合格才可允许独立操作。设备的操作应做到"三好、四会"，即管好设备、用好设备、修好设备和会保养、会检查、会排除故障、会应急灭火和逃生。

4. 涂以明显的颜色标记

易燃易爆设备应当有明显的颜色标记，给人以醒目的警示，并要悬挂醒目的易燃易爆设备等级标签，以便于检查管理。

5. 为设备创造较好的工作环境

易燃易爆设备的工作环境，对安全工作有较大的影响。如环境温度较高，会影响设备内气、液物料的蒸气压；如环境潮湿，会加快设备的腐蚀，甚至影响设备的机械强度。因此，对使用易燃易爆设备的场所，要严格控制温度、湿度、灰尘、震动、腐蚀等条件。

6. 严格操作规程

正确操作设备的每一个开关、阀门，是易燃易爆设备消防安全管理的一个重要环节。在工业生产中，如若颠倒了投料次序，错开了一个开关或阀门，往往要酿成重大事故。所以，操作工人必须严格操作规程，严格把握投料和开关程序，每一阀门和开关都应有醒目的标记、编号和高压、中压或低压的说明。

7. 保证双路供电，备有手动操作机构

对易燃易爆设备，要有保证其安全运行的双路供电措施。对自动化程度较高的设备，还应备有手动操作机构。设备上的各种安全仪表，都必须反应灵敏、动作准

确无误。

8. 严格交接班制度

为保证设备安全使用，要下班的人员要把当班的设备运转情况全面、准确地向接班人员交代清楚，并认真填写交接班记录。接班的人员要做上岗前的全面检查，并在记录上认真登记，以使在班的操作人员对设备的运行情况有比较清楚的了解，对设备状况做到心中有数。

9. 坚持例行设备保养制度

操作工人每天要对设备进行维护保养，其主要内容包括：班前、班后检查，设备各个部位的擦拭，班中认真观察听诊设备运转情况，及时排除故障等，不得使设备带病运行。

10. 建立设备档案

建立易燃易爆设备档案，目的是及时掌握设备的运行情况，加强对设备的管理。易燃易爆设备档案的内容主要包括：性能、生产厂家、使用范围、使用时间、事故记录、修理记录、维护人、操作人、操作要求、应急方法等。

四、易燃易爆设备的安全检查

易燃易爆设备的安全检查，是指对设备的运行情况、密封情况、受压情况、仪表灵敏度、各零部件的磨损情况和开关、阀门的完好情况等进行检查。

（一）设备安全检查的分类

易燃易爆设备的安全检查，按时间可以分为日检查、周检查、月检查、年检查等几种；从技术上来讲，还可以分为机能性检查和规程性检查两种。

（1）日检查　指操作工人在交接班时进行的检查。此种检查一般都由操作工人自己进行。

（2）周检查和月检查　指班组或车间、工段的负责人按周或月的安排进行的检查。

（3）年检查　指由厂部组织的全厂或全公司的易燃易爆设备检查。年检查应成立专门检查组织，由设备、技术、安全保卫部门联合组成，时间一般安排在本厂、公司生产或经营的淡季。在年检时，要编制检查标准书，确定检查项目。

（二）易燃易爆设备检查的要求

（1）进行动态检查　易燃易爆设备的检查，发展的方向是在设备运转的条件下进行动态检查。这样可以及时、准确地预报设备的劣化趋势、安全运转状况，为提出修理意见提供依据。

（2）合理确定检查周期　合理地确定易燃易爆设备的检查周期，是一个不可忽视的问题。因为周期过长达不到预防的目的；周期过短会在经济上造成不必要的浪费，对生产造成影响。确定检查周期应先根据设备制造厂的说明书和使用说明书中的说明，听取操作工、维修工和生产部门的意见，初步暂定一个周期。再根据维修记录中所记的曾发生的故障，并参考外厂的经验，对暂定检查周期进行修改，然后再根据维修记录所表示的性能和可能发生的着火或爆炸事故来最后确定。

五、易燃易爆设备的检修

易燃易爆设备在使用一定时间后，会因物料的腐蚀性和膨胀性而使设备出现裂纹、变形或焊缝、受压元件、安全附件等出现泄漏现象，如果不及时检查修复，就有可能发生着火或爆炸事故。所以，对易燃易爆设备要定期进行检修，及时发现和消除事故隐患。

（一）设备检修的分类及内容

设备检修的目的主要是恢复功能部分和防火防爆部分的作用，保证安全生产。设备检修按每次检修内容的多少和时间的长短，分为小修、中修和大修三种。

（1）小修　是指只对设备的外观表面进行的检修。一般设备的小修一年进行一次。检修的主要内容主要包括：设备的外表面有无裂纹、变形、局部过热等现象，防腐层、保温层及设备的铭牌是否完好，设备的焊缝、连接管、受压元件等有无泄漏，紧固螺栓是否完好，基础有无下沉、倾斜等异常现象和设备的各种安全附件是否齐全、灵敏、可靠等。

（2）中修　是指设备的中、外部检修。中修一般三年进行一次，但对使用期已达 15 年的设备应每隔 2 年中修一次，对使用期超过 20 年的设备每隔一年中修一次。中修的内容除外部检修的全部内容外，还应对设备的外表面、开孔接管处有无介质腐蚀或冲刷磨损等现象和对设备的所有焊缝、封头过渡区和其他应力集中的部位有无断裂或裂纹等进行检查。对有怀疑的部位应采用 10 倍放大镜检查或采用磁粉、着色进行表面探伤。如发现设备表面有裂纹时，还应采用超声波或 X 光射线进一步抽查焊缝的 20%。如未发现有裂纹，对制造时只作局部无损探伤检验的设备，仍应进一步做<20%但≮10%的适量抽检。

设备的内壁如由于温度、压力、介质腐蚀作用，有可能引起金属材料的金相组织或连续性破坏时（如脱炭、应力腐蚀、晶体腐蚀、疲劳裂纹等），还应进行金相检验和表面硬度测定，并做出检验报告。

在对设备的筒体、封头等通过上述检验后，如发现设备的内外壁表面有腐蚀现象时，应对怀疑部位进行多处壁厚测量。当测量的壁厚小于最小允许壁厚时，应重新进行强度核算，并提出可否继续使用的建议和许用最高压力。

（3）大修　是指对设备的内外进行全面的检修。大修应由技术总负责人批准，并报上级主管部门备案。大修的周期至少 6 年进行一次。大修的内容，除进行中修的全部内容外，还应对设备的主要焊缝（或壳体）进行无损探伤抽查。抽查长度为设备（或壳体面积）焊缝总长的 20%。

易燃易爆设备大修合格后，应严格进行水压试验和气密性试验。在正式投入使用之前，还应进行惰性气体置换或抽真空处理。

（二）设备的检修方法

易燃易爆设备的检修方法，通常采取拆卸法、隔离法和浸水法几种。

（1）拆卸法　就是把要检修的部件拆卸下来，搬移到非生产区或禁火区之外的地点进行检修。此种方法的优点，一是可以减少在禁火区内检修时采取的一些复杂的防火安全措施；二是可以维持连续生产，减少停工待产的时间；三是便于施工和检修人员操作。

（2）隔离法　就是将要检修的生产工段或设备和与其相联系的工段、设备，以及检修的容器与管线之间，采取严格的隔离防护措施进行隔离，切断检修设备与周围设备管线之间的联系，直接在原设备上进行检修的方法。隔离的措施，通常采取盲板封堵和搭围帆布架用水喷淋的方法。

（3）浸水法　就是将要检修的容器盛满水，消除容器空间内的空气（氧气）后进行动火检修的方法。此种方法主要是对那些盛装过可燃气体、液体和氧化性气体的容器设备在需要动火检修时使用。

六、易燃易爆设备的更新

当易燃易爆设备的壁厚小于最小允许壁厚，强度核算不能满足最高许用压力时，就应考虑设备的更新问题。

衡量易燃易爆设备是否需要更新，主要看两个性能：一是机械性能；二是安全可靠性能。机械性能和安全可靠性能是不可分割的，安全性能的好坏依赖于机械性能。易燃易爆设备的机械性能和安全可靠性能低于消防安全规定的要求时，应立即更新。

更新设备应考虑两个问题，一是经济性，就是在保证消防安全的基础上花最少的钱；二是先进性，就是替换的新设备防火防爆安全性能应当先进、可靠。

第六节　重大危险源的管理

一、重大危险源的概念及其分类

（一）重大危险源的概念

重大危险源，是指生产、储存、运输、使用危险品或者处置废弃危险品，且危险品的数量等于或者超过临界量的单元（包括场所和设施）。

（二）重大危险源的分类

重大危险源按照工艺条件情况分为生产区重大危险源和储存区重大危险源两种。其中，单元是指一个（套）生产装置、设施或场所，或同属一个工厂的边缘距离小于500m的几个（套）生产装置、设施或场所。临界量是指国家标准规定的某种或某类危险品在生产场所或储存区内不允许达到或超过的最高限量。由于储存区重大危险源工艺条件较为稳定，所以临界量的数值较大。

二、重大危险源的临界限量

根据《重大危险源辨识》（GB 18218—2000）标准之规定，爆炸物品、易燃物品、氧化剂和有机过氧化物（活性化学物质）、有毒物品的临界量如表 7-1～表 7-4 所示。

表 7-1 常见爆炸物品的临界量

序号	类别	物品名称	临界量/t	
			生产场所	储存区
1	起爆药	雷(酸)汞	0.1	1
2		硝化丙三醇	0.1	1
3		二硝基重氮酚	0.1	1
4		二乙二醇二硝酸酯	0.1	1
5		脒基亚硝氨基脒基四氮烯	0.1	1
6		叠氮化钡	0.1	1
7		叠氮(化)铅	0.1	1
8		三硝基间苯二酚铅	0.1	1
9	猛炸药	六硝基二苯胺	5	50
10		2,4,6-三硝基苯酚	5	50
11		2,4,6-三硝基苯酚	5	50
12		2,4,6-三硝基苯甲硝胺	5	50
13		三硝基苯甲醚	5	50
14		2,4,6-三硝基苯甲酸	5	50
15		二硝基苯酚	5	50
16		环三次甲基三硝胺	5	50
17		2,4,6-三硝基甲苯	5	50
18		季戊四醇四硝酸酯	5	50
19		1,3,5-三硝基苯	5	50
20		2,4,6-三硝基氯(化)苯	5	50
21		2,4,6-三硝基间苯二酚	5	50
22		环四次甲基四硝胺	5	50
23		六硝基-1,2 二苯乙烯	5	50
24		硝酸乙酯	5	50

表 7-2 常见易燃物品的临界量

序号	火险类别	物质名称	临界量/t	
			生产场所	储存区
1	甲类气体	乙炔	1	10
2		氢	1	10
3		甲烷	1	10
4		乙烯	1	10
5		1,3-丁二烯	1	10
6		环氧乙烷	1	10
7		一氧化碳和氢气混合物	1	10
8		石油气	1	10
9		天然气	1	10
10	甲类液体	乙烷	2	20
11		正戊烷	2	20
12		石脑油	2	20
13		环戊烷	2	20
14		甲醇	2	20
15		乙醇	2	20
16		乙醚	2	20
17		甲酸甲酯	2	20
18		甲酸乙酯	2	20
19		乙酸甲酯	2	20
20		汽油	2	20
21		丙酮	2	20
22		丙烯	2	20

序号	火险类别	物 质 名 称	临界量/t	
			生产场所	储存区
23		煤油	10	100
24		松节油	10	100
25		2-丁烯-1-醇	10	100
26		3-甲基-1-丁醇	10	100
27		二(正)丁醚	10	100
28	乙类液体	乙酸正丁酯	10	100
29		硝酸正戊酯	10	100
30		2,4-戊二酮	10	100
31		环己胺	10	100
32		乙酸	10	100
33		樟脑油	10	100
34		甲酸	10	100
35	甲类固体	硝化纤维素	10	100

表 7-3　常见氧化性物品和有机过氧化物的临界量

序号	项别	物 质 名 称	临界量/t	
			生产场所	储存区
1		氯酸钾	2	20
2	氧化性物品	氯酸钠	2	20
3		过氧化钾	2	20
4		过氧化钠	2	20
5	氧化性物品	硝酸铵	25	250
6		过氧化乙酸叔丁酯(浓度≥70%)	1	10
7		过氧化异丁酸叔丁酯(浓度≥80%)	1	10
8		过氧化顺式丁烯二酸叔丁酯(浓度≥80%)	1	10
9		过氧化异丙基碳酸叔丁酯(浓度≥80%)	1	10
10		过氧化二碳酸二苯甲酯(浓度≥80%)	1	10
11		2,2-双-(过氧化叔丁基)丁烷(浓度≥70%)	1	10
12		1,1-双-(过氧化叔丁基)环己烷(浓度≥80%)	1	10
13		过氧化二碳酸二仲丁酯(浓度≥80%)	1	10
14	有机过氧化物	2,2-过氧化二氢丙烷(浓度≥30%)	1	10
15		过氧化二碳酸二正丙酯(浓度≥80%)	1	10
16		3,3,6,6,9,9-六甲基-1,2,4,5-四氧环壬烷	1	10
17		过氧化甲乙酮(浓度≥60%)	1	10
18		过氧化异丁基甲基酮(浓度≥60%)	1	10
19		过乙酸(浓度≥60%)	1	10
20		过氧化(二)异丁酰(浓度≥50%)	1	10
21		过氧化二碳酸二乙酯(浓度≥30%)	1	10
22		过氧化新戊酸叔丁酯(浓度≥77%)	1	10

表 7-4　常见毒性物品的临界量

序号	物质名称	临界量/t 生产场所	临界量/t 储存区	序号	物质名称	临界量/t 生产场所	临界量/t 储存区
1	碳酰氯	0.30	0.75	31	2-氯1,3-丁二烯	20	50
2	八氟异丁烯	0.30	0.75	32	三氯乙烯	20	50
3	异氰酸甲酯	0.30	0.75	33	六氟丙烯	20	50
4	砷化氢	0.4	1	34	3-氯丙烯	20	50
5	锑化氢	0.4	1	35	苯	20	50
6	磷化氢	0.4	1	36	甲醛	20	50
7	硒化氢	0.4	1	37	烷基铅类	20	50
8	六氟化硒	0.4	1	38	氮氧化物	20	50
9	六氟化碲	0.4	1	39	3-氯-1,2-环氧丙烷	20	50
10	二氟化氧	0.4	1	40	四氯化碳	20	50
11	二氯化硫	0.4	1	41	氯甲烷	20	50
12	羟基镍	0.4	1	42	溴甲烷	20	50
13	乙硼烷	0.4	1	43	氯甲基甲醚	20	50
14	戊硼烷	0.4	1	44	一甲胺	20	50
15	一氧化碳	2	5	45	二甲胺	20	50
16	硫化氢	2	5	46	N,N-二甲基甲酰胺	20	50
17	羟基硫	2	5	47	硫酸(二)甲酯	20	50
18	氟化氢	2	5	48	三氧化硫	30	75
19	氰化氢	8	20	49	甲苯 2,4-二异氰酸酯	40	100
20	氯化氰	8	20	50	丙烯腈	40	100
21	乙撑亚胺	8	20	51	乙腈	40	100
22	氯甲酸甲酯	8	20	52	丙酮氰醇	40	100
23	氟	8	20	53	2-丙烯-1-醇	40	100
24	三氟化氯	8	20	54	丙烯醛	40	100
25	三氟化硼	8	20	55	3-氨基丙烯	40	100
26	三氯化磷	8	20	56	甲基苯	40	100
27	氧氯化磷	8	20	57	二甲苯	40	100
28	氯	10	25	58	氨	40	100
29	氯化氢	20	50	59	二氧化硫	40	100
30	氯乙烯	20	50	60	二硫化碳	40	100
				61	溴	40	100

注：1. 当单元内存在的危险物质的数量等于或超过表中规定的临界量时即为重大危险源。

2. 当单元内存在的危险物质为单一品种时，则该物质的数量即为单元内危险物质的总量若等于或超过了相应的临界量，则定为重大危险源。

3. 当单元内存在的危险物质为多品种时，则按下式计算，若计算结果 ≥1 则定为重大危险源：

$$(q_1/Q_1)+(q_2/Q_2)+\cdots+(q_n/Q_n)\geqslant 1$$

式中　q_1，$q_2\cdots$，q_n——每种危险物质的实际存在量，t；

Q_1，$Q_2\cdots$，Q_n——与各危险物质相对应的生产场所或存储区的临界量，t。

三、重大危险源的安全管理措施

（一）与重要保护场所必须保持规定的安全距离

重大危险源也是重大能量源，为了预防重大危险源发生事故，必须对重大危险源进行有效的控制。所以，对于危险品的生产装置和储存数量构成重大危险源的储存设施，除运输工具、加油站、加气站外，与下列场所、区域的距离必须符合国家标准或者国家有关规定：

（1）居民区、商业中心、公园等人口密集区域；

（2）学校、医院、影剧院、体育场（馆）等公共设施；

（3）供水水源、水厂及水源保护区；

（4）车站、码头（按照国家规定，经批准，专门从事危险品装卸作业的除外）、机场以及公路、铁路、水路交通干线、地铁风亭及出入口；

（5）基本农田保护区、畜牧区、渔业水域和种子、种畜、水产苗种生产基地；

（6）河流、湖泊、风景名胜区和自然保护区；

（7）军事禁区、军事管理区；

（8）法律、行政法规规定予以保护的其他区域。

（二）不符合规定的改正措施

对已建的危险品生产装置和储存数量构成重大危险源的储存设施不符合规定的，应当由所在地设区的市级人民政府负责危险品安全监督综合管理工作的部门监督其在规定期限内进行整顿；需要转产、停产、搬迁、关闭的，应当报本级人民政府批准后实施。

第八章　易燃易爆危险品消防安全管理

　　易燃易爆危险品是指**具有强还原性，参与空气或其他氧化剂遇火源能够发生着火或爆炸；或具有强氧化性，遇可燃物可着火或爆炸的危险品**。如易燃气体、氧化性气体、易燃液体、易燃固体、自燃物品、遇湿易燃物品、氧化剂和有机过氧化物等都属于易燃易爆危险品的范畴。由于易燃易爆危险品火灾危险性极大，且一旦发生火灾往往带来巨大的人员伤亡和财产损失，故《消防法》第二十三条规定，"生产、储存、运输、销售、使用、销毁易燃易爆危险品，必须执行消防技术标准和管理规定。"

第一节　危险品的概念及其分类和分项标准

一、危险品的概念及其分类

　　（一）危险品的概念

　　危险品是危险物品的简称，是指具有爆炸、易燃、毒害、感染、腐蚀、放射性等危险特性，在生产、运输、储存、销售、使用和处置中，容易造成人身伤亡、财产损毁或环境污染而需要特别防护的物品。

　　从国家行政管理的角度，根据国家《中华人民共和国安全生产法》第一百一十二条的规定，危险物品是指易燃易爆物品、危险化学品和放射性物品等能够危及人身安全和财产安全的物品。

　　（二）危险品的分类

　　由于危险的品种繁多，性质各异，危险性大小不一，而且一种危险品并不是只有单一的一种危险性，常常具有多重危险性。如二硝基苯酚，既有爆炸性、易燃性，又有毒害性，一氧化碳既有易燃性又有毒害性，氯气既有氧化性又有毒害性，三乙基铝既有自燃性又有遇湿易燃性，三氟化硼乙醚络合物既有很强的腐蚀性又有毒害性、易燃性，还有遇水易燃性等。如果不掌握危险品的这种多重危险性，就很容易在生产、储存、运输、销售和使用过程中顾此失彼而造成事故。但是，每一种危险品，在其存在的多重危险性中，必有一种是主要危险性，即对人类危害最大的危险性。所以，应当根据其主要危险特性进行科学的分类和分项，以便于科学而严密的管理和采取必要的安全对策。《危险货物国际海运规则》（2006年版）和我国的《危险货物分类与品名编号》（GB 6944—2005）标准按照物质的主要危险特性，将危险品分为以下9大类。

第一类　爆炸品；

第二类　包装气体；

第三类　易燃液体；

第四类　易燃固体、自燃物品和遇水易燃物品；

第五类　氧化性物品和有机过氧化物；

第六类　毒性物品和感染性物质；

第七类　放射性物品；

第八类　腐蚀品；

第九类　杂类。

二、危险品的类、项标准

为使危险品的管理更加严密、科学，对各类危险品还根据物质的主要危险特性、危险程度以及化学结构和使用情况分为若干项，以便对不同危险级别和程度的危险品进行更加严密的管理。

（一）爆炸品

1. 定义

爆炸品是指在外界作用下（如受热、撞击等），能发生剧烈的化学反应，瞬时产生大量的气体和热量，使周围压力急剧上升，发生爆炸，对周围环境造成破坏的物品。也包括无整体爆炸危险，但具有着火、迸射及较小爆炸危险，或仅产生热、光、音响或烟雾等一种或几种作用的烟火物品。不包括与空气混合才能形成爆炸性气体、蒸气和粉尘的物质、本身性质太危险以致不能运输或其主要危险性符合其他类别的物质。

爆炸品实际是炸药、爆炸性药品及其制品的总称。炸药又包括起爆药、猛炸药、火药、烟火药 4 种。因为"爆炸"是爆炸品的首要危险性，所以区别是否是爆炸品，只能依据能够描述其爆炸性的指标为标准。衡量爆炸品爆炸危险性的指标主要有爆速、每千克炸药爆炸后产生的气体量和敏感度几种。从储存、运输和使用的角度看，敏感度极为重要；而敏感度又和爆炸基因、温度、杂质、结晶、密度以及包装的好坏有关。故以热感度、撞击感度和爆速的大小作为衡量是否属于爆炸品的标准。即：热感度试验爆发点在 350℃ 以下；撞击感度试验爆炸率在 2% 以上；或爆速在 3000m/s 以上的物质和物品为爆炸品。

2. 分项

爆炸品按其爆炸危险性的大小分为以下 6 项。

（1）具有整体爆炸危险的物质和物品　整体爆炸，是指在瞬间即迅速传播到几乎全部装入药量的爆炸。

如二硝基重氮酚、迭氮铅、斯蒂芬酸铅、重氮二硝基酚、四氮烯、雷汞、雷银等起爆药，梯恩梯、黑索金、奥克托金、泰安、苦味酸、硝化甘油、三硝基间苯二酚、硝铵炸药等猛炸药，浆状火药、无烟火药、硝化棉、硝化淀粉、闪光弹药等火药，黑火药及其制品，爆破用的电雷管、非电雷管、弹药用雷管等火工品均属此项。

（2）具有迸射危险，但无整体爆炸危险的物质和物品　如带有炸药或迸射药的火箭、火箭弹头，装有炸药的炸弹、弹丸、穿甲弹，非水活化的带有或不带有爆炸管、迸射药或发射药的照明弹、燃烧弹、烟幕弹、催泪弹、毒气弹，以及摄影闪光弹、闪光粉、地面或空中照明弹、不带雷管的民用炸药装药、民用火箭等，均属此项。

（3）具有着火危险和较小爆炸或较小迸射危险，或两者兼有但无整体爆炸危险的物质和物品　如速燃导火索、点火管、点火引信，二硝基苯、苦氨酸、苦氨酸锆、含乙醇＞25％或增塑剂＞18％的硝化纤维素、油井药包、礼花弹等均属此项。

（4）无重大爆炸危险的物质和物品　指爆炸危险性较小，万一被点燃或引爆，其危险作用大部分局限在包装件内部，而对包装件外部无重大危险的物质和物品。

如导火索、手持信号器、电缆爆炸切割器、爆炸性铁路轨道信号器、爆炸铆钉、火炬信号、烟花爆竹等均属此项。

（5）有整体爆炸危险但极不敏感的物质　指爆炸性质比较稳定，在燃烧试验中不会爆炸的物质。如 B 型爆破用炸药，E 型爆破用炸药（乳胶炸药、浆状炸药和水凝胶炸药）、铵油炸药、铵沥蜡炸药等。

（6）没有整体爆炸危险的极不敏感的物品　指爆炸危险性仅限于单个物品爆炸的物品。

（二）包装气体

1. 定义

包装气体是指在温度≤50℃时，包装容器内蒸气压力＞300kPa；或在标准大气压于 101.3kPa，温度于 20℃时在容器内完全处于气态的物质（不包括充气饮料）。

此类气体在《危险货物分类与品名编号》（GB 6944—2005）中称为"气体"。根据《现代汉语词典》解释，气体是指"没有一定形状，没有一定体积，可以流动的物体"。如空气、氧气、氮气、二氧化碳、二氧化硫等都是气体，都或多或少存在于大气当中，但并无多大危险，所谓危险是当这些气体充装于容器包装之内时，由于其物理和化学特性，才会对人类带来危险，故对此类气体本书称为包装气体。

2. 范围

根据其包装容器内的物理状态，此类气体主要包括：压缩气体、液化气体、溶解气体、冷冻液化气体、一种或多种气体与一种或多种其他类别物质的蒸气的混合物、充有气体的物品和烟雾剂等。

（1）压缩气体　指温度在－50℃下，在包装容器内完全呈气态的气体，或临界温度≤－50℃的气体；如常温下储存的氢气、氧气等。

（2）液化气体　指温度＞－50℃下，在包装容器内部分是液态的气体。液化气体还按临界温度分为高压液化气体和低压液化气体两类，其中：临界温度在－50℃和＋65℃之间的气体为高压液化气体；临界温度大于＋65℃的气体为低压液化气体

（临界温度是指物质处于临界状态的温度。在这个温度之上物质则只能处于气体状态，如氧气的临界温度是−118.8℃）。

（3）冷冻液化气体　由于采取冷冻降温措施使其温度低，在包装容器内部分呈液态的气体；如低温常压储存的液化石油气或氨气等。

（4）溶解气体　在包装容器内溶解于液相溶剂中的气体。如乙炔气等。

3. 气体的分项

根据在运输中的主要危险性，气体分为以下 3 个项别。

（1）易燃气体　指在 20℃和 101.3kPa 标准压力下：与空气混合物的爆炸下限（体积百分比）≤13％；或不论爆炸下限如何，与空气混合的燃烧范围（爆炸极限的上下限之差）≥12 个百分点的气体。

如压缩或液化的氢气、乙炔气、一氧化碳、甲烷等碳五以下的烷烃、烯烃、炔烃，无水的一甲胺、二甲胺、三甲胺，环丙烷、环丁烷、环氧乙烷，四氢化硅、液化石油气和液化天然气等。

（2）不燃无毒气体　指在 20℃时蒸气压力不低于 280kPa，能够稀释或取代空气中氧气的窒息性气体，或能引起或促进其他材料燃烧的氧化性气体及不属于其他项别的气体。

如二氧化碳、氮气、氦气、氖气、氩气、氧气、压缩空气等均属此项。值得注意的是，此类气体虽然不燃、无毒，但因处于压力状态下，故仍具有潜在的爆裂危险；其中氧气和压缩空气等还具有强氧化性，属氧化性气体，逸漏时遇可燃物或含碳物质也会着火或使火灾扩大，所以，此类气体的危险性是不可忽视的；另外，对氧气和压缩空气等氧化性气体，其火灾危险性还应按乙类管理。

（3）毒性气体　指对人类具有的毒性或腐蚀性的半数致死浓度 $LC_{50} \leqslant 5000mL/m^3$（百万分率）的可对健康造成危害的气体；或因其腐蚀性而符合上述标准的气体将划为具有腐蚀性次要危险的毒性气体。

如氟气、氯气等有毒氧化性气体，氨气、无水溴化氢、磷化氢、砷化氢、无水硒化氢、煤气、氯甲烷、溴甲烷、锗烷等有毒易燃气体均属此项。由于氟气、氯气等都是氧化性极强的气体，与可燃气体混合可形成爆炸性的混合物，故笔者认为，在生产、储存中火灾危险性当属甲类。

4. 多种气体存在时的危险性比较

当存在两种或两种以上的气体或气体混合物时，其危险性大小的比较：有毒气体优先于易燃气体和不燃无毒气体，其中易燃气体又优先于不燃无毒气体。

（三）易燃液体

1. 定义

易燃液体是指能够放出易燃蒸气，在标准规定的试验条件下，闭杯试验温度（闪点）≤60℃时，试样的蒸气与空气的混合气接触火焰时能够产生闪燃的液体、液体混合物或含有处于悬浮状态的固体混合物的液体；或液体的虽然闪点大于60℃，但运输温度≥液体的闪点和液体在加温条件下运输时会放出易燃蒸气的液体，以及溶于或悬浮于水或其他液体中，且形成均一的液体混合物，并被抑制了爆炸性的退敏爆炸品液体等。但不包括由于存在其他危险性已列入其他类项管理的液体。

2. 分项

为了便于管理和在生产、储存、运输过程中采取有效的安全措施，易燃液体按其闪点和初沸点的高低分为以下 3 项。

（1）低闪点液体　指闪点＜－18℃或初沸点≤35℃的液体。

如汽油、正戊烷、环戊烷、环戊烯、己烯异构体、乙醛、丙酮、乙醚、呋喃、甲胺或乙胺水溶液、二硫化碳等。

（2）中闪点液体　指闪点≥－18℃或初沸点＞35℃，闪点＜23℃的液体或液体混合物。

如石油醚、石油原油、石脑油、正庚烷及其异构体，辛烷及其异辛烷，苯、粗苯、甲醇、乙醇、噻吩、吡啶、塑料印油、照相红碘水、打字蜡纸改正液、打字机洗字水、香蕉水、显影液、印刷油墨、镜头水、封口胶等。

（3）高闪点液体　指闪点≥23℃或初沸点＞35℃，闪点≤60℃的液体或液体混合物，以及闪点虽大于 60℃但储运温度高于其闪点的液体物质。

如煤油、磺化煤油、浸在煤油中的金属铜、钕、铈、壬烷及其异构体、癸烷、樟脑油、乳香油、松节油、松香水、癣药水、刹车油、修相油、影印油墨，照相用清除液、涂底液、医用碘酒等。

对于闪点＞35℃，引燃温度＞100℃，且质量比含水量＞90％的与水混合的无毒害性的溶液不视为易燃液体，如酒度小于 10°的酒类等。

（四）易燃固体、自燃物品和遇水易燃品

该类危险品是指除划分为爆炸品以外的在储运条件下易燃或可能引起或导致起火的物质。按其火灾危险性的不同分为易燃固体、自燃物品和遇水易燃品 3 项。

1. 易燃固体

（1）定义　易燃固体是指燃点低，对热、撞击、摩擦敏感，易被外部火源点燃，燃烧迅速并可能散发出有毒烟雾或有毒气体的固体。如红磷、硫磷化合物（三硫化二磷），含水＞15％的二硝基苯酚等充分含水的炸药，任何地方都可以擦燃的火柴，硫黄、镁片、钛、锰、锆等金属元素的粒、粉或片，硝化纤维的漆纸、漆片、漆布，生松香、安全火柴、棉花、亚麻、黄麻、大麻等均属此项物品。

（2）范围　易燃固体包括退敏固体爆炸品、自反应物质、极易燃烧的固体和通过摩擦可能起火或促成起火的固体及丙类易燃固体 4 类。

① 退敏固体爆炸品　指用充分的水或酒精浸湿或被其他物质稀释后，形成均一的固体混合物而被抑制了爆炸性能的固体爆炸品。

此类物质在储运状态下，退敏试剂应均匀地分布在所储运的物质之中。对于含有水或用水浸湿退敏时，如果预计在低温（0℃以下）条件下储运，应当添加诸如乙醇等适当的相溶的溶剂来降低液体的冰点，以防结冰后影响退敏效果。由于退敏爆炸品在干燥状态下属于爆炸品，所以在储运时必须明确说明系在充分浸湿的条件下才能作为易燃固体储运。属于此类的物质有，含水不低于 30%的苦味酸银、含水不低于 20%的硝基胍、硝化淀粉，含水不低于 15%的二硝基苯酚、二硝基苯酚盐、二硝基间苯二酚和含水不低于 10%的苦味酸铵（以上含水量均为质量分数）等均属退敏固体爆炸品。

② 自反应物质　指分解热大于等于 300J/g，质量 50kg 时的自行加速分解温度小于等于 75℃的热不稳定固体。其特点是，一旦着火无需掺入空气便可发生极其危险的反应，特别是在无火焰分解情况下，即可散发毒性蒸气或其他气体，在常温或高温下由于储存或运输温度太高，或混入杂质时能够引起激烈的热分解；在特定的条件下有爆炸分解的特性。这些物质主要包括脂族偶氮化合物，有机叠氮化合物、重氮盐类化合物、亚硝基类化合物、芳香族硫代酰肼化合物等固体物质，如偶氮二异丁腈、苯磺酰肼等。

③ 极易燃烧的固体和通过摩擦可能起火或促进起火的固体　指在标准试验中，燃烧时间＜45s 或燃烧速度＞2.2mm/s 的粉状、颗粒或糊状的固体物质；或能够被点燃，并在 10min 以内可使燃烧蔓延到试样的全部的金属粉末或金属合金；以及经摩擦可能起火的物质和被水充分浸湿抑制了自燃性的易自燃的金属粉末等。这类物质主要包括湿发火粉末（用充分的水湿透，以抑制其发火性能的铪粉、钛粉、锆粉等）、铈、铁合金（打火机用的火石），铈的板块、锭或棒状物、七硫化四磷、三硫化四磷、五硫化二磷等硫化物以及氢化锆、氢化钛等金属的氢化物，癸硼烷、冰片、萘、樟脑等有机升华的固体，及聚乙醛、仲甲醛等有机聚合物，硫、锆等可燃的元素、火柴、点火剂等。

④ 丙类易燃固体　指棉花、亚麻、大麻、木棉、剑麻等易燃的植物纤维类物质，以及牧草、谷草、油草、蒲草、羊草、芦苇、玉蜀黍秸、豆秸、秫秸、麦秸、蒲叶、烟秸、草席、草帘及其他芦苇、草秸的制品等如表 8-1 所列的易燃的干植物秸秆类物品等。

这些物品在平时的生产和使用过程中，并无多大危险性，但在大量储存或运输过程中，具有相当大的火灾危险。全国每年都有多起这类物质发生的重大火灾，且损失和伤亡都很大，在各类火灾中也占有相当大的比重。据全国的仓储特大火灾分析，在 206 起特大仓储火灾中，露天易燃材料货物、原棉库、原麻库、造纸原料库等火灾达 112 起，占总数的 54.32%，损失也相当惊人。我国《建筑设计防火规范》（GB 50016—2006）将其火灾危险性划为丙类，故这里称之为丙类易燃固体。

（3）分级标准　国际危规按易燃固体火灾危险性的大小将其分为 3 个包装类别，我们可以比照其包装类别特性的描述，将易燃固体分为 3 个危险级别。

一级易燃固体：指用充分的水、酒精或其他增塑剂抑制了爆炸性能的爆炸品（硝化纤维除外）；以及根据试验系列 1 和 2 试验暂时划入爆炸品，据试验系列 6 试

表 8-1　丙类易燃固体

序号	物　品　名　称
1	籽棉、棉花(皮棉)、木棉、黄棉花、废棉、飞花、破籽花,各种麻类和麻屑、废麻袋,各种破布、碎布、线屑、乱线、化学纤维
2	牧草、谷草、油草、蒲草、羊草、芦苇、玉米棒(掉玉米的),玉蜀黍秸、豆秸、秋秸、麦秸、蒲叶、烟秸、甘蔗渣,蒲棒、蒲棒绒、棕叶以及其他草秸类
3	葵扇(芭蕉扇)、蒲扇、棕扇、草帽辫、草席、草帘、草包、草袋、蒲包、草绳、芦席、芦苇帘子、笤帚以及其他芦苇、草秸的制品
4	干树皮、干树枝、干树条、带叶的竹枝,薪柴(劈柴除外),松明子
5	刨花、木屑、锯末、纸屑、废纸、纸浆、柏油纸,粮谷壳、花生壳、笋壳
6	炭黑、煤粉
7	羊毛、驼毛、马毛、羽毛以及其他禽兽飞绒
8	麻黄、甘草等中草药

验暂又被排出爆炸品之外;又不是自反应物质,也不是氧化剂和有机过氧化物的物质。

二级易燃固体:指自反应物质和标准试验时燃烧时间<45s,并且火焰通过湿润区段的固体物质,以及燃烧反应在 5min 内传播到整个试样的金属粉末或合金粉末。

三级易燃固体:指在标准试验时,燃烧时间<45s,且湿润区阻止火焰蔓延至少 4min 的固体物质和燃烧反应传播到整个试样的时间>5min,但≤10min 的金属粉末或合金粉末,以及丙类易燃固体等。

2. 自燃物品

(1) 定义　指在空气中易于发生氧化反应,放出热量而自行燃烧的物品。

从定义中可以看出,该项物品的主要特点是在空气中可自行发热燃烧,其中有一些在缺氧或无氧的条件下也能够自燃起火。因此,该项物品应当以接触空气后是否能在极短的时间内(如 5min)自燃,或在蓄热状态时能否自热升温达到很高的温度(多数物质的自燃点为 200℃)为区分自燃物质的依据。属于该项物品的有:黄磷、钙粉,干燥的金属元素的铝粉、铅粉、钛粉、烷基镁、甲醇钠、烷基铝、烷基铝氢化物、烷基铝卤化物、硝化纤维片基、赛璐珞碎屑、油布、油绸及其制品、油纸、漆布及其制品,拷纱、棉籽、菜籽、油菜籽、葵花籽、尼日尔草籽等,油棉纱、油麻丝等含油植物纤维及其制品,种子饼,未加抗氧剂的鱼粉等。

(2) 范围　自燃物品包括发火物质和自热物质两类。

① 发火物质　指与空气接触 5min 之内即可自行燃烧的液体、固体或固体和液体的混合物。如黄磷、三氯化钛、钙粉、烷基铝、烷基铝氢化物、烷基铝卤化物等。

② 自热物质　指与空气接触不需要外部热能源的作用即可自行发热而燃烧的物质。这类物质的特点是只有在大量(若干千克),并经过长时间(若干小时或若

干天）才会自燃，所以亦可称积热自燃物质。如油纸、油布、油绸及其制品，动物、植物油和植物纤维及其制品，赛璐珞碎屑，拷纱、潮湿的棉花等。

（3）分级标准　自燃物品的定量区分标准是指与空气接触不到 5min 便可自行燃烧，或使滤纸起火或变成炭黑的发火物质；及采用边长 10cm 立方体试样试验，在 24h 内试样出现自燃或温度超过 200℃的自热物质。根据《国际危险货物水路运输规则》对包装类别的区分方法，可将自燃物品划分为以下 3 个危险级别。

一级自燃物品：指与空气接触≤5min 便可自行燃烧或使滤纸起火或变成炭黑的液体、固体或液体与固体的混合物。

二级自燃物品：指 140℃情况下采用边长 100mm 立方体试样试验时，出现自燃或温度超过 200℃的自热物质。

三级自燃物品：包件大于 3m³ 或包件容积大于 450L 的试样试验时，出现自燃或温度超过 200℃的自热物质。

3. 遇水易燃物品

（1）定义　指与水相互作用易于放出危险数量的可燃或易于自燃气体和热量的物品。该项物品是以实验结果为依据的。其特点是：遇水、酸、碱、潮湿能够发生剧烈的化学反应，并放出可燃气体和热量。当热量达到可燃气体的自燃点或接触外来火源时，会立即起火或爆炸；所产生的冲击波和火焰可能对人体和环境造成危害。

（2）范围　遇水易燃物品常见的有：锂、钠、钾、钙、铷、铯、锶、钡等碱金属、碱土金属，钠汞齐、钾汞齐，锂、钠、钾、镁、钙、铝等金属的氢化物（如氢化钙）、碳化物（电石）、硅化物（硅化钠）、磷化物（如磷化钙、磷化锌），以及锂、钠、钾等金属的硼氢化物（如硼氢化钠）和镁粉、锌粉、保险粉等轻金属粉末。

（3）分级标准　遇水易燃物品的定量标准，是指在大气温度下与水进行反应试验时，在试验程序的任何一个步骤发生自燃或释放易燃气体的速度＞1L/（kg·h）的物质。参照《国际危险货物水路运输规则》中遇水易燃物品包装类别的划分标准，可将遇水易燃物品划分为以下 3 个危险级别。

① 一级遇水易燃物品　指在大气温度下可与水发生剧烈反应，并一般表明所产生的气体有自燃趋势，或该物质在大气温度下极易与水反应，并且易燃气体的释放速度≥10L/（kg·min）的物质。

② 二级遇水易燃物品　指在大气温度下极易与水反应，易燃气体的最大释放速度≥20L/（kg·h），且＜10L/（kg·min）的物质。

③ 三级遇水易燃物品　指在大气温度下能缓慢与水反应，其易燃气体的最大释放速度≥1L/（kg·h），且＜20L/（kg·h）的物质。

（五）氧化性物品和有机过氧化物

1. 氧化性物品

（1）定义　指处于高氧化态，具有强氧化性，易于分解并放出氧和热量的物

208

质。包括含有过氧基的无机物。其特点是，本身不一定可燃，具有较强的氧化性能，分解温度较低，对热、震动或摩擦较为敏感，遇酸碱、潮湿、强热、摩擦、冲击或与易燃物、还原剂接触能发生分解反应，并引起着火或爆炸，与松软的粉末状可燃物能形成爆炸性混合物。

（2）分级方法　氧化性物品还按其物理状态分为氧化性固体和氧化性液体两类。由于其物理状态不同，其氧化能力的表现方式也不同，所以，其分级的测试方法也不同。

氧化性固体是以测定固态物质在与一种可燃物质完全混合时增加该可燃物质的燃烧速度或燃烧强度的潜力的方法进行测定的。混合物是样品与纤维素分别按质量1∶1和4∶1的混合；将其燃烧特性与标准混合物溴酸钾与纤维素质量比为3∶7的混合物进行比较。如果该固体物质试验时显示的时间小于或等于比照物的时间，则该固体为氧化性固体。

氧化性液体是以测定液体物质在与一种可燃物质完全混合时增加该可燃物质的燃烧速度或燃烧强度的潜力的方法进行测定的。首先看该物质和纤维素的混合物是否自发着火；其次看其压力从690kPa上升到2070kPa（表压）所需的平均时间与参考物质的这一时间比较。如果该液体物质与纤维素之比为按质量1∶1的混合物进行试验时，显示的平均压力上升时间小于或等于65％硝酸水溶液与纤维素之比为按质量1∶1的混合物的平均压力上升时间，则该液体为氧化性液体。

（3）分级标准　氧化性物品按其火灾危险性的大小，参照《国际危险货物水路运输规则》中氧化性物品包装类别的划分标准，可划分为三个危险级别。

① 一级氧化性物品　指用标准试验方法试验的物质与纤维素的质量比为4∶1或1∶1，其显示的燃烧时间少于溴酸钾与纤维素的质量比为3∶2的混合物的平均燃烧时间的固体氧化性物品；或进行试验的液体与纤维素的质量比为1∶1能够自燃或该物质与纤维素的质量比为1∶1的混合物的平均压力提高时间少于50％高氯酸与纤维素的质量比为1∶1的混合物的平均提高时间的液体氧化性物品。

② 二级氧化性物品　指用标准试验方法试验的物质与纤维素的质量比为4∶1或1∶1，其显示的燃烧时间少于等于溴酸钾与纤维素的质量比为2∶3的混合物的平均燃烧时间，但不符合一级标准的固体氧化性物品；或进行试验的液体与纤维素的质量比为1∶1的物质，显示的平均压力提高时间少于等于40％氯酸钠水溶液与纤维素的质量比为1∶1的混合物的平均提高时间，且不属于一级的液体氧化性物品。

③ 三级氧化性物品　指用标准试验方法试验的物质与纤维素的质量比为4∶1或1∶1，其显示的燃烧时间少于等于溴酸钾与纤维素的质量比为3∶7的混合物的平均燃烧时间，但不符合一级和二级标准的固体氧化性物品；或进行试验的液体与纤维素的质量比为1∶1的物质，显示的平均压力提高时间少于等于65％硝酸水溶液与纤维素的质量比为1∶1的混合物的平均提高时间，且不属于一级和二级液体标准的液体氧化性物品。

2. 有机过氧化物

(1) 定义　有机过氧化物是指分子组成中含有过氧基的有机物。有机过氧化物是一种含有两价的—O—O—结构的有机物质，也可能是过氧化氢的衍生物。该项物品包括所有的有机过氧化物和过氧化氢含量和有效含氧量＞1.0％；或过氧化氢含量在≤1.0％，但＞7.0％时有效含氧量＞0.5％的有机过氧化物的配制品。

有机过氧化物配制品的有效氧含量（％）用以下公式计算：

$$有效氧含量(\%)=16\times\sum(n_i\times c_i/m_i)$$

式中　n_i——有机过氧化物 i 个分子的过氧基数；

　　　c_i——有机过氧化物 i 的质量分数，％；

　　　m_i——有机过氧化物 i 的相对分子质量。

此项物品的特点是，在正常温度或因受热、与杂质（如酸、重金属化合物、胺）接触、摩擦或碰撞而放热分解。分解可产生有害的易燃气体或蒸气，甚至发生爆炸。分解速度随着温度增加而变快，有机过氧化物配制品会因其有效含氧量的不同而变化。许多有机过氧化物燃烧猛烈，特别是在封闭条件下极容易发生爆炸。特别容易伤害眼睛，有时即使短暂地接触，也会对角膜造成严重的伤害，或者对皮肤造成腐蚀。

(2) 类型区分

有机过氧化物还按其危险性的大小划分为以下 7 种类型：

A 型：系指易于起爆或快速爆燃，或在封闭状态下加热时呈现剧烈效应的有机过氧化物。此型有机过氧化物因其特别敏感易爆，故禁止按第五类第二项危险品运输和储存，应当按爆炸品对待。

B 型：系指具有爆炸性，配置品在包装运输时不起爆，也不会快速爆燃，但在包件内部易产生热爆炸。此型有机过氧化物运输时装入每一包件的净重不得大于 25kg，并应在包装上显示爆炸品副标志。

C 型：系指在包装运输时不起爆、不快速爆燃，也不易受热爆炸，但仍具有潜在爆炸性的有机过氧化物。此型有机过氧化物运输时，每一包件的净重不得＞50kg，可免贴爆炸品副标志。

D 型：系指在封闭条件下进行加热试验时：不快速爆燃，也不呈现剧烈效应，但部分起爆；或不爆轰，也不呈现剧烈效应，但可缓慢爆燃；或不爆轰，也不爆燃，但呈现中等效应的有机过氧化物。D 型有机过氧化物每一包件的净重不得＞50kg。

E 型：系指在封闭条件下进行加热试验时，不起爆、不爆燃，只呈现微弱效应的有机过氧化物。E 型有机过氧化物每一包件的净重不得＞400kg，容积不得＞450L。

F 型：系指在封闭条件下进行加热试验时，不会引起空化状态的爆炸，也不爆燃，只呈现微弱效应，或没有任何效应，而呈现微弱爆炸力或没有爆炸力的有机过氧化物。F 型有机过氧化物可用中型的散装容器、可移动罐柜或罐车运输。

G 型：系指在封闭条件下进行加热试验时，即不引起空化状态的爆炸，也不爆燃，也不呈现效应，没有任何爆炸力，但其配置品是具有热稳定性包件的（在50kg 时自行加速分解温度≥60℃）有机过氧化物。

（六）毒害品和感染性物品

（略）

（七）放射性物品

（略）

（八）腐蚀品

（1）定义　腐蚀品系指能灼伤人体组织，并对金属等物品造成损坏的固体或液体。其区分标准是：与皮肤接触在 60min 以上 4h 以内的暴露期后至 14 天的观察期内能使完好的皮肤组织出现全厚度损毁现象；或温度在 55℃时，对 S235JR＋CR 型或类似型号钢或无覆盖层铝的表面均匀年腐蚀率超过 6.25mm/a 的固体或液体。

（2）分项　腐蚀品的特点是能灼伤人体组织，并对动物、植物体、纤维制品、金属等造成较为严重的损坏。由于腐蚀品酸、碱性各异、相互间易发生反应，为了便于运输时合理积载，以及发生事故时易于迅速地采取急救措施，因此，还进一步按酸碱性分为 3 项。

① 酸性腐蚀品　如硝酸、发烟硝酸、发烟硫酸、溴酸、含酸≤50％的高氯酸、五氯化磷、己酰氯、溴乙酸等均属此项。酸性腐蚀品按其化学组成还可分成无机酸性腐蚀品和有机酸性腐蚀品两个子项。

a. 无机酸性腐蚀品　是指具有酸性的无机品。该项物品中很多具有强氧化性，如硝酸、氯磺酸等；其中还有不少遇湿能生成酸的物质，如三氧化硫、五氧化磷等。

b. 有机酸性腐蚀品　是指具有酸性的有机品。该项物品绝大多数是可燃物，且有很多是易燃的。如乙酸闪点 42.78℃；丙烯酸闪点 54℃；溴乙酰闪点 1℃，与水激烈反应，放出白色雾状的具有刺激性和腐蚀性的溴化氢气体，与具有氧化性的酸性腐蚀品相混会引起着火或爆炸。所以同是酸性腐蚀品，具有强氧化性的无机酸与具有还原性的可燃的有机酸是绝不能认为都是酸性腐蚀品而可以同车配载或同库混存的。

② 碱性腐蚀品　如氢氧化钠、烷基醇钠类（乙醇钠）、含肼≤64％的水合肼、环己胺、二环乙胺，蓄电池（含有碱液的）均属此项。由于碱性腐蚀品中没有具有氧化性的物质，所以没有必要把腐蚀品再分为无机碱和有机碱两个子项。但碱性腐蚀品中的水合肼等有机碱是强还原剂，易燃蒸气会爆炸，故对有机碱性腐蚀品应注意其易燃危险性。

③ 其他腐蚀品　是指酸性和碱性都不太明显的腐蚀品。如木馏油、蒽、塑料沥青、含有效氯＞5％的次氯酸盐溶液（如次氯酸钠溶液）等均属此项。其他腐蚀品也有无机和有机之分。其中无机的次氯酸钠等都有一定的氧化性，有机的甲醛等都有一定的还原性。如甲醛闪点 50℃，爆炸极限 7％～73％，还原性极强，二者是不能混储混运的。所以该项物品的火灾危险性也是不能忽视的。

211

（3）分级　腐蚀品的划分标准是以已往的经验为基础的，并考虑到呼吸的危险性、遇水反应性等。对新的物质（包括其混合物）来说，则是根据接触皮肤后引起皮肤明显坏死所需时间的长短来判定的。按国际包装类别的区分标准，腐蚀品可分为以下 3 级。

① 一级腐蚀品　指在试验时与动物完好皮肤接触，在不超过 3min 的暴露期至 60min 的观察期内即可在接触处导致完好皮肤组织出现全厚度损毁现象的物质。

② 二级腐蚀品　指在试验时与动物完好皮肤接触，在超过 3～60min 的暴露期后开始至 14 天的观察期内即可在接触处导致完好皮肤组织出现全厚度损毁现象的物质。

③ 三级腐蚀品　指不会在完好的动物皮肤上引起全厚度损毁现象，但在 55℃ 的试验温度下，对 S235JR＋CR 型或类似型号钢或无覆盖层铝的表面均匀年腐蚀率＞6.25mm 的物质。

（九）杂类

杂类物品系指在运输过程中呈现的危险性质不包括在上述八类危险性中的物品。可分为以下 5 项。

（1）磁性物品指在航空运输时，其包件表面任何一点距 2.1m 处的磁场强度≥0.159A/m 的物品。如磁性材料。

（2）具有麻醉、毒害或其他类似性质，能造成飞行机组人员情绪烦躁或不适，以致影响飞行任务的正确执行，危及飞行安全的物品。

（3）运输或要求运输的物质液态温度达到或超过 100℃，或固态温度达到或超过 240℃ 的高温物质；以及熏蒸状态下的货物组件；机械或仪器中的危险物品等。

（4）未包括进其他类别的会对环境造成危害的物质。

（5）经过基因修改的微生物或组织，不能满足感染性物质的定义，但可以非正常地天然繁殖结果的方式改变动物、植物或微生物的物质。

例如，温度≥100℃且低于液体的闪点，在加温条件下运输的液体；温度≥240℃ 的在加温条件下运输的固体等，由于这些物品存在高温，接触易燃物时可引起火灾，故应当列为第九类危险品管理。

以上 9 类危险品除第 9 类外。前 8 类都是火灾危险性很大的危险品，不能只认为前 8 类具有火灾危险，而列为其他类项管理的物品就没有什么火灾危险了。因为危险品的分类是按物质本质的主要危险特性划分的，而对其次要危险性（如毒害品的易燃性、腐蚀品的氧化性等）不作主要考虑，但从消防安全管理的角度看，其次要危险性也是不容忽视的。如毒害品中的氰化钾、氰化钠具有遇湿易燃性，放射性物品中的硝酸铀、硝酸钴，腐蚀品中的硝酸、发烟硫酸等都具有氧化性，与可燃物质相混，都有引起着火的危险，所以，前 8 类危险品都应当是消防安全人员学习和掌握的重点。

为了便于消防安全人员对各类危险品实施正确、有效的消防安全管理，按照现行国家标准《建筑设计防火规范》（GB 50016）规定的物品火灾危险性分类标准，比照各类危险品危险级别的描述，在消防安全管理活动中可以将具有火灾危险性的一、二级危险品按甲类管理，三级危险品按乙类管理。

第二节　危险品安全管理的职责范围

由于我国对危险品的安全管理实行的是多头管理，而且还涉及运输、邮政、环保、卫生和质量监督检验等部门，所以对危险品安全管理的范围、权限和执法程序也不同。

一、政府部门对危险品安全管理的职责范围

根据国家对危险品安全管理的社会分工和《危险品安全管理条例》的规定，政府有关对危险品生产、经销、储存、运输、使用和对废弃危险品处置实施安全监督管理的部门，按以下职责进行分工。

（1）国务院和省、自治区、直辖市人民政府安全生产监督管理部门，负责危险品安全监督的综合管理。包括危险品生产、储存企业的设立及其改建、扩建的审查，危险品包装物、容器（包括用于运输工具的槽罐，下同）专业生产企业的审查和定点，危险品经营许可证的发放，国内危险品的登记，危险品事故应急救援的组织和协调以及前述事项的监督检查。对于设区的市级人民政府和县级人民政府负责危险品安全监督综合管理工作部门的职责范围，可由各该级人民政府确定，并应依照国务院颁发的《危险品安全管理条例》的规定履行职责。

（2）公安部门负责危险品的公共安全管理、剧毒品购买凭证和准购证的发放，审查、核发剧毒品公路运输通行证，对危险品道路运输安全实施监督以及前述事项的监督检查。

公众上交的危险品，由公安部门接收。公安部门接收的危险品和其他有关部门收缴的危险品，应当交由环境保护部门认定的专业单位处理。

根据《消防法》第二十三条的规定，公安机关消防机构对易燃易爆危险品的生产、储存、运输、销售、销毁和使用负有消防监督管理之责。易燃易爆危险品包括：易燃气体、易燃液体、易燃固体、自燃物品、遇湿易燃物品、氧化性气体、氧化剂和有机过氧化物等具有易燃易爆危险性的危险品。

（3）质检部门负责易燃易爆危险品及其包装物（散装容器）生产许可证的发放，对易燃易爆危险品包装物（含容器）的产品质量实施监督，并负责前述事项的监督检查。质检部门应当将颁发易燃易爆危险品生产许可证的情况通报国务院经济贸易综合管理部门、环境保护部门和公安部门。

（4）环境保护部门负责废弃易燃易爆危险品处置的监督管理，重大易燃易爆危险品污染事故和生态破坏事件的调查，毒害性易燃易爆危险品事故现场的应急监测和进口易燃易爆危险品的登记，并负责前述事项的监督检查。

（5）铁路、民航部门负责易燃易爆危险品铁路、航空运输和易燃易爆危险品铁路、民航运输单位及其运输工具的安全管理及监督检查。交通部门负责易燃易爆危险品公路、水路运输单位及其运输工具的安全管理和对易燃易爆危险品水路运输安全实施监督，负责易燃易爆危险品公路、水路运输单位、驾驶人员、船员、装卸人员和押运人员的资质认定，以及易燃易爆危险品公路、水路运输安全的监督检查。

（6）卫生行政部门负责易燃易爆危险品的毒性鉴定和易燃易爆危险品事故伤亡人员的医疗救护工作。

（7）工商行政管理部门依据有关部门的批准、许可文件，核发易燃易爆危险品生产、经销、储存、运输单位的营业执照，并监督管理易燃易爆危险品市场经营活动。

（8）邮政部门负责邮寄易燃易爆危险品的监督检查。

二、政府部门危险品监督检查的权限和要求

为保证对易燃易爆危险品的监督检查工作能够正常、有序、顺利进行，政府有关部门在进行监督检查时，应当根据法律、法规授权的范围和国家对易燃易爆危险品安全管理的职责分工，依法行使下列职权。

（1）进入易燃易爆危险品作业场所进行现场检查，调取有关资料，向有关人员了解情况，向易燃易爆危险品单位提出整改措施和建议。

（2）发现易燃易爆危险品事故隐患时，责令立即或者限期排除。

（3）对有根据认为不符合有关法律、法规、规章规定和国家标准要求的设施、设备、器材和运输工具，责令立即停止使用。

（4）发现违法行为，当场予以纠正或者责令限期改正。

有关部门派出的工作人员依法进行监督检查时，应当出示证件。易燃易爆危险品单位应当接受有关部门依法实施的监督检查，不得拒绝、阻挠。

三、易燃易爆危险品单位的职责及管理要求

易燃易爆危险品单位应当具备有关法律、行政法规和国家标准或者行业标准规定的生产安全条件；不具备条件的，不得从事生产经营活动。

1. 易燃易爆危险品单位主要负责人的安全职责

易燃易爆危险品单位的主要负责人必须具备与本单位所从事的生产经营活动相应的安全生产知识和管理能力，并应由有关主管部门对其安全生产知识和管理能力考核（考核不得收费）合格后方可任职；应当保证本单位易燃易爆危险品的安全管理符合有关法律、法规、规章的规定和国家标准的要求，并认真履行如下职责。

（1）建立、健全本单位的安全责任制；

（2）组织制定本单位的安全规章制度和安全操作规程；

（3）保证本单位安全投入的有效实施；

（4）督促、检查本单位的安全工作，及时消除隐患；

（5）组织制定并实施本单位的事故应急救援预案；

（6）及时、如实报告事故。

2. 易燃易爆危险品单位的从业人员、安全管理人员、安全管理机构及安全资金的管理要求

（1）从事生产、经销、储存、运输、使用易燃易爆危险品或者处置废弃易燃易爆危险品活动的人员，应当接受有关法律、法规、规章和安全知识、专业技术、人体健康防护和应急救援知识的培训，并经考核合格才能上岗作业。

（2）应当设置安全管理机构或者配备专职的安全管理人员。安全管理人员应当具备与本单位所从事的生产经营活动相适应的安全知识和管理能力，并应当由有关主管部门对其安全知识和管理能力进行考核合格后才能任职。但主管部门的考核不应当收费。

（3）安全管理机构应当对易燃易爆危险品从业人员进行安全教育和培训，并保证从业人员具备必要的安全知识，熟悉有关的安全规章制度和安全操作规程，掌握本岗位的安全操作技能。未经安全教育和培训合格的从业人员，不得上岗作业。此外，当采用新工艺、新技术、新材料或者使用新设备时，应当了解、掌握其安全技术特性，采取有效的安全防护措施，并对其从业人员进行专门的安全教育和培训。从事易燃易爆危险品作业的人员，还应当按照国家有关规定经专门的特种作业安全培训，并取得特种作业操作资格证书后才能上岗作业。

（4）易燃易爆危险品单位应当具备生产安全条件和所必需的资金投入，生产经营单位的决策机构、主要负责人或者个人经营的投资人应当予以保证，并对由于生产安全所必需的资金投入不足导致的后果承担责任。

3. 易燃易爆危险品单位建设、施工，生产工艺、设备的管理要求

（1）易燃易爆危险品单位新建、改建、扩建工程项目（以下统称建设项目）的安全设施，应当与主体工程同时设计、同时施工、同时投入生产和使用。对安全设施的投资应当纳入建设项目概算，并应当分别按照国家有关规定进行安全条件论证和安全评价。其建设项目的安全设施设计应当按照国家有关规定报经有关部门审查，审查部门及其负责审查的人员应当对审查结果负责。对用于易燃易爆危险品生产、储存建设项目的施工单位，应当按照批准的安全设施设计施工，并应对安全设施的工程质量负责。建设项目竣工投入生产或者使用前，还应当依照有关法律、行政法规的规定对安全设施进行验收，验收合格后，才能投入生产和使用。同时，验收部门及其验收人员应当对验收结果负责。

（2）在有较大危险因素的生产经营场所和有关设施、设备上，应当设置明显的安全警示标志。安全设备的设计、制造、安装、使用、检测、维修、改造和报废，应当符合国家标准或者行业标准。对安全设备要进行经常性维护、保养，并定期检测，以保证设备的正常运转。安全设备的维护、保养、检测应当做好记录，并由有关人员签字；对涉及生命安全、危险性较大的特种设备，以及盛装易燃易爆危险品的容器、运输工具，还应当按照国家有关规定，由专业生产单位生产，并经取得专业资质的检测、检验机构检测、检验合格，并取得安全使用证或者安全标志后才可

投入使用。检测、检验机构应当对检测、检验结果负责。

(3) 国家对严重危及生产安全的工艺、设备实行淘汰制度。不得使用国家明令淘汰、禁止使用的危及生产安全的工艺和设备。

第三节 易燃易爆危险品生产、储存和使用的消防安全管理

由于易燃易爆危险品在生产领域和使用当中都是处于动态的，且大都是散状存在于生产工艺设备、装置、管线或容器之中，与储存相比，一个部位集中的量不会很大，但跑、冒、滴、漏的机会很多，加之生产、使用当中的危险因素也很多，因而危险性很大；易燃易爆危险品在储存过程中，量大而集中，是重要的危险源，一旦发生事故，后果不堪设想，故对易燃易爆危险品生产、使用和储存的安全管理是非常重要的。

一、易燃易爆危险品生产、储存企业应当具备的消防安全条件

国家对易燃易爆危险品的生产和储存实行统一规划、合理布局和严格控制的原则，并实行审批制度。在编制总体规划时，设区的城市人民政府应当根据当地经济发展的实际需要，按照确保安全的原则，规划出专门用于易燃易爆危险品生产和储存的适当区域。生产、储存易燃易爆危险品时应当满足下列条件。

(1) 生产工艺、设备或者储存方式、设施符合国家标准；

(2) 企业的周边防护距离符合国家标准或者国家有关规定；

(3) 管理人员和技术人员符合生产或者储存的需要；

(4) 消防安全管理制度健全；

(5) 符合国家法律、法规规定和国家标准要求的其他条件。

二、易燃易爆危险品生产、储存企业设立报审时应当提交的文件及审批要求

为了严格管理，易燃易爆危险品生产、储存企业在设立时，应当向设区的市级人民政府的负责易燃易爆危险品安全监督综合管理的部门提出申请；剧毒性易燃易爆危险品还应当向省、自治区、直辖市人民政府经济贸易综合管理部门提出申请。但无论哪一级申请，都应当提交下列文件：

(1) 可行性研究报告；

(2) 原料、中间产品、最终产品或者储存易燃易爆危险品的自燃点、闪点、爆炸极限、氧化性、毒害性等理化性能指标；

(3) 包装、储存、运输的技术要求；

(4) 安全评价报告；

(5) 事故应急救援措施；

(6) 符合易燃易爆危险品生产、储存企业必须具备条件的证明文件。

省、自治区、直辖市人民政府经济贸易管理部门或者设区的市级人民政府的负责易燃易爆危险品安全监督综合管理的部门，在收到申请和提交的文件后，应当组织有关专家进行审查，提出审查意见，并报本级人民政府作出批准或者不予批准的决定。依据本级人民政府的决定，予以批准的，由省、自治区、直辖市人民政府经济贸易管理部门或者设区的市级人民政府的负责易燃易爆危险品安全监督管理部门颁发批准书，申请人凭批准书向工商行政管理部门办理登记注册手续；不予批准的，应当书面通知申请人。

三、易燃易爆危险品生产、储存、使用单位的消防安全管理

由于易燃易爆危险品在生产、储存、使用过程中受到震动、摩擦、挤压、摔碰、雨淋以及高温、高压等外在因素的影响最大，因而带来的事故隐患也最多，且一旦发生事故所带来的危害也最大。因此，生产、储存、装卸易燃易爆危险品的工厂、仓库和专用车站、码头的设置，应当符合消防技术标准。易燃易爆气体和液体的充装站、供应站、调压站，应当设置在符合消防安全要求的位置，并符合防火防爆要求。已经设置的生产、储存、装卸易燃易爆危险品的工厂、仓库和专用车站、码头，易燃易爆气体和液体的充装站、供应站、调压站，不再符合前款规定的，地方人民政府应当组织、协调有关部门、单位限期解决，消除事故隐患，并严格各项管理要求。

（1）依法设立的易燃易爆危险品生产企业，应当向国务院质检部门申请领取易燃易爆危险品生产许可证；未取得易燃易爆危险品生产许可证的，不得开工生产；当需要改建、扩建时，应当报经政府有关部门审查批准。当需要转产、停产、停业或者解散的，应当采取有效措施处置易燃易爆危险品的生产或者储存设备、库存产品及生产原料，以消除各种事故隐患。处置方案应当报所在地设区的市级人民政府负责易燃易爆危险品安全监督综合管理工作的部门和同级环境保护部门、公安部门备案。负责易燃易爆危险品安全监督综合管理工作的部门应当对处置情况进行监督检查。

（2）生产易燃易爆危险品的单位，应当在易燃易爆危险品的包装内附有与易燃易爆危险品完全一致的产品安全技术说明书，并在包装（包括外包装件）上加贴或者拴挂与包装内易燃易爆危险品完全一致的易燃易爆危险品安全标签和易燃易爆危险品包装标志。当发现其生产的易燃易爆危险品有新的危害特性时，应立即公告，并及时修订其安全技术说明书及安全标签和易燃易爆危险品包装标志。

（3）使用易燃易爆危险品从事生产的单位，其生产条件应当符合国家标准和国家有关规定，建立、健全使用易燃易爆危险品的安全管理规章制度，并依照国家有关法律、法规的规定取得相应的许可，保证易燃易爆危险品的使用安全。应当根据易燃易爆危险品的种类、特性，在车间、库房等作业场所设置相应的监测、通风、防晒、调温、防火、灭火、防爆、泄压、防毒、消毒、中和、防潮、防雷、防静电、防腐、防渗漏、防护围堤或者隔离操作等安全设施、设备和通讯、报警装置，

并应按照国家标准和国家有关规定进行维护、保养，保证在任何情况下都处于正常适用状态，且符合安全运行要求。

（4）任何单位和个人不得生产、经销和使用国家明令禁止的易燃易爆危险品。

四、易燃易爆危险品生产、储存、使用场所、装置、设施的消防安全评价

（一）安全性评价的意义

对易燃易爆危险品生产、储存、使用的场所、装置、设施进行安全评价是预防易燃易爆危险品事故的一个重要措施。通过安全评价可以评价发生事故的可能性及其后果的严重程度，并根据其制定有针对性的预防措施和应急预案，从而降低事故的发生频率和损失程度，可以达到：

（1）系统地从计划、设计、制造、运行等过程中考虑安全技术和安全管理问题，找出生产、储存和使用中潜在的危险因素，提出相应的安全措施。

（2）对潜在的事故隐患进行定性、定量的分析和预测，使系统建立起更加安全的最优方案，制定更加科学合理的安全防护措施。

（3）评价设备、设施或系统的设计是否使收益与安全达到最合理的平衡。

（4）评价设备、设施或系统在生产、储存和使用中是否符合法律法规和标准的规定。

（二）安全性评价的步骤和方法

安全评价一般分为以下四个步骤：

（1）收集资料　就是根据评价的对象和范围收集国内外的法律法规和标准，了解同类易燃易爆危险品的生产设备、设施、工艺和事故情况，评价对象的地理气象条件及社会环境情况等。

（2）辨识与分析危险危害因素　就是根据设备、设施或场所的地理、气象条件及工程建设方案、工艺流程、装置布置、主要设备和仪器仪表、原材料、中间体产品的理化性质等情况，进行辨识和分析可能发生事故的类型、事故的原因和机理。

（3）具体评价　就是在上述危险分析的基础上，划分、评价单元，根据评价目的和评价对象的复杂程度选择具体的一种或多种评价方法，对发生事故的可能性和严重程度进行定性或定量评价；并在此基础上进行危险分级、以确定管理的重点。

（4）提出降低或控制危险的安全对策　就是根据安全评价和分级结果，提出相应的对策措施。对于高于标准的危险情况，应采取坚决的工程技术或组织管理措施，降低或控制危险状态。对低于标准的危险情况应当分两种情况解决：对属于可接受或允许的危险情况，应建立监测措施，防止因生产条件的变更而导致危险值增加；对不可能排除的危险情况，应采取积极的预防措施，并根据潜在的事故隐患提出事故应急预案。

安全评价的方法，可根据评价对象、评价人员素质和评价的目的选择。通常典

型的评价方法有安全检查表法、危险指数法、危险性预先分析法、危险可操作性研究法、故障类型与影响分析法、故障树分析法、人的可靠性分析法、作业条件危险性评价法、概率危险分析法、着火爆炸危险指数评价法等。

（三）安全性评价的要求

（1）生产、储存、使用易燃易爆危险品的装置，通常应每两年进行一次安全性评价。但由于剧毒品一旦发生事故可能造成的伤害和危害更严重，且相同剂量的易燃易爆危险品存在于同一环境，剧毒品造成事故的危害会更大。所以，要求生产、储存、使用的单位，对生产、储存剧毒品的装置应每年进行一次安全性评价。

（2）安全性评价报告应当对生产、储存装置存在的事故隐患提出整改方案，当发现存在现实危险时，应当立即停止使用，予以更换或者修复，并采取相应的安全措施。

（3）由于安全评价报告所记录的是安全评价的过程和结果，并包括了对于不合格项提出的整改方案、事故预防措施及事故应急预案。所以对安全性评价的结果应当形成文件化的评价报告，并报所在地设区的市级人民政府负责易燃易爆危险品安全监督综合管理工作的部门备案。

五、易燃易爆危险品包装的消防安全管理要求

易燃易爆危险品包装的好坏对保证易燃易爆危险品的安全非常重要，如果不能满足运输储存的要求，就有可能在运输储存和使用过程中发生事故。因此，易燃易爆危险品包装在管理上应符合以下要求。

（1）易燃易爆危险品的包装应当符合国家法律、法规、规章的规定和国家标准的要求。包装的材质、形式、规格、方法和单件质量（重量），应当与所包装易燃易爆危险品的性质和用途相适应，并便于装卸、运输和储存。

（2）易燃易爆危险品的包装物、容器，应当由省级人民政府经济贸易管理部门审查合格的专业生产企业定点生产，并经国务院质检部门认可的专业检测、检验机构检测、检验合格，方可使用。

（3）重复使用的易燃易爆危险品包装物（含容器）在使用前，应当进行检查，并作出记录；检查记录至少应保存2年。质检部门应当对易燃易爆危险品的包装物（含容器）的产品质量进行定期的或者不定期的检查。

六、易燃易爆危险品储存的消防安全管理要求

由于储存易燃易爆危险品的仓库通常都是重大危险源，一旦发生事故往往带来重大损失和危害，所以对易燃易爆危险品储存仓库应当有更加严格的要求。

（1）易燃易爆危险品必须储存在专用仓库、专用场地或者专用储存室（以下统称专用仓库）内，储存方式、方法与储存数量必须符合国家标准，并由专人管理出入库，应当进行核查登记。

（2）库存易燃易爆危险品应当分类、分项储存，性质相互抵触、灭火方法不同的易燃易爆危险品不得混存，堆垛要留有垛距、墙距、柱距、顶距、灯距，要定期

检查、保养，注意防热和通风散潮。

（3）剧毒品、爆炸品以及储存数量构成重大危险源的其他易燃易爆危险品必须在专用仓库内单独存放，实行双人收发、双人保管制度。储存单位应当将储存剧毒品以及构成重大危险源的其他易燃易爆危险品的数量、地点以及管理人员的情况，报当地公安部门和负责易燃易爆危险品安全监督综合管理工作部门备案。

（4）易燃易爆危险品专用仓库，应当符合国家标准对安全、消防的要求，设置明显标志。易燃易爆危险品专用仓库的储存设备和安全设施应当定期检测。

（5）对废弃易燃易爆危险品处置时，应当严格按照固体废物污染环境防治法和国家有关规定进行。

第四节　易燃易爆危险品经销的消防安全管理

易燃易爆危险品经销是指从事易燃易爆危险品采购、调拨和销售的活动。易燃易爆危险品在经销过程中受外界因素的影响最多，因而事故隐患也最多。所以应加强易燃易爆危险品经销的安全管理。

一、经销易燃易爆危险品必须具备的条件

国家对易燃易爆危险品经销实行许可制度。未经许可，任何单位和个人都是不能够经销易燃易爆危险品的。经销易燃易爆危险品的企业应当具备下列条件。

（1）经销场所和储存设施符合国家标准；

（2）主管人员和业务人员经过专业培训，并取得上岗资格；

（3）安全管理制度健全；

（4）符合法律、法规规定和国家标准要求的其他条件。

二、易燃易爆危险品经销许可证的申办程序

（1）经销剧毒品性易燃易爆危险品的企业，应当分别向省、自治区、直辖市人民政府的经济贸易管理部门或者设区的市级人民政府的负责易燃易爆危险品安全监督综合管理工作部门提出申请，并附送符合易燃易爆危险品经销企业条件的相关证明材料。

（2）省、自治区、直辖市人民政府的经济贸易管理部门或者设区的市级人民政府负责易燃易爆危险品安全监督综合管理工作的部门接到申请后，应当依照规定对申请人提交的证明材料和经销场所进行审查。

（3）经审查，符合条件的，颁发危险品经销（营）许可证，并将颁发危险品经销（营）许可证的情况通报同级公安部门和环境保护部门；不符合条件的，书面通知申请人并说明理由。申请人凭危险品经销（营）许可证向工商行政管理部门办理登记注册手续。

三、易燃易爆危险品经销的消防安全管理要求

（1）企业经销易燃易爆危险品时，不应当从未取得易燃易爆危险品生产许可证或者易燃易爆危险品经销（营）许可证的企业采购易燃易爆危险品；易燃易爆危险品生产企业也不得向未取得易燃易爆危险品经销（营）许可证的单位或者个人销售易燃易爆危险品。

（2）经销易燃易爆危险品的企业不得经销国家明令禁止的易燃易爆危险品；也不得经销没有安全技术说明书和安全标签的易燃易爆危险品。

（3）经销易燃易爆危险品的企业储存易燃易爆危险品时，应当遵守国家易燃易爆危险品储存的有关规定。经销商店内只能存放民用小包装的易燃易爆危险品，其总量不得超过国家规定的限量。

第五节　易燃易爆危险品运输的消防安全管理

一、易燃易爆危险品运输消防安全管理的基本要求

国家对易燃易爆危险品的运输实行资质认定制度；未经资质认定，不得运输易燃易爆危险品。为此，运输易燃易爆危险品应当符合下列要求。

（1）用于易燃易爆危险品运输工具的槽、罐以及其他容器，应当由符合规定条件的专业生产企业定点生产，并经检测、检验合格，方可使用。质检部门应当对符合规定条件的专业生产企业定点生产的槽、罐以及其他容器的产品质量进行定期或不定期的检查。

（2）易燃易爆危险品运输企业，应当对其驾驶员、船员、装卸管理人员、押运人员进行有关安全知识培训；驾驶员、船员、装卸管理人员、押运人员必须掌握易燃易爆危险品运输的安全知识，并经所在地设区的市级人民政府交通部门考核合格（船员经海事管理机构考核合格），取得上岗资格证，方可上岗作业。易燃易爆危险品的装卸作业应当严格遵守操作规程，并在装卸管理人员的现场指挥下进行。

（3）运输易燃易爆危险品的驾驶员、船员、装卸人员和押运人员应当了解所运载易燃易爆危险品的性质、危险、危害特性、包装容器的使用特性和发生意外时的应急措施。在运输易燃易爆危险品时，应当配备必要的应急处理器材和防护用品。

（4）托运易燃易爆危险品时，托运人应当向承运人说明所运输易燃易爆危险品的品名、数量、危害、应急措施等情况。当所运输的易燃易爆危险品需要添加抑制剂或者稳定剂的，托运人交付托运时应当将抑制剂或者稳定剂添加充足，并告知承运人。托运人不得在托运的普通货物中夹带易燃易爆危险品，也不得将易燃易爆危险品匿报或者谎报为普通货物托运。

（5）运输、装卸易燃易爆危险品，应当依照有关法律、法规、规章的规定和国家标准的要求，按照易燃易爆危险品的危险特性，采取必要的安全防护措施。

（6）运输易燃易爆危险品的槽罐以及其他容器必须封口严密，能够承受正常运输条件下产生的内部压力和外部压力，保证易燃易爆危险品在运输中不因温度、湿度或者压力的变化而发生任何渗（洒）漏。

（7）任何单位和个人不得邮寄或者在邮件内夹带易燃易爆危险品，也不得将易燃易爆危险品匿报或者谎报为普通物品邮寄。

（8）通过铁路、航空运输易燃易爆危险品的，应符合国务院铁路、民航部门的有关专门规定。

二、易燃易爆危险品公路运输的消防安全管理要求

易燃易爆危险品公路运输时由于受驾驶技术、道路状况、车辆状况、天气情况的影响很大，因而所带来的危险因素也很多，且一旦发生事故扑救难度较大，往往带来重大经济损失和人员伤亡，所以，应当严格管理要求。

（1）通过公路运输易燃易爆危险品时，必须配备押运人员，并随时处于押运人员的监管之下。不得超装、超载，不得进入易燃易爆危险品运输车辆禁止通行的区域；确需进入禁止通行区域的，应当事先向当地公安部门报告，并由公安部门为其指定行车时间和路线，且运输车辆必须遵守公安部门为其指定的行车时间和路线。

（2）通过公路运输易燃易爆危险品的，托运人只能委托有易燃易爆危险品运输资质的运输企业承运。

（3）剧毒性易燃易爆品在公路运输途中发生被盗、丢失、流散、泄漏等情况时，承运人及押运人员应当立即向当地公安部门报告，并采取一切可能的警示措施。公安部门接到报告后，应当立即向其他有关部门通报情况；有关部门应当采取必要的安全措施。

（4）易燃易爆危险品运输车辆禁止通行的区域，由设区的市级人民政府公安部门划定，并设置明显的标志。运输烈性易燃易爆危险品途中需要停车住宿或者遇有无法正常运输的情况时，应当向当地公安部门报告。

三、易燃易爆危险品水路运输的消防安全管理要求

易燃易爆危险品在水上运输时，一旦发生事故往往对水道形成阻塞或对水域形成污染，给人民的生命财产带来更大的危害，且往往扑救比较困难。故水上运输易燃易爆危险品时应当有比陆地更加严格的要求。

（1）禁止利用内河以及其他封闭水域等航运渠道运输剧毒性易燃易爆危险品。

（2）利用内河以及其他封闭水域等航运渠道运输禁运以外的易燃易爆危险品时，只能委托有易燃易爆危险品运输资质的水运企业承运，并按照国务院交通部门的规定办理手续，并接受有关交通港口部门、海事管理机构的监督管理。

（3）运输易燃易爆危险品的船舶及其配载的容器应当按照国家关于船舶检验的规范进行生产，并经海事管理机构认可的船舶检验机构检验合格，方可投入使用。

第六节　易燃易爆危险品销毁的消防安全管理

易燃易爆危险品如因质量不合格，或因失效、变态废弃时，要及时进行销毁处理，以防止管理不善而引发火灾、中毒等灾害事故的发生。为了保证安全，禁止随便弃置堆放和排入地面、地下及任何水系。

一、销毁易燃易爆危险品应具备的消防安全条件

由于废弃的易燃易爆危险品稳定性差、危险性大，故销毁处理时必须要有可靠的安全措施，并须经当地公安和环保部门同意才可进行销毁，其基本条件如下。

（1）销毁场地的四周和防护设施，均应符合安全要求；

（2）销毁方法选择正确，适合所要销毁物品的特性，安全、易操作、不会污染环境；

（3）销毁方案无误，防范措施周密、落实；

（4）销毁人员经过安全培训合格，有法定许可的证件。

二、易燃易爆危险品的销毁方法

易燃易爆危险品的销毁应当根据所销毁物品的特性，选择安全、经济、易操作、无污染的销毁方法。根据各企业单位的实践，以下几种方法可供选择。

1. 爆炸法

所谓爆炸法，是指将可一次完全爆炸的作废爆炸品用起爆器材引爆销毁的方法。此种方法主要在爆炸品销毁时使用，一次的最大销毁量不应超过 2kg。销毁的方法是，先挖好坑深 1m 的炸毁坑，然后将所要销毁的废弃爆炸品在炸坑里整齐摆放成金字塔形，用带起爆雷管的炸药包放在塔的顶部引爆进行销毁。当使用发爆器引爆时，手柄或钥匙必须由放炮员随身携带；用动力电引爆时，必须设有双重保险开关，待场地人员全部撤离后方准连接母线；使用导火索引爆时，应将导火索铺在炸药堆的下风方向并伸直，用土压好（严禁用石块、石头盖覆）；用延期电雷管或火雷管起爆时，火药堆之间要保持一定的距离，并记清炮数，如有丢炮必须停留一定时间，方准检查处理。

操作时要做好警戒，点火人员和警戒人员取得联系后才可点火引爆。试验销毁完毕，对残药、残管亦应进行销毁处理。销毁雷管时要将雷管的脚线剪下并放入包装盒内埋入土中。不准销毁无任何包装的雷管。

2. 燃烧销毁法

燃烧销毁法，就是对在一定条件下可以完全燃烧且燃烧产物没有毒害性、放射性的废弃易燃易爆危险品将其点燃，让其烧尽毁弃的方法。凡是符合以上条件的易燃易爆危险品才可采用此法销毁。

在采用烧毁法销毁时，废火药、猛炸药的一次销毁量不得大于 200kg，在销毁

前必须对所要销毁的火药、炸药进行检查，防止将雷管、起爆药等混入。销毁废起爆药、击发药等，在销毁前宜用废机油浸泡 12~24h，严禁成箱销毁；如有大的块状销毁物，要用木锤轻轻敲碎，然后再行烧毁，防止爆炸。在销毁时，将废药顺风铺成厚约 2cm，宽 20~30cm（指炸药）或 1~1.5m（指火药、烟火药）的长条，允许并列铺设多条，但间距不应小于 20m。在药条的下风方向铺设 1~2m 的引火物，点燃时先点燃引火物，不准直接点燃被销毁的火炸药。点燃引火物后，操作人员应迅速避入安全区，以防被销毁物烧伤或者炸伤。在烧毁过程中，不准再行填加燃料，烧毁完毕后要待被销毁物燃尽熄灭后才能走近燃烧点。

3. 水溶解法

水溶解法是对可溶解于水且溶解后能失去爆炸性、易燃性、氧化性、腐蚀性和毒害性等本身危险性的报废物品用水溶解的销毁方法。如硝酸铵、过氧化钠等有水解性的易燃易爆危险品均可使用此方法销毁。但应注意，用水溶解法销毁的报废品，其不溶物应捞出后另行处理。

4. 化学分解法

化学分解法是通过化学方法将能被化学药品分解，消除其爆炸性、燃烧性等原危险性的报废品进行销毁的方法。如雷汞可用硫代硫酸钠或硫化钠化学分解销毁，迭氮化铅可用稀硝酸分解销毁等。用化学分解法销毁后的残渣应检查证明其是否失去原爆炸性、燃烧性或者其他危险性。

三、易燃易爆危险品销毁的基本要求

易燃易爆危险品的销毁，要严格遵守国家有关安全管理的规定，严格遵守安全操作规程，防止着火、爆炸或其他事故的发生。

1. 正确选择销毁场地

销毁场地的安全要求因销毁方法的不同而有别。当采用爆炸法或者燃烧法销毁时，销毁场地应选择在远离居住区、生产区、人员聚集场所和交通要道的地方，最好选择在有天然屏障或较隐蔽的地区。销毁场地边缘与场外建筑物的距离不应小于 200m，与公路、铁路等交通要道的距离不应小于 150m。当四周没有自然屏障时，应设有高度不小于 3m 的土堤防护。

销毁爆炸品时，销毁场地最好是无石块、砖瓦的泥土或沙地。专业性的销毁场地，四周应砌筑围墙，围墙距作业场地边沿不应小于 50m；临时性销毁场地四周应设警戒或者铁丝网。销毁场地内应设人身掩体和点火引爆掩体。掩体的位置应在常年主导风向的上风方向，掩体之间的距离不应小于 30m，掩体的出入口应背向销毁场地，且距作业场地边沿的距离不应小于 50m。

2. 严格培训作业人员

执行销毁操作的作业人员，要经严格的操作技术和安全培训，并经考试合格才能执行销毁的操作任务。执行销毁操作的作业人员应当具备以下条件。

（1）身体健壮，智能健全。

（2）具有一定的专业知识。

（3）工作认真负责，责任心强。

（4）经安全培训合格。

3. 严格消防安全管理

根据《消防法》的有关规定，公安消防机关应当加强对易燃易爆危险品的监督管理。销毁易燃易爆危险品的单位应当严格遵守有关消防安全的规定，认真落实具体的消防安全措施，当大量销毁时应当认真研究，作出具体方案（包括一旦引发火灾时的应急灭火预案）向公安机关消防机构申报，经审查并经现场检查合格方可进行，必要时，公安机关消防机构应当派出消防队现场执勤保护，确保销毁安全。

第七节　易燃易爆危险品的登记与事故紧急救援管理

一、易燃易爆危险品的登记管理

为了进一步加强对易燃易爆危险品的管理，国家对易燃易爆危险品实行登记制度，并为易燃易爆危险品安全管理、事故预防和应急救援提供技术、信息支持。

（1）易燃易爆危险品生产、储存企业以及使用的数量构成重大危险源的其他易燃易爆危险品单位，应当向国务院经济贸易综合管理部门负责易燃易爆危险品登记的机构办理易燃易爆危险品登记。易燃易爆危险品登记的具体办法应按照国务院经济贸易综合管理部门的有关要求进行。

（2）负责易燃易爆危险品登记的机构应当向环境保护、公安、质检、卫生等有关部门提供易燃易爆危险品登记的资料。

二、易燃易爆危险品事故的紧急救援管理

易燃易爆危险品一旦发生事故往往带来重大的人员伤亡和重大经济损失。为了最大可能地减少人员伤亡和经济损失，我们必须采取积极的救援措施。

（一）基本要求

（1）县级以上地方各级人民政府，应当在本辖区域内配备、训练具有一定专业技术水平的紧急抢险救援队伍，并保证这支队伍的人员、设备和训练的经费。

（2）县级以上地方各级人民政府负责易燃易爆危险品安全监督综合管理的部门，应当会同同级其他有关部门制定易燃易爆危险品事故应急救援预案，报经本级人民政府批准后实施。

（3）易燃易爆危险品单位应当制定本单位的事故应急救援预案，配备应急救援人员和必要的应急救援器材、设备，并定期组织演练。

（4）易燃易爆危险品事故应急救援预案应当报设区的市级人民政府负责易燃易爆危险品安全监督综合管理的部门备案。

（5）发生易燃易爆危险品事故，事故单位主要负责人应当按照本单位制定的应

急救援预案，立即组织救援，并立即报告当地负责易燃易爆危险品安全监督综合管理的部门和公安、环境保护、质检部门。

（二）紧急救援的实施

发生易燃易爆危险品事故，有关地方人民政府应当做好指挥、领导工作。负责易燃易爆危险品安全监督综合管理的部门和环境保护、公安、卫生等有关部门，应当按照当地应急救援预案组织实施救援，不得拖延、推诿。有关地方人民政府及其有关部门应当按照下列要求，采取必要措施，减少事故损失，防止事故蔓延、扩大。

（1）立即组织营救受害人员，组织撤离或者采取其他措施保护危害区域内的其他人员；

（2）迅速控制危害源，并对易燃易爆危险品造成的危害进行检验、监测，测定事故的危害区域、易燃易爆危险品性质及危害程度；

（3）针对事故对人体、动植物、土壤、水源、空气造成的现实危害和可能产生的危害，迅速采取封闭、隔离、洗消等措施；

（4）对易燃易爆危险品事故造成的危害进行监测、处置，直至符合国家环境保护标准；

（5）易燃易爆危险品生产企业必须为易燃易爆危险品事故应急救援提供技术指导和必要的协助；

（6）易燃易爆危险品事故造成环境污染的信息，由环境保护部门统一公布。

第九章　人员密集等重要场所消防安全管理

　　根据《建筑设计防火规范》（GB 50016）的有关规定，人员密集场所是指：建筑面积大于 200m²，且经常聚集的人数超过 50 人的场所。主要包括宾馆、饭店、商场、集贸市场、客运车站候车室、客运码头候船厅、民用机场航站楼、体育场馆、会堂以及公共娱乐场所等公众聚集场所；医院的门诊楼、病房楼，学校的教学楼、图书馆、食堂和集体宿舍，养老院，福利院，托儿所，幼儿园，公共图书馆的阅览室，公共展览馆、博物馆的展示厅，劳动密集型企业的生产加工车间和员工集体宿舍，旅游、宗教活动场所等场所。近年来，人员密集场所群死群伤火灾事故时有发生，给人民生命财产造成了严重损失。为切实吸取教训，遏制群死群伤火灾事故的发生，必须切实加强对人员密集等重要场所的消防安全管理。

第一节　公共娱乐场所消防安全管理

　　公共娱乐场所，是指经常聚集有大量人员的具有文化娱乐、健身休闲功能并向公众开放的室内场所。主要包括：影剧院、录像厅、礼堂等演出、放映场所；舞厅、卡拉 OK 厅、夜总会等歌舞娱乐场所；具有娱乐功能的餐馆、茶馆、酒吧和咖啡厅等餐饮场所；网吧、游艺场所；保龄球馆、旱冰场、洗浴等健身场所。根据公安部公共娱乐场所消防安全管理规定，公共娱乐场所在投入使用、营业前，建设单位应当依法向当地公安机关消防机构申请消防安全检查，并经消防安全检查合格取得《消防安全检查意见书》后，方可使用或者营业。

一、公共娱乐场所应当具备的消防安全条件

　　1. 消防安全责任制健全、落实

　　公共娱乐场所的法定代表人或者主要负责人是场所的消防安全责任人，对公共娱乐场所的消防安全工作全面负责。应当明确一名单位领导为消防安全管理人，负责组织实施场所的日常消防安全管理工作，确定至少两名专职消防安全管理员，负责消防安全检查和营业期间的防火巡查。场所的房产所有者在与其他单位、个人发生租赁、承包等关系后，其消防安全责任由经营者负责。在举办现场有文艺表演活动时，与演出举办单位应当明确消防安全责任，落实消防安全措施。

　　2. 建筑物应当符合耐火等级和防火分隔的要求

　　公共娱乐场所宜设置在耐火等级不低于二级的建筑物内；已经核准设置在三级耐火等级建筑内的公共娱乐场所，应当符合特定的防火安全要求。不得设置在文物

古建筑和博物馆、图书馆建筑内，不得毗连重要仓库或者危险物品仓库，也不得在居民住宅楼内改建。当与其他建筑相毗连或者附设在其他建筑物内时，应当按照独立的防火分区设置。设置在商住楼内时，应与居民住宅的安全出口应当分开设置。

3. 建筑内部装修应当符合消防技术标准

新建、改建、扩建或者变更内部装修的，其消防设计和施工应当符合国家有关建筑消防技术标准的规定。建设单位或者经营单位应当依法将消防设计文件报公安机关消防机构审核、备案，未经依法审核或审核不合格不得施工，经备案抽查不合格的，应当停止施工。

建筑内部装修、装饰材料，应当使用不燃、难燃材料，禁止使用聚氨酯类以及在燃烧后产生大量有毒烟气的材料。疏散通道、安全出口处不得采用反光或者反影材料。公共娱乐场所内使用的阻燃材料应当有燃烧性能标识。内部装修工程竣工后，还应当向公安机关消防机构申报验收或者备案，未经验收或验收不合格的不得投入使用，经抽查不合格的，应当停止使用。

4. 安全出口必须符合安全疏散要求

公共娱乐场所的安全出口数目、疏散宽度和距离，应当符合国家有关建筑设计防火规范的规定。安全出口处不得设置门槛、台阶，疏散门应向外开启，不得采用卷帘门、转门、吊门和侧拉门，门口不得设置门帘、屏风等影响疏散的遮挡物，门窗上不得设置影响人员逃生和灭火救援的障碍物。在营业时必须确保安全出口和疏散通道畅通无阻，严禁将安全出口上锁、阻塞。

公共娱乐场所的外墙上应在每层设置外窗（含阳台），其间隔不应大于15.0m；每个外窗的面积不应小于1.5m²，且其短边不应小于0.8m，窗口下沿距室内地坪不应大于1.2m。使用人数超过20人的厅、室内应设置净宽度不小于1.1m的疏散走道，活动坐椅应采用固定措施。休息厅、录像放映室、卡拉OK室内应设置声音或视像警报，保证在火灾发生初期，将其画面、音响切换到应急广播和应急疏散指示状态。

5. 疏散指示灯及照明设施必须符合国家标准要求

安全出口、疏散通道和楼梯口应当设置符合标准的灯光疏散指示标志。指示标志应当设在门的顶部、疏散通道和转角处距地面1m以下的墙面上。设在走道上的指示标志的间距不得大于20m。还应当设置火灾事故应急照明灯，照明供电时间不得少于20min；设有包间的，包间内应当配备一定数量的照明和人员逃生辅助设备。

6. 电器使用应当符合消防安全要求

公共娱乐场所内电器产品的安装、使用及其线路、管路的设计、敷设必须符合消防安全技术标准和管理规定，不得超负荷用电，不得擅自拉接临时电线和使用移动式电暖设备。为了保证使用安全，应当设置电器漏电火灾报警系统，每年至少对电气线路、设备进行一次检测。各种灯具距离周围窗帘、幕布、布景等可燃物不应小于0.50m。

7. 地下建筑内设置公共娱乐场所的要求

公共娱乐场所一般不要设置在地下建筑内，必须设置时，除应符合其他有关要求外，只允许设在地下一层，通往地面的安全出口不应少于两个，安全出口、楼梯和走道的宽度应当符合有关建筑设计防火规范的规定；应当设置机械防烟排烟设施、火灾自动报警系统和自动喷水灭火系统，且严禁使用液化石油气等密度比空气大的燃气。

二、公共娱乐场所的消防安全管理要求

（一）公共娱乐场所平时的消防安全管理要求

（1）不得设置员工宿舍；在非营业期间值班、值守人员不得超过两人。歌舞娱乐放映场所及其包房内，应当设置声音或者视像警报，保证在火灾发生初期，消除视像画面、音响，播送火灾警报，引导人们安全疏散。

公共娱乐场所应当在厅室的醒目位置张贴消防安全疏散逃生示意图。厨房使用燃气时，应当采用管道方式供气，并设置可燃气体报警装置。

（2）应当按照《消防法》第十六条和第十七条的规定履行消防安全职责，建立消防安全制度，实行消防安全责任制，落实消防安全管理措施，并联入城市消防安全远程监测系统。

（3）应当落实消防安全培训制度，至少每半年对从业人员进行一次消防安全培训。新员工必须经过消防安全培训合格方能上岗。全体员工应当熟知必要的消防安全知识，会报火警，会使用灭火器材，会组织人员疏散。

（4）公共娱乐场所应当落实灭火和应急疏散预案演练制度，每半年组织开展一次演练。

（5）发生火灾时，应当立即启动应急广播或声音和视像警报系统，通知在场人员安全疏散。公共娱乐场所的现场工作人员应当履行职责，组织、引导在场人员安全疏散。

（6）公共娱乐场所应当每半年向公安机关消防机构或公安派出所报告一次消防安全管理情况。

（二）公共娱乐场所在营业时的消防安全管理要求

（1）公共娱乐场所在营业时，不得超过额定人数；在进行营业性演出前，应当向观众告知场所的安全疏散通道、出口的位置，逃生自救方法和消防安全注意事项。

（2）严禁带入、存放和使用易燃易爆危险品；严禁在演出、放映场所的观众厅内吸烟和使用明火照明、燃放烟花爆竹或者使用其他产生烟火的制品。在营业期间不得进行设备检修、电气焊、油漆粉刷等施工和维修作业。

（3）公共娱乐场所营业期间应当每两小时开展一次防火巡查，对安全出口、疏散通道是否畅通，火灾事故应急照明和疏散指示标志是否完好，消防设施是否运行正常，消防器材是否在位；消防控制室值班、操作人员是否在位；电气设备和线路

是否有异常现象；场所内是否有违规吸烟、使用明火和燃放烟花爆竹等内容进行防火巡查。

（4）防火巡查人员对巡查发现的问题，应当立即纠正。不能立即改正的，应当报告消防安全责任人或者消防安全管理人停止营业整改。营业结束后，应指定专人进行消防安全检查，清除烟蒂等火种。

（5）公共娱乐场所的消防设施应当每年进行一次检测，每月进行一次检查，保证完好有效。

第二节　百货商场防火管理

商场，这里主要指综合性的大型商业设施，有的称百货公司或百货商店，有的叫商城、商厦、总汇，还有的称贸易中心或购物中心，不管叫什么名称，它们都是连接工业与农业、城市与农村、生产与消费的桥梁和纽带。

一、百货商场的特点

1. 商品种类多、范围广，地点繁华、装修豪华

商场的经营范围很广、商品种类很多，人们在衣食住行各方面所需要的生活用品和机关、企事业单位所需要的各类商品，无所不有。此外还有一些经营专类商品的商场，如呢绒绸布、服装鞋帽、工艺美术、钟表眼镜、家用电器、五金交电、木器家具等。这些商场大多设置在闹市中心或繁华地段。近几年来，为适应市场经济的发展和改革开放的需要，许多城市都新建或改建了一批装饰豪华、商品高档的商场，面目为之一新，吸引了成千上万的顾客。

2. 地下商场发展迅速

另外，为了节约城市用地、疏散地面人群、改善城市交通状况等，许多城市将一些重要的公共建筑，如车站、车库、商场等建设于地下，其中尤以地下商场发展更快。有些城市还在繁华地段建造地下超级市场，又称地下商业街。中国现有两种情况：一种是各地利用人防工程兴办了一批地下商场；一种是在少数大城市，通过专门设计建造了地下商场。

3. 容纳人数无法控制和掌握

由于商场没有规定的容纳人数，人员无法控制，到处熙熙攘攘，川流不息，遇到逢年过节或有商品展销时，更是人山人海，接踵摩肩。所以，商场属于人员密集的公共场所。

二、商场的火灾危险性

（一）营业厅面积大，火灾易蔓延扩大

商场的营业厅，建筑面积一般都比较大。每层面积，小的数百平方米，大的数千平方米，难以进行防火分隔，一望一大片。多层的商场，除楼梯相通外，有的还

打通商厦楼面，安装有自动扶梯，更是层层相通，防火分隔问题相当突出。一些新建的多层商场多采取"共享空间"的设计方法，每层四面环通，上下左右均无防火分隔，如此面积和空间，一旦发生火灾，会很快蔓延到整个商场。

（二）可燃商品多，容易造成重大经济损失

商场经营的商品，大部分是可燃物品，一些商品本身虽属不燃材料制成，但其包装箱、盒却都是可燃的。还有一些商品，如指甲油、摩丝和小包装的汽油、酒精等有机溶剂以及丁烷气（打火机用）、火柴、赛璐珞制品等，均属易燃易爆危险品。商场的商品，大多分散陈列或堆放在货架、柜台上，有些商品如服装鞋帽、各类纺织品、工艺美术品、箱包带夹等，还悬挂展示在商场的空间，琳琅满目，像是架空搭起的干柴堆，使可燃物的表面积都大于其他任何场所，故一旦失火，会迅速蔓延甚至引起轰燃。

商场的商品周转很快，除了大量陈设在柜台内货架和场地上供顾客选购外，往往在每只柜台的后面还设有各自的小仓库，有的甚至将小仓库设在地下商场内，这就形成了"前店后库"、"前柜后库"，甚至"以店代库"，在过道上也堆满商品的局面。尤其是租借给个人的柜台更是如此，致使商场内又储存了大量的商品。故一旦发生火灾，会造成严重损失。此外，商场内陈列和堆放商品的柜台、货架不少也是可燃材料制作，这些柜台、货架虽然分组布置，但距离一般都比较小，基本上毗连成片。有的商场的装饰材料，也多为可燃物质。特别是在吊顶内部，除敷设电气线路、安装照明灯具外，有的还设通风管道，并用可燃的泡沫塑料作隔热材料，致使电气线路起火不易发现，起火蔓延迅速，转眼扩大成灾。

上述各种可燃物充塞整个商场，构成的火灾荷载大大超过工厂，几乎接近于仓库，但就其火灾危险性来说，却又大于一般物资仓库。所以，一旦失火，这些摆满货架及柜台前后和小仓库的商品很难抢救出来，不是被烧毁，就是被高温和烟气熏烧炭化或变形，成为一堆堆废物。故商场失火，往往损失巨大。

（三）商场人员多、流动量大，容易造成重大伤亡

商场的另一特点是顾客云集，男女老少摩肩接踵，在我国已成为公共场所人员密度最高、流动量最大的场合；一些城市的大型商场，每天接待的顾客人数高达20余万，高峰时每平方米可达5～6人，逢节假日时，更加突出，这些与影剧院、体育馆等公共场所规定的人均占用面积比超过了好几倍；商场流动人员如此集中，在营业时间，稍有骚动，也会引起混乱；万一发生火灾，疏散就更加困难，难免造成重大的人员伤亡。

对地下商场来讲，问题就更为严重。从目前国内情况看，地下商场可供顾客占用的面积往往比地上商场要小，在顾客流量同样大的情况下，人员的密度大大高于地上商场，而地下商场的安全疏散通道、出口的数量和宽度又小于地上商场。加之人员拥挤，平时安全疏通已感困难，在顾客对地下商场的安全疏散通道和出口不熟悉的情况下，一旦发生火灾等异常情况，必然惊慌失措，乱作一团，更增加了安全疏散的难度。如若在发生火灾时，电气照明线路烧坏，地下商场漆黑一片，这时必

然会出现更加混乱的局面，顾客和员工争相逃命，难免有挤死人和踩死人的事故发生，且随着火势的蔓延和发展，灾情会继续扩大，有毒烟雾会充塞整个商场的空间，加之火焰和高温，未能疏散的人员，不是中毒窒息而亡，就是被火直接烧死。河北唐山林西百货大楼大火烧死 81 人的惨痛教训，就是对此深刻的证明。

（四）电气照明设备多，致火因素多

商场内电气照明设备的火灾危险性，按功能和用途有以下特点。

（1）安装在商场顶、柱、墙上的照明、装饰灯，多采用带状方式或分组安装的荧光灯具，有些豪华商场采用满天星式深罩灯。这些灯具都用埋入式安装在吊顶里面，数量比较大，且荧光灯的镇流器易发热起火，深罩灯如采用功率较大的白炽灯，也能烤着可燃物。

（2）安装在商品橱窗和柜台内的照明灯具，除了荧光灯外，还有各种射灯。射灯除采用冷光源外，其他光源的射灯，表面温度都较高，足以将可燃物烤着。

（3）商场内和商品橱窗里除了大量安装广告霓虹灯和灯箱外，有的还安装了操纵活动广告的电动机，霓虹灯的高压变压器，电压在 12000V 以上，有较大的火灾危险，灯箱内多为荧光灯。在节假日，商场内外还要临时安装各种彩灯，增添节日气氛。

（4）商场经营照明器材和家用电器的柜台，为了测试的需要，还装设有临时的供电插座，没有空调系统的商场，在夏季还大量使用电风扇降温等。

以上各种电气照明设备，品种数量之繁多和线路错综复杂之程度，都是其他公共建筑难以比拟的，加上每天使用时间长（至少在 12h 以上），如若设计、安装、使用稍有不慎，极易引起火灾。

（5）其他致灾因素也很多，如有的商场为了方便用户，还附设有服装加工部、家用电器维修部，钟表、眼镜、照相机等修理部，这些部位常需使用电熨斗、电烙铁等加热器具和酒精灯等明火用具，且使用易燃的有机溶剂，极易引起火灾；有的商场为了追求利润，在更新改建时仍照常营业，因施工中必须使用电动工具和易燃的油漆，甚至进行明火作业，这就更增加了火灾危险。如上所述的唐山林西百货大楼烧死 81 人的特大火灾，就是在营业中施工，被电焊火花引起。

（五）扑救难度极大

由于受商场通道出入口的限制，尤其是地下商场，抢救人员和疏散人员，抢救物资都相当的困难，加之地下商场通风条件差等，发生火灾后浓烟翻滚、毒雾迷漫、热浪袭人、高温蒸烧，消防队员的视线、呼吸、体力等都受到了极大的限制，没有特种装备，根本无法深入抢救，即便有了特种的防护装备，还会因环境温度高、携带的氧气钢瓶（升温到 60℃时）无法使用等，使消防人员难以长时间坚持灭火战斗；这些又使火情侦察困难，起火部位难寻，难以集中力量扑火。同时由于道路曲折、狭窄，通道上又往往堆放商品和其他物件，铺设水带、调运器材难度很大，水枪射流往往受到角度的影响，很难直接打击火源。如此的环境、地形影响，即使到场消防抢救力量很多，也是"英雄无用武之地"。同时，抢救人员需要佩戴氧气呼吸器、携带照明工具、安全绳索等，会使灭火准备时间相应延长，并由于地下建筑屏障的影响，无线电通信器材在地下难以发挥作用，指挥人员不能及时掌握地下情况，这些都使商场火灾非常难以扑救。

三、商场的防火管理措施

（一）提高建筑物的耐火等级

商场营业厅的建筑耐火等级，一般应不低于二级，商场内的吊顶和其他装饰材料，应严加控制，不准使用可燃材料吊顶，宜采用轻钢龙骨装饰材料，并应选用防火测试合格、核准销售的防火装饰材料和绝缘隔热材料，对原有可燃的木结构建筑和耐火极限较低的钢架结构建筑，以及可燃的吊顶等，必须进行改建，提高其耐火极限。在钢屋架和钢柱上可喷涂防火涂料或敷贴防火隔热材料。商场内的货架和柜台，应采用金属框架和玻璃板组合制成。柜台外侧与地面之间应加密封，如有空隙应用不燃材料封堵，以免顾客乱丢的烟头进入柜台内，或引燃抛落在地面的可燃物。

（二）合理布局和防火分隔

1. 设置防火分区

为了防止一旦失火造成整个建筑物的蔓延，商场应当采取设置防火分区的方法进行防火分隔。防火分区的，通常高层建筑：面积超过 $1000m^2$ 的大型商场，按高层一类建筑要求，每 $1000m^2$ 为一个分区；面积不超过 $1000m^2$ 的大型商场，按高层二类建筑要求，每 $1500m^2$ 为一个分区；低层的一二级耐火等级建筑，每 $2500m^2$ 为一个分区；地下商场每个防火分区的面积不应超过 $500m^2$。防火分区之间应当采取严格的防火墙分隔措施，或加设耐火极限不低于 1.2h 的防火卷帘分隔；如装有自动喷水灭火系统时，防火分区的面积可增加一倍。

2. 封堵各种可能穿火的孔洞

各种孔洞是火灾蔓延的主要途径。为了防止火灾时的蔓延，对于电梯间、楼梯间、自动扶梯等贯通上下楼层之间的孔洞，应增加耐火的围蔽结构、安装防火门进行封闭，确有困难时，可以在这些垂直的孔洞口，安装水幕或采取距离加密的（每 1.8m 长度安装一个）自动喷水头的封堵保护措施。防火卷帘门两侧各 0.5m 范围内不得堆放物品，并应用黄色标识线划定范围。

商店（市场）建筑物之间不应设置连接顶棚，当必须设置时：消防车通道上部严禁设置连接顶棚；顶棚所连接的建筑总占地面积不应超过 $2500m^2$；顶棚下面不应设置摊位，堆放可燃物；顶棚材料的燃烧性能不应低于 B1 级；顶棚四周应敞开，其高度应高出建筑檐口 1.0m 以上。

3. 防火墙分隔

商店的仓库应采用耐火极限不低于 3.0h 的隔墙与营业、办公部分分隔。通向营业厅的门应为甲级防火门，营业厅的安全疏散不应穿越仓库；当必须穿越时，应设置疏散走道，并采用耐火极限不低于 2.0h 的隔墙与仓库分隔。

营业厅内食品加工区的明火部位应靠外墙布置，并应采用耐火极限不低于 2.0h 的隔墙与其他部位分隔。敞开式的食品加工区应采用电能加热设施，不应使用液化石油气作燃料。

商场的小型中转仓库、服装加工、修理部、家用电器、钟表、眼镜维修部等应同营业厅分开独立设置，无条件分开时，应用防火墙分隔。

油浸电力变压器，不宜设在地下商场内，如果必须设置时，应避开人员密集的部位和出入口，且应用耐火极限不低于 3h 的隔墙和耐火极限不低于 2h 的楼板与其他部位隔开，墙上的门应采用甲级防火门，变压器下面应设有能储存变压器全部油量的储油设施。

4. 空调机房及通风管道，要注意防火和防火分隔

空调机房进入每个楼层或防火分区的水平支管上，均应按规定设置一旦发生火灾时能自动关闭的防火阀门。空调风管上所使用的保温隔热材料应选用不燃的硅酸铝或石棉制品。这种制品虽然价格较贵，但其优异的防火性能与整个工程所耗费的装修费用相权衡，还是值得的，因为风管的保温材料不耐火，成为火灾蔓延途径的事例已屡见不鲜，即使是阻燃性的保温隔热材料（在聚苯乙烯泡沫塑料中增加一些阻燃剂）在建筑物起火后仍免不了成为火势蔓延的媒介。

（三）保证安全疏散

鉴于商场是人员最集中的公众聚集场所，故安全疏散是应特别重视的大问题。商场的安全疏散与影剧院不同，影剧院等公共场所的入口和出口是分开设置的，出口是专门用于散场时的疏散，而商场则不同，它集入口和出口于一门，既是入场的大门，又是商场的疏散通道，所以商场的门应着重考虑安全疏散的问题。

1. 正确确定疏散人数

商场作为公众聚集场所，顾客所占的面积应认真予以考虑。根据《建筑设计防火规范》（GB 50016）的规定，商场的疏散人数应按每层营业厅建筑面积乘以面积折算值和疏散人数换算系数计算。地上商店的面积折算值宜为 50%～70%，地下商店的面积折算值不应小于 70%。疏散人数的换算系数（人/m²）应按：地下二层 0.8；地下一层、地上一、二层 0.85；地上三层 0.77；地上四层及以上各层 0.6m 的标准计算。

货架同顾客所占公共面积的比例：综合性大型商场或多层商场，一般应不小于 1∶1.5；较小的商场最低应不小于 1∶1。顾客所占公共面积，按高峰时间顾客平均流量计算，人均占有面积应不小于 0.5m²。

2. 货架、柜台的布置，应有利于人员的安全疏散

营业厅内的柜台和货架应合理布置，有利于人员的安全疏散。疏散走道的设置应符合《商店建筑设计规范》（试行）（JGJ 48—88）的规定，营业厅内的主要疏散走道应直通安全出口，满足朝两个方向直通安全出口（门、楼梯）的条件。供顾客选购商品的主通道（柜台与柜台或货架与货架之间的距离）净宽不应小于 3m，单面有货架或柜台的次通道净宽度不应小于 2.0m。当一层的营业厅建筑面积小于

500m² 时，双面有货架或柜台的主要疏散走道的净宽度可为 2.0m，次通道净宽不应小于 1.8m。袋形通道的尽头与主通道之间的距离不应大于 20m。疏散走道与营业区之间应在地面上应设置明显的界线标识；营业厅内任何一点至最近安全出口的直线距离不宜大于 30m，且行走距离不应大于 45m。

多层及与其他用途组合建造的地下商场，其营业厅应设在地下一层、二层以上的地下商场应将顾客较密、可燃商品较多的铺面、柜台、货架设在首层，以有利于人员的安全疏散和物资的抢救。

为了减少不必要的人员伤亡、降低人员疏散的压力和难度，地下商场内不应设置哺乳室、幼儿园、托儿所及残疾人等自救能力差的人员场所。这是因为这些人员年幼无知，行动不便，自救能力差，一旦发生火灾要将他们及时抢救出来困难较大。

3. 不应设置影响顾客人流进出和安全疏散的旋转门、弹簧门

商场的门不仅要有足够的数量，而且应该多方位地均匀设置；既要考虑顾客人流进出方便，又要考虑安全疏散的需要，因此不应设置影响顾客人流进出和安全疏散的旋转门、弹簧门等，如设置旋转门，必须在旁边另设备用的安全疏散门。

4. 设置火灾事故标志和照明

（1）商场供疏散的门、楼梯等通道，应设置明显的标志。商场内营业厅、走道、楼梯间、前室、消防泵房、消防控制中心、消火栓等部位，以及疏散走道转弯和交叉部位两侧的墙面、柱面距地面高度 1.0m 以下设置灯光疏散指示标志；确有困难时，可设置在疏散走道上方 2.2～3.0m 处。疏散指示标志的间距不应大于 20m；灯光疏散指示标志的规格不应小于 0.85m×0.30m，当一层的营业厅建筑面积小于 500m² 时，疏散指示标志的规格不应小于 0.65m×0.25m；疏散走道的地面上应设置视觉连续的蓄光型辅助疏散指示标志。

（2）商场供疏散的门、楼梯等通道，应设置明显有效的事故照明。火灾事故照明的最低照明度不应低于 5Lx；在疏散走道及其交叉口、拐弯处、安全出口等处应设置疏散指示标志灯，疏散指示标志灯的间距不应大于 10m，标志灯正前方 0.5m 处的地面照度不应低于 1Lx。火灾事故照明和疏散指示标志灯，应采用玻璃或其他不燃材料制作的保护罩，工作电源断电后应能自动投合。

（四）电源的防火管理

商场的电气装置和线路在公共建筑中是较复杂的，而且不能像仓库那样设计成每个部位都能集中控制并可同时切断一切电源的形式。因此，在消防安全上对这个颇为棘手的问题，应注意如下几点：

1. 电气线路和设备安装，必须符合低压电气安装规程的要求

在吊顶内敷设电气线路，应选择铜芯线并穿金属管，接头必须用接线盒密封。电气线路的敷设配线应根据负载情况，按不同的使用对象来划分分支回路，以达到局部集中控制又便于检修的原则，但在全部停止营业后，则仍要求做到除必要的夜间照明外，能够分楼层集中控制，将每个楼面营业大厅内的所有其他电源全部

切断。

2. 注意霓虹灯防火

很多商场营业厅内的商品柜台上方、沿街的玻璃橱窗内、建筑物顶部及外墙上，都安装了广告霓虹灯，尤其是玻璃橱窗内的广告霓虹灯，有时通宵不闭，致使霓虹灯的高压变压器很易发热起火。如某商场橱窗内霓虹灯高压变压器电源长期使用不切断而至发热起火，导致了整幢百货大楼被火灾烧毁，故应特别注意霓虹灯的防火问题。

3. 带电活动器件都应进行封闭

商场内自动扶梯的一切带电的器件都必须是封闭的，以防止意外接触而造成事故。其构架、活动运转部分和机座底部，应经常清除垃圾积尘，及时加油润滑，防止因机件摩擦发热或被丢进缝隙的烟头引发火灾。

（五）各种危险源的防火管理

商场的各种用火、电热器具、易燃易爆部位都是非常容易引起火灾的危险源，必须加强其防火管理。

1. 严禁各种烟火

商场一些设备的安装和检修，必须在停止营业的情况下进行，在焊接切割作业时，必须经过严格审批，落实防火措施后，方能作业。

在各类商场内部，柜台的营业人员应禁止吸烟，同时在顾客中也应提倡禁止吸烟，并设置禁止吸烟的宣传标牌。有条件的商场可设专门的吸烟室，对经营家具等大件可燃商品的地方，应用绳索围栏，防止顾客入内吸烟。

2. 电器用具的使用要符合防火安全要求

在商场的营业厅内，应禁止使用电炉、电热杯、电水壶、热得快等电热器具，以防使用中带来火灾危险；在销售电热器具时，电源要随用随拔，以免忘记拔电源而导致火灾。维修用的电烙铁要放在不燃材料制作的托架上，用后及时切断电源。

3. 加强甲、乙类火灾危险性的机房的管理

由于商场多布置在城市繁华中心地段，在选用供空调的冷冻机组时，应选择使用不造成破坏大气臭氧层的溴化锂冷冻机组。因为氨冷冻剂属于乙类火灾危险，泄漏时会造成人员中毒或灼伤，在与空气混合达到一定比例时，遇到明火或电气火花还会发生爆炸，故不提倡使用氨制冷机组。对已经安装使用的氨冷冻机组（房）应做好防火防爆工作。高压锅炉房及具有甲、乙类火灾危险性的工场作坊、仓库，不得设在地下商场内。

4. 严格控制易燃易爆商品的使用和销售

钟表、照相机修理等作业使用酒精、汽油等易燃液体清洗零件时，现场禁止一切明火存在。对日用的少量易燃液体，要放在封闭的容器内，随用随开，未用完的送回专用库房，现场不得储存。地下商场严禁经营销售烟花、爆竹、发令纸、汽油、煤油、酒精、油漆等易燃易爆商品。地上商场在经营销售指甲油、摩丝、打字纸、丁烷气（打火机用）、赛璐珞制品等具有易燃危险的商品时，应把数量控制在

236

两日的销售量以内。

在地下商场内包括附设的餐厅部门，应禁止使用液化石油气、煤气等燃气和闪点小于60℃的液体燃料；地下商场楼梯间、走道上不应铺设可燃性地毯，并严禁用塑料制品作内装修。橱窗、柜台、货架亦应采用不燃材料制成。

（六）日常经营活动的消防安全管理

1. 要实行统一的管理

在改革开放的新形势下，现在有不少商场把摊位、柜台租赁给了另外的单位或个人（主要是个体户），在消防安全管理上各自为政的问题较为突出。为此，商场的主管部门和经营单位或经营者的法定代表人，应共同建立统一的消防安全机构，确定防火责任人主抓。无论如何租赁，其消防安全责任，均由建筑物的业主负责，包括内部公用消防设施的管理维护等。要配备必要的专职或兼职消防安全管理人员，具体抓本商场的消防安全工作，并建立健全义务消防队。商场应按公共场所的要求，设置火灾自动报警系统和自动喷水灭火系统。对使用面积超过300m² 的地下商场应设室内消防给水设备。各类商场应根据其面积、火灾危险程度、可燃物的多少，按规范标准配置应急用的携带式灭火器，以备应急灭火用。

2. 注意巡逻检查

为保证顾客安全疏散，商场的楼梯、通道必须保持畅通，不得堆放商品和物件，也不得临时设摊推销商品。在门外出口处的3m 以内禁止停放任何车辆。商场的柜台内必须保持整洁，废弃的包装纸、盒等易燃物，不要随便抛散地面，应集中放置并及时妥善处理。要注意商场的安全检查。在营业时间要有专人在场内巡查，以便及时发现处理各种火灾隐患或其他问题。各柜、组人员在下班前应认真对自己负责的范围进行检查，确认无患后才可下班，夜间值班人员要进行巡查，以防不策。

3. 员工要经消防安全培训

有关部门对商场的经理和全体营业人员，必须进行消防安全培训，让他们了解和掌握企业进行消防安全管理的措施、方法和要求，掌握在发生火灾时的应急措施和扑灭初起火灾的方法，对火势扩大的火灾，能从容不迫地引导顾客安全疏散。大型商场平时应录制好在紧急情况下引导顾客安全疏散的录音带，做好引导顾客安全疏散的导音，以便在必要时播放。

第三节　宾馆、饭店防火管理

宾馆和饭店是供国内外旅客住宿、就餐、娱乐和举行各种会议、宴会的场所。现代化的宾馆、饭店一般都具有多功能的特点，拥有各种厅、堂、房、室、场。厅：包括各种风味餐厅和咖啡厅、歌舞厅、展览厅等；堂，指大堂、会堂等；房：包括各种客房和厨房、面包房、库房、洗衣房、锅炉房、冷冻机房等；室：包括办公室、变电室、美容室、医疗室等；场：指商场、停车场等。从而组成了宾馆、饭店这样一个有"小社会"之称的有机整体。随着社会经济的发展，宾馆饭店越来越多，据国家旅游局副局长王志2008年11月12日在青岛"纪念改革开放30周年"全国旅游饭店服务技能大赛决赛上透露：目前，中国已拥有星级饭店15000多家，客房160多万间，均为30年前的100多倍。故加强宾馆饭店的消防安全管理任务非常之重。

一、宾馆、饭店的火灾危险性

现代的宾馆、饭店，抛弃了以往那种以客房为主的单一经营方式，将客房、公寓、餐馆、商场和夜总会、会议中心等集于一体，向多功能方面发展。因而对建筑和其他设施的要求很高，并且追求舒适、豪华，以满足旅客的需要，提高竞争能力。这样，就潜伏着许多火灾危险，主要有：

（一）可燃物多

宾馆、饭店虽然大多采用钢筋混凝土结构或钢结构，但大量的装饰材料和陈设用具都采用木材、塑料和棉、麻、丝、毛以及其他纤维制品。这些都是有机可燃物质，增加了建筑内的火灾荷载。一旦发生火灾，这些材料就像架在炉膛里的柴火，燃烧猛烈、蔓延迅速，塑料制品在燃烧时还会产生有毒气体。这些不仅会给疏散和扑救带来困难，而且还会危及人身安全。

（二）建筑结构易产生烟囱效应

现代的宾馆和饭店，特别是大、中城市的宾馆、饭店，很多都是高层建筑，楼梯井、电梯井、管道井、电缆垃圾井、污水井等竖井林立，如同一座座大烟囱；还有通风管道，纵横交叉，延伸到建筑的各个角落，一旦发生火灾，竖井产生的烟囱效应，便会使火焰沿着竖井和通风管道迅速蔓延、扩大，进而危及全楼。

（三）疏散困难，易造成重大伤亡

宾馆、饭店是人员比较集中的地方，在这些人员中，多数是暂住的旅客，流动性很大。他们对建筑内的环境情况、疏散设施不熟悉，加之发生火灾时烟雾弥漫，心情紧张，极易迷失方向，拥塞在通道上，造成秩序混乱，给疏散和施救工作带来困难，因此往往造成重大伤亡。

（四）致灾因素多

宾馆、饭店发生火灾，在国外是常有的事，一般损失都极为严重。国内宾馆、饭店的火灾，也时有发生。如1991年5月28日，地处大连闹市区的大连饭店，三楼起火，火焰通过楼梯通道，如同进入一个抽力巨大的烟囱，笔直升腾，几乎同一时刻，沿着楼梯口向三至十楼迅速蔓延，切断了大楼中心部的通道。被困在大楼内的中外旅客和服务人员难以逃生，经公安消防队从窗口登高，奋勇抢救，虽有53人从大火中救出，但仍有6人被大火烧死。可怜这座耗资百万重新装修开业才4天的日本式宾馆，在瞬间就被大火湮没。

从国内外宾馆、饭店发生的火灾来看，起火原因主要是：旅客酒后躺在床上吸烟；乱丢烟蒂和火柴梗；厨房用火不慎和油锅过热起火；维修管道设备和进行可燃装修施工等动火违章；电器线路接触不良，电热器具使用不当，照明灯具温度过高烤着可燃物等四个方面。宾馆、饭店容易引起火灾的可燃物主要有液体或气体燃料、化学涂料、油漆、家具、棉织品等。宾馆、饭店最有可能发生火灾的部位是：客房、厨房、餐厅以及各种机房。

二、宾馆、饭店的防火管理措施

宾馆、饭店的防火管理，除建筑应严格按照《建筑设计防火规范》和《高层民用建筑设计防火规范》等有关标准进行设计施工外，客房、厨房、公寓、写字间以及其他附属设施，应分别采取以下防火管理措施：

（一）客房、公寓、写字间

客房、公寓、写字间是现代宾馆、饭店的主要部分，它包括卧室、卫生间、办公室、小型厨房、客房、楼层服务间、小型库房等。

客房、公寓发生火灾的主要原因是烟头、火柴梗引燃可燃物或电热器具烤着可燃物，发生火灾的时间一般在夜间和节假日，尤以旅客酒后卧床吸烟，引燃被褥及其他棉织品等发生的事故最为常见。所以，客房内所有的装饰材料应采用不燃材料或难燃材料，窗帘一类的丝、棉织品应经过防火处理，客房内除了固有电器和允许旅客使用电吹风、电动剃须刀等日常生活的小型电器外，禁止使用其他电器设备，尤其是电热设备。

对旅客及来访人员，应明文规定：禁止将易燃易爆物品带入宾馆，凡携带进入宾馆者，要立即交服务员专门储存，妥善保管，并严禁在宾馆、饭店区域内燃放烟花爆竹。

客房内应配有禁止卧床吸烟的标志、应急疏散指示图、宾馆客人须知及宾馆、饭店内的消防安全指南。服务员应经常向旅客宣传：不要躺在床上吸烟，烟头和火柴梗不要乱扔乱放，应放在烟灰缸内；入睡前应将音响、电视机等关闭，人离开客房时，应将客房内照明灯关掉；服务员应保持高度警惕，在整理房间时要仔细检查，对烟灰缸内未熄灭的烟蒂不得倒入垃圾袋；平时应不断巡逻查看，发现火灾隐患应及时采取措施。对酒后的旅客尤应特别注意。

高层旅馆的客房内应配备应急手电筒、防烟面具等逃生器材及使用说明，其他旅馆的客房内宜配备应急手电筒、防烟面具等逃生器材及使用说明。客房层应按照有关建筑火灾逃生器材及配备标准设置辅助疏散、逃生设备，并应有明显的标志。

写字间出租时，出租方和承租方应签订租赁合同，并明确各自的防火责任。

（二）餐厅、厨房

餐厅是宾馆、饭店人员最集中的场所，一般有大小宴会厅、中西餐厅、咖啡厅、酒吧等。大型的宾馆、饭店通常还会有好几个风味餐厅，可以同时供几百人甚至几千人就餐和举行宴会。这些餐厅、宴会厅出于功能和装饰上的需要，其内部常有较多的装修，空花隔断，可燃物数量很大。厅内装有许多装饰灯，供电线路非常复杂，布线都在闷顶之内，又紧靠失火概率较大的厨房。

厨房内设有冷冻机、绞肉机、切菜机、烤箱等多种设备，油雾气、水汽较大，电器设备容易受潮和导致绝缘层老化，易导致漏电或短路起火；有的餐厅，为了增加地方风味，临时使用明火较多，如点蜡烛增加气氛、吃火锅使用各种火炉等，这方面的事故已屡有发生；厨房用火最多，若燃气管道漏气或油炸食品时不小心，也非常容易发生火灾。因此，必须引起高度重视。如 2007 年 4 月 21 日 9 时许，南昌市某酒店。厨师张某在准备煎鱼热油过程中，由于用火不慎把厨房东墙灶台烧着，大火导致该酒店及周边的洪都大酒店、青青草饭庄、洪都集团公司劳务市场、洪都集团公司高安农场办事处、江西天益实业有限公司洪苑机电厂、南昌市青云谱利达五交化经营部、江西天益实业有限公司等 8 家单位被烧毁，过火面积达 1210 余平方米，造成直接财产损失总计 81.3 万余元。

1. 要控制客流量

餐厅应根据设计用餐的人数摆放餐桌，留出足够的通道。通道及出入口必须保持畅通，不得堵塞。举行宴会和酒会时，人员不应超出原设计的容量。

2. 加强用火管理

如餐厅内需要点蜡烛增加气氛时，必须把蜡烛固定在不燃材料制作的基座内，并不得靠近可燃物。供应火锅的风味餐厅，必须加强对火炉的管理，使用液化石油气炉、酒精炉和木炭炉要慎用，由于酒精炉未熄灭就添加酒精很容易导致火灾事故的发生，所以操作时严禁在火焰未熄灭前添加酒精，酒精炉最好使用固体酒精燃料，但应加强对固体酒精存放的管理。餐厅内应在多处放置烟缸、痰盂，以方便宾客扔放烟头和火柴梗。

3. 注意燃气使用防火

厨房内燃气管道、法兰接头、仪表、阀门必须定期检查，防止泄漏；发现燃气泄漏，首先要关闭阀门，及时通风，并严禁任何明火和启动电源开关。燃气库房不得存放或堆放餐具等其他物品。楼层厨房不应使用瓶装液化石油气，煤气、天然气管道应从室外单独引入，不得穿过客房或其他公共区域。

4. 厨房用火用电的管理

厨房内使用的绞肉机、切菜机等电气机械设备，不得过载运行，并防止电器设备和线路受潮。油炸食品时，锅内的油不要超过三分之二，以防食油溢出着火。工作结束后，操作人员应及时关闭厨房的所有燃气阀门，切断气源、火源和电源后方能离开。厨房的烟道，至少应每季度清洗一次；厨房燃油、燃气管道应经常检查、检测和保养。厨房内除配置常用的灭火器外，还应配置石棉毯，以便扑灭油锅起火的火灾。

(三) 电器设备

随着科学技术的发展，电气化、自动化在宾馆、饭店日益普及，电冰箱、电热器、电风扇、电视机，各类新型灯具，以及电动扶梯、电动窗帘、空调设备、吸尘器、电灶具等已被宾馆和饭店大量采用。此外，随着改革开放的发展，国外的长驻商社在宾馆、饭店内设办事机构的日益增多，复印机、电传机、打字机、载波机、碎纸机等现代办公设备也在广泛应用。在这种情况下，用电急增，往往超过原设计的供电容量，因增加各种电器而产生过载或使用不当，引起的火灾已时有发生，故应引起足够重视。宾馆、饭店的电气线路，一般都敷设在闷顶和墙内，如发生漏电短路等电气故障，往往先在闷顶内起火，而后蔓延，并不易及时发觉，待发现时火已烧大，造成无可挽回的损失。为此，电器设备的安装、使用、维护必须做到以下几点。

（1）客房里的台灯、壁灯、落地灯和厨房内的电冰箱、绞肉机、切菜机等电器设备的金属外壳，应有可靠的接地保护。床台柜内设有音响、灯光、电视等控制设备的，应做好防火隔热处理。

（2）照明灯灯具表面高温部位不得靠近可燃物；碘钨灯、荧光灯、高压汞灯（包括日光灯镇流器），不应直接安装在可燃物上；深罩灯、吸顶灯等，如安装在可燃物附近时，应加垫石棉瓦和石棉板（布）隔热层；碘钨灯及功率大的白炽灯的灯头线，应采用耐高温线穿套管保护；厨房等潮湿地方应采用防潮灯具。

（四）维修施工

宾馆、饭店往往要对客房、餐厅等进行装饰、更新和修缮，因使用易燃液体稀释维修或使用易燃化学黏合剂粘贴地面和墙面装修物等，大都有易燃蒸气产生，遇明火会发生着火或爆炸。在维修安装设备进行焊接或切割时，因管道传热和火星溅落在可燃物上以及缝隙、夹层、垃圾井中也会导致阴燃而引起火灾。因此：

（1）使用明火应严格控制。除餐厅、厨房、锅炉的日常用火外，维修施工中电气焊割、喷灯烤漆、搪锡熬炼等动火作业，均须报请保安部门批准，签发动火证，并清除周围的可燃物，派人监护，同时备好灭火器材。

（2）在防火墙、不燃体楼板等防火分隔物上，不得任意开凿孔洞，以免烟火通过孔洞造成蔓延。安装窗式空调器的电缆线穿过楼板开孔时，空隙应用不燃材料封堵；空调系统的风管在穿过防火墙和不燃体板墙时，应在穿过处设阻火阀。

（3）中央空调系统的冷却塔，一般都设在建筑物的顶层。目前普遍使用的是玻璃钢冷却塔，这是一种外壳为玻璃钢，内部填充大量聚丙烯塑料薄片的冷却设备。聚丙烯塑料片的片与片之间留有空隙，使水通过冷却散热。这种设备使用时，内部充满了水，并没有火灾危险。但是在施工安装或停用检查时，冷却塔却处于干燥状态下，由于塑料薄片非常易燃，而且片与片之间的空隙利于通风，起火后会立即扩大成灾，扑救也比较困难。因此，在用火管理上应列为重点，不准在冷却塔及附近任意动用明火。

（4）装饰墙面或铺设地面时，如采用油漆和易燃化学黏合剂，应严格控制用量，作业时应打开窗户，加强自然通风，并且切断作业点的电源，附近严禁使用明火。

（五）安全疏散设施

建筑内安全疏散设施除消防电梯外，还有封闭式疏散楼梯，主要用于发生火灾时扑救火灾和疏散人员、物资，必须绝对不在疏散楼梯间堆放物资，否则一旦发生火灾，后果不堪设想。为确保防火分隔，由走道进入楼梯间前室的门应为防火门，而且应向疏散方向开启。宾馆、饭店的每层楼面应挂平面图，楼梯间及通道应有事故照明灯具和疏散指示标志；装在墙面上的地脚灯最大距离不应超过20m，距地面不应大于1m，不准在楼内通道上增设床铺，以防影响紧急情况下的安全疏散。

宾馆、饭店内的宴会厅、歌舞厅等人员集中的场所，应符合公共娱乐场所的有关防火要求。

（六）应急灭火疏散训练

根据宾馆、饭店的性质及火灾特点，宾馆、饭店的消防安全工作，要以自防自救为主，在做好火灾预防工作的基础上，应配备一支训练有素的应急力量，以便在发生火灾时，特别在夜间发生火灾时，能够正确处置，尽可能地减少损失和人员伤亡。

（1）应制订应急疏散和灭火作战预案，绘制出疏散及灭火作战指挥图和通信联络图。总经理和部门经理以及全体员工，均应经过消防训练，了解和掌握在发生火灾时，本岗位和本部门应采取的应急措施，以免临时慌乱。在夜间应留有足够的应急力量，以便在发生火灾时能及时进行扑救，并组织和引导旅客及其他人员安全疏散。

（2）应急力量的所有人员应配备防烟、防毒面具、照明器材及通信设备，并应配戴明显标志。高层宾馆、饭店在客房内还应配备救生器材。所有保安人员，均应了解应急预案的程序，以便能在紧急状态时及时有效地采取措施。消防中心控制室应配有足够的值班人员，且能熟练地掌握火灾自动报警系统和自动灭火系统设备的性能。在发生火灾时，这类自动报警和灭火设备能及时准确地进行动作，并能将情况通知有关人员。

（3）客房内宜备有红、白两色光的专用逃生手电，便于旅客在火灾情况下，能够起到照明和发射救生信号之用；同时应备有自救保护的湿毛巾，以过滤燃烧产生的浓烟及毒气，便于疏散和逃生。

（4）为了经常保持防火警惕，应在每季度组织一次消防安全教育活动，每年组织一次包括旅客参加的"实战"演习。

第四节　大型集市贸易市场防火管理

根据公安部和国家工商行政管理局联合制定的《集贸市场消防安全管理办法》第二条的规定，集贸市场系指建筑面积1000m² 以上或摊位100 个以上的室内市场或者占地面积1000m² 以上或摊位200 个以上的室外市场及设在地下建筑内的市场等在工商行政管理机关登记注册的经营农副产品、日用工业品的市场和综合市场。近年来，随着改革开放的不断深入，社会主义市场经济的发展，集贸市场在突飞猛进的扩大、增多。并由于个别单位的消防安全意识差，消防措施在建设时就未能得

242

到落实，且管理薄弱，火险隐患严重，有的甚至发生了特大火灾。如重庆市朝天门综合交易市场，建筑面积达 10 万平方米，拥有服装、日用百货、五金交电、医药、钢材等 11 个交易区，所设个体摊位 63000 个，但经营管理单位不重视防火安全，隐患累累，清洁工仅在一个区每天就要清扫出几簸箕烟蒂，结果于 1995 年 5 月 27 日下午因吸烟引起了大火，烧毁了 2700m² 的建筑物，300 多家个体摊位，造成了 500 多万元的经济损失。由此可见，加强集贸市场的消防安全管理已到了迫在眉睫的地步。

一、集市贸易市场的火灾危险特点

从进入集贸市场的商品看，虽然种类繁多，可燃程度不同，火灾危险性有大有小，但从整个场所的使用性质分析，将其火灾危险性定位中危险级场所是恰当的。分析我国城市集贸市场的火灾危险主要有下列特点：

（一）建筑防火条件差

新中国成立以来我国的集贸市场建设经历了几上几下的曲折发展过程。现有的城市集贸市场除 1980 年以来新建的为数不多的室内市场中的一部分是按国家颁发的《建筑设计防火规范》要求进行规划、设计、建设的外，占集贸市场多数的其他类型市场，如棚顶市场、临街市场、地下市场等，普遍存在着建筑耐火等级偏低、防火间距不足、缺乏防火分隔、安全疏散通道和出口宽度不够、灭火设施装置不足以及商品分布未考虑防火灭火要求、摊位柜台密度过大、间距不足等问题，有的甚至是占用消防车通道、居民住宅或公共建筑的防火间距的拦街断路的违章市场，严重威胁周围建筑的防火安全。

（二）可燃商品多

集贸市场的商品除农贸市场中鲜湿的农副产品外，其余商品如服装、鞋帽、塑料制品、交电、文具、工艺美术、家具等，均属可燃商品。有些商品如化学油漆、赛璐珞制品、气体打火机用的丁烷气瓶等化工制品属于易燃危险品。一些市场还经营烟花爆竹，绝大部分市场没有设置专用仓库，商品储存管理混乱，火灾隐患比较严重。

（三）人员密集

集贸市场商贾云集，不仅是个体商业户，一些国营、集体商业单位也进入集贸市场参与竞争，且经营的商品大都以居民群众生活中吃、穿、用不可缺少的商品为主，顾客流量很大。特别是在节假日期间，许多市场的顾客流量远远超过市场本身所允许的最大设计人流载荷，一旦发生火灾事故，疏散非常困难。

（四）用火、用电、用气量大

集贸市场内的商场，除日常照明、夏季排风等用电外，广告橱窗（牌）内的霓虹灯，商店内的吊灯、壁灯、台灯，节日或展销期间的彩灯，以及住店人员烧水煮饭用的电热器具，都离不开用电；有的市场店户还在店内使用液化石油气灶具；不少商店为前店后库，店中有店，商务洽谈、生活起居混于一室，用火用电用气点多、量大，加上许多市场用火、用电、用气器具没有从防火安全角度出发，统一规划设计和安装使用，店户擅自安装的临时器具比较多，容易发生火灾事故。

顾客来自各方，出入频繁，难免有乱丢烟蒂或带进火种及易燃易爆危险品的现象。对此，既无法控制，又难以发现。

（五）防火安全管理薄弱

根据《集贸市场消防安全管理办法》的规定，集贸市场的消防安全应由其主办单位负责，工商行政管理机关予以协助。但不少集贸市场由于主办单位工作不落实，有关部门配合协调不够，没有成立防火安全管理机构，没有建立健全防火安全管理制度，防火安全管理失控。

二、集市贸易市场的防火管理措施

（一）建立以主办单位为主的消防安全管理体系

集贸市场的消防安全工作由其主办单位负责，工商行政管理部门协助，城建、市容监察、个体劳动者协会、街道等有关部门和组织，应对主管业务范围内的防火安全负责。集贸市场主办单位要根据市场的规模和防火管理的实际需要，成立集贸市场防火管理领导机构，对多家合办的应当建立有关单位负责人参加的防火领导机构，统一管理消防安全工作，从组织和人员上保证防火管理工作的落实。集贸市场的消防安全责任人应与参与市场经营活动的单位或个人签订《防火安全责任书》。

（二）健全防火管理制度

集贸市场应根据市场经营商品和服务范围的防火要求，建立健全各种防火管理制度，如市场月查、区（组）周查、店户日查的三级防火检查制度；公共活动场所防火管理制度；商店（摊点）岗位防火责任制度；用火、用电、用气防火管理制度；灭火器材的配置、维护管理制度；防火安全奖罚制度等。为了加强集贸市场的防火安全管理，减少不安全因素，有条件的集贸市场应统一护场护店执勤，实行消防安全值班和巡逻检查制度，将电源集中控制，公共照明与店内用电电源分开，市场营业照明用电应与动力用电、消防用电分开设置。室外市场不应设碘钨灯等高温照明灯具照明。在市场下班时统一切断店内电源，禁止在店内烧水做饭以及店内留宿等。

（三）加强市场规划建设，改善建筑防火安全条件

城市人民政府要按《城市规划法》和《城市消防规划管理规定》的要求，把城市集贸市场的建设纳入城市商业发展的重要内容，统筹规划。对规划的集贸市场的建设，应按《建筑设计防火规范》的要求进行设计、施工，并按有关管理规定办理建筑设计防火审批手续。对室外搭建的集贸市场，其顶棚应当用不燃或难燃材料搭建。对旧有的不符合建筑防火安全要求的市场建筑，应根据集市贸易的发展和旧城区的改造规划要求，积极进行改造。对一时不能改造的，应采取有效的临时防火安全措施，确保安全。实践证明，那种"拦街断路"和占道为市的"马路市场"，不仅不能满足集市贸易发展的需要，反而会给防火安全带来无穷的隐患，应坚决予以

清除，杜绝祸患。室外集贸市场在使用中，不得堵塞消防车通道和影响公共消防设施，与甲、乙类火灾危险性的厂房、库房、堆场要保持 50m 以上的安全距离。

（四）搞好市场内防火规划布置

集贸市场内部场地的防火规划布局和商店柜台、摊位商品的陈列布置，是防火管理的一项重要基础工作。市场应按商品火灾危险性和灭火方法要求进行规划布局，划分若干区域，区域之间应保持相应的安全疏散通道。要把火灾危险性和灭火方法基本相同的商店（摊点）集中统一布置，把经营油漆、赛璐珞制品等火灾危险性较大的化工制品的商店布置在市场的边缘或多层商场的顶层靠外墙部位；对经营烟花爆竹的商店要严格控制，亦应将其布置在市场边缘或多层商场的顶层靠外墙部位，并采取有效的防火防爆隔离措施，以减少发生火灾事故时对商场的影响；对饮食摊点和用火用电较多的加工维修商店，应独立分区布置；市场内柜台的排列在考虑顾客合理流动的同时，应能保证火灾事故条件下安全疏散工作的顺利进行；柜台与柜台之间的间距不宜小于 3m，室内步行道和市场进出口通道的最小宽度不应小于 6m。商品尤其是服装、布料等不应悬挂在步行道或共享空间、内天井上，以防在火灾事故情况下成为火灾扩大蔓延的途径。对室外集贸市场，在高压电线下面两侧的 5m 以内不得摆设摊点。

（五）建立健全消防组织

组织落实是消防措施落实的保证。各类集贸市场都应当建立义务消防队，在区（组）设防火安全员，并明确责任，切实在人员组织上抓好落实。对符合条件的集贸市场还应配备专职防火员和专职消防队。

（1）对建筑面积在 10000m² 以上或者摊位在 100 个以上的室内集贸市场；占地面积在 10000m² 以上或者摊位在 2000 个以上的室外集贸市场；建筑面积在 1000² 以上或者摊位在 100 个以上的地下集贸市场等均应当配备专职防火员。

对于规模小于上述市场的其他集贸市场，可配兼职防火人员，有条件的也可配备专职的，但都必须落实职责，并经过消防安全培训合格。

（2）对建筑面积在 20000m² 以上或者摊位在 2000 个以上的室内市场；占地面积在 20000m² 以上或者摊位在 4000 个以上的室外市场；建筑面积在 2000m² 以上或者摊位在 200 个以上的地下市场等经营日用工业品市场及综合集贸市场，均应当建立不拘形式的专职消防队。

（3）集贸市场内的各类人员，应当接受市场主办或合办单位的消防安全管理。各摊位的经营人员有义务接受消防安全教育和培训，有参加义务消防队及扑救火灾的义务。

（六）应配备相应的消防设施和器材

集贸市场内的营业厅、办公室、仓库等用房，应当按照国家《建筑灭火器配置设计规范》的规定，由主办或合办单位负责配备相应的灭火器具。各摊位应当在市场主办单位或合办单位的组织下，配置相应的灭火器具，并掌握使用方法。

对市场建筑物内的固定消防设施的维修和保养，应由集贸市场的产权单位负责，但专职或义务消防队所必需的消防器材装备，应由集贸市场主办单位配备，并应配备基本的消防通信和报警装置，做到一旦发生火灾能及时报警。

集贸市场的公共消防设施、器材，应当布置在明显和便于取用的地点。要明确专人管理，任何人不得将公共消火栓圈入摊位之内。各种消防设施、器材，都应灵敏好用，经常处于良好状态。

第五节　电信通信枢纽防火管理

现代社会，称为信息社会，而邮政电信则是人们传递信息、掌握信息、加强联系和交往的一种必不可少的手段。它缩短了时间和空间的距离，在经济建设和国防建设中占有非常重要的地位。

随着科学技术的发展，邮政电信的方式不断地更新，使其业务量和种类也大量增加。由邮政、电话、电报等普通业务的发展，增加了传真、电视电话、波导和微波通信等。目前，这些现代化的邮政电信设施，各地都在广为兴建，联系全国城乡和国外的邮政电信网络正在形成。故加强防火工作，保障邮政电信安全、迅速、准确地为社会服务都具有十分重要的意义。

一、邮政企业防火管理

邮政局除办理包裹、汇兑、信件、印刷品外，还办理储蓄、报刊发行、集邮和电信业务。其中，邮件传递主要包括收寄、分拣、封发、转运、投递等过程。

（一）邮件的收寄和投递

办理邮件收寄和投递的单位有邮政局、邮政所、邮政代办所等。这些单位分布在各省、市、地区、县城、乡镇和农村，负责办理本辖区邮件的收寄和投递。邮政局一般都设有营业室、邮件、包裹寄存室、封发室、投递室等；辖区范围较大的邮政局还设有车库，库内存放的机动车，从数辆到数十辆不等，这些都潜伏有一定的火灾危险性，故在收寄和投递邮件中应注意以下防火要求。

1. 严格生活用火的管理

在营业室的柜台内，邮件、包裹存放室以及邮件封发室等部位，要禁止吸烟；小型邮电所冬季如无暖气采暖时，这些部位不得使用火盆、火缸，必要时可安装火炉，但在木地板上应垫砖，并加铁皮炉盘隔热和保护，炉体与周围可燃物保持不小于1m的距离，金属烟筒与可燃结构应保持50cm以上的距离，上班时要有专人看管，工作人员离开或下班时，应将炉火封好。

2. 包裹收寄要注意防火安全检查

包裹收寄的安全检查工序，是邮政管理过程中的重要环节。为了防止邮件、包裹内夹带易燃、易爆危险化学品，负责收寄的工作人员，必须认真负责，严格检查。包裹、邮件要开包检查，有条件的邮政局，应采用防爆监测设备进行检查，以

246

免混进的易燃、易爆危险品在运输、储存过程中引起着火或爆炸。营业室内应悬挂宣传消防知识的标语、图片。

3. 机动邮运投递车辆应注意防火

机动邮运投递车辆除应遵守"汽车和汽车库、场"的有关防火要求外，还应要求司机和押运人员：不准在驾驶室和邮件厢内吸烟；营业室及车库内不准存放汽油等易燃液体；车辆的修理和保养应在车库外指定的地点进行。

（二）邮件转运

各地邮政系统的邮件转运部门是将邮件集中、分拣、封发、运输等集中于一体的邮政枢纽。在邮政枢纽内的各工序中，应分别注意以下防火要求：

1. 信件分拣

信件分拣工作对邮件的迅速、准确和安全投递有着重要影响。信件分拣应在分拣车间（房）内进行，操作方法目前有人工和机械分拣两种。

手工分拣车间（房）的照明灯具和线路应固定安装，照明所需电源要设置室外总控开关和室内分控开关，以便停止工作时切断电源。照明线路布设应按闷顶内的布线的要求穿金属管保护，荧光灯的镇流器不能安装在可燃结构上。同时要求分拣车间（房）内禁止吸烟和进行各种明火作业。

机械分拣车间分别设有信件分拣和包裹分拣设备，主要是信件分拣机和皮带输送设备等，除有照明用线路外，还有动力线路。机械分拣车间除应遵守信件分拣的有关防火要求外，对电力线路、控制开关、电动机及传动设备等的安装使用，都应符合有关电气防火的要求。电器控制开关应安装在包铁片的开关箱内，并不使邮包靠近，电动机周围要加设铁护栏以防止可燃物靠近和人员受伤，机械设备要定期检查维护，传动部位要经常加油润滑，最好选用润滑胶皮带，防止机械摩擦发热引起着火。

2. 邮件待发场地

邮件待发场地是邮件转运过程中，邮件集中的场所。该场所一旦发生火灾，会造成很大的影响，所以要把邮件待发场地划为禁火区域，并设置明显的禁火标志。要严禁吸烟和一切明火作业，严格控制外来人员及车辆的出入。邮件待发场地不应设在电力线下面，不准拉设临时电源线。

3. 邮件运输

邮件运输是邮件传递过程中的一个重要环节，是在保证邮件迅速、准确、安全传递的基础上，根据不同运输特点，组织运输。邮件运输的方式分铁路、船舶、航空和汽车四种。铁路邮政车和船舶运输的邮件，由邮政部门派专人押运；航空邮件由交班机托运。这类邮件运输要遵守铁路，交通和民航部门的各项防火安全规定。汽车运输邮件，除了长途汽车托运外，还有邮政部门本身组织的汽车运输。当邮政部门用汽车运输邮件时，运输邮件的汽车，应用金属材料改装车厢。如用一般卡车装运邮件时，必须用篷布严密封盖，并提防途中飞火或烟头落到车厢内，引燃邮件起火。邮件车要专车专用。在装运邮件时，严禁与易燃易爆化学危险品以及其他物品混装、混运。邮件运输车辆要根据邮件的数量配备应急灭火器材并不少于两具。一般情况下，装有邮件的重车不能停放在车库内，以防不测。

（三）邮政枢纽建筑

在大、中城市，特别是大城市，一般都兴建有现代化的邮政枢纽设施；集收、分、发于一体。它是邮政行业的重点防火单位。

邮政枢纽设施作为公共建筑，一般都采用多层或高层建筑，并建在交通方便的繁华地段。新建的邮政枢纽工程，在总体设计上应对建筑的耐火等级、防火分隔、安全疏散、消防给水和自动报警、自动灭火系统等防火措施认真予以考虑，并严格执行《建筑设计防火规范》和《高层建筑设计防火规范》的有关规定。对已经建成，但上述防火措施不符合两个规范规定的，应采取措施逐步加以改善。

（四）邮票库房

邮票库房是邮政防火的重点部位，其库房的建筑不能低于一、二级耐火等级，并与其他建筑保持规定的防火间距或防火分隔，防止其他建筑物失火殃及邮票库房的安全。邮票库房的电器照明、线路敷设、开关的设置，都必须符合仓库电器规定的要求，并应做到人离电断。对邮票总额在 50 万元以上的邮票库房，还应安装火灾自动报警和自动灭火装置。对省级邮政楼的邮袋库，应当设置闭式自动喷水灭火系统。

二、电信企业防火管理

电信是利用电或电子设施来传送语言、文字、图像等信息的一种过程。最近几十年内，随着空间技术的发展出现了卫星通信方式，电子计算机的发明开发了数据通信，光学和化学的进一步发展发明了光纤通信。这些，都使得电信成了现代最有力的通信方式。社会发展到今天，可以说，没有现代化的通信就不可能有现代化的人类社会。

电信，不论是按其信号传输媒介，还是按其传送信号形式，总体来讲，也就是电话和电报两种，而电话和电报又由信息的发送、传输和接收三个部分的设备组成，其中电话是一种利用电信号相互沟通语言的通信方式，分为普通电话与长途电话两类。

电话通信设备使用的是直流电，都有一套独立的配电系统，把 220V 的交流电经整流变为 ±24V 或 ±60V 的直流电使用。同时还配有蓄电池组，以保证在停电情况下继续给设备供电。目前，多数通信设备使用的蓄电池组与整流设备并联在一起，一方面供给通信设备用电；另一方面可以供给蓄电池组充电。电话的配电系统，通常还设有柴油或汽油发电机，当交流电长时间停电时，配电系统靠发电机发电供电。

电报是通信的重要组成部分，经收报、译电、处理、质查、分发、送对方局、报底管理等，构成整个服务流程。电报通信的主要设备是电报传真机、载波机、电报交换机等。

电信企业的内部联系是相当密切的，不论是有线电话、无线电话、传真、电报、都是密不可分的。加之电信机房的各种设备价值昂贵，通信事务又不允许中断，如若遭受火灾，不仅会造成生命、财产损失，而且会引起整个通信电路或大片通信网的瘫痪，使政府和整个国民经济遭受损失，所以，搞好电信企业防火十分重要。

（一）电信企业的火灾危险性

1. 电信建筑可燃物较多

电信建筑的火灾危险性主要有两个方面：一是原有老式建筑，耐火等级比较低，在许多方面很难满足防火的要求，致使火险隐患非常突出；二是在一些新建筑中，由于使用性能特殊，机房里敷管设线、开凿孔洞较多，特别是机房建筑中的间壁、隔音板、地板、吊顶等装饰材料和通风管道的保温材料，以及木制机台、电报纸条、打字蜡纸、窗帘等，都是可燃物，一旦起火会迅速蔓延成灾。

2. 设备带电易带来火种

安装有电话、电报通信设备的机房，不仅设备多、线路复杂，而且带电设备火险因素较多。这些带电设备，如果发生短路或接触不良等，都会引起设备上的电压变化，使导线的绝缘材料起火，并可引燃周围可燃物，扩大灾害；如果遭受雷击或架空的裸导线搭接在通信线路上就会将高电压引到设备上发生火灾；避雷的引下线电缆、信号电缆距离过近也会给通信设备造成不安全的因素；收、发信机的调压器是充油设备，如果发生超负荷、短路、漏油、渗油或遭雷击等，都有可能引起调压器起火或爆炸；室内的照明、空调设备以及测试仪表等的电气线路，都有可能引起火灾；电信行业中经常用到电炉、电烙铁、烘箱等电热器具，如果使用、管理不当，也会引燃附近的可燃物。动力输送设备、电气设备安装不合格，接地线不牢固或超负荷运行等，亦会造成火灾危险。

3. 设备维修、保养时使用易燃液体并有动火作业

电信设备经常需要进行维修、保养，但在维修保养中，经常要使用汽油、煤油、酒精等易燃液体清洗机件。这类易燃液体在清洗机件、设备时极易挥发，遇火花就会引起着火、爆炸。同时在设备维修中，除常用电烙铁焊接插头、接头外，有时还要使用喷灯和进行焊接、气割作业，这类明火作业随时都有导致火灾的危险。

（二）电信企业的消防安全管理措施

1. 电信建筑

电信建筑的防火，除必须严格执行《建筑设计防火规范》和《高层民用建筑设计防火规范》外，还应在总平面布置上适当分组、分区。一般将主机房、柴油机房、变电室等组成生产区；将食堂、宿舍、住宅等组成生活区。生产区同生活区要用围墙分隔开。特别贵重的通信设备、仪表等，必须设在一级耐火等级的建筑内物。在设有机房、报房的建筑内，不应设礼堂、歌舞厅、清洗间和机修室。收发信机的调压设备（油浸式），不宜设在机房内，如因条件所限必须设在同一层时，应以防火墙分隔成小间作调压器室，每间设的调压器的总容量，不得超过 400kV。

调压器室通向机房的各种孔洞、缝隙都应用不燃材料密封填塞，门窗不应开向人员集中的方向，并应设有通风、泄压和防尘、防小动物入内的网罩等设施。清洗间应为一、二级耐火等级的单独建筑，因室内常用易燃液体清洗机件，其电气设备应符合防爆要求，易燃液体的储量不应超过当天的用量，盛装容器应为金属制作，室内禁止一切明火。

各种通风管道的隔热材料，应使用硅酸铝、石棉等不燃材料。通风管道内要设自动阻火闸门。通风管道不宜穿越防火墙，必须穿越时，应用不燃材料将缝隙紧密填塞。建筑内的装饰材料，如吊顶、隔墙、门窗等，均应采用不燃材料制作，建筑内层与表层之间的电缆及信号电缆穿过的孔洞、缝隙亦应用不燃材料堵塞。竖向风道、电缆（含信号电缆）的竖井，不能用可燃材料装修，检修门的耐火极限不应低于0.6h。

2. 电信电器设备

（1）电源线与信号线不应混在一起敷设，如必须在一起敷设时，电源线应穿金属管或采用铠装线。移动式测试仪表线、照明灯具的电线应采用橡胶护套线或塑料线穿塑料套管。机房采用日光灯照明时，应有防止镇流器发热起火的措施。照明、报警、电铃线路在穿越吊顶或其他隐蔽地方时，均应穿金属管敷设，接头处要安装接线盒。

（2）机房、报房内严禁任意安装临时灯具和活动接线板，并不得使用电炉等电加热设备，如生产上必须使用时，要经本单位保卫、安全部门审批。机房、报房内的输送带等使用的电动机，应安装在不燃材料的基础上，并加护栏保护。

（3）避雷设备应在每年雷雨季节到来之前进行一次测试，不合格的要及时改进。避雷的地下线与电源线和信号线的地下线的水平距离，不应小于3m。地下通信电缆与易燃易爆地下储罐、仓库应保持规定的安全距离，一般地下油库与通信电缆的水平距离不应小于10m，20t以上的易燃液体储罐和爆炸危险性较大的地下仓库与通信电缆的安全距离还应按专业规范要求相应增大。

（4）供电用的柴油机发电室应和机房分开，独立设置在一、二级耐火等级的建筑内，如不能分开时，须用防火墙隔开。供发电用的燃料油，最多保持一天的用量。汽油或柴油严禁存放在发电室内，而应存放在专门的危险品仓库内。配电室、变压器室、酸性蓄电池室、电容器室等电源设施，必须确保安全。

3. 电信消防设施

电信建筑设施应安装室内消防给水系统，并装置火灾自动报警和自动灭火系统。电信建筑内的机房和其他电信设备较集中的地方，应采用二氧化碳自动灭火系统或"烟落尽"灭火系统。其余地方可用自动喷水灭火系统。电信建筑的各种机房内，还应配备应急用的常规灭火器。

4. 电信企业日常的防火管理

（1）要加强易燃品的使用管理　在日常的工作中，电信机房、报房内不得存放易燃物品，在临近的房间内存放生产中必须使用的小量易燃液体时，应严格限制其储存量。在机房、报房、计算机房等部位严禁使用易燃液体擦刷地板，也不得进行清洗设备的操作，如用汽油等少量易燃液体擦拭接点时，应在设备不带电的情况下进行，如果情况特殊必须带电操作，则应有可靠的防火措施：所用汽油要用塑料小瓶盛装，以防止其大量挥发；使用的刷子的铁质部分，应用绝缘材料包严，防止碰到设备上短路打火，引燃汽油而失火。

（2）要加强可燃物的管理　机房、报房内要尽量减少可燃物，拖把、扫帚、地板蜡等应放在固定的安全地点，在报房内存放电报纸的容器应当用不燃材料制成并加盖，在各种电气开关、插入式熔断器插座附近和下方，以及电动机、电源线附近不得堆放纸条、纸张等可燃物。

（3）要加强设备的维修　各种通信设备的保护装置和报警设备应灵敏可靠，要经常检查维修，如有熔丝熔断，应及时查清原因，整修后再安装，切实保证各项设备及操作的安全。

（4）要加强对人员的管理　电信企业领导应将消防安全工作列入重要日程，切实加强日常的消防管理、配备一定数量的专、兼职消防管理人员，各岗位职工应全员进行消防安全培训，掌握必要的消防安全知识后才可上岗操作，确保通信设施万无一失。

第六节　中小学、幼儿园防火管理

一、中小学防火管理

（一）中小学的火灾危险特点

1. 火灾危险因素多，学生活泼好动，易玩火造成火灾

中小学内少年学生多，且集中，由于中小学生活泼好动，模仿力强，常因玩火、玩电子器具等引起火灾。

为了保证教育效果，不少中、小学校除了教学楼（室）外，一般都设有实验室、图书室、校办工厂等，这些部位的火灾危险因素较多，往往不慎而发生火灾。

建筑物的耐火等级低、安全疏散差。建筑耐火等级一般为二、三级，但建设较早的中、小学，三级耐火等级建筑较多。一旦发生火灾往往造成重大人员伤亡和财产损失。

2. 学生的自救逃生能力差，一旦遭遇火灾伤亡大

由于中小学生活泼好动，模仿力强，缺乏自我控制能力，加之中小学学生数量多且集中，一旦遇有火灾事故，会受烟气和火势的威胁陷入一片混乱。在高温烟气浓度大、照明困难的情况下，很难发现被困儿童。故一旦发生火灾，很容易造成伤亡事故。还由于中小学的教职员工大多数是女性，大多缺乏在紧急情况下疏散抢救、扑救初期火灾的常识，如果是夜间，自救能力更差。所以，一旦遭遇火灾往往

造成重大伤亡。如1994年12月8日，新疆克拉玛依市的友谊馆在组织学生汇报演出时发生大火，由于教师及有关人员不懂基本的安全疏散常识，见火惊慌，未能及时组织学生疏散，致使325人（其中中小学生288人）死亡、132人受伤住院。

（二）防火安全管理措施

1. 加强行政领导，落实防范措施

为了保证中、小学生安全健康的成长和学校教学工作的正常进行，中、小学应建立以主管行政工作的校长为组长，各班主任、总务管理人员为成员的防火安全领导机构，并配备1名防火兼职干部，具体负责学校的防火安全工作。防火安全领导机构应定期召开会议，研究解决学校防火安全方面的问题；要对教职员工进行消防安全知识教育，达到会使用灭火器材，会扑救初期火灾，会报警，会组织学生安全疏散、逃生的要求。要定期进行防火安全检查，对检查发现的不安全因素，要组织整改，消除火灾隐患，要落实各项防火措施。要配备质量合格，数量足够的灭火器材，并经常检查维修，保证完整好用。要做好实验室、图书室、校办工厂等重点部位的防火安全工作，严格管理措施，切实防止火灾事故的发生。

2. 加强对学生的防火安全教育

中、小学应切实加强对学生的防火安全教育，这是从根本上提高全民消防安全素质的主要途径，也是促进社会精神文明和物质文明发展的一个重要方面。

（1）小学消防安全教育的着眼点应当放在增强学生的消防安全意识上，可通过团队活动日、主题班会、演讲会、故事会、知识竞赛、书画比赛、征文等形式进行。消防安全知识专题教育的内容主要应当包括：火的作用和起源；无情的火灾；火灾是怎样发生的；怎样预防火灾的发生；如何协助家长搞好家庭防火；在公共场所怎样注意防火；怎样报告火警；遇到火灾后怎样逃生等方面的知识。各级公安机关消防机构可通过组织专门人员，协助学校举办少年消防警校、组织中小学生参观消防站、观摩消防表演等形式对小学生进行提高消防安全意识的教育。这样往往能够收到很好的效果。如江苏省无锡市广丰新村9岁男孩华俊，1999年2月22日，父母将其反锁在家中在自己的房间内做作业，11时许，一不小心，做作业用的塑料尺掉在了床底下的地板上，因床底下的地板上比较黑，小华俊便点燃蜡烛爬在床底下寻找，不料烛火引燃了被褥，小华俊先是用小手拍打，但无济于事，他又用杯子盛自来水灭火，可是被引燃的棉被夹裹着浓烟越烧越大，面对浓烟烈火和逃生之门被锁的险境，小华俊机智地逃出自己的卧房，并将房间的门关紧，跑道爸爸妈妈的卧室，又关紧了爸爸妈妈的房门，迅速拨通了"119"火警电话。小华俊在电话中向消防队接警员详细讲述了失火地址和自己的危险境况后，沉着地爬在窗口等待消防队的到来。当消防队官兵赶到时，小华俊拼命喊"救命"，消防官兵闻声迅速用消防斧连破两门，救出了丝毫未损的小华俊，并及时将火扑灭。事后，小华俊告诉笔者，这一切都是在无锡市广勤路小学上学时，老师上消防知识专题课时学到的常识。自1989年起，无锡市公安消防部门和教育部门率先在无锡市建立了江苏省第一所少年消防警校，中、小学生的消防安全教育也由此在这个城市得到逐步开

252

展，全市 86 所中、小学校都开设了消防安全常识课，并通过各区成立少年消防团，经常开展消防常识演讲、征文、逃生比赛等形式的活动，形成了中小学生学习消防常识的热潮。也正是由于开展了这些活动才使小华俊机智地运用消防安全知识化险为夷。

（2）对中学生的消防安全教育最好采用渗透教育的方法。所谓渗透教育，就是指在进行主课教育的同时将相关的副课知识渗透在主课中讲解。此种方法既不需要增加课程内容，也不需要增加课时即可达到消防安全教育的目的。现在中学阶段的学生学习负担很重，全国都在减负，要增加中学生的课本和主课的内容是不可能的，但根据现行教材和课程安排，学校在学生开始学习《化学》、《物理》、《法律知识》等基础理论知识的同时将消防安全科学知识渗透在其中讲授却是完全可行的。

消防安全教育要结合教学、校园文化活动进行，有条件的中小学还应邀请当地公安消防人员来校讲消防课，或与消防等有关部门联合举办"中小学生消防夏令营"活动，传授消防知识，提高消防意识。要求学生不吸烟、不玩火，元旦、春节等重大节日，还应进行不燃放烟花炮竹的安全教育。从而使广大中小学生自幼就养成遵守防火制度、注意防火安全的良好习惯。

3. 提高建筑物的耐火等级，保证安全疏散

（1）中、小学的教学楼应采用一、二级耐火等级的建筑，若采用三级耐火等级，则不能超过 3 层，且在地下室内不准设置教室。

（2）容纳 50 人以上的教室，其安全出口不应少于 2 个。音乐教室、大型教室的出入口，其门的开启方向应与人流疏散方向一致。教室门至外部出口或封闭楼梯间的距离：当位于两个外部出口或楼梯间之间时，一、二级耐火等级为 35m，三级为 30m；位于袋形走道两侧或尽端的房间，一、二级为 22m，三级为 20m。

（3）教学楼疏散楼梯的最小宽度不应小于 1.1m，疏散通道的地面材料不宜太光滑，楼梯间应采用自然采光，不得采用旋转楼梯、高形踏步，燃气管道不得设在楼梯间内。中、小学应开设消防车可以通行的大门或院内消防车道，以满足安全疏散和扑救火灾的需要。

（4）图书馆、教学楼、实验楼和集体宿舍的公共疏散走道、疏散楼梯间不应设置卷帘门、栅栏等影响安全疏散的设施。

（5）学生集体宿舍严禁使用蜡烛、电炉等明火；当需要使用炉火采暖时，应设专人负责，夜间应定时进行防火巡查。每间集体宿舍均应设置用电超载保护装置。集体宿舍应设置醒目的消防设施、器材、出口等消防安全标志。

二、幼儿园防火管理

幼儿园是对 3～6 周岁的幼儿实施学前教育的机构。按照年龄段划分，一般分为大、中、小三个班次。根据条件，还可分为日托和全托等。从发生在克拉玛依那场大火中丧生的学生来看，从客观上讲，原因很多，但教师不懂消防常识，不知如何组织学生逃生，学生不会最基本的自救方法亦应是重要的原因之一。对于幼儿园

来讲，都是 3～6 岁的孩童其逃生自救能力几乎没有，所以，加强其消防安全管理非常重要。

（一）幼儿园的火灾危险特点

① 幼儿未形成消防安全意识。

② 幼儿自救能力极差。

③ 一旦发生火灾，极易造成伤亡事故。

（二）幼儿园的消防安全管理措施。

1. 健全消防安全组织，加强对幼儿的消防安全意识教育

（1）幼儿园管理、教育着大量无自理能力的幼儿，保证他们安全健康的成长是幼儿园领导和教职员工的神圣职责。因此，幼儿园的行政主官，应当切实重视对防火安全工作的领导。应以主管行政工作的园长（主任）为组长，以各班次负责人（如班长）为成员组成防火安全领导小组。要加强对本园教师、保育员及其员工的管理，定期进行防火安全教育。可聘请当地消防专业干部进行专题授课，切实提高对防火安全重要性的认识，让每一位教师、保育员和员工都懂得日常的防火知识和发生火灾后的处置方法，达到会使用灭火器材，会扑救初期火灾、会组织幼儿疏散和逃生的要求。

（2）将消防安全教育纳入幼儿园的教育大纲

人生的学前阶段是人生启蒙、发展的重要阶段，要使幼儿幼小的心灵初步得到消防安全知识的启迪和锻炼，作为基础教育最早的幼儿园，就有必要也有责任将消防安全教育列入重要议事日程。可以说，实施消防教育离不开幼儿园主管部门和幼儿园领导的重视和支持。不但应对教师进行有关消防安全知识的培训，而且还应将宣传面扩及家长。这是因为，作为教育者的教师和家长具备消防安全知识的多少，将直接影响受教育的幼儿消防安全知识的掌握程度。提高施教者的消防安全意识，是开展消防安全教育的基础。

（3）根据幼儿的身心特点，利用多种形式进行消防安全知识教育

由于幼儿的心理发展处于感知运动思维和形象思维阶段，好奇心和模仿力强，对各种游戏活动兴趣浓厚，对可以感知的具体形象的内容学习最有效。所以，可以根据幼儿的这些特点将消防知识编写成幼儿故事、儿歌、歌曲等，运用听、说、唱的形式对幼儿传授消防安全知识。如为了让幼儿知道如何正确拨打火警电话"119"，可将拨打方法和防火注意事项编成幼儿易学的儿歌对幼儿进行教育；在幼儿园的公共活动空间，绘制一些涉及家庭、公共场所、郊游和幼儿园的防火要求和消防安全注意事项的图片，通过这些生动形象的卡通连环图片，即可让幼儿了解在火灾发生时如何处理，同时也可让幼儿知道最基本的防火措施和手段；将消防安全常识内容设计成"趣味跳棋"，让幼儿在轻松愉快的跳棋游戏中了解消防安全常识，亦可起到增强幼儿消防安全意识的目的。

幼儿的学习特点是，模仿能力和感知能力好，对游戏的学习兴趣要比概念知识的学习兴趣浓厚。因此，可以通过模拟火灾现场情节场景演练，让幼儿演习逃生，

可以增强幼儿学习兴趣，强化幼儿的记忆，提高幼儿的遇险自救能力。另外，根据幼儿形象感知好的特点，率领幼儿参观消防队，看消防车辆、装备都是什么形状，是干什么用的，观看消防警察叔叔是如何训练的等，也会在幼儿幼小的心灵里对消防安全留下很好的记忆。

2. 园内建筑应当满足耐火和安全疏散的防火要求

（1）幼儿园的建筑宜单独布置，应当与甲、乙类火灾危险生产厂房、库房至少保持 50m 以上的距离，并应远离散发有害气体的部位。建筑面积不宜过大，耐火等级不应低于三级。幼儿园、托儿所建筑物的耐火等级、层数、长度、面积和防火间距应满足表 9-1 的要求。

表 9-1 幼儿园建筑耐火等级、层数、长度、面积和防火间距

耐火等级	最多允许层数	防火分区		与其他民用建筑的防火间距	
		最大允许长度/m	最大允许建筑面积/m²	一、二级	三级
一、二级	三层	150	2500	6	7
三级	二层	10	1200	7	8

（2）附设在居住等建筑物内的幼儿园，应用耐火极限不低于 1h 的不燃体墙与其他部分隔开。设在幼儿园主体建筑内的厨房，应用耐火极限不低于 1.5h 的不燃体墙与其他部分隔开。

（3）幼儿园的安全疏散出口不应少于 2 个，每班活动室必须有单独的出入口。活动室或卧室门至外部出口或封闭楼梯间的最大距离：位于两个外部出口或楼梯间之间的房间，一、二级耐火等级为 25m，三级为 20m；位于袋形走道的房间，一、二级建筑为 20m，三级建筑为 15m。

（4）活动室、卧室的门应向外开，不宜使用落地或玻璃门；疏散楼梯的最小宽度不宜小于 1.1m，坡度不宜过大；楼梯栏杆上应加设儿童扶手，疏散通道的地面材料不宜太光滑。楼梯间应采用天然采光，其内部不得设置影响疏散的突出物及易燃易爆危险品（如燃气）管道。

（5）为了便于安全疏散，幼儿园为多层建筑时，应将年龄较大的班级布置在上层，年龄较小的布置在下层，不准设置在地下室内。

（6）幼儿园的院内要保持道路通畅，其道路、院门的宽度不应小于 3.5m。院内应留出幼儿活动场地和绿地，以便火灾时用作灭火展开和人员疏散用地。

3. 园内各种设备应满足消防安全要求

（1）幼儿园的采暖锅炉房应单独设置，并且锅炉和烟囱不能靠近可燃物或穿过可燃结构。要加设防护栅栏，防止幼儿玩火。室内的暖气片应设防护罩，以防烤燃可燃物品和烫伤幼儿。

（2）幼儿园的电气设备应符合电气安装规程的有关要求，电源开关、电闸、插座等距地面应不小于 1.5m，以防幼儿触电。

（3）幼儿园不宜使用台扇、台灯等活动式电器，应选用吊扇、固定照明灯。

（4）幼儿园的用电乐器、收录机等，应安设牢固、可靠，电源线应合理布设，以防幼儿触电或引起火灾事故。同时，要对幼儿进行安全用电的常识教育。

4. 加强对园内各种幼儿教育活动的防火管理

（1）教育幼儿不做玩火游戏。同时，教师、保育员用的火柴、打火机等引火物，要妥善保管，放置在孩子拿不到的地方。定期进行防火安全检查，督促检查厨房、锅炉房等单位搞好火源、电源管理。

（2）托儿所、幼儿园的儿童用房及儿童游乐厅等儿童活动场所不应使用明火取暖、照明，当必须使用时，应采取防火、防护措施，设专人负责；厨房、烧水间应单独设置。

幼儿是祖国的明天，更是民族的未来，愿所有的幼教工作者，都能积极对幼儿进行消防安全知识教育，让孩子们能够在更加安全健康和充满快乐、幸福的氛围中茁壮成长。

第七节　医院防火管理

医院（含门诊部、医务室等）是为人们治疗疾病的重要场所，通常分为综合医院和专科医院两大类。各类医院在诊断、治疗过程中，常使用多种易燃易爆危险品、各种电器医疗设备以及其他明火等。而且由于医院里门诊和住院的病人较多，他们又多行动困难，兼有大批照料和探视病人的家属、亲友等，人员的流动量很大。同时，一些大中型医院的建筑又属于高层建筑，万一失火很容易造成重大的伤亡和经济损失，故做好医院消防安全管理工作十分主要。

一、医院的火灾危险特点

众所周知，医院作为人员集中的公共场所，是与众不同的，它的消防安全管理在整个医院管理中，占有十分重要的地位，其火灾危险性和特点是：

1. 一旦失火伤亡大、影响大

医院是病人治病养病的场所，住院病人年龄不一、病情不同、行动不便，既有刚出生的婴儿，又有年过古稀的老人；既有刚动过手术的病人，又有待产的孕妇，一旦发生火灾，撤离火场难以及时，轻者会使病情加重，严重时会使病情恶化，甚至直接危及病人生命。因此，医院不仅要有一个良好的医疗环境，而且必须有一个安全环境。

2. 病人多，自救能力差，通道窄，逃生难

据某市第一中心医院住院情况日报表统计，全院每日住院加床平均达45张，分布在各病房楼道。发生火灾后，病人疏散困难。尤其是夜间病房发生火灾，断电后病房漆黑一片，加之医护人员少，通道窄，病人病情重，若组织指挥不当，很可

能造成病人疏散过程中人踩伤亡事故。如吉林省辽源市中心医院，由于电气故障于12月15日16时30分左右发生特大火灾，造成39人死亡，28人重伤，182人受伤；其中清理火灾现场时发现25人死亡，在转院救治过程中14人死亡，火灾直接损失821.9万元，是新中国成立以来卫生系统最大一起火灾。

3. 使用易燃易爆危险品多，用火用电多，火险因素多

医院内使用易燃易爆危险品多，（如酒精、二甲苯、氧气等）需求量大。如某市第一中心医院乙一病房日用氧气量最多时可达20瓶，一旦出问题，就会发生爆炸事故。此外，病房因医疗消毒，必须使用电炉、煤气炉等加热工具；还有的病人或家属违章在病房或过道吸烟，烟头不掐灭就到处乱扔等，这些明火若遇可燃物就会发生火灾。如某市一医院近三年中，因吸烟、电炉导致的火险苗头就达6起，因此必须加强对电炉和病人吸烟的管理。

4. 易燃要害部位多

医院的同位素库、危险品库、锅炉房、变电室、氧气库等要害部位，不仅火灾危险性大，而且一旦出现事故会直接危及病人生命安全。同时贵重仪器多，价值昂贵、移动困难。一旦失火，不仅会给国家财产造成巨大经济损失，而且仪器一旦损坏，将直接影响病人治疗，甚至危及生命安全。

5. 建筑面积狭小，防火布局差

随着社会对医疗的需求，病床逐年增加，门诊量日趋增大。如某市第一中心医院五十年代日门诊500人左右，进入20世纪90年代，日门诊量达2600人左右，增长5倍多。另外，随着科学技术的发展，医院的医疗仪器设备也在逐年递增，由于仪器增加，用电量增大，也使有的医院常年超负荷用电，而且高精尖医疗仪器操作间的消防设备与仪器设备不相适应；有的尽管消防部门、医院保卫部门多次下达火险隐患通知书，但由于医院受到人力、财力、建筑面积的制约，致使许多隐患未能彻底解决，因而给消防安全管理带来了一定的困难。

6. 高压氧舱火灾危险性大

高压氧舱是一个卧式圆柱形的钢制密封舱，不仅是抢救煤气中毒、溺水、缺氧窒息等危急病人必需的设备，而且是治疗耳聋、面瘫等多种疾病的重要手段。一般治疗压力为0.15～0.2MPa，含氧25%～26%，有的甚至高达30%～34%。有些供特殊用途，如为潜水员服务的高压氧舱，工作压力可高达0.1MPa。其火灾危险特点如下。

（1）当氧浓度增高时，一些在常压下的空气（氧浓度为21%）中不会被引燃的物质会变得很容易被引燃；高浓度氧遇到碳氢化合物、油脂、纯涤纶等往往还可使之自燃；在常压空气中，氧分压为21kPa，在高压氧舱中当吸用高浓度氧或称富氧时，氧分压介于21kPa～0.1MPa之间；当吸用高压氧时，氧分压大于0.1MPa；舱内的氧浓度常在25%左右，有的甚至升高到30%～34%。由于可燃物的燃烧主要与氧浓度有关，只要氧浓度不高，即使氧分压较高也不会燃烧。相反，氧浓度较高，即使氧分压在常压下也可引起剧烈燃烧。

（2）氧浓度增加时，可燃物的燃烧速度会加快，燃烧温度可达 1000℃ 以上，可使紫铜管熔化，而且使舱内的压力急剧增加。如果舱体或观察窗的强度不够，可能引起舱体爆裂或观察窗突然破裂，其后果将更严重。

（3）舱内起火时，当密闭空间内氧气经剧烈燃烧而耗尽后，火可自行熄灭，总的燃烧时间很短，烧过的物品常常是表层烧焦，而内层较完好。但是燃烧物的温度仍很高，如灭火时通风驱除浓烟，或舱内气体膨胀使观察窗破裂通入新鲜空气，烧过的余烬又可复燃。

（4）当舱内氧浓度分布不均匀时，由于氧的相对密度较空气为大，与空气之比为 1.105∶1，会使底层的氧浓度比上层高，燃烧后的损坏程度底层亦较明显。

（5）高压氧舱发生火灾很容易造成人员伤亡。此类伤亡事件，国内外都时有发生。舱内人员死亡的原因，一是由于舱内氧浓度高而造成极其严重的烧伤；二是由于舱内氧浓度高使燃烧非常充分，会很快将舱内氧气耗尽而造成急性缺氧和（或）使人窒息死亡。据对动物实验结果，20s 内即可造成死亡。如司机李某在遭遇了车祸后，到湘潭市中心医院接受抢救，在第十次进入高压氧舱接受治疗 20min 左右，高压氧舱内突然发生大火，李某全身 80% 被重度烧伤，经抢救无效，于 2007 年 2 月 9 日在该院死亡。院方工作人员发现现场遗留有一个塑料打火机的机头部分。说明该患者是在高压氧舱中违章抽烟被烧死的。

二、医院的防火管理措施

由于医院发生火灾具有损失大、危害大、影响大的特点，这就决定了消防管理工作在医院管理中的地位和作用。同时也决定了消防工作服务、保障、促进、反作用于其他工作的辩证关系。因此作为医院法定代表人的院长，要对病人的生命安全负责，对国家财产的安全负责，必须把消防安全摆在与医院的医疗教学科研同等重要的位置上。必须提高认识、摆正关系，根据医院工作的特点，做好消防安全管理工作，并抓好以下各种重点部位防火措施的落实。

1. 放射科

放射科是医院利用 X 射线等来诊断和治疗疾病的部门，防火的重点为 X 射线机室和胶片室。其防火要求如下。

（1）X 线机室除了保证安装机器所需的面积外，还必须有足够的余地，做到环境宽敞，通风良好，以保证正常工作和机器的散热。安装中型以上 X 线机的机房面积以每台不小于 30m² 计算，建筑耐火等级宜为一、二级。如安装在三级建筑内，顶棚应安装防火保护层，禁止用可燃材料作顶棚。防止电缆起火时导致火势蔓延。X 线机房应有一定的高度，带天轨立柱的 X 线机与顶棚应留有不小于 1m 的间距。

（2）中型以上的诊断用 X 线机，应设置一个专用的电源变压器。变压器的容量，应根据 X 线在照射前负载电流与照射时最大负载电流之和来计算。同时，应根据 X 线机最大负载的电流配备电源导线和开关，以防负载过大发热起火。为了保护高压电缆，X线机用的电缆应敷设在电缆沟内。电缆沟应封闭，防止老鼠等小动物进入，咬坏电缆。移动电缆，要防止弯曲过大，否则易被高压电击穿。铺在地面部分，应加盖保护，防止机械损伤。高压插头与插座之间的空隙，应用脱水凡士林填充，以防止高压放电。

（3）X线机及其设备部件应有良好的接地装置。X线机各部分金属外壳以及同外壳相连的金属部件都要与地线相连。接地电阻不得大于1Ω，不得用水、气管道等作为X线机的接地装置。如采用临时接地的方法，接地物的金属板面积不得小于0.5m×0.5m，厚度不小于1mm，与接地物相焊接的铜线面积，不得小于4mm²。如使用铁丝作接地导线，截面不得小于12mm²，接地物必须埋于深度不少于1.5m的湿润土壤里，周围应放些石墨、木炭和食盐等导电物质，以减少接地电阻。

（4）控制台是控制调整X线机各部分电路及附属电路的总枢纽，其电路甚为复杂，日常维护很重要。控制台应置于空气流通、整洁、干燥的场所，切忌潮湿、洒水、高温和日光曝晒。应定期（三个月或半年）打开前后壁板，对内部进行检查除尘，检查的重点：是继电器各接点是否有腐蚀、烧黑、弯曲变形、接触不良等现象；各导线的连接处有否松动、脱出、断开、位移；各插接元件接触是否紧密；各部件有无烧黑熔化现象；各调节电阻的活动夹子是否松脱等。如有上述现象之一者，必须立即处理，以防止事故的发生。

（5）组合机头的X线管，一般功率都较小，而且箱体小，油量少，散热力不强，故在使用中必须严格遵守X线管的使用规程，经常注意机头的散热情况，并掌握其连续工作时间不可过长，以防止X线管阳极面发热熔化或因油过热而使绝缘力降低，导致高压部件击穿。夏季室温高时，可用电风扇帮助组合机头散热。

（6）高压发生器及机头均装有绝缘油，一般不应随意打开观察窗口和拧松四周的固定螺丝，以防止油液长时间暴露于空气中吸潮或落入灰尘。当需更换新油时，应取得当地电力部门的协助。检查新油的性能，要求其绝缘强度不低于25kV/2.5mA，而组合机头内油的绝缘强度应在30kV/2.5mA以上。

（7）在工作中要经常察听高压发生器或机头是否有异常的声音，如有吱吱或啪啪的放电声，应立即停止使用，待找出原因处理好后再用。

（8）X线机常见电路故障有断路、短路、零件损坏和参数失调等，进而造成电器火灾。常用的检查方法是：利用目测审视X线管、高压整流管是否发亮，有否打火烧坏现象以及有无零件遭受损坏；用耳朵可以检听组合机头、X线管管套高压发生器内有无放电或异常音响，控制台是否有不正常的声音；用鼻子可以嗅到某些机件有无异味或绝缘破坏的烧焦味；在机器断电后，还用手触摸一些零件，检查有无不正常的温度升高等。

（9）X线机室应制定有严格的规章制度：下班时必须切断一切电源；消毒和清洗污物使用的酒精、汽油等易燃液体，室内存放量均不得超过500ml，并要有专人负责，专柜保管；用乙醚清洗机器和电器设备时，必须打开门窗进行通风，并禁止使用明火，防止其他火花的产生。

（10）胶片室应独立设置，室内要阴凉、通风，理想的室温为 0～10℃，最高不得超过 30℃，夏季必须采取降温措施；胶片室是专门储存胶片的地方，不得存放其他易燃物品，除照明用电以外，室内不得安装、使用其他电气设备；陈旧的硝酸纤维胶片容易发生霉变分解自燃，应经常检查，不必要的尽量清除处理，必须保存的，应擦拭干净存放在铁箱中，并与醋酸纤维胶片室分开存放；胶片必须放在纸袋里储存，这不仅是为了保护胶片，更重要的是防止胶片相互摩擦，产生静电；存放胶片的纸袋，应放在铁橱或特制的木架上，分层竖放，不宜过紧，不得重叠平放。

室内严禁吸烟，下班时应切断电源。

2. 手术室

手术室内一般有万能手术台、麻醉台、麻醉机、氧气瓶、药物敷料橱、输液架、吸引器等设备，其火灾危险性主要与使用易燃易爆的麻醉剂有关。手术室常用的易燃易爆麻醉剂的气体蒸气，吸入浓度大都在空气中的爆炸极限范围之内（如表 9-2 所示）。

表 9-2 常用易燃易爆麻醉剂可燃浓度

名　　称	吸入浓度（与氧混合）/%	在空气中的可燃浓度/%
乙醚	5～30	1.85～48.6
甲氧氟烷	0.25～3	9～28
环丙烷	8～20	2.4～10.4
氧化亚氮	50～80	具有强氧化性

由于乙醚这类麻醉剂具有较大的火灾危险，国内外许多医务工作者正在努力寻求用其他比较安全的麻醉剂来取代，并已取得了很大进展。但在目前还不能完全代替的情况下，使用乙醚的手术室，必须认真落实如下防火防爆措施。

（1）手术室内应有良好的通风设备，排风不得再循环　由于乙醚蒸气比空气重，大多沉于地面，经久不散，因此排风口应设在手术室的下部，在病人施行乙醚麻醉的部位，安装吸风管，实行局部吸风，以减少乙醚蒸气。

（2）控制易燃物　麻醉设备要完好，操作要谨慎，防止乙醚与氧的混合气体大量逸漏，并绝对禁止任何火种接触。用过的乙醚、酒精等要随时放入有盖的容器内。在手术室内不得使用盆装酒精泡手消毒，如手术师必须这样做，应在与手术室分开的房间内进行。手术室内使用的易燃药品，应随用随领，不得储存。其中氧化亚氮必须与其他可燃品分开存放。

（3）应有静电消除措施　麻醉师在施行乙醚麻醉时，乙醚及其蒸气在橡胶软管内急速流动易产生摩擦聚集静电，在干燥的手术室里可测得 8kV 的静电压，往往使操作中的麻醉师或手术师身上因感应、摩擦等原因而带着静电，当他们触及任何金属物质时，都可以产生静电放电现象，而静电的火花可能引起乙醚蒸气着火或爆炸。因此，应采用特制的导电软管，或在乙醚的导管内或导管外加设一条导线与麻醉机连通，麻醉机和手术床接上一条多股金属软线与大地连通，在麻醉师和医务人员的脚下，铺设接地的铜板或金属网，并穿能导电的拖鞋（不得穿有塑料垫的鞋），以消除机械设备和人体上的静电。所使用的床单、敷料等都应是纯棉织品，所有人员不准穿涤纶一类合成纤维衣服进手术室，以减少静电的产生。

（4）在使用易燃性麻醉药的过程中，禁止使用电灼、电凝器、激光刀。凡需使用心电图、除颤器、内窥镜等带电仪器进行的各种医疗器械，各项检查工作均应在手术前做好；手术室内非防爆型的开关、插头，应在施行麻醉前合上、插好，并须等手术完毕、乙醚蒸气排除干净后，方可切断或拔去插头，以防电火花引起爆炸；手术室内禁止使用电炉、酒精灯等明火，电源系统、动力系统的电源设备必须绝缘良好，防止短路产生火花。

（5）手术室内应备有二氧化碳灭火器。

3. 病理室

医院病理科的主要任务是，把病人身上取下的组织制成切片（亦称镜片）在显微镜下观察，根据观察结果为临床医生提供诊断依据。例如，诊断手术切除的肿块或活体组织肿块是否恶性肿瘤，最可靠的办法是由病理科作切片检查。切片的制作顺序是：将取得的组织标本，用各种浓度的乙醇多次处理，使之脱水，再用二甲苯处理，然后浸蜡，固化后切成片状，再用二甲苯脱蜡，经乙醇再次处理后才能进行染色，染色时也要使用到二甲苯和乙醇。因此，在制作切片过程中始终有易燃液体存在，而在烘干阶段，它们的蒸气不断挥发出来，一旦与明火接触，往往引起火灾。由于病体组织不是随便可以从病人身上取到的，故一旦失火就会严重影响病情诊断，因此制作切片过程中，所有烘干工序都应在真空烘箱中进行，不宜使用电热烘箱，以免易燃液体蒸气与空气形成爆炸性混合物遇电热丝明火引起爆炸。应采用现代化的自动脱水机械，缩短脱水周期，减少易燃液体挥发的时间，再辅以局部排风，使着火爆炸的危险性降低。另外，使用易燃液体的每项操作都应在通风橱内进行，沾有溶剂或石蜡的物品，应集中处理，不得任意乱放或与火源接触。

4. 药库、药房和制剂室

医院除少数处方系由外部配购外，绝大部分用药均由本院药房供给。许多医院的供药机构包括药库、药房和制剂室三大部门，它们的防火要求各不相同，现分述如下：

（1）药库 药库指的是医院的附属药品仓库。大部分医院的药库里储存有乙醚、苯、丙酮、石油醚、甲醇、乙醇、松节油、高锰酸钾、双氧水、苦味酸、迭氮钠等易燃危险品。一般大医院的药库储藏数量比较大，品种也多，所以应根据库存的规模和药品的品种决定药库的防火要求。

① 药库位置应设在医院一角或与四周建筑不相毗连的独立建筑内，不得与门诊部、病房等病员密集的地方毗连，不得靠近 X 线胶片室、手术室、锅炉房等建筑。

② 药库建筑最好为一、二级耐火等级，若耐火等级为三级时，易燃药品或含有较多易燃品的药品，如酊剂、醑剂等，应分别放在用不燃材料砌成的药品货架

（如水泥架）中。当乙醚、苯、二甲苯等危险品的库房储存总量小于 5kg 时，可以按上述方法设架存放；若大于 5kg，则应存放于一、二级耐火等级的库房内。小药库无易燃药品时，在建筑上无特殊要求。

③ 地下室作药库时，可储藏片剂、针剂、油膏、水剂等不燃或不挥发易燃蒸气的药品，不宜储存乙醚、乙醇、二甲苯等易燃品。因为它们的蒸气比空气重，积聚在地下室内不易散发，有发生着火爆炸危险。如果地下室设有机械通风，在确保包装密闭不漏的情况下，可将以上易燃品放在机械通风的排出口附近。半地下室的药库存放要求与此相同。

④ 药品储存时，氧化性的药品与乙醇、丙酮、甲醇、乙醚等易燃药品等不得混放，应分间储藏，至少也应分隔储藏。苦味酸、叠氮钠、大量的硝酸甘油片剂、亚硝异戊酸等药品，应一一单独存放，如能另设危险品仓库，与药库分开则更好。叠氮钠应储存在沙盘内，高锰酸钾、重铬酸钾、双氧水等氧化剂不得与其他药品混放，前二者与双氧水也应分开存放。乙醚应避光储存，以免受日光照射后产生过氧化物，储存温度不得超过 28℃，夏天应将乙醚储于冰库中。中草药库中如存放大量中草药时，应定期翻堆散热，以防自燃。

（2）药房　药房是医院向门诊病人和病房直接供药的部门。它的主要防火要求是：

① 含醇量高的酊剂、醑剂等，大包装存量不宜超过二日量。乙醇、乙醚等易燃液体以一日量为宜，不宜过多；乙醇等易燃液体，以 500ml 的瓶装为宜。10L 容量的蒸馏水瓶极易破碎，底部尤弱，如用它来盛装乙醇，在将瓶头提起时往往脱底，导致乙醇大量流出，极易发生火灾。因此，在药房内不得采用；一般医院药房内乙醇等易燃液体的总存放量不得超过 5kg，否则应另室存放；配方配出高锰酸钾等氧化剂时，应该用玻璃瓶包装，不得用纸袋包装，并不得与其他药品配伍或混放，以免自燃。

② 化学性质相互抵触，或相互作用后有着火或爆炸危险的氧化剂与还原剂、氧化剂与可燃品、苦味酸与金属盐等药品均属配伍禁忌。因为它们之间能互相作用发生高热而引起燃烧，或者生成敏感度更高的苦味酸盐而发生爆炸。遇到这类处方，不应贸然配方，应经研究后与医生联系，改变处方。苦味酸等应溶成水溶液配出，不宜将苦味酸结晶直接发出。

③ 药房内有大量废弃的纸盒、说明书等可燃品，应集中放在金属桶中，不得随地乱丢。中药房内草药不得大量长期堆积，以防发霉自燃。

④ 钴[60]等放射性物品，应按有关放射性物品管理的各项规定办理

（3）制剂室　医药制剂品种极多，配方千变万化。由于药厂生产的药品，往往不能适应医院临床用药的需要，有的药品虽可购得，但因开拆包装麻烦，外购周期又长，不及医院自己制备来得方便及时且成本低。因此，略具规模的医院一般都有制剂室。制剂室又可分普通制剂室、无菌制剂室及中药制剂室三类，防火要点各有不同。

262

① 普通制剂室。普通制剂是指无菌制剂和中药制剂以外的各种制剂，如油膏、糖浆、搽剂、酊剂等。普通制剂室的特点是，药物品种多，场地拥挤，杂物零乱，原料、制剂和成品往往在同一室内，明火与易燃液体难以隔绝，通风一般欠佳，所以应特别注意防火要求。

普通制剂使用的乙醇、丙酮等易燃溶剂，如条件不允许分室储存时，应固定存放在制剂室的一角，远离明火热源，且不受行人来往影响。如使用10L的蒸馏水瓶盛装必须有木框保护，取用时应有抽吸设备，不宜用人工倾倒，以防玻璃破碎或倒翻导致溶剂大量流洒，与明火相遇而起火。如遇瓶体破碎、乙醇流洒情况时，应立即将室内明火全部熄灭，打开门窗，然后设法将流洒的液体清除。凡使用易燃的制剂操作，均应在制剂室的下风方向进行。制剂室中的液状石蜡、酊剂、凡士林等亦应注意保管，与明火及性质相抵触的药物（如高锰酸钾）进行隔离。

制剂室常用火棉胶套封瓶口，因火棉胶套是硝酸纤维制品，常浸在80％乙醇与20％乙醚的混合液中，遇明火极易燃烧，故应在铁皮桶中密封储藏，如遇铁皮桶渗漏，应立即检出，转移到不漏的铁皮桶内。使用火棉胶套封口时，应在排气罩下进行，排气用的轴流式风机应符合防爆要求。有通风橱的，应在通风橱内操作，并存放一定时间，待火棉胶套硬化、溶剂挥发后再取出。剥下的或破碎的零星火棉胶，必须放在有盖的铁皮或搪瓷桶内，严禁随便乱丢或投放纸篓内。下班时废火棉胶必须从制剂室内取出，及时处理掉或浸没在水中。

制剂室应通风良好，电炉、煤气等明火的位置应固定。

② 无菌制剂室。无菌制剂主要是注射剂。大医院里用量甚大，故生产量也颇多，且多为水溶液。但是有些制剂原料需经过精制，才能用于制备注射剂，而精制多为实验室规模，有时要使用乙醚和苯等易燃液体，故亦应注意防火。其防火要求与生化检验和实验室防火相同。

③ 中药制剂室。有些大医院和中医医院设有中药制剂室，其任务是生产医院自用的各种中药制剂。除了中草药原料堆放应严格防火和及时翻堆散热外，由于中药制剂室生产流浸膏常需加入大量乙醇，故加热不得使用明火，宜用蒸汽加热浓缩。浓缩回收乙醇时，应用真空浓缩器，冷却要完善，以免乙醇蒸气逸出。室内应通风良好，可开气楼加强自然通风，否则应设有防爆的机械通风，室内的电气设备应防爆。

渗滤是一种动态浸出法，大都用乙醇为浸出剂，渗漉结束出药渣时，乙醇会大量挥发。因此，药渣应先用水淋洗，在将乙醇洗去最后再出渣，但仍须通风良好并杜绝明火。

5. 高压氧舱

（1）严格控制电源　高压氧舱内所用的电线（电缆）均应在高压下经过绝缘试验，不应漏电或产生火花。所有电器开关应一律装在舱外，禁止任何电路的地线接在高压氧设备、系统的任何部分。舱内的照明应尽量采用外照明，若为纯氧舱必须采用外照明，如采用内照明时，应符合永久性安装要求，灯头要焊牢，如灯泡不是耐压的，应有封闭型的耐压灯罩，不允许直接用荧光灯。电源电压应低于 30V，且电源应通过舱外变压器调压后接入舱内。舱内不能使用电加热器、电扇等电器。必须使用的仪器设备和医疗设备不得采用外壳作回路。舱内绝对禁用一般家用的插座、接头、临时性电器材料，禁用电动机和频繁启动的医疗电器设备。如因特殊需要使用电动机时，应采用防爆型，外壳内应充以惰性气体保护。

（2）做好防雷和防静电保护。对舱体和设备、管道应做好防雷和导除静电的接地保护。接地电阻不应大于 10Ω，导除静电的接地以水平接地体为主，埋深不小于 0.6m，距建筑物应大于 3m，土壤的电阻率应使接地电阻不大于 4Ω。要控制舱内的湿度，以防止产生静电火花。据有关资料介绍，当高压氧舱内相对湿度在 70％以上时，产生静电火花的可能性很小，小于 70％时则可能性极大。因此高压氧舱内相对湿度宜在 70％～75％的范围之内。舱内不得使用羊毛及氯纶、腈纶等化纤被褥、毯子、椅垫等，进舱人员不得穿着化纤服装，头发长的人员亦应适当加湿。

（3）防震动、摩擦打火，杜绝明火。对与舱体连接的机械设备或舱内使用的设备，应有避震措施，防止因这些设备、管路的震动，或使电器设备出现问题而产生火花。为此，应采用 Ω 形管路，用较柔软的耐压胶管代替不能伸缩的铜、钢管，并经常检查。应对使用的机器设备找到避开发生共振的区域，从而使震动降低。舱内绝对禁止明火，严禁将火柴、打火机、摩擦惯性玩具携带进舱，舱内不得安装有感应线圈的电铃，不准在舱内用金属物件敲击舱体或其他金属物。

（4）舱内尽量减少可燃物质。舱体结构以及家具、装饰、按钮和喷刷在它们上面的油漆、清漆、胶合剂等，都必须是不燃材料，并不能产生静电火花。纯氧舱内不能使用木质构件，舱内用的棉质床单、枕套、被褥等，应经阻燃材料处理。舱内高压管路、供氧装置、舱门的关节部位均不应沾有油脂，供氧管路不得与空气管路混用。舱内不得带入易燃品，更不得存放乙醚、汽油等易挥发的可燃物，如要用酒精时，盛器要密闭，并加强通风换气。在舱内施行手术而需作吸入性麻醉时，要选用氟烷等不燃麻醉剂。

（5）严格控制舱内氧浓度。使用空气舱时应使用排气装置，或采用向舱外排气的供排氧装置，暂时无法解决时，必须按要求定时彻底通风换气，并监测舱内的氧浓度不得超过 25％。舱内通风换气可直接排到室外，但不得排在舱外工作室内。提倡单人舱用压缩空气加压，用供氧装置（吸氧面罩）供氧。吸氧面罩的边缘与脸部接触要严密，以防氧气泄漏，使舱内的氧浓度增加。由于边缘充气囊式面罩，比单层边面罩在防氧气泄漏方面效果更好，故推荐使用。如果单人舱内充注纯氧，必须很好地在舱内杜绝一切火源和减少可燃物质。对高压氧舱的设计、建造和使用，应能使舱内不致出现氧浓度分布不均匀的情况。

（6）做好其他相应的防火工作。高压氧舱房应为一、二级耐火等级的建筑，室内的装饰材料应选用不燃材料或经过阻燃处理的材料，并同其他建筑用防火墙分隔；高压氧舱内不得使用有毒和有气味的灭火剂以及二氧化碳、泡沫灭火剂，最理想的灭火剂是水，驱动水喷出的气体必须是不燃的惰性气体；进入舱内的一切人员，事先应经过消防安全教育，讲清注意事项。

6. 核磁共振扫描仪

核磁共振扫描仪是当今世界上又一先进医疗诊断技术设备，对于诊断肿瘤的大小、部位，判断肿瘤良性、恶性，帮助临床医生确定治疗方案，判断肿瘤治疗过程中的疗效和有无复发可能，以及诊断颅脑、脊髓病和老年病等均有良好的效果，而且对人体无害，且获得的信息多于 X 射线、CT 等先进技术。所以该技术正在全世界逐渐普及。核磁共振扫描仪，根据系统所用的磁体不同，可分为超导型、常导型和永磁型三种类型。其中超导型磁场强度高、图像质量好、稳定，是当前应用最多、发展前景最大的一种。超导型功率一般为 40kW，磁感应强度为 0.6T，产生强磁场 200A/m 的电流封闭在超导线圈内。超导型核磁共振是由产生强磁场的超导线圈、计算机、射频电源、梯度场及部分液氮、液氦、监视器、两个终端和照相机组成，以上各部分均由电缆相连。其防火要求有以下几点：

（1）每天需加液氦，三周内加液氮，保证超导线圈工作在−270℃左右的低温中。如低温状态不能保证，将会发生失超现象，使整个线圈的温度急剧上升，不仅会损失几百升液氦（价值数万元），而且还会造成整个线圈烧毁，使整个磁体报废，因此在液氦量不够时，必须及时退磁，将电流从超导线圈中引出，退磁后，该机就停止工作。由于退磁需要很长时间，所以需要昼夜运转，因此必须加强管理，防止发生火灾事故。

（2）由于核磁共振扫描仪是在强磁场中使用，磁性信用卡、步话机、手表等在机房内都会失灵，如将金属物带入，小则影响图像，大则会造成人体受伤和机器损坏。所以任何铁磁物质（如铁、镍等）不能进入机房，病人体内有心脏起搏器、假肢和血管夹的亦应远离磁场，在安装和使用电器设备时要注意防磁，防止电器设备和电器线路发生短路或断路引起火灾。

（3）核磁共振扫描仪十分昂贵，一旦发生火灾损失极大，因此要将该机安装在一、二级的耐火建筑中，室内装修要采用不燃材料或阻燃材料，不得使用可燃材料。机房内严禁存放可燃性物质，同时要有自动报警和自动灭火装置。配备灭火器材和安装消防设施时，必须注意防磁，防止其他意外事故发生。

7. 门诊部

门诊部是患者多、人员流量大的地方，一般来讲，大型企业附属医院日平均门诊人数约为床位数的 3 倍。就诊人员除了患者以外，还有陪同、照料病人的亲属。患者中，危急病人不能行动，由救护车送来后仍需要担架或推车搬运就诊，因此，做好门诊部的防火管理工作非常重要。

（1）门诊部的建筑层数一般为 1～2 层，不宜超过 3 层。为了在发生火灾事故时便于安全疏散，病人行动不便和就诊人数较多的科室应设在 1 层，如外科（手术室）、妇产科、小儿科、急诊室、挂号室、收费室、药房等。患者有疏散能力的科室，可设在 2 层或 2 层以上，如内科、五官科、眼科、口腔科等。

（2）门诊部的安全疏散出口不得少于 2 个，结合门诊需要，小儿科、妇产科、传染病科、急诊室的出入口最好单独设置。这样不仅可以减少门诊部的人流交叉拥挤、冲突，便于火灾情况下的人流疏散，而且可以避免不同病人之间的交叉感染。

（3）为了便于危重病人用推车疏散与就诊，各诊室的门宽不宜小于 1.20m，走廊净宽度不宜小于 2.20m。

（4）为了便于火灾时安全疏散和平时患者就诊，候诊位置不宜过于集中，最好采用分科候诊，同时还可以避免患者在候诊时的相互感染。

（5）病历室是储存医院诊治和研究病例的重要技术资料房间，其内部工作人员应禁止吸烟，禁止使用明火，同时还应将病历与其他房间用耐火 2.5h 的不燃材料墙体分隔开来，以确保安全。

8. 病房

病房的住院患者老幼皆有，病情不同，身体状况各异，其中很大一部分生活不能自理，而危重患者则根本没有自理能力。所以，病房一旦发生火灾，人员的疏散、抢救是非常困难的。病房中的住院病人来自各方，照料和探视病人的家属亲友又较多，情况复杂，万一不慎起火，后果严重。病房防火除按本节的其他有关要求外，还应注意以下几点。

（1）给住院病人输氧时，大都使用氧气钢瓶，故应注意氧气瓶的防火要求。医院工作人员应经常检查氧气瓶体有无油污，如发现油污，应立即用四氯化碳擦除，以防止与氧气接触而发生燃烧。过去出现的不少事故，很多是由于有人在吃饭（或取糕点）后未洗手，就去接触氧气设备而发生的。因此，必须向病人及其家属宣传，切不可用油手抚摸氧气瓶或制氧设备，氧气瓶不用时应撤出病房。有条件的医院病房可采用输氧管道集中输氧，这种形式比较安全，但氧气瓶室必须加强管理，除应符合避热、禁油、防止撞击等常规要求外，氧气瓶室内不得存放任何可燃杂物，并应及时扫除灰尘，保持清洁；整个输氧系统应不漏气，总控制阀和分路阀门要灵活严密，不用时必须关好；输氧管道不得用酒精等有机溶剂消毒，可用 0.1% 洁尔灭消毒剂水溶液揩拭。

（2）病人和家属不得在火炉上烘烤手套、衣帽、毛巾或食品。每晚临睡前，值班护士应全面检查各病房取暖设备上有无异物烘烤，如有应立即清除。

（3）在病区为方便病人和家属加热食品而设置的炉灶，应设在安全、方便的位置，专人管理；在病房楼内严禁使用瓶装液化石油气，禁止病人和家属携带煤油炉、电炉等电热器具加热食品。

（4）病房内的电气设备不得擅自挪动，不得擅自在病房电气线路上加接电视机、电风扇、电冰箱等载荷，也不要拉接照明灯具或将灯泡换大，以防电气线路超负荷，熔断保险丝，使病房照明设备和急救设备失效，给抢救中的病人造成生命危险，甚至使线路发热起火，导致严重后果。

9. 其他基本防火要求

（1）建筑物应充分考虑耐火等级、防火分隔与安全疏散。医院建筑除须符合《建筑设计防火规范》和《高层建筑设计防火规范》的规定外，对新建的大、中型医院建筑的耐火等级不应低于一、二级；小型医院不应低于三级。在建筑布局上，医院的职工宿舍和食堂，应同病房分开。在原有砖木结构的房屋内，设置安装的贵重医疗器械，如 CT 检查仪、核磁共振扫描仪、X 光机等，必须采取防火分隔措施，同其他部位分开。根据病员自身活动能力差，在紧急疏散时需要他人协助这一特点，医院的楼梯、通道等安全疏散设施必须比其他单位的建筑更加宽敞，楼梯、通道上不得堆放物品，并须经常保持畅通，以便在发生火灾时抢救和疏散人员。

（2）电器设备和消防设施要符合防火要求。安装电器设备必须由正式电工按规范要求合理安装。电工应定期对电器设备、开关、线路等进行检查，凡不符合安全要求的要及时维修和更换。不准乱拉临时电线。治疗用的红外线、频谱等电加热器械，不可靠近窗帘、被褥等可燃物，并应有专人负责管理，用后切断电源，确保安全。医院的放射科，病理科，手术室，药库，药房，变、配电室等各部门，均应配备相应的灭火器，其要求参见《单位消防安全技术》第八章"建筑灭火器的配置"。高层医院，须参照《高层民用建筑设计防火规范》的有关规定，安装自动报警和灭火系统以及防排烟设备、防火门、防火卷帘、消火栓等防火和灭火设施，以加强自防自救的能力。

（3）加强明火管理。医院内要严格控制各处火种，病房、门诊室、检查治疗室、药房等处均禁止吸烟。取暖用的火炉应统一定点，指定专人负责管理，火炉、烟筒的设置必须符合安全要求。处理污染的药棉、绷带以及手术后的遗弃物等的焚烧炉，应选择在安全地点设专人管理，防止引燃周围的可燃物。医院的太平间对死亡病人换下的衣物要及时清理，不可堆积在太平间内，病人家属烧纸悼念亡人而引起的火灾，在一些地方屡有发生，应切实引起重视，加强宣传教育工作，并严加劝阻。

（4）医院和科室的主要领导，要把防火安全工作列入本院的工作日程，加强日常的防火管理。保卫部门应配备专（兼）职防火干部，具体负责日常的消防安全工作。要结合本院的实际，建立健全必要的消防安全管理制度，并采取有效措施保证制度的贯彻落实。要制定火灾情况下的紧急疏散、抢救病员的方案，并进行必要的训练演习。

第八节　重要科研机构防火管理

科研所、技术开发中心等，是进行科学文化研究，开发新理论、新技术、新产品的机构。科研所根据其研究的专业方向不同，都程度不等地使用或产生一些易燃易爆危险品，如甲烷、乙炔、氢气、二硫化碳、水煤气、铝粉、煤粉等，而且在研究中，这些易燃易爆危险品有的是在高温、高压条件下进行反应、加工，有的是在空气中处于浮游状态，还有的则是在常温、常压下进行研制。总之，充分认识科研所所从事研究项目的火灾危险性，加强防火管理，防患于未然，对于提高科研人员的安全水平，安全合理地利用科研设备，多出科研成果，减少火灾事故，是非常重要的。

由于科研所的研究项目与研究方向不同，各研究（实验）室的火灾危险性也不尽相同，这里仅就几种典型实验室（场）的防火管理提出相应的要求。

一、化学实验室

（1）化学实验室应为一、二级耐火等级的建筑。从事爆炸危险性操作的实验室，应选用钢筋混凝土框架结构，并应按照防爆设计要求，采用泄压门、窗、泄压外墙和轻质泄压屋顶、不发生火花的地面等。安全疏散门不应少于两个。

（2）化学实验室的电气设备应符合防爆要求，实验用的加热设备的安装、燃料的使用要符合防火要求，各种气体压力容器（钢瓶）要远离火源、热源，应放置于阴凉通风的位置。

（3）实验室内实验剩余或常用小量易燃化学品，当总量不超过 5kg 时，可放在铁橱柜中，贴上标签，由专人负责保管；超过 5kg 时，不得在实验室内存放；有毒物品要集中存放，专人管理。

（4）对于不明化学性质的未知物品，应先做测定闪点、引燃温度、爆炸极限等基础实验，或者先从最小量开始实验，同时要采取安全措施，做好灭火准备。

（5）配备有效的灭火器材，定期进行检查保养。对研究、实验人员进行自防自救的消防知识教育，做到会用消防器材扑救初期火灾，会报火警、会自救。

（6）要建立健全各种实验的安全操作规程和化学物品管理使用方法，严禁违章操作。

二、生化检验室

生物化学检验是临床辅助诊断必不可少的手段。生化检验项目繁多，方法各异。例如尿液分析、肝功能试验、血液检查等，使用的试剂和方法也各不相同。从防火角度来看，都免不了使用化学试剂，一些通用设备（烘箱等）也大致相同，故将这些部门的火灾危险性和防火要求一并叙述如下。

（一）平面布置

（1）生化检验室使用的醇、醚、苯、叠氮钠、苦味酸等都是易燃易爆的危险品。因此，这些生化检验室应布置在主体建筑的一侧，门应设在靠外侧处，以便发生事故时能迅速疏散和施救。生化检验室不宜设在门诊病人密集的地区，也不宜设在医院主要通道口、锅炉房、药库、X 线胶片室、液化石油气储藏室等附近。

（2）房间内部的平面布置要合理。试剂橱应放在人员进出和操作时不易靠近的室内一角。电烘箱、高速离心机等设备应设在远离试剂橱的另外一角，同时应注意自然通风的风向和日光的影响。试剂橱应设在实验室的阴凉地方，不宜靠近南窗，以免阳光直射。

（3）室内必须通风良好。相对两侧都应有窗户，最好使自然通风在室内成稳定的平流，减少死角，使操作时逸散的有毒、易燃气体、蒸气能及时排出。还应考虑到使室内排出的气体不致流进病房、观察室、候诊室等人员密集的房间里。

（二）试剂的储存与保管

（1）乙醇、甲醇、丙酮、苯等易燃液体应放在试剂橱的底层阴凉处，以防容器渗漏时液体流下，与下面试剂作用而发生危险。高锰酸钾、重铬酸钾等氧化剂与易燃有机物必须隔离储存，不得混放。乙醚等遇日光会产生易爆的过氧化物，应避光储藏。开启后未用完的乙醚，不能放在普通冰箱内储存，以免挥发的乙醚蒸气遇到冰箱内电火花发生爆炸。

（2）广泛用作防腐剂的叠氮钠虽较叠氮铅等稳定，但仍属起爆药类，有爆炸危险且剧毒。应将包装完好的迭氮钠放置在黄沙桶内，专柜保管。储藏处力求平稳防震，双人双锁。苦味酸，应先配成溶液后存放，并避免触及金属，以免形成敏感度更高的苦味酸盐。凡是沾有迭氮钠或苦味酸的一切物件均应彻底清洗，不得随便乱丢。

（3）试剂标签必须齐全、清楚，可在标签上涂蜡保护，万一标签脱落，应即取出，未经确认，不得使用，以防弄错后发生异常反应而引起危险。试剂应有专人负责保管，定期检查清理。

（4）若乙醇等用量大时，不能将其作试剂看待，不得与试剂放在一起，最好不要储存在实验室内，应在室外单独存放，随用随取。有的科研所使用液化石油气或丙烷作燃料，应将它们分室储存，可用金属管道输入室内使用。

（三）主要操作

（1）用圆底玻璃烧瓶作蒸馏或回收操作时，液体装量应为玻璃瓶容量的50%～60%，使其有最大的蒸发面积，不易造成液体过热，否则容易冲料起火。平底烧瓶不宜做蒸馏用，蒸馏或回收操作时必须加沸腾石。沸腾石放置在液体内，过夜即会失效，应另加新品，否则加热时底部液体容易过热，会发生突沸冲料起火。

（2）冷凝器必须充分有效，以防蒸气冷凝不完全而逸出，与下部明火接触起火；加热设备要慎重选则，100℃以下应用水浴，100℃以上可用油浴，易燃液体不得用明火直接加热，宜用封闭电热器加热。

（3）如果多次回收套用溶剂，应注意产生过氧化物的危险。特别是回收乙醚时，更应注意。在回收套用乙醚过程中，容器中的套用乙醚经回收蒸馏而逐渐减少，当减少到原量的20%时，应立即停止蒸馏，取样试验，加入碘化钾试液，如呈现黄色，即表示残留的套用乙醚中有过氧化物存在。这时应加酸性硫酸亚铁溶液，将其除去，再进行蒸馏。否则，过氧化物不断浓缩会发生爆炸。

（4）使用各种烧瓶，瓶内外均应有可靠的温度计。操作过程中应密切注意温度变化情况，严格控制，以防冲料；减压蒸馏宜采用冷却，在操作时，应先打开冷凝器阀门，让冷却水进入，然后开真空，最后加热；蒸馏结束时，应先停止加热，稍待冷却后再缓缓放进空气，最后关闭冷却水阀门。切记次序不可搞错，以防突沸冲料。

（5）使用烘箱操作时，含有易燃溶剂的样品不得用电热烘箱烘干，以防易燃液体蒸气遇电热丝发生着火或爆炸，可用蒸汽烘箱或真空烘箱。后者操作时先开真空抽去空气，使溶剂蒸气不能形成爆炸性混合物，然后加热；结束时，先关热源，稍冷后再缓缓放进空气；烘箱应有温度自动控制装置，并经常检查维修，确保良好有效。

（6）使用加热设备时酒精灯的点火灯头应为瓷质，不宜用铁皮，以免因导热快使瓶内酒精受热冲出起火；正点燃着的酒精灯，不得添加酒精，必须在熄火后，方可添加；熄灭酒精灯火焰时，应加盖熄灭，不得用口去吹；煤气灯头连接的橡皮管极易产生裂纹而漏气，应每周检查一次，如有裂纹，应立即更换；熄灭煤气火时应将球形气阀关闭，不得将煤气灯座上的流量调节阀当作开关用，因后者不气密；生物检验室使用的电炉，最好用封闭式或半封闭式的，用一般电炉时，应防止电热丝翘起与水浴锅等金属材料接触，而产生触电危险；玻璃仪器或烧瓶不得直接放在电炉上或明火上灼烧，而应下衬实验室专用的石棉网，以防爆裂或局部过热造成内容物突沸冲料。

（7）对容易分解的试剂或强氧化剂（如过氯酸）在加热时易爆炸或冲料，应务必小心，最好在通风橱内操作；每次实验操作完毕后，应将易燃品、剧毒品立即归回原处，入橱保存，不得在实验台上存放；室内检验的电气设备，应合格安装并定期检查，防止漏电、短路、超负载等不正常情况；一切烘箱等发热体不得直接放在木台上，烘箱的铁皮架与木台之间应有砖块、石棉板等隔热材料垫衬。

三、电子洁净实验室

电子洁净实验室是研制精密电子元件不可缺少的工作室。按照研究条件要求，洁净室必须是封闭的。由于在实验过程中，要使用丙酮、丁酮、乙醇等易挥发的易燃液体，有的实验还要求通入大量氢气，容易形成爆炸性混合物，遇到明火会引起着火或爆炸，故危险性较大。其主要防火措施是：

（1）电子洁净室应采用一、二级耐火等级的建筑，隔墙与内部装修材料尽可能采用不燃材料。

（2）电气设备应采用防爆型，电热器具应用密封式，并置于不燃的基座上，要配备蓄电池等事故电源，出入口或拐弯处要设安全疏散指示灯。

（3）气体钢瓶应放置在安全地点，不宜集中储放于洁净室内。用量少的小型钢瓶（如磷烷、硅烷等气体）最好放在专用橱柜中，不能随意存放。洁净室内使用的易燃液体、可燃气体，以及氧化剂、腐蚀剂等化学危险品，其管理方法与化学实验室相同。使用易燃液体和气体的洁净室，应还安装排风设备。

（4）洁净室应立足于火灾自救，设置比较完善的消防设施。有贵重、高精仪器、仪表和电气设备的洁净室，应设置二氧化碳自动灭火系统，在便于通行的位置（如走廊）应设置紧急报警按钮或电话等，以便与外部联系。

（5）加强对洁净室研究、实验人员的防火安全教育，制定安全管理制度和各种设备的安全操作规程；要求研究、实验人员会用灭火器材，会报火警、会自救、会逃生。

四、发动机试验室

发动机试验研究广泛应用于汽车、航空、航海等工业系统开发、革新产品的研究工作中。这里所述的发动机是以油料为燃料的发动机。在试验中，由于汽缸破裂、冲出火焰、油路滴漏，或调整化油器时，油品滴在排气管上（烧红时温度可达900℃）等，都容易发生火灾。所以，应采取以下防火措施。

（1）发动机试验室的试车台，应设在一、二级耐火等级的建筑中，内部装修、器具等，要求不燃化。

（2）油箱与试车台宜分室设置，经常检查油路系统有无滴漏现象，输油管路、油箱应设有良好的静电接地装置。

（3）发动机试验室应设置油品蒸气危险浓度报警器和固定式自动灭火设施，同时配备小型灭火器，以便扑救初起火灾。

（4）室内要严禁烟火，电气设备应符合防爆要求。

第九节　重要办公场所的防火管理

这里说的办公场所是办理各种行政事物的部门，通常都设有办公室、会议室、计算机指挥控制中心、图书馆（室）、打字室、复印室、档案机要资料室、礼堂等。办公的各种用品大都是可燃物，且打字机、复印机、微机、传真机等现代办公用具用电都比较多，加之现代化的装修等又增加了火灾危险性。尤其是有些会议室装修豪华，有的还设有舞厅，且档次较高，有的还设有指挥中心，装备有现代化的电脑、电信设备及电子计算中心和指挥系统等，一旦失火，损失影响都很大。如贵州省人民政府 5 号办公楼，2000 年 1 月 13 日因一层的复印机室使用的多用电源插座内部故障产生电热引起该插座及复印机周围可燃物引发大火，致使该楼主楼的一至八层和部分裙楼被烧毁，过火面积达 8195m²，死亡 1 人，直接财产损失达 900 余万元。造成该楼政府机关的 17 个单位的 257 间办公室无法正常办公。所以重要办公场所的防火管理也是十分重要的。

重要办公场所内部的消防安全工作，一般应有一名行政领导负责，机关内部的办公室、保卫部门是本场所具体消防安全工作的管理机构，负责日常的防火管理工作。大、中型企业保卫部门的防火干部和小型企业的兼职防火干部应有人分管本企业机关的消防安全工作。

同一栋办公楼或同一个院子里设有两个以上不属于同一系统管理的混合办公场所，在防火安全方面漏洞很多，尤其是有的单位只为了自己的防盗安全和管理，将疏散楼梯封闭，致使火灾时其他单位的人员无法疏散，这就形成了很大的火灾隐患。所以，在混合办公场所应建立防火协作管理组织。该组织应以混合办公场所的整体为防火管理对象，进行协作防火管理。如消防设施、安全疏散、志愿消防队的集体训练、演习等，不断提高整体消防安全水平，防止"各扫门前雪"的现象。防火协作管理组织，由各单位的防火责任人、办公室主任、保卫（防火）科长组成，定期（如每季度一次）召开协商会议，制订整体的消防工作计划，相互配合，分工解决消防安全管理中的有关问题。办公场所的防火工作重点是会议室、图书馆、档案室、机要室、计算机中心等，故分别叙述之。

一、会议室防火管理

办公楼一般都设有各种会议室，小则容纳几十人，大则可容纳数百人。大型会议室人员集中，而且参加会议者往往对大楼的建筑设施、疏散路线并不了解。因此，一旦发生火灾，会出现各处逃生的混乱局面。因此，必须注意以下防火要求。

（1）办公楼的会议室，其耐火等级不应低于二级，单独建的中、小会议室，最好用一、二级，不得低于三级。会议室的内部装修，尽量采用不燃材料。

（2）容纳 50 人以上的会议室，必须设置两个安全出口，其净宽度不小于1.4m。门必须向外开，并不能设置门槛，靠近门口 1.4m 内不能设踏步。

（3）会议室内疏散走道宽度应按其通过人数每 100 人不小于 60cm 计算，边走道净宽不得小于 80cm，其他走道净宽不得小于 1m。

（4）会议室疏散门、室外走道的总宽度，分别应按平坡地面每通过 100 人不小于65cm，阶梯地面每通过 100 人不小于 80cm 计算，室外疏散走道净宽不应小于 1.4m。

（5）大型会议室座位的布置，横走道之间的排数不宜超过 20 排，纵走道之间每排座位不宜超过 22 个。

（6）大型会议室应设置事故备用电源和事故照明灯具、疏散标志等。

（7）每天会议进行之后，要对会议室内的烟头、纸张等进行清理、扫除，防止遗留烟头等火种引起火灾。

二、图书馆、档案馆及机要室防火管理

图书馆、档案机要室是搜集、整理、收藏、保存图书资料和重要档案，供读者学习、参考、研究的部门和提供重要档案资料的机要部门，一般都收藏有大量的古今中外的图书、报纸、刊物等资料，保存具有参考价值的收发电文、会议记录、人事材料、会议文件、出版物原稿、财会簿册、印模、照片、影片、录音带、录像带以及各种具有保存价值的文书等档案材料。有的设有目录检索、阅览室以及复印、照相、装订、录放音像、电子计算机等部门。大型的图书馆还设有会议厅，举办各种报告会及其他活动。

图书馆、档案机要室收藏的各类图书报刊和档案材料，绝大多数都是可燃物品，公共图书馆和科研、教育机构的大型图书馆还要经常接待大量的读者，图书馆、档案机要室一旦发生火灾，不仅会使珍贵的孤本书籍、稀缺报刊和历史档案、文献资料化为灰烬，价值无法计算，损失绝难弥补，而且会危及人员的生命安全。因此，火灾是图书馆、档案机要室的大敌。在我国历史上，曾有大批珍贵图书资料

毁于火患的记载；近代，这方面的火灾也并不少见。纵观图书馆等发生火灾的原因，主要是电器安装使用不当和火源控制不严所引起，也有受外来火种的影响。保障图书馆、档案机要室的安全，是保护祖国历史文化遗产的一个重要方面，对促进文化、科学等事业的发展关系极大。因此必须把它们列为消防工作的重点，采取严密的防范措施，做到万无一失。

（一）提高耐火等级、限制建筑面积，注意防火分隔

（1）图书馆、档案机要室要设在环境清静的安全地带，与周围易燃易爆单位，保持足够的安全距离，并应设在一、二级耐火等的建筑物内。不超过三层的一般图书馆、档案机要室应设在不低于三级耐火等级的建筑物内，藏书库、档案库内部的装饰材料，均采用不燃材料制成，闷顶内不得用稻草、锯末等可燃材料保温。

（2）为防止一旦发生火灾造成大面积蔓延，减少火灾损失，对书库建筑的建筑面积应适当加以限制。一、二级耐火等级的单层书库建筑面积不应大于 $4000m^2$，防火墙隔间面积不应大于 $1000m^2$；二级耐火等级的多层书库建筑面积不应大于 $3000m^2$，防火墙隔间面积也不应大于 $1000m^2$；三级耐火等级的书库，最多允许建三层，单层的书库，建筑面积不应大于 $2100m^2$，防火墙隔间面积不应大于 $700m^2$；二、三层的书库，建筑面积不应大于 $1200m^2$，防火墙隔间面积不应大于 $400m^2$。

（3）图书馆、档案机要室内的复印、装订、照相、录放音像等部门，不要与书库、档案库、阅览室布置在同一层内；如必须在同一层内布置时，应采取防火分隔措施。

（4）过去遗留下来的硝酸纤维底片资料库房的耐火等级不应低于二级，一幢库房面积不应大于 $180m^2$。内部防火墙隔间面积不应超过 $60m^2$。

（5）图书馆、档案机要室馆的阅览室，其建筑面积应按容纳人数每人 $1.2m^2$ 计算。阅览室不宜设在很高的楼层，若建筑耐火等级为一、二级的，应设在四层以下；耐火等级为三级的应设在三层以下。

（6）书库、档案库，应作为一个单独的防火分区处理，与其他部分的隔墙，均应为不燃体，耐火极限不得低于 $4h$。书库、档案库内部的分隔墙，若是防火单元的墙，应按防火墙的要求执行，如作为内部的一般分隔墙，也应采取不燃体，耐火极限不得低于 $1h$。书库、档案库与其他建筑直接相通的门，均应为防火门，其耐火极限不应小于 $2h$，内部分隔墙上开设的门也应采取防火措施，耐火极限要求不小于 $1.2h$。书库、档案库内楼板上不准随便开设洞孔，如需要开设垂直联系渠道时，应做成封闭式的吊井，其围墙应采用不燃材料制成，并保持密闭。书库、档案库内设置的电梯，应为封闭式的，不允许做成敞开式的。电梯门不准直接开设在书库、资料库、档案库内，可做成电梯前室，防止起火时火势向上、下层蔓延。

（二）注意安全疏散

图书馆、档案机要室的安全疏散出口不应少于两个，但是单层面积在 $100m^2$ 左右的，允许只设一个疏散出口，阅览室的面积超过 $60m^2$，人数超过 50 人的，应设两个安全出口，门必须向外开启，其宽度不小于 $1.2m$，不应设置门槛；装订、

修理图书的房间，面积超过 $150m^2$，且同一时间内工作数超过 15 人的，应设两个安全出口；通常书库的安全出口不少于两个，面积小的库房可设一个，库房的门应向外或靠墙的外侧推拉。

（三）书库、档案库的内部布置要求

重要书库、档案库的书架、资料架、档案架，应采用不燃材料制成。一般书库、资料库、档案库的书架、资料架也尽量不采用木架等可燃材料。单面书架可贴墙安放，双面书架可单放，两个书架之间的间距不得小于 0.8m，横穿书架的主干线通道不得小于 $1\sim1.2m$，贴墙通道可为 $0.5\sim0.6m$，通道与窗户尽量相对应。重要的书库、档案库内，不得设置复印、装订、音像等作业间，也不准设置办公、休息、更衣等生活用房。对硝酸纤维底片资料应储存在独立的危险品仓库，并应有良好的通风、降温措施，加强养护管理，注意防潮防霉，防止发生自燃事故。

（四）严格电器防火要求

（1）重要的图书馆（室）、档案机要室，电气线路应全部采用铜芯线，外加金属套管保护。书库、档案库内禁止设置配电盘，人离库时必须切断电源。

（2）书库、档案库内不准用碘钨灯照明，也不宜用荧光灯。采用一般白炽灯泡时，尽量不用吊灯，最好采用吸顶灯。灯座位置应在走道的上方，灯泡与图书、资料、档案等可燃物应保持 50cm 的距离。

（3）书库、档案库内不准使用电炉、电视机、交流收音机、电熨斗、电烙铁、电钟、电烘箱等用电设备，不准用可燃物做灯罩，不准随便乱拉电线，严禁超负荷用电。

（4）图书馆（室）、档案机要室的阅览室、办公室采用荧光灯照明时，必须选择优质产品，以防镇流器过热起火。在安装时切忌把灯架直接固定在可燃构件上，人离开时须切断电源。

（5）大型图书馆、档案机要室应设计、安装避雷装置。

（五）加强火源管理

（1）图书馆（室）、档案机要室应加强日常的防火管理，严格控制一切用火，并不准把火种带入书库和档案库，不准在阅览室、目录检索室等处吸烟和点蚊香。工作人员必须在每天闭馆前，对书馆、档案室和阅览室等处认真进行检查，防止留下火种或不切断电源而造成火灾。

（2）未经有关部门批准，防火措施不落实，严禁在馆（室）内进行电焊等明火作业。为保护图书、档案必须进行熏蒸杀虫时，因许多杀虫药剂都是易燃易爆的化学危险品，存在较大的火灾危险。所以应经有关领导批准，在技术人员的具体指导下，采取绝对可靠的安全措施。

（六）应有自动报警、自动灭火、自动控制措施

为了确保知识宝库永无火患，书林常在，做到万无一失，对藏书量超过 100 万册的大型图书馆、档案馆，应采用现代化的消防管理手段，装备现代化的消防设施，建立高技术的消防控制中心。其功能主要有：火灾自动报警系统，二氧化碳自

动喷洒灭火系统，闭式自动喷水、自动排烟系统，火灾紧急电话通信，闭路电视监控，事故广播和防火门、卷帘门、空调机通风管等关键部位的遥控关闭等。

三、电子计算机中心防火管理

电子计算机房里，一块块清晰的电视荧屏，一排排闪动的电子数字，把各种信息传达给各种不同需要的人们，给城市管理、生产指挥、交通运输、国防工程和科学实验等各个系统注入了现代文明的活力，使各项工作越发敏捷、方便、高效。

随着电子计算机技术的推广应用，从中央到地方，各行各业较普遍地建立了各自的"管理信息系统"，一个信息系统就是一个电子计算机中心，不同的只是规模大小而已。

电子计算机系统价格昂贵，机房平均每平方米的设备费用高达数万元至数十万元。一旦失火成灾，不仅会造成巨大的经济损失，并且由于信息、资料数据的破坏，会给有关的管理、控制系统产生严重影响，后果不堪设想。因此电子计算机中心一向是消防安全管理的重点。

（一）电子计算机中心的火灾危险性

电子计算机中心主要由计算机系统、电源系统、空调系统和机房建筑四部分组成。其中：计算机系统主要包括"输入设备"、"输出设备"、"存储器""运算器"和"控制器"五大件。在电子计算机房发生的各类事故中，火灾事故占80％左右。据国内外发生的电子计算机房火灾事故的分析，起火部位大多是：计算机内部的风扇、打印机、空调机、配电盘、通风管以及电度表等。其火灾危险性主要缘于以下方面。

1. 建筑内装修、通风管道使用大量可燃物

通常，为保持电子计算机房的恒温和洁净，建筑物内部需要用相当数量的木材、胶合板及塑料板等可燃材料建造或装饰，使建筑物本身的可燃物增多，耐火性能相应降低，极易引燃成灾。同时，空调系统的通风管道使用聚苯乙烯泡沫塑料等可燃材料进行保温，若保温材料靠近电加热器，长时间受热亦会被引燃起火。

2. 电缆竖井、管道及通风管道缺乏防火分隔

计算机中心的电缆竖井、电缆管道及通风管道等系统未按规定独立设置和进行防火分隔时，易导致外部火灾的引入或内部火灾蔓延。

3. 用电设备多、易出现机械故障和电火花

机房内电气设备和电路很多，如果电气设备和电线选型不合理或安装质量差；违反规程乱拉临时电线或任意增设电气设备，电炉、电烙铁，用完后不拔插销，长时间通电或与可燃物接触而没有采取隔热措施；日光灯镇流器和闷顶或活动地板内的电气线路缺乏检查维修；电缆线与主机柜的连接松动，造成接触电阻过大等，都可能起火造成火灾。电子计算机需要长时间连续工作，如若设备质量不好或元器件发生故障等，都有可能造成绝缘被击穿、稳压电源短路或高阻抗元件因接触不良、接触点过热而起火。机房内工作人员穿涤纶、腈纶、氯纶等服装或聚氯乙烯拖鞋，容易产生静电放电。

4. 工作中使用的可燃物品易被火源引燃起火

用过的纸张、清洗剂等可燃物品未能及时清理，或使用易燃清洗剂擦拭机器设备及地板等，遇电气火花、静电放电火花等火源而起火。

（二）电子计算机中心的防火管理措施

1. 选址

独立设置的电子计算机中心，选址应注意远离散发有害气体及生产、储存腐蚀性物品和易燃易爆物品的地方，或建于其上风方向，避免设在落雷区、矿山"采空区"以及杂填土、淤泥、流沙层、地层断裂段、地震活动频繁的地区和低洼潮湿的地方。应尽量建立在电力、水源充足，自然环境清洁，交通运输方便的区域。并尽量避开强电磁场的干扰，远离强振动源和强噪声源。

2. 建筑构造

新建、改建或扩建的电子计算机中心，其建筑物的耐火等级不应低于一、二级，主机房和媒体存放间等要害部位应为一级。安装电子计算机的楼层不宜超过五层，并且不应安装在地下室内，不应布置在燃油、燃气锅炉房，油浸电力变压器室、充有可燃油的高压电器和多油开关室等易燃易爆房间的上、下层或贴近布置，应与建筑物的其他房间用防火墙（门）及楼板分开。房间外墙、间壁和装饰，要用不燃或阻燃材料建造，并且计算机机房及媒体存放间的防火墙或隔板应从建筑物的地板起直至屋顶，将其完全封闭。信息储存设备要安装在单独的房间，室内应配有不燃材料制成的资料架和资料柜。电子计算机主机房应设有两个以上安全出口，且门应向外开启。

3. 空调系统

大中型计算机中心的空调系统应与其报警控制系统实行联动控制，其风管及其保温材料、消声材料和黏结剂等，均应采用不燃或难燃材料。当风管内设有电加热器时，电加热器的开关与通风机开关亦应联锁控制。通风、空调系统的送、回风管道通过机房的隔墙和楼板处应设防火阀，既要有手动装置，又应设置易熔片或其他感温、感烟等控制设备。当管内温度超过正常工作的最高温度25℃时，防火阀即行顺气流方向严密关闭，并应有附设单独支吊架等防止风管变形而影响关闭的措施。

4. 电器设备

电子计算机中的电器设备应特别注意以下防火要求。

（1）电缆竖井和其电管道竖井在穿过楼板时，必须用耐火极限不低于1h的不燃体隔板分开。水平方向的电缆管道及其电管道在穿过机房大楼的墙壁处时，也要设置耐火极限不低于0.75h的不燃体板分隔。电缆和其电管道穿过隔墙时，应用金属套管引出，缝隙用不燃材料密封填实。机房内要预先开设电缆沟，以便分层铺设信号线、电源线、电缆线地线等，电缆沟要采取防潮和防鼠咬的措施，电缆线与机柜的连接要有锁紧装置或采用焊接加以固定。

（2）大中型电子计算机中心应当建立不间断供电系统或自备供电系统。对于

276

24h 内要求不间断运行的电子计算机系统，要按一级负荷采取双路高压电源供电。电源必须有两个不同的变压器，以两条可交替的线路供电。供电系统的控制部分应靠近机房并设置紧急断电装置，做到供电系统远距离控制，一旦系统出现故障，能够较快地切断电源。为保证安全稳定供电，计算机系统的电源线路上，不得接有负荷变化的空调系统及电动机等电气设备，其供电导线截面不应小于 2.5mm² 并采用屏蔽接地。

（3）弱电线路的电缆竖井宜与强电线路的电缆竖井分开设置，若受条件限制必须合用时，弱电与强电线路应分别布置在竖井两侧。

（4）计算机房和已记录的媒体存放间应设事故照明，其照度在距地面 0.8m 处不应低于 5Lx。主要通道及有关房间亦应设事故照明，其照度在距地面 0.8m 处不应低于 1Lx。事故照明可采用蓄电池作备用电源，连续供电时间不应少于 20min，并应设置玻璃或其他不燃材料制作的保护罩。卤钨灯和额定功率为 100W 及 100W 以上的白炽灯泡的吸顶灯、槽灯、嵌入式灯的引入线应穿套瓷管，并用石棉、玻璃丝等不燃材料作隔热保护。

（5）电器设备的安装和检查维修及重大改线和临时用线，要严格执行国家的有关规定和标准，由正式电工操作安装。严禁使用漏电的烙铁在带电的机柜上焊接。信号线要分层、分排整齐排列。蓄电池房应靠外墙设置，并加强通风，其电器设备应符合有关防的火要求。

5. 防雷、防静电保护

机房外面应设有良好的防雷设施。计算机交流系统工作接地和安全保护接地电阻均不宜大于 4Ω，直流系统工作接地的接地电阻不宜大于 1Ω。计算机直流系统工作接地极与防雷接地引下线之间的距离应大于 5m，交流线路走线不应与直流地线紧贴或平行敷设，更不能相互短接或混接。机房内宜选用具有防火性能的抗静电活动地板或水泥地板，以消除静电。有关防雷和消除静电的具体措施，应符合有关规范和标准。

6. 消防设施的设置

大中型电子计算机中心应设置火灾自动报警和自动灭火系统。自动报警和自动灭火系统主要设置在计算机机房和已记录的媒体存放间。火灾自动报警和自动灭火系统的设备，应选用经国家有关产品质量监督检测单位检验合格的产品。大中型电子计算机中心宜配套设置消防控制室，并应具有：接受火灾报警，发出起火的声、光信号及事故广播和安全疏散指令，控制消防水泵、固定灭火装置、通风空调系统、电动防火门、阀门、防火卷帘及防排烟设施和显示电源运行情况等功能。

7. 日常的消防安全管理

计算机中心特别应注意抓好日常的消防安全管理工作，严禁存放腐蚀品和易燃危险品。维修中应尽量避免使用汽油、酒精、丙酮、甲苯等易燃溶剂，若确因工作需要必须使用时，则应采取限量的办法，每次带入量不得超过 100g，随用随取，并严禁使用易燃品清洗带电设备。维修设备时，必须先关闭设备电源再进行作业。

维修中使用的测试仪表、电烙铁、吸尘器等用电设备，用完后应立即切断电源，存放到固定地点。机房及媒体存放间等重要场所应禁止吸烟和随意动火。计算机中心应配备轻便的二氧化碳等灭火器，并放置在显要且便于取用的地点。工作人员必须实行全员安全教育和培训，使之掌握必要的防火常识和灭火技能，并经考试合格才能上岗。值班人员应定时巡回检查，发现异常情况，及时处理和报告，处理不了时，要停机检查，排除隐患后才可继续开机运行，并将巡视检查情况做好记录。要定期检查设备运行状况及技术和防火安全制度的执行情况，及时分析故障原因并积极进行修复。要切实落实可靠的防火安全措施，确保计算机中心的使用安全。

各办公场所对其他火灾危险性大的部位，如物资仓库、易燃易爆危险品的储存、使用，汽车库、电气设备、礼堂等都应列为重点，加强防火管理。其防火要求，可参照本书有关章节。

第十章　火灾事故的紧急处置与调查

经验告诉我们，在火灾初起之后的十几分钟内，能否将其及时扑灭，不酿成大火，是个关键时刻。如何把握住这个关键时刻，主要在于现场人员能否正确利用现场灭火器材及时扑救和运用正确的方法处置。因为火势的发展往往是难以预料的，如对起火物质的性质不了解，扑救或处置方法不得当等，都有可能控制不住火势使小火酿成大火。所以，正确扑救初期火灾和正确处置紧急情况，是避免小火酿成大火，防止重大、特大火灾的关键。同时，及时查明火灾原因，查清事故责任，才能够为积极预防类似事故、警醒和教育他人打下基础。

第一节　火灾与报警

一、火灾及其分类

（一）火灾的定义

根据国家消防术语标准的规定，火灾是指在时间或空间上失去控制的燃烧所造成的灾害。根据该定义，火灾应当包括以下三层含义：

（1）必须造成灾害，包括人员伤亡或财物损失等；

（2）该灾害必须是由燃烧造成的；

（3）该燃烧必须是失去控制的燃烧。

要确定一种燃烧现象是否是火灾，应当根据以上三个条件去判定，否则就不能确定为火灾。比如人们在家里用煤气做饭的燃烧就不能算火灾，因为它是有控制的燃烧；再如，垃圾堆里的燃烧，虽然该燃烧是失去控制的燃烧，但该燃烧没有造成灾害，所以也不能算做火灾。

（二）火灾的分类

1. 按人员伤亡和财物损失金额的大小分

根据《生产安全事故报告和调查处理条例》规定的生产安全事故等级标准，火灾按一次火灾所造成的人员伤亡和财物损失金额的大小分为特大火灾、重大火灾、较大火灾和一般火灾四类：

（1）特别重大火灾是指造成30人以上死亡，或者100人以上重伤，或者1亿元以上直接财产损失的火灾；

（2）重大火灾是指造成10人以上30人以下死亡，或者50人以上100人以下重伤，或者5000万元以上1亿元以下直接财产损失的火灾；

（3）较大火灾是指造成 3 人以上 10 人以下死亡，或者 10 人 DA_k50 人以下重伤，或者 1000 万元以上 5000 万元以下直接财产损失的火灾；

（4）一般火灾是指造成 3 人以下死亡，或者 10 人以下重伤，或者 1000 万元以下直接财产损失的火灾。

（注："以上"包括本数，"以下"不包括本数）。

2. 火灾按燃烧物质的性状分为

经国家质检总局和国家标准委批准的 GB/T 4968—2008《火灾分类》推荐性国家标准，根据可燃物的类型和燃烧特性将灭火器、灭火剂适用对象中的火灾分为六个类别。

A 类火灾：指固体物质火灾。这种物质通常具有有机物性质，一般在燃烧时能产生灼热的余烬。

B 类火灾：液体或可熔化的固体物质火灾。

C 类火灾：气体火灾。

D 类火灾：金属火灾。

E 类火灾：带电火灾。物体带电燃烧的火灾。

F 类火灾：烹饪器具内的烹饪物（如动植物油脂）火灾。

该火灾分类方法较前标准，更加科学、合理、实用，更能满足实际需要。

二、火灾的发展过程

火灾的发展过程大体上要经历初期、发展、猛烈和熄灭 4 个阶段。

1. 初期阶段

火灾初期阶段，是物质在起火后的十几分钟里，燃烧面积还不大，烟气流动速度较缓慢，火焰辐射出的能量还不多，周围物品和结构开始受热，温度上升不快，但呈上升趋势的阶段。在这个阶段，用较少的人力和应急的灭火器材就能将火控制住或扑灭。

2. 发展阶段

火灾发展阶段，是由于燃烧强度增大，500℃以上的烟气流加上火焰的辐射热作用，使周围可燃物品和结构受热并开始分解，气体对流加强，燃烧面积扩大，燃烧速度加快的阶段。在这个阶段需要投入较多的力量和灭火器材才能将火扑灭。

3. 猛烈阶段

火灾猛烈阶段，是由于燃烧面积扩大，大量的热释放出来，空间温度急剧上升，使周围可燃物品几乎全部卷入燃烧，火势达到猛烈程度的阶段。这个阶段，燃烧强度最大，热辐射最强，温度和烟气对流达到最大限度，不燃材料和结构的机械强度受到破坏，以致发生变形或倒塌，大火突破建筑物外壳，并向周围扩大蔓延，是火灾最难扑救的阶段。该阶段不仅需要很多的力量和器材扑救火灾，而且要用相当多的力量和器材保护周围的建筑物和物质，以防火势蔓延，造成更大的损失。

4. 熄灭阶段

熄灭阶段，是火场火势被控制住以后，由于灭火剂的作用或因燃烧材料已烧至殆尽，火势逐渐减弱直到熄灭的阶段。

综观火势发展的过程来看，初期阶段是易于控制和消灭的阶段。所以，要千方百计抓住这个有利时机，扑灭初期火灾。如果错过该阶段再去扑救，就必然动用更多的人力和物力，付出很大的代价，造成更严重的损失和危害。

三、火灾报警的对象、方法、内容和要求

根据《中华人民共和国消防法》的有关规定，任何单位和个人在发现火灾时，引起火灾的人，火灾现场工作人员，起火场所的负责人负有及时报告火警和参加扑救的职责。任何人不得拖延报警，不得阻拦他人报警，其他发现火灾情况的人，有义务也有权利报告火警。这是每个公民的义务。

（一）报火警的对象

（1）向周围的人员发出火灾警报，召集他们前来参加扑救或疏散物资。

（2）本单位（地区）有专职、义务消防队的，应迅速向他们报警。因为他们一般离火场较近，能较快到达火场。

（3）向公安消防队报警。公安消防队是灭火的主要力量，有时尽管失火单位有专职消防队，也应向公安消防队报警，不可等本单位扑救不了时再向公安消防队报警，那会延误灭火时机。

（4）向受火灾威胁的人员发出警报，让他们迅速疏散至安全的地方。发出警报时要根据火灾发展情况，做出局部或全部疏散的决定，并告诉群众要从容、镇静，避免引起慌乱、拥挤。

（二）报火警的方法

除装有自动报警系统的单位可以自动报警外，其他单位或个人可根据条件分别采取以下方法报警。

1. 向单位和周围的人群报警

在向单位和周围的人群报警时，可以使用电话、警铃、汽笛、敲钟等手动报警设施或其他平时约定的报警手段报警；派人到本单位（地区）的专职消防队报警；使用有线广播报警。农村地区可以使用敲锣等方法报警或大声呼喊等方法报警。

2. 向公安消防队报警

在向公安消防队报警时，可以拨叫"119"火警电话向公安消防队报警。当没有电话且离消防队较近时，可骑自行车到消防队报警。总之，方法要因地制宜，以最快的速度将火警报出去为目的。

（三）报火警的内容

在拨火警电话向公安消防队报火警时，必须讲清以下内容。

1. 发生火灾单位或个人的详细地址

包括街道名称、门牌号码、靠近何处等。农村发生火灾要讲明县、乡（镇）、村庄名称；大型企业要讲明分厂、车间或部门；高层建筑要讲明第几层楼等。总

之，地址要讲得具体、明确。

2. 起火物

如房屋、商店、油库、露天堆场等，房屋着火最好讲明何建筑，如棚屋、砖木结构、新式厂房、高层建筑等。尤其要注意讲明的是起火物为何物，如液化石油气、汽油、化学试剂、棉花、麦秸等都应讲明白，以便消防部门根据情况派出相应的灭火车辆。

3. 火势情况

如只见冒烟、有火光、火势猛烈，有多少间房屋着火等。

4. 报警人姓名及所用电话的号码

以上情况报完时，报警人应当将自己的姓名及所用电话的号码告知接警台，以便消防部门联系和了解火场情况。报火警之后，还应派人到路口接应消防车。

(四) 报火警的要求

1. 一旦发生火灾，应当视火场情况，在积极扑救的同时不失时机地报警

一旦发生火灾，究竟应当先报警还是先扑救，是有很多经验和教训值得汲取和学习的。例如，河南省南阳市华优家具厂于1998年9月29日因厂房内的用电设备超负荷产生高温引燃配电箱及房顶上的油毡发生火灾。火灾初起时，该厂职工胡某正在配电箱附近干活，当他发现配电箱冒烟时，旁边就放有两具干粉灭火器，只要使用两具灭火器灭火，该小火便很快就会扑灭，但遗憾的是胡某并没有使用灭火器灭火，而是跑出去报警和叫人灭火，待胡某和其他职工赶来灭火时，大火已烧穿房顶冲向天空，使投资30万元的36间厂房及家具、木料、油漆和三合板全部化为灰烬。无独有偶，同是河南省安阳市的东工家具厂，同因配电箱超负荷引起火灾，在场的本厂职工许国富发现后，一边叫人去报警，一边立即使用身边的灭火器灭火，不到三分钟就将火势控制，当消防队赶到现场时，火已被扑灭，除了烧毁一个配电箱外，无其他损失。由此可见，一旦发生火灾，应当根据火场情况选择先报警还是先扑救。若在自己身边发现火灾初起，靠自己的力量能够有效扑救，就应当先行扑救，但在积极扑救的同时应不失时机地报警；若火已着大，凭自己的力量难以扑灭，就应当先报警，同时召唤旁人前来扑救。

2. 要学会正确的报警方法

虽能及早拨报火警，但不掌握正确的报警方法也往往延误灭火时机。如1993年2月14日上午，唐山林西百货大楼家具厅的特大火灾，当时在场的两名营业员，发现电焊火花溅落在家具厅内一人高的海绵床垫堆垛上引起海绵床垫燃烧时，找来一个灭火器不会使用，便随手交给刚进家具厅的顾客，扑救无效，酿成火灾。这时营业员才想起报警，但百货大楼的电话被锁，只好又跑到马路对面单位打电话，但电话也被锁，又跑到隔壁单位去打电话，当其打电话时，又不知火警电话的号码，拿着电话号码本从头至尾翻也未找到，当合上电话本时才发现首页上写着的火警电话"119"，致使报警时间延误了18min，严重延误了有效的灭火时间。因此，还必须要掌握正确的报警方法。

282

3. 不要存在侥幸心理，以为自己有足够的力量扑灭就不向消防队报警

有的操作人员由于自己的操作失误导致了火灾，不是及时报警，而是怕追究责任或受经济处罚等，侥幸凭自己的力量扑救，结果小火酿成大灾。如 2000 年 11 月底，洛阳东都商厦在地下一层大厅中间通往地下二层的楼梯通道用钢板焊封时，施焊中未采取任何防护措施，电焊火花从楼上的方孔溅入地下二层可燃物上，引燃了地下二层的绒布、海面床垫、沙发和木质家具等可燃物品。施焊人员在发现起火后，即用室内消火栓的水枪从方孔向地下二层射水灭火，在不能扑灭的情况下，既未报警也没有通知楼上人员便逃离现场，并订立攻守同盟。正在商厦办公的东都商厦经理以及为开业准备商品的东都分店员工见势迅速撤离，也未及时报警和通知四层娱乐城人员逃生。随后，火势迅速蔓延。加之着火后，东北角的楼梯被烟雾封堵，其余的三部楼梯被锁上的铁栅栏堵住，人员无法通行，造成了 309 人中毒窒息死亡的特大火灾事故。

4. 不要怕影响评先进、评奖金，怕消防车拉警报来影响声誉而不报警

有的企业单位发生火灾，不是要求职工积极报警，而是怕影响评先进、发奖金，怕消防车拉警报来影响声誉而不报警；有的甚至做出专门规定，报警必须经过领导批准。这样的结果，往往小火酿成大灾。如广东制衣厂某企业发生火灾，值班保安发现后根据本厂规定，先请示保安部经理，保安部经理又请示总经理，总经理不在，又打手机，在总经理同意后报警时半个小时已经过去。结果错失了使楼上职工逃生的机会，造成了 70 人死亡、47 人重伤的特大火灾事故。

（五）谎报火警的处罚

现在，不少地方都发现有个别人打电话假报火警的现象。如据西安市消防指挥中心统计，1999 年 4 月 21 日 9 时至 22 日 9 时接警共 317 次，其中除了两次是真的火警外，其余 315 次全部是假火警。这些假火警有的是抱着试探心理，看报警后消防车是否会来；有的报火警开玩笑；有的是为报复对自己有意见的人，用报警方法搞恶作剧故意捉弄对方；有的无聊、空虚，寻求新鲜、刺激；有的遭受了挫折打击，却无聊透顶地拨"119"电话获得某种快感等，这些都是错误的，是违反消防法规、妨害公共安全的行为。这是因为，每个地区所拥有的消防力量是有限的，因谎报火警而出动车辆，必然会削弱正常的值勤力量。如果在这时某单位真的发生了火灾，就会影响正常出动和扑救，以致造成不应有的损失和人员伤亡，所以以谎报火警或阻拦报火警的行为是扰乱公共消防秩序、妨害公共安全的行为。按照《消防法》的规定：任何人发现火灾时，都应当立即报警。任何单位、个人都应当无偿为报警提供便利，不得阻拦报警，严禁谎报火警。谎报火警或阻拦报火警的，应按治安管理处罚法的有关规定予以处罚。

四、火灾预警处置的基本程序

1. 个人家庭的自救

个人家庭发生火灾时，应当按家庭的火灾应急预案或以上所叙的自救方法扑

救、报警、逃生。

2. 单位的自救

单位发生火灾时，应当立即按照灭火和应急疏散预案，组织职工和志愿消防队队员扑救火灾，疏散人员和物资。人员密集场所发生火灾时，该场所的现场工作人员应当立即组织、引导在场人员疏散。

3. 消防控制室值班人员火警处置程序

(1) 当消防控制室值班人员接到火灾自动报警系统发出的火灾报警信号时，要通过单位内部电话或无线对讲系统立即通知巡查人员或报警区域的楼层值班、工作人员立即迅速赶往现场实地查看。

(2) 查看人员确认火情后，要立即通过报警按钮、楼层电话或无线对讲系统向消防控制室反馈信息，并同时组织本楼层第一梯队疏散引导组及时引导本层人员疏散；灭火行动组实施灭火。

(3) 消防控制室接到查看人员确认的火情报告后要同时做到：立即启动消防广播，发出火警处置指令，通知第二梯队人员，并告之顾客不要惊慌，在单位员工的引导下迅速安全疏散、撤离；设有正压送风、排烟系统和消防水泵等设施的，要立即启动，确保人员安全疏散和有效扑救初起火灾；拨打"119"电话报警。

(4) 第二梯队人员接到消防控制室值班人员发出的火警指令后，要迅速按照职责分工，同时做到：灭火行动组的人员立即跑向火灾现场实施增援灭火；疏散引导组引导各楼层人员紧急疏散；通讯联络组继续拨打"119"电话报警；安全防护救护组携带药品，准备救护受伤人员。

4. 员工发现火情时的处置程序

(1) 立即通过报警按钮、内部电话或无线对讲系统等有效方式向消防控制室报警，并组织本楼层第一梯队同时做到：疏散引导组及时引导本层人员疏散；灭火行动组实施灭火；通讯联络组拨打"119"电话报警；安全防护救护组携带药品，准备救护受伤人员。

(2) 消防控制室值班人员接到火情报告后，要立即启动消防广播，发出火警处置指令，通知第二梯队人员，并告之顾客不要惊慌，在单位员工的引导下迅速安全疏散、撤离；设有正压送风、排烟系统和消防水泵等是设施的，要立即启动，确保人员安全疏散和有效扑救初起火灾；拨打"119"电话报警。

(3) 第二梯队人员接到消防控制室值班人员发出的火警指令后，要迅速按照职责分工，同时做到：灭火行动组的人员立即跑向火灾现场实施增援灭火；疏散引导组引导各楼层人员紧急疏散；通讯联络组继续拨打"119"电话报警；安全防护救护组携带药品，准备救护受伤人员。

5. 火灾事故善后程序

(1) 火灾发生后，受灾单位应保护火灾现场。公安消防机构划定的警戒范围是火灾现场保护范围；尚未划定时，应将火灾过火范围以及与发生火灾有关的部位划定为火灾现场保护范围。

（2）未经公安消防机构允许，任何人不得擅自进入火灾现场保护范围内，不得擅自移动火场中的任何物品。

（3）未经公安消防机构同意，任何人不得擅自清理火灾现场。

（4）有关单位应接受事故调查，如实提供火灾事故情况，查找有关人员，协助火灾调查。

（5）有关单位应做好火灾伤亡人员及其亲属的安排、善后事宜。

（6）火灾调查结束后，有关单位应总结火灾事故教训，改进消防安全管理。

6. 公安消防队、专职消防队的救援

公安消防队、专职消防队接警后应当立即赶赴火场，按照生命优先的原则，首先确认火灾现场是否有遇险人员。起火场所的负责人和熟悉起火场所情况的人，应当向灭火指挥人员如实报告火灾现场有无遇险人员，有无易燃易爆危险品等。任何单位、个人不得以任何理由阻碍消防队优先救助遇险人员。

7. 火灾现场的封闭与保护

公安机关消防机构有权根据需要封闭火灾现场。公安机关消防机构封闭火灾现场，应当明确划定封闭范围，设置警戒线等警示标志，指定警戒人员看管，并在封闭现场主要出入口张贴封闭现场公告。火灾现场封闭期间，未经公安机关消防机构批准，无关人员不得进入火灾现场。火灾扑灭后，发生火灾的单位和相关人员应当按照公安机关消防机构的要求保护现场。

第二节　初期火灾的扑救

初期火灾容易扑救，但必须运用正确的灭火方法，合理使用灭火器材和灭火剂，才能有效地扑灭初起火灾，减少火灾危害。

一、灭火的基本方法

灭火的基本方法，就是根据起火物质燃烧的状态和方式，为破坏燃烧必须具备的基本条件而采取的一些措施。具体有以下 4 种。

（一）冷却灭火法

冷却灭火法，就是将灭火剂直接喷洒在可燃物上，使可燃物的温度降低到自燃点以下，从而使燃烧停止。用水扑救火灾，其主要作用就是冷却灭火。一般物质起火，都可以用水来冷却灭火。

火场上，除用冷却法直接灭火外，还经常使用水冷却尚未燃烧的可燃物质，防止其达到自燃点而着火；还可用水冷却建筑构件、生产装置或容器等，以防止其受热变形或爆炸。

（二）隔离灭火法

隔离灭火法，是将燃烧物与附近可燃物隔离或者疏散开，从而使燃烧停止。这种方法适用于扑救各种固体、液体、气体火灾。

采取隔离灭火的具体措施很多。例如，将火源附近的易燃易爆物质转移到安全地点；关闭设备或管道上的阀门，阻止可燃气体、液体流入燃烧区；排除生产装置、容器内的可燃气体、液体；阻拦、疏散可燃液体或扩散的可燃气体；拆除与火源相毗连的易燃建筑结构，造成阻止火势蔓延的空间地带等。

（三）窒息灭火法

窒息灭火法，即采取适当的措施，阻止空气进入燃烧区，或用惰性气体稀释空气中的氧含量，使燃烧物质缺乏或断绝氧气而熄灭。这种方法，适用于扑救封闭式的空间、生产设备装置及容器内的火灾。

火场上运用窒息法扑救火灾时，可采用石棉被、湿麻袋、湿棉被、沙土、泡沫等不燃或难燃材料覆盖燃烧物或封闭孔洞；用水蒸气、惰性气体（如二氧化碳、氮气等）充入燃烧区域；利用建筑物上原有的门窗以及生产储运设备上的部件来封闭燃烧区，阻止空气进入。此外，在无法采取其他扑救方法而条件又允许的情况下，可采用水淹没（灌注）的方法进行扑救。但在采取窒息法灭火时，必须注意以下几点。

（1）燃烧部位较小，容易堵塞封闭，在燃烧区域内没有氧化剂时，适于采取这种方法。

（2）在采取用水淹没或灌注方法灭火时，必须考虑到火场物质被水浸没后能否产生不良后果。

（3）采取窒息方法灭火以后，必须确认火已熄灭时，方可打开孔洞进行检查。严防过早地打开封闭的空间或生产装置，而使空气进入，造成复燃或爆炸。

（4）采用惰性气体灭火时，一定要将大量的惰性气体充入燃烧区，迅速降低空气中氧的含量，以达窒息灭火的目的。

（四）抑制灭火法

抑制灭火法，是将化学灭火剂喷入燃烧区参与燃烧反应，中止链反应而使燃烧反应停止。采用这种方法可使用的灭火剂有干粉和卤代烷灭火剂。灭火时，将足够数量的灭火剂准确地喷射到燃烧区内，使灭火剂阻断燃烧反应，同时还要采取必要的冷却降温措施，以防复燃。

在火场上采取哪种灭火方法，应根据燃烧物质的性质、燃烧特点和火场的具体情况，以及灭火器材装备的性能进行选择。

二、初期火灾扑救的基本战术原则

火灾现场人员在扑救初期火灾时，应当运用"先控制，后消灭"、"救人重于救火"、"先重点，后一般"的基本战术原则。

（一）先控制、后消灭的原则

先控制，后消灭，是指对于不可能立即扑灭的火灾，要首先控制火势的继续蔓延扩大，在具备了扑灭火灾的条件时，再展开全面进攻，一举消灭。义务消防队灭火时，应根据火灾情况和本身力量灵活运用这一原则。对于能扑灭的火灾，要抓住战机，迅速消灭。如火势较大，灭火力量相对薄弱，或因其他原因不能立即扑灭时，就要把主要力量放在控制火势发展或防止爆炸、泄漏等危险情况发生上，为防止火势扩大、彻底扑灭火灾创造有利条件。先控制，后消灭，在灭火过程中是紧密相连、不能截然分开的，只有首先控制住火势，才能迅速将其扑灭。控制火势要根据火场的具体情况，采取相应措施。根据不同的火灾现场，常见的做法有以下几种。

（1）建筑物失火　当建筑物一端起火向另一端蔓延时，可从中间适当部位控制；建筑物的中间着火时，应从两侧控制，以下风方向为主，发生楼层火灾时，应从上下控制，以上层为主。

（2）油罐失火　油罐起火后，要冷却燃烧油罐，以降低其燃烧强度，保护罐壁；同时要注意冷却邻近油罐，防止因温度升高而爆炸起火。

（3）管道失火　当管道起火时，要迅速关闭阀门，以断绝可燃物；堵塞漏洞，防止气体或液体扩散；同时要保护受火势威胁的生产装置、设备等。

（4）易燃易爆单位（或部位）失火　要设法消灭火灾，以排除火势扩大和爆炸的危险；同时要疏散保护有爆炸危险的物品，对不能迅速灭火和不易疏散的物品要采取冷却措施，防止受热膨胀爆裂或起火爆炸而扩大火灾范围。

（5）货场堆垛失火　一垛起火，应控制火势向邻垛蔓延。货区的边缘堆垛起火，应控制火势向货区内部蔓延；中间垛起火，应保护周围堆垛，以下风方向为主。

（二）救人重于救火的原则

救人重于救火，是指火场上如果有人受到火势威胁，义务消防队员的首要任务就是把被火围困的人员抢救出来。运用这一原则，要根据火势情况和人员受火势威胁的程度而定。在灭火力量较强时，灭火和救人可以同时进行，但绝不能因灭火而贻误救人时机。人未救出之前，灭火是为了打开救人通道或减弱火势对人员威胁程度，从而更好地为救人脱险、及时扑灭火灾创造条件。

（三）先重点，后一般的原则

先重点、后一般，是就整个火场情况而言的。运用这一原则，要全面了解并认真分析火场的情况，主要是：

（1）人和物相比，救人是重点。

（2）贵重物资和一般物资相比，保护和抢救贵重物资是重点。

（3）火势蔓延猛烈的方面和其他方面相比，控制火势蔓延猛烈的方面是重点。

（4）有爆炸、毒害、倒塌危险的方面和没有这些危险的方面相比，处置这些危险的方面是重点。

（5）火场上的下风方向与上风、侧风方向相比，下风方向是重点。

（6）可燃物资集中区域和这类物品较少的区域相比，可燃物资集中区域是保护重点。

（7）要害部位和其他部位相比，要害部位是火场上的重点。

三、初期火灾扑救的指挥要点

实践证明，扑灭火灾的最有利时机是在火灾的初期阶段。要做到及时控制和消灭初起火灾，主要是依靠群众义务消防队。因为他们对本单位的情况最了解，发生火灾后能在公安消防队和企业专职消防队到达之前，最先到达火场。所以发生火灾后，首先由起火单位的领导或义务消防队的领导进行组织指挥；当本单位企业专职消防队到达火场时，由企业专职消防队的领导负责组织指挥；当公安消防队到达火场时，由公安消防队的领导统一组织指挥。扑救初起火灾的组织指挥工作主要做好以下几点。

（1）及时报警，组织扑救　无论在任何时间和场所，一旦发现起火，都要立即报警，并参与和组织群众扑救火灾。报警的对象、内容、方法和要求如前所述。

（2）积极抢救被困人员　当火场上有人被围困时，要组织身强力壮人员，积极抢救人命。

（3）疏散物资，建立空间地带　火场上要组织一定的人力和机械设备，将受到火势威胁的物资疏散到安全地带，以阻止火势的蔓延，减少火灾损失。

（4）防止扩大环境污染　火灾的发生，往往会对环境造成污染。泄漏的有毒气体、液体和灭火用的泡沫等还会对大气或水体造成污染。有时，燃烧的物料，不扑灭只会对大气造成污染，如果扑灭早了反而还会对水体造成更严重的污染。例如，2005年11月13日中石油吉林石化公司双苯厂发生的爆炸火灾。国家环保总局通报称，14日10时，吉化公司东10号线入江口水样中苯、苯胺、硝基苯、二甲苯等主要污染物指标均超过国家规定标准。11月20日16时污染团到达黑龙江和吉林交界的肇源段时，硝基苯开始超标，最大超标倍数为29.1倍，污染带长约80km，持续时间约40h。该污染还蔓延到了俄罗斯，在国际上造成了很坏的影响。所以，当遇到类似火灾时，如果燃烧的火焰不会对人员或其他建筑物、设备构成威胁时，在泄漏的物料无法收集的情况下，灭火指挥员应当果断的决定，宁肯让其烧完也不宜将火扑灭，以避免对环境造成更大的污染等危害。

第三节　安全疏散与自救逃生

安全疏散与自救逃生是减少人员伤亡和财产损失的一个非常重要方面。从目前全国的火灾统计看，人员伤亡最大的直接原因：首先是单位不重视安全疏散与逃生，把疏散门、疏散通道堵上，或者不留疏散门；其次是单位员工不会组织现场群众逃生，遇到火灾不是首先组织现场群众逃生，而是自己溜之大吉；再次是人们不懂得正确的逃生方法，平时讲时莫不关己，遇到火灾惊恐万状，慌乱不知所措，结果被浓烟活活熏死。因此，首先群众应当掌握正确的逃生方法；其次单位应当会组织现场群众逃生。

一、火场逃生的基本方法

建筑火灾的特点是，火灾于起火部位（房间）先行突破门窗；其后是烟火沿走廊蔓延，遇楼梯、电梯、垃圾道、竖向管井等，形成"烟囱效应"，被迅速向上抽拔，蔓延至楼上各层；另一条走向是通过窗口和孔洞，由建筑外部向上发展。其中由于热力作用，高温烟气通常浮在建筑空间上部。门窗玻璃受高温和人为破碎，空气流入，室内的阴燃物便会突然起火或发生轰燃。轰燃时温度急剧上升（约900℃），致使室内所有可燃物同时着火。如汽油蒸气失火轰燃会形成大面积火场，并很快使建筑物立体狂烧。发生轰燃时，尽管大火尚未及身，而身处火场的人们往往会被高温热浪灼伤，并立即陷身火海。问题还不仅如此。如果说火势蔓延需要一个短暂的过程的话，而火灾中生成的高温有毒烟气，则会在瞬间猛烈升腾，布满火场空间。据有关资料记载，火灾猛烈阶段，烟气水平扩散速度为 0.5~0.8m/s，烟气在楼梯间、电梯井等竖向管井中的垂直扩散速度为 3m/s 至 4m/s。根据唐山林西百货大楼的高度、空间、通道等实际情况，专家认为，高温烟气经由东侧楼梯由一层蔓延至三层仅需要三至四秒钟，从东侧蔓延至西侧则只需 69~111s。按上述最高值测算，处于该大楼二、三层的营业员或顾客，从发现起火开始，必须在两分钟左右逃离大楼。试想，在如此宝贵而短暂的时间里，在极其复杂而混乱的火场，一个未经过消防学习和训练、不具备基本逃生常识和技巧的人，要想顺利脱险、绝处逢生，实在是难乎其难。在这种情况下，我们必须学会正确的逃生方法。

1. 熟悉环境

一般来说，人们对长期居住生活的地域环境比较熟悉，若遇到紧急情况即可迅即撤离火灾现场，因而人员伤亡较少。倘若您来到陌生的地方，特别是在商场、宾馆等庞大建筑物中，平时应有意留心大门、楼梯、进出口通道及紧急备用出口等方位和特征，做到心中有数。一旦遇到火灾险情时，不至于迷失方向而盲目地往火海里闯，往死胡同里钻。如在 1985 年的哈尔滨天鹅饭店火灾中，几位日本旅客在住进饭店时就摸清了周围的环境，把安全出口处牢记在心，因而得以逃生。还有一个极有说服力的例子，在 1994 年 12 月克拉玛依特大火灾中，一个 10 岁的小男孩看到舞台上方纱幕起火后，立刻拉起自己的小妹妹往通道跑，不假思索地钻进厕所里，直到被人救出，这都是熟悉环境得到的求生之路。

2. 头脑冷静

当楼房发生火灾时，应保持稳定的心理状态，切不可惊慌失措，以免做出错误的决断而冒险跳楼。如 1985 年 4 月哈尔滨天鹅饭店失火，一位日本旅客发现火情后，及时向其他客人报警，然后用床单结成绳索，顺窗下坠从而逃生。而几位中国职工和朝鲜客人，因缺乏防火逃生经验慌忙跳楼，结果不是摔死就是重伤。在这场火灾死亡的 10 人中，有 9 人是因盲目跳楼而摔得粉身碎骨。我们要切记这样的教训。如果遇到类似的情况，切不可惊慌失措。如果楼梯刚刚着火，可用湿棉被、毯子等披在身上，毫不迟疑地冲过火海，虽然可能受点伤，但可避免生命危险。如在唐山林西百货大楼火灾现场，一位带孩子的妇女就是勇敢地顶着浓烟冲下楼，尽管面部被烟火熏得漆黑，却得以生还。而不少人因惊恐万状地被大火逼上楼顶，结果葬身火海。

3. 湿巾捂鼻

现代建筑虽然比较牢固，但几乎所有的装饰材料，诸如塑料壁纸、化纤地板、聚苯乙烯泡沫板、人造宝丽板等，均为易燃物品。这些化学装饰材料燃烧时会散发出有毒的气体，随着浓烟以快于人奔跑4~8倍的速度迅速蔓延，人们即使不烧死，也会因烟雾窒息死亡。此时一定不要狂奔乱跑，要平静下来，放慢呼吸，尤其不要急喘气，否则一口气即可呛死。当烟雾太浓时，可用毛巾捂住口鼻，屏住呼吸，防止烟雾毒气呛入体内。同时宜俯卧爬行，因烟气及毒气比空气轻，贴近地面的空气，一般比较少烟清洁，且含氧量较多，可避免被毒烟熏倒而窒息。在火场上发现烟雾中毒者时，应立即送往医院抢救。

4. 辨明逃生方向

着火后，火焰挟着浓烟滚滚而来，所以你在辨别逃离方向时，一定要注意朝着明亮处迅速撤离。在公共场所切忌乱挤乱跑，以免因拥挤、践踏造成不必要的伤亡。在楼梯上，应尽可能往下跑，因为火主要是向上蔓延的。如果楼梯已经烧断或被烈火封闭，那么就应当通过屋顶上的天窗、阳台、下水道等建筑结构中的凸出物往外逃生，还可用绳子拴在门窗等固定物上，顺着绳子往下滑。如无绳子，应就地取材。

5. 防止引火烧身

在火灾现场，如果身上着了火，千万不能随便奔跑，因为奔跑时会形成一股小风，大量新鲜空气冲到着火人身上，就会像给火炉扇风似的，越烧越旺。着火的人到处乱跑，还会把火带到其他场所，引起新的起火点。例如，1982年某县制药厂着火，很多人正在扑救火灾时，突然汽油发生爆炸，以致不少人身上都着了火，有的拼命向厂外跑，身上的火越烧越旺，半路上就倒下去了，被烈火夺去了生命；有的翻越围墙，跳进了小河，虽受了重伤，但生命得救了。

由于身上着火时，一般总是先烧衣服，所以，这时最要紧的是设法先将衣服脱掉，如果来不及脱衣服，也可卧倒在地上打滚，把身上的火苗压熄。在场的其他人员也可用湿麻袋、毯子等物把着火人包裹起来以窒息火焰；或者向着火人身上浇水，帮助受害者将烧着的衣服撕下；或者跳入附近池塘、小河中将身上的火熄掉。

6. 跑离火场

此为火场逃生的一条主要途径，能在较短时间内疏散大量的人员。但切记不要沿烟气深重、或已被烟火封堵的楼梯下跑，下行的人群一旦与上窜的烟火遭遇，可能造成惨重伤亡。同时，不可通过普通电梯疏散，万一断电，将死于"囚笼"；也不可躲入床下或壁柜中，令救援者难以发现。

正确的选择是：沿烟气不浓，大火尚未烧及的楼梯、应急疏散通道、楼外附设的敞开式楼梯等下跑。一旦在下跑的过程中受到烟火或人为封堵，应沿水平方向选择其他通道，或临时退守到房间及避难层内，争取时间，进而采用其他方式逃生。如果这些因火场情况和客观条件所限，无法实施，也可跑到楼顶平台等处挥舞衣物，发出呼救，等候救援，此为下策。当然，无论是上策，还是下策，均建立在对建筑结构和火场情况的了解之上。

7. 结绳自救

在准备逃离房间前，应用手摸摸房门或开一道小缝观察，如果房门发烫或有浓烟扑入，说明火已离你不远，门外已十分危险，此时要另寻生路。可将窗帘、被罩撕成粗条，结成长绳，一端紧固在暖气管道或其他足以载负体重的物体上，另一端沿窗口下垂直至地面或较低楼层的窗口、阳台处，顺绳下滑逃生。注意应将绳索结扎牢固，以防负重后松脱或断裂。如在某兵工物资西北招待所火灾中，这种逃生方式成功地保护和挽救了100多名旅客的生命。

8. 巧用地形

由于建筑样式各异，因此也相应形成了不同的构筑特点，有些地形是可以用来逃生的。如建筑上附设的落水管、毗邻的阳台、邻近的楼顶以及楼顶上的水箱等，都可能会成为人们死里逃生的一线生机。这些都需要人们平时注意留心观察，熟记于心。例如，在鞍山商场死亡35人的大火中，有这样两位幸运者：王明晴和秦凤，分别是餐厅厨师和服务员。火灾时他们住在鞍山商场八楼，那天清晨，当他们发现火情时，仅有的一座楼梯已被火封住，于是，他们从窗口往六楼平台扔了几条棉被后跳了下去。但此时，六楼平台就像蒸笼一样被裹在了浓烟烈火之中，灼热和烟呛将他们逼到西侧转角处。于是他们又从六楼平台跳到落差有8m多的西部四楼平台上，后被消防战士援救，虽然下腿部负了重伤，但也捡回了一条性命。

9. 积极待援

坚持待援可谓一种被动的选择。可用被子蒙住门，用织物堵严门缝，并向上泼水，顶住烟火的进攻。据有关资料称：一扇标准的木门，可为人们争取到十多分钟的时间；同时可通过窗口向外面招手、呼喊、打手电筒、抛掷物品等，发出求救信号。火场中的勇敢精神和顽强行为，有时也能够创造出奇迹来。如1983年4月17日，哈尔滨道里区发生延烧五条街道的特大火灾，致使758户受灾，9人死亡，10人重伤，而一户居住在着火六楼的居民却奇迹般地得以生存。这户居民在大火面前临危不乱，从容不迫地将阳台上的可燃物搬进屋里，同时，紧闭门窗，用浸湿的被褥、衣服蒙盖，然后，有给室内家具、地面泼水。虽然大楼周围烈火腾腾，却始终没有烧进这户人家，毒烟也未进入室内，全家人不但没有伤亡，居然连家具也得以保存了下来。

10. 慎重跳楼

跳楼一向是造成火场人员伤亡的又一主要原因。无论怎么说，从较高楼层跳楼求生，都是一种风险极高、不可轻取的逃生选择。但人们被高温烟气步步紧逼，实在无计可施、无路可走时，跳楼也就必然成为挑战死亡的生命豪赌。万般无奈之下一旦采用跳楼逃生，应注意尽量想方设法缩小与地面的落差，并先行抛掷一些柔软物品，如棉被、床垫等，减少与地面的冲击。如有可能，楼下救援者应积极施救，或布置充气垫等物兜接，力求最大限度地减少伤亡。在鞍山商场火灾中，被困在六楼居室的宾馆副总经理张伟夫妇在逃生无路、万般无奈的情况下，用几床被褥将六岁的儿子张佳阳层层裹住，从六楼扔下。尽管小佳阳血肉模糊、奄奄一息，却挽回了生命，而张伟夫妇二人双双罹难。

二、安全疏散的组织及要求

由于在火灾现场的人员有烟气中毒、窒息以及被热辐射、热气流烧伤的危险，所以，现场的救援指挥者，首先应当了解火场有无被困人员及其被困地点和抢救的通道，并根据不同火灾现场的特点正确地组织安全疏散。

（一）安全疏散组织的基本程序及要求

1. 稳定情绪

火灾现场往往是火光冲天，浓烟滚滚，在夜间或断电的情况下，往往还会漆黑一片，给人一种非常恐惧的感觉。此时，没有特殊心理训练的人往往会惊慌失措，手忙脚乱，不知如何是好。因此，现场的指挥者，首先自己应当沉着冷静，果敢机警，采取喊话的方式稳定情绪大家的情绪。告诉大家，我是什么负责人，现在是什么位置的什么东西着的火，请大家不要慌乱，积极配合，听我的指挥，按指定路线尽快撤离火灾现场，使在场人员安全疏散出去。

2. 告诉注意事项，做好必要准备

为了让火灾现场人员能够安全顺利地疏散出去，现场组织者还应当把疏散当中应当注意的事项告诉大家。需做装备的，还应当告诉必要的方法。如把干毛巾或身上的衣服弄湿捂上自己的口鼻等。对于老弱病残人员、婴幼儿等火灾高危群体，还应当做好背、拉、抬、搀扶等帮扶准备，并尽快地组织疏散。所有被困人员逃离出房间后，还应当关闭好已逃离房间的门窗，以防止因空气的流通造成火灾的蔓延。

3. 选择正确路线和方法疏散

准备就绪后，应当按照平时制订的火灾应急预案，选择正确的路线疏散。在疏散时，如人员较多或能见度很差时，应在熟悉疏散通道的人员带领下，鱼贯地撤离起火点。带领人可用绳子牵领，用"跟着我"的喊话或前后扯着衣襟的方法将人员撤至室外或安全地点。

在撤离火场途中被浓烟所围困时，由于烟雾一般是向上流动，地面上的烟雾相对地说比较稀薄，因此，应当采取低姿势行走或匍匐穿过浓烟区的方法；应当设法用湿毛巾等捂住嘴、鼻，或用短呼吸法，用鼻子呼吸，以便迅速撤出烟雾区。如果没有湿毛巾，千万不要急跑，因为急跑会加大肺的呼吸量，有时本来采取低姿势行走或匍匐慢慢穿过浓烟区，反而急跑一口气就可能把人呛死。

高层旅馆饭店的服务人员，要善于引导旅客疏散。火灾时，要利用音响设备通报和指导按一定程序疏散，防止拥挤，影响疏散或造成踩伤事故。当烟雾弥漫走道或楼梯间时，要及时启动机械排烟系统排烟，并尽可能地引导客人从远离着火区的疏散楼梯疏散。

4. 清点疏散人数

在组织人员逃生到安全地点后，对于大批的人员应当负责注意清点人数，防止有遗漏未逃出的人员。尤其是婴幼儿、学生、老弱病残者等火灾高危群体的人员，要做详细清点。

5. 保护好已疏散人员的安全

火场上脱离险境的人员，往往因某种心理原因的驱使，不顾一切，想重新回到原处达到目的，如自己的亲人还被围困在房间里，急于救出亲人；怕珍贵的财物被烧，想急切地抢救出来等。这不仅会使他们重新陷入危险境地，且给火场扑救工作带来困难。所以，火场指挥人员应组织人安排好这些脱险人员，做好安慰工作，以保证他们的安全。

（二）不同场所人员疏散的组织

1. 楼房的下层着火时应当如何安全疏散

楼房的下层着火时，楼上的人不要惊慌失措，应根据现场的不同情况采取正确的自救措施。如果楼梯间只是充满烟雾，可采取低姿势手扶栏杆迅速而下；如果楼梯已被烟火封住但未坍塌，还有可能冲得出去时，则可向头部、上身淋些水，用浸湿的棉被、毯子等物披围在身上从烟火中冲过去；如果楼梯已被烧断、通道被堵死时，可通过屋顶上的老虎窗、阳台、沿落水管等处逃生，或在固定的物体上（如窗框、水管等）拴绳子，也可将被单撕成条连接起来，然后手拉绳缓缓而下。如果上述措施行不通时，则应退居室内，关闭通往着火区的门窗，还可向门窗上浇水，延缓火势蔓延，并向窗外伸出衣物或抛出小物件发出求救信号或呼喊引起楼外人员注意，设法求救。在火势猛烈、时间来不及的情况下，如被困在二楼时，可先往楼外地面上抛掷一些棉被等物，以增加缓冲，然后手拉着窗台或阳台往下滑，这样可使双脚先着地，又能缩小高度。如果被困在三楼以上，则不可以跳楼，可转移到其他较安全地点，耐心等待救援。

2. 高层建筑着火时应当如何安全疏散

高层建筑着火时，疏散较为困难，因此更应沉着冷静，不可采取莽撞措施，以避免造成次生灾害。首先要冷静地观察从哪里可以疏散逃生，并且要呼叫他人，提醒他人及时进行疏散。疏散时应按照安全出口的指示标志，尽快地从安全通道和室外消防楼梯安全撤出。切勿盲目乱窜或奔向电梯，那样反而贻误逃生的时机或被困在电梯间而致死。这是因为，火灾时电梯的电源常常被切断，同时电梯井烟囱效应很强，烟火极易由此处向上蔓延。如果情况危急，急欲逃生，可利用阳台之间的空隙、落水管或自救绳等滑行到没有起火的楼层或地面上，但千万不要跳楼。如果确实无力或没有条件用上述方法自救时，可紧闭房门，减少烟气、火焰浸入，躲在窗户下或到阳台避烟，单元式住宅高楼也可沿通至屋顶的楼梯进入楼顶，等待到达火场的消防人员解救。总之，在任何情况下，都不要放弃求生的希望。

3. 人员密集场所着火时应当如何安全疏散

影剧院、体育馆、礼堂、医院、学校以及商店等人员密集场所，一旦起火，如果疏散不力，很容易会造成重大伤亡事故，因此，平时要做好各种情况下安全疏散的准备工作。

（1）制订安全疏散计划。按人员的分布情况，制定在火灾等紧急情况下的安全疏散路线，并绘制平面图，用醒目的箭头标示出出入口和疏散路线。路线要尽量简捷，安全出口的利用率要平均。对工作人员要明确分工，平时要进行训练，以便火灾时按疏散计划组织人流有秩序地进行疏散。

（2）在营业时间里，工作人员应坚守岗位，并保证安全走道、楼梯和出口畅通无阻。安全出口不得锁闭，通道不得堆放有碍安全疏散的物资。

（3）安全疏散时要维持好秩序，注意不要互相拥挤，要扶老携幼，要帮助残疾人和有病、行动不便的人一道撤离火场。

4. 地下建筑着火时应当如何安全疏散

地下建筑包括地下旅馆、商店、游艺场、物资仓库等。这些场所的火灾特点是：空间较小，疏散设施有限，起火时烟气很快充满空间；空间温度高，能见度极差，人们在惊慌中又易迷失方向；人员疏散只能通过出入口，安全疏散的难度比地面建筑要大得多。加之烟气流对人的危害很大等，所以需要在更短的时间里将人员疏散出去。

（1）应制订区间（两个出入口之间的区域）疏散计划。计划应明确指出区间人员疏散路线和每条路线上的负责人。计划要用平面图显示出来。

（2）服务管理人员都必须熟悉计划，特别是要明确疏散路线，一旦发生紧急情况，能沉着地引导人流撤离起火场所。

（3）地下建筑内的走道两侧附设的招牌、广告、装饰物均不得突出于走道内。

（4）地下建筑失火时，如果发生断电事故，营业单位应立即启用平时备好的事故照明设施或使用手电筒、电池灯等照明器具，以引导疏散。

（5）单位负责安全的管理人员在人员撤离后应清理现场，防止有人在慌乱中采取躲藏起来的办法而发生中毒或被烧死的事故。

三、物资的安全疏散

为了最大限度地减少火灾损失，防止火势蔓延和扩大，火场上的物资，尤其是非常有价值的物资，应当有组织地进行疏散。由于物资的疏散通常都是失火单位组织，所以，单位的消防安全管理人员应当负责物资疏散的组织工作。

1. 应急于疏散的物资

（1）有可能扩大火势和有爆炸危险的物资　例如，起火点附近的汽油、柴油油桶，充装有气体的钢瓶以及其他易燃易爆和有毒的危险品，遇水可发出易燃气体的物资等。

（2）性质重要、价值昂贵的物资　例如，档案资料、高级仪器、珍贵文物以及经济价值大的原料、产品、设备等。

（3）影响灭火战斗的物资　例如，妨碍灭火行动的物资、怕水的物资（糖、纸张）等。

2.组织疏散的要求

（1）将参加疏散的职工或群众编成组，指定负责人，使整个疏散工作有秩序地进行。

（2）首先疏散受水、火、烟威胁最大的物资。

（3）疏散出来的物资应堆放在上风向的安全地点，不得堵塞通道，并派人看护。

（4）尽量利用各类搬运机械进行疏散，如企业单位的起重机、输送机、汽车、装卸机等。

（5）怕水的物资应用苫布进行保护。

第四节　特殊火灾的紧急处置

一、可燃物料泄漏事故处置的基本要求

（一）泄漏事故类型

一般比较常见的可燃物料泄漏事故有以下几种情况。

（1）在拆卸维修设备时，没有把内部液体释放干净，结果在设备拆开后使液体泄漏出来。例如，拆修炼油塔管线流量计时，由于管内油品凝结，当时未流出来，误以为没有油，后来逐渐熔化造成油品泄漏事故。

（2）各种管道和储罐由于腐蚀，质量低劣，年久失修，以及机械损伤等原因，出现裂缝而造成液体的泄漏。

（3）在生产过程中当班人员责任心不强，违反各种操作规程从而造成泄漏事故。例如，操作工开泵向计量罐打液体，由于擅离岗位，致使液体大量溢流；工艺温度和压力超高，造成设备爆裂等。

（二）处置泄漏事故的措施

（1）临时设置现场警戒范围。在泄漏量大时，要组织人员进行现场警戒，无关人员不得进入，制止一切点火源。

（2）绝对禁止与各种明火接触。可燃液体物料泄漏的范围内，首先要绝对禁止使用各种明火。特别是在夜间或视线不清的情况下，不要使用火柴、打火机等进行照明。同时也要注意不要使用刀闸等普通型电器开关。

（3）注意防止静电的产生。可燃液体在泄漏的过程中，如果流速过快则容易产生静电。为防止静电的产生，可采用堵洞、塞缝和减少内部压力等方法，通过减缓流速或止住泄漏来达到防静电的目的。

（4）要控制住物料的流向。对于泄漏出来的液体，可采用疏导和堵截等方法对其进行控制，尽量不使其范围扩大。特别是不要使泄漏出来的液体流散到有明火的地方或要害部位。

（5）尽力避免形成爆炸性混合气体。当可燃物料泄漏在库房、厂房等有限空间时，要及时打开门、窗进行通风，以防止形成爆炸性混合气体。

二、易燃、有毒气体泄漏紧急处置的方法

在运输、储存和使用过程中，由于个别储罐质量低劣，焊接开缝；人员思想上麻痹，不按安全规程进行装卸和充装，随意倾倒残液；阀门损坏或受机械损坏等，往往造成气体泄漏事故。加之这些气体本身具有易燃性、毒害性，所以一旦泄漏，往往难以及时堵漏而引起爆炸和大面积起火，造成大量人员伤亡和财产损失，甚至殃及四邻带来更大的灾害。

如 1998 年 3 月 5 日，西安市煤气公司液化石油气储灌区的一座 400m³ 球罐因底部阀门损坏发生泄漏，又由于堵漏未能奏效而发生爆炸，使两个 400m³ 球罐炸裂，四个 100m³ 卧罐起火燃烧并严重受损，8 部液化石油气槽车烧毁，邻近一座棉花仓库也被殃及烧毁；爆炸使 12 人死亡（其中消防官兵 7 人），300 人受伤（其中消防官兵 11 人），直接财产损失达 477.8 万元，间接损失无法估量。再如，温州电化厂一氯气瓶，因瓶内存有原来错灌的 113.3kg 氯化石蜡，在充装时发生了爆炸，并引爆、击穿了液氯计量贮槽和邻近的 4 只液氯钢瓶。这起爆炸事故使 59 人死亡，770 人中毒或负伤住院治疗，1955 人门诊治疗；其中有邻近一所小学的 400 名师生中毒，波及范围达 7.35km，下风向 9km 处还可嗅到强烈的刺激气味，氯气扩散区内的农作物、树木全部变焦枯萎，在爆炸中心处 20cm 厚的混凝土地面上炸出了一个直径 6.5m，深 1.82m 的漏斗状深穴，使距爆点 28m 处的办公楼和厂房的玻璃、门窗全部炸碎。

这两起案例充分说明，掌握易燃、有毒气体泄漏的处置方法及要求非常重要和紧迫。

（一）关阀断气法

关阀断气法就是当气体储存容器或输送管道有泄漏时，迅速找到泄漏处气源的最近控制阀门，关闭阀门，断绝气源，从而防止泄漏的方法。这是在阀门未损坏的条件下一种最便捷、最迅速、最有效的方法。在具体操作时，应首先了解所漏出的是什么气体，并根据气体的性质做好相应的人身防护，站在上风方向向储气容器洒冷水冷却、吸收，使之降低温度，然后将阀门旋紧。如果在阀门关闭后泄漏处仍滞留有雾化的气体时，应用喷雾水将其驱散，防止雾化的燃气与空气混合达到爆炸浓度范围，遇火源而发生爆炸或有毒气体使人员中毒。

（二）化学中和法和水溶解法

化学中和法就是根据所泄漏气体的性质，用能与其发生中和反应的物质发生反应，从而消除泄漏气体的危险性的方法；水溶解法就是根据所泄漏气体的水溶性，

将其在水中溶解，从而消除泄漏气体的危险性的方法。如气瓶阀门失控无法关闭，则最好将气瓶浸入石灰水中。因为石灰水不仅可以冷却降温、降压，还可以溶解大量有毒气体。如氰化氢、氟化氢、二氧化硫、氯气等都是酸性物质，能与碱性的石灰水起中和作用。

如 2000 年 2 月 12 日，江西上饶县自来水公司一具 500kg 的液氯钢瓶因阀杆断裂造成大量泄漏。该县公安消防队到场后即佩戴隔绝式空气呼吸器迅速将漏气钢瓶推入离钢瓶 8m 远的游泳池中随后向水池中倒入了 400kg 石灰，使泄漏的氯气进行有效的中和，同时用大量的雾状水对氯雾区域进行水解、稀释、洗消，有效地减少了氯气的危害。处置此事故中只造成 8 人不同程度中毒，未有人员死亡。

（三）夹具堵漏法

夹具堵漏法就是利用专门的夹具进行堵漏的一种方法。主要适用于输送气体的管道及有关的法兰、阀门、弯头、三通等部位或者小型设备的泄漏。它按夹具的构造及作用原理，主要有注胶堵漏、顶压堵漏、卡箍堵漏、压盖堵漏、捆扎堵漏和引流粘接堵漏等方法。

（四）点燃烧尽法

点燃烧尽法是特指可燃气体的。就是当关断阀门断气无效，且在容器、管道的上部或者旁侧泄漏时，在泄漏处的气体还未达到爆炸浓度之前，迅速将泄漏气体点燃，以防止所漏气体达到爆炸浓度范围遇火源而发生爆炸的方法。此方法如果运用的好，不失为一种安全有效的方法。如 2001 年 11 月 9 日，在石家庄炼油厂至液化石油气储罐总站的液化石油气管道被一挖掘机挖破造成大量液化石油气泄漏，石家庄市特勤大队接警后与液化石油气储罐站合作，首先停止液烃输送，并将泄漏点相邻的两个阀门关死，请专家在两阀门之间泄漏点的另一端的管道段的适当位置，用风冷机钻钻一孔口，将滞存在两阀门之间管道内的液化石油气卸出，同时将卸出的液化石油气用管道引出至安全地点点燃，至燃尽时，将残存在泄漏口附近管沟内的液化石油气用防爆电风扇吹扫干净，经可燃气体测爆仪测试无爆炸危险时止。整个泄漏处置过程，未造成一人伤亡。此次处置泄漏的成功，进一步证明了采用点燃烧尽法的可行性。

另外，在处置气瓶泄漏时，若漏出的气体已着火，如有可能，应将毗邻的气瓶移至安全距离以外。务必注意的是，不得在泄漏气体能够有效封堵之前将火扑灭，否则泄漏的可燃气体就会形成爆炸性混合气体或使具有毒性的气体聚集，因此，在逸漏停止之前应首先对容器进行冷却，在能够设法有效堵漏时才能将火扑灭。否则，应大量喷水冷却，以防止气瓶内压力因受热而升高。当其他物质着火威胁气体储存容器的安全时，应用大量水喷洒气体储存容器，使其保持冷却，如有可能，应将气体储存容器从火场或危险区移走；对已受热的乙炔瓶，即使在冷却之后，也有可能发生爆炸，故应长时间冷却至环境温度时的允许压力，且不再升高时止；如在水上运输时，可投于水中。

当需要采用点燃烧尽法时，指挥员在处置时要非常的果断，应在很短的时间内迅速做出抉择，切记不可久拖。拖得时间越长，所造成的危害性也就越大，如若超出了一定的时间，当现场气体扩散已达到爆炸浓度范围时就不能再进行点燃。泄漏气体被点燃后，应再做堵漏和灭火的准备工作。在没有找到有效的止漏办法的情况下，不得将已燃的火扑灭，如果无法有效制止漏气，那就只有让其燃尽为止。但应及时对火焰能辐射到的容器、管道的受热面进行有效的冷却，以防止受热而引发爆裂，形成更大的灾害。

（五）木楔封堵法

木楔封堵法就是当泄漏是盛装燃气容器的阀门自根部断开时，迅速用木楔在泄漏口用橡皮锤砸紧封堵。此种方法是十分危险的，但阀门从根部断裂时，也只有此种方法有效。如1998年的4月16日2时30分，河南省新乡钢厂的一辆满载12t液化石油气的红岩牌槽车被另一辆满载10t液化石油气的斯特太尔槽车牵引着在石家庄市南二环路由西向东穿行南二环铁路地道桥时，由于红岩牌槽车超高，加之道路坎坷不平，车身颠簸，槽车顶部的气相阀门及安全阀从根部被撞断，顿时，大量汽化的液化石油气外喷，形成了一条几米高的气柱，浓浓的液化石油气迅速向四周弥漫，情况十分危急。此时，地道桥上方正好停放有一节装有60tTNT炸药的车厢和120t其他军用爆炸品的车厢；地道桥东北为居民住宅楼群，地道桥西150m是列车机务段储油量为100m³的加油站，一旦发生爆炸后果不堪设想。当地消防队接警后迅速赶赴现场，指挥员沉着冷静，周密部署，立即通知铁路部门，停止一切过往车辆通行，马上将TNT炸药及其他爆炸品车厢牵引至安全地点；对泄漏液化石油气的槽车进行检查，设法将未泄漏槽车与泄漏槽车分开，并采取安全防护措施；侦察泄漏点，并根据泄漏点的情况果断、迅速采取木塞封堵法将泄漏口堵死，一场危及石家庄全市安全的大爆炸得到了避免。

（六）封冻堵漏法

封冻堵漏法就是当泄漏液化燃气的容器管阀处于裂缝泄漏时，在泄漏压力较小的条件下，用棉、麻布等吸水性强的材料将裂缝包裹起来并向布上洒水（不宜用强水流），利用液化燃气的蒸发潜热特性（液化石油气的沸点是零下42℃）将水湿后的麻布与裂缝冷冻起来，从而将漏气止住而后相机进行处理的方法。如1997年5月19日，一辆液化石油气槽车行至石家庄市正定县县城内时发现液相阀门漏气，司机立即向当地公安消防机构报警，正定县公安消防大队接警后迅速赶赴现场，指挥员迅速采取果断措施，使用封冻堵漏法进行了有效处理，避免了一场大爆炸的发生。

（七）注水升浮法

注水升浮法主要是针对低压液化气体而言的。就是当液化气体储存容器处于下部泄漏时，借用已有或临时安装的输水管向容器内注水，利用水与液化气体的容重差（在15℃时丙烷的容重为0.507kg/L；正丁烷的容重为0.583kg/L，均比水轻得多），使容器内的液化气体升浮到破裂口之上，水就会自然沉降于容器的底部，此时破裂口就只能泄漏出水，这样就暂时阻止了液化气体的泄漏，也就留出了彻底堵漏（如更换阀门等）的时间。在使用此方法时，为防止注水过多、压力过大使液化气体从容器的顶部安全阀处漏出，可以采取边倒液边注水的方法；如果不能从容器的顶部倒液且容器内满液时，可先从容器的下部倒液然后再行注水。但一次倒液不宜太多，以免耽误的时间太长，使漏出的气体达到爆炸浓度范围；亦可先倒液至5％～10％时再注水，当下部漏气暂止时再倒液，这样交替进行，以及早止住漏气、安全倒液为目的。如北京市云岗液化石油气储罐站曾用此方法成功将一1000m³液化石油气储罐排污阀冻裂的泄漏堵住，避免了一场特大火灾事故的发生。

第五节　火灾应急预案的制订与演练

凡事预则立，不预则废。为了做到有备无患，根据《消防法》第四十三条的规定，县级以上地方人民政府应当组织有关部门针对本行政区域内的火灾特点，制定火灾应急预案，建立火灾应急反应和处置机制，为火灾扑救和应急救援工作提供人员、装备等保障。同时，《消防法》第十六条还规定，机关、团体、企业、事业等单位应当制订灭火和应急疏散预案。因此，社会各单位应根据本单位的特点，及火灾危险性较大和重点部位的实际情况，有针对性地制订火灾应急预案。

一、政府火灾应急预案的制订

县级以上地方人民政府的火灾应急预案，应当针对当地灾害事故的性质、特点和可能造成的社会危害，组织有关部门制订，并应当适应最不利情况下灭火和应急救援的需要，根据实际需要和情势变化，适时修订、完善。

（一）政府火灾应急预案应当包括的内容

（1）应急管理工作的组织指挥体系和职责；

（2）灾害事故的预防与预警机制；

（3）灾害事故的报告、现场紧急处置、安全防护救护、通信联络、指挥调动等处置程序；

（4）公安、发展改革、财政、交通运输、民政、安全监管、环境保护、医疗救护、供水、供电、供气、通信以及其他部门、单位参加的应急保障措施；

（5）其他需要规定的内容。

（二）政府火灾应急预案的实施

1. 应急救援工作的组织领导

接到火灾和其他灾害事故报警，公安消防队、政府专职消防队应当立即赶赴现场。对于火灾以外的其他重大灾害事故，县级以上人民政府应当根据应急预案要求建立应急救援指挥部，统一领导应急救援工作，指挥、协调、发动有关部门和社会力量参加抢险救援。

2. 人员装备优先运输

因扑救火灾或者应急救援，需要运送消防人员和调集的消防装备、物资的，县级以上地方人民政府应当协调铁路、水路或者航空运输经营单位优先安排运输。

运输消防和应急救援装备、器材、油料、压缩气体和其他禁运的药剂、洗消剂等物品，不受常规运输条件等要求的限制，但运输经营单位应当采取必要的安全措施。

3. 应急救援损耗补偿

单位专职消防队、志愿消防队参加扑救外单位火灾所损耗的燃料、灭火剂和器材、装备等，由火灾发生地的县、市人民政府给予补偿。具体补偿标准和办法由省、自治区、直辖市人民政府制定。

4. 伤残死亡的医疗、抚恤

公安消防队、专职消防队、志愿消防队的队员或者其他个人，因参加扑救火灾或者应急救援受伤、致残或者死亡的，有关人民政府和单位应当按照国家规定保证医疗、抚恤；丧失劳动能力的，应当给予必要生活保障。

二、单位火灾应急预案的制订

（一）火灾应急预案应包括的内容

（1）明确火灾现场通信联络、灭火、疏散、救护、保卫等任务的负责人。规模较大的人员密集场所应由专门机构负责，组建各职能小组。并明确负责人、组成人员及其职责。

（2）火警处置程序。火警处置程序包括应急疏散的组织程序、措施和扑救初起火灾的程序、措施两方面。

（3）通信联络、安全防护和人员救护的组织与调度程序和保障措施。

（二）单位火灾应急预案的组织机构

消防安全责任人或消防安全管理人担负公安消防队到达火灾现场之前的指挥职责，组织开展灭火和应急疏散等工作。规模较大的单位可以成立火灾事故应急指挥机构。

火灾应急疏散各项职责应由当班的消防安全管理人、部门主管人员、消防控制室值班人员、保安人员、志愿消防队承担。规模较大的单位可以成立各职能小组，由消防安全管理人、部门主管人员、消防控制室值班人员、保安人员、志愿消防队及其他在岗的从业人员组成。

火灾事故应急组织机构的主要职责是如下。

（1）通信联络机构　负责与消防安全责任人和当地公安消防机构之间的通信和联络。

（2）灭火机构　发生火灾立即利用消防器材、设施就地进行火灾扑救。

（3）疏散机构　负责引导人员正确疏散、逃生。

（4）救护机构　协助抢救、护送受伤人员。

（5）保卫机构　阻止与场所无关人员进入现场，保护火灾现场，并协助公安消防机构开展火灾调查。

（6）后勤机构　负责抢险物资、器材器具的供应及后勤保障。

（三）火灾应急预案的实施程序

当确认发生火灾后，应立即启动灭火和应急疏散预案，并同时开展下列工作。

（1）向公安机关消防机构报火警。

（2）当班人员执行预案中的相应职责。

（3）组织和引导人员疏散，营救被困人员。

（4）使用消火栓等消防器材、设施扑救初起火灾。

（5）派专人接应消防车辆到达火灾现场。

（6）保护火灾现场，维护现场秩序。

（四）火灾应急预案的宣贯和完善

火灾应急预案制订完毕后，应定期组织员工熟悉火灾应急疏散预案的具体内容，并通过预案演练，逐步修改完善。对于地铁、高度超过100m的多功能建筑等，应根据需要邀请有关专家对火灾应急疏散预案进行评估、论证，使其进一步完善和提高。

（五）火灾应急预案的演练

1. 演练的目的

火灾应急预案演练的目的是检验各级消防安全责任人、各职能组和有关人员对灭火和应急疏散预案内容、职责的熟悉程度；检验人员安全疏散、初期火灾扑救、消防设施使用等情况；检验本单位在紧急情况下的组织、指挥、通信、救护等方面的能力；检验灭火应急疏散预案的实用性和可操作性。

2. 火灾应急预案演练的组织

（1）火灾应急预案演练应定期组织　旅馆、商店、公共娱乐场所应至少每半年组织一次消防演练，其他场所应至少每年组织一次。宜选择人员集中、火灾危险性较大和重点部位作为消防演练的目标，根据实际情况，确定火灾模拟形式。消防演练方案可以报告当地公安消防机构，争取其业务指导。

（2）火灾应急预案演练应让场所内的从业人员都知道　火灾应急预案演练前，应通知场所内的从业人员和顾客或使用人员积极参与；消防演练时，应在建筑入口等显著位置设置"正在消防演练"的标志牌，进行公告。

（3）火灾应急预案演练应按照灭火和应急疏散预案实施　模拟火灾演练中应落实火源及烟气的控制措施，防止造成人员伤害。地铁、高度超过100m的多功能建筑等，应适时与地公安消防队组织联合消防演练。演练结束后，应将消防设施恢复到正常运行状态，做好记录，并及时进行总结。

三、某石化公司的泄漏、火灾事故应急预案（范文）

1. 应急组织机构和职责

1.1　应急组织机构

公司成立应急指挥系统，包括应急领导小组、事故应急响应中心、现场处置组、专家咨询组等，组织协调、指挥公司级环境消防应急响应工作（见图10-1）。

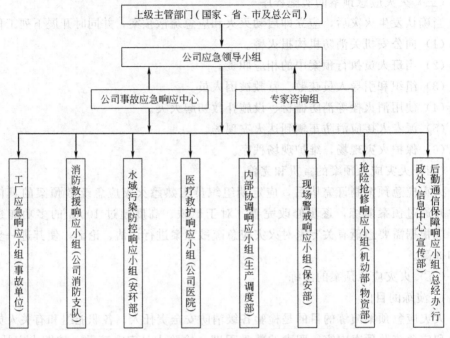

图 10-1　某石化公司应急指挥部组织机构图

1.1.1　应急领导小组。

总指挥：公司总经理

副总指挥：公司党委书记、副书记，公司副总经理等公司领导若干。

成员：公司总调度，安环、消防、保安，生产、设备、技术，办公室、后勤、工会、青年团、妇联、医院等公司个部门的主要负责人若干。

职责：落实消防工作的方针、政策；组建火灾、环境事故应急救援队伍，配置与调用救援设施、器材；建立和完善火灾、环境事故应急预防预警机制，组织制订公司级火灾、环境事故应急预案，审批厂级火灾、环境事故应急预案；迅速了解和掌握发生的危险品事故情况，分析紧急状态和确定相应预警级别；分轻重缓急，果断启动消防、环境应急预案，确定火灾扑救、抢险方案，部署、指挥各工作组开展火灾扑救、救灾抢险工作，发布和解除应急抢险命令、信号；向总公司及地方政府汇报抢险救援情况，必要时向有关单位发出救援请求；组织抢险后事故现场的调查和处理以及总结应急抢险的经验教训。

1.1.2　事故应急响应中心。

公司事故应急响应中心设于公司生产调度部。

主任：公司生产调度部主要负责人

副主任：公司生产调度部副职负责人

302

职责：了解掌握公司重大危险源、环境污染源，化学危险品的种类、理化性质、规模、分布情况、毒理学资料、现场应急监测方法、环境执行标准及应急处理处置方法（包括泄漏应急处理、防护、急救措施等），建立火灾事故、环境安全预警系统和环境消防应急资料库，开发研制环境、消防应急管理系统；综合协调公司内各有关应急单位的行动，上情下达、下情上报等信息传达工作，下达公司应急指挥部给各部门（单位）的指令。

1.1.3 现场处置组。

公司应急指挥部下设九个应急响应小组，并明确分工。应急响应各组长为联系人，负责接受指令，指挥本组行动。

（1）事故厂应急响应小组

组长：事故厂厂长

职责：接到报警后负责协调联系停止收料作业；启动厂、车间应急预案；立即向公司安环部、公司消防队、生产调度部、厂海事处汇报；现场交通车辆（省、市、公司有关部门和厂车辆、消防车及其他车辆）的引导和指挥。

（2）火灾救援响应小组

组长：安保部门主要负责人或本公司专职消防队主要负责人

职责：掌握火灾重点目标，按事前制订的灭火预案，迅速开赴现场灭火；根据火灾现场情况及自身灭火能力，及时向地方消防部门报警和向邻近单位请求增援；做好防毒及消防灭火等器材的供应；组织消防救护、抢救中毒伤员；事故状态下的事故现场抢险及厂区内泄漏物料回收工作。

（3）安全环境健康响应小组

组长：安环部主要负责人

职责：负责与总公司、地方政府环保部门的信息联络和指令传达；联系公司监测人员就位，调动污染源监测设施，快速测定受污染范围，确定污染物质；负责污染事故处理指挥系统的综合协调；负责向指挥部提供处理污染事故方案；现场安全防范、采取安全措施、协助设定警戒线、人员疏散和现场保护等工作；负责记录环境应急过程记录，修订厂、车间级环境应急预案；开展环境应急的公众宣传和教育，制订环境应急人员培训计划和环境应急演练计划；负责环境应急器材和装备的日常管理。

布置环境局部污染的围堵设备及采取回收措施；保证各类运输工具，如汽车、船舶、铁路机车车辆、各种吊车及特殊车辆的完好，听候公司应急演练指挥部的调遣，确保抢险救灾用车。

（4）医疗救护响应小组

组长：公司医疗卫生部门主要负责人

职责：立即进入化学危险品事故现场开展现场急救、伤员护送和治疗工作；与公司医院或（和）当地政府医疗行政主管部门联系，落实参加医疗救护工作人员；检测化学危险品事故后饮用水源、食品，发生问题应当立即采取有效措施防止和控制。

（5）内部协调响应小组

组长：×××（一般由调度部门负责人担任）

职责：制定事故状态或紧急情况下的生产工艺和公用工程应急处理方案，做好各厂火炬的调配运行，负责水、电、风、汽的供应与切断工作，预防事件的蔓延；负责调度应急救援过程中产生的各类废水走向；组织污染事件后恢复生产的准备工作。

（6）现场警戒响应小组

组长：×××（一般由保安部门负责人担任）

职责：对危险化学品事故现场周围进行警戒，控制无关人员进入现场；做好非安全区域内人员的疏散及远离工作，配合医疗救护部门抢救运送伤员；对非安全区域内的道路进行交通管制，确保抢险救灾车辆顺利通行；负责向当地政府公安部门报告。

（7）抢险抢修响应小组

组长：×××（一般由生产设备部门负责人担任）

职责：组织设备、电气和仪表的检查、抢险、抢修和投用等工作；落实事故状态下的带压开孔、封堵和带压堵漏工作及用于开孔、堵漏的应急物资储备。

（8）后勤通讯保障响应小组

组长：×××（一般由办公室或和后勤保障部门负责人担任）

职责：保证公司指挥部的正、副总指挥及时参加会议；进行事故应急物资的采购、储备和供应；调运各类物资、抢险工具、急救医疗药械、通信器材，接受公司外单位救灾物资支援；优先保证应急指挥部、安环、生产运行调度、公安、消防和医疗救护等部门的通讯联络畅通；准备好防爆对讲机，以备物料泄漏等情况下使用；公司生活区内居民的疏散安置、受灾居民的抢救和生活必需品的供应；协调医院和职防所做好污染事件发生时的医疗和救护工作；负责污染事件宣传报道工作。

1.1.4 专家咨询组。

咨询组应包括生产、消防、防化、环境监测、环境评估等各方面专家。

职责：指导火灾及环境应急预案的编制；掌握公司重大危险源、环境污染源的产生、种类及分布情况；了解国内外有关火灾应急处理技术信息，提出相应的对策和意见；对火灾应急行动进行后评估，编制火灾应急工作总结报告。

2 应急管理规定

2.1 外排口责任片区划分

2.1.1 生产厂：负责本片区清净下水排口管理。

2.1.2 水处理厂：负责储运、污水处理片区公司排口、清净下水排口管理及污水管线、生活污水管线管理。

2.1.3 营销部：负责危险品库、物料堆场的管理。

2.1.4 水路运输公司：负责雨水和污水流经河道的局部围堵设备及回收措施。

2.1.5　各单位内部严格实施清污分流制度，根据本单位特性分别制定原料、产品罐区、围堰加固应急措施、装置区应急措施；并准备相应的环境应急器材和装备，确定储存点、数量，落实管理责任单位。必要时由安环部协调，可以动用公司防汛物资，一旦有液体物料进入公司清净下水外排口，由片区负责单位堵截和回收。技术运行部负责回收物料的储存。

2.2　应急反应

事故发生后，由事故单位在事故现场成立指挥部，参加抢险的人员须在接到电话后最短时间内（根据上班时间和下班时间以及居住地与公司距离的不同，限定达到事故地点的时间）赶赴事故现场，在总指挥未到达前，由现场职务最高的领导（职务相同时按生产调度部、安环部的顺序）担任总指挥，组织进行抢险救灾、抢修及恢复生产等工作，各单位到事故现场后先到指挥部签名报到，按指挥部的要求做好各自的工作。

2.3　应急联动机制

2.3.1　现场扑救、防护由消防队负责及对外联系。

2.3.2　安全防护、环境保护由安环部负责及对外联系。

2.3.3　现场抢险救助、医疗救护由医院负责及对外联系。

2.3.4　交通管制、现场警戒、人员疏散由保安部负责及对外联系。

2.3.5　抢险、施工组织、损失评估由机动部负责及对外联系。

2.3.6　现场、媒体宣传工作由宣传部负责及对外联系。

3　应急处理程序

3.1　分级响应

3.1.1　污染物泄漏到一定量，公司总体环境应急预案自动进入运行状态。

3.1.2　事故单位。

（1）巡线操作工发现一般问题，要及时通知当班班长进行协调处理。当班班长发现严重或特别严重事故（如泄漏、着火等），要问清泄漏管线物料名称、地点及泄漏情况，立即向所在厂调度指挥中心和公司消防队汇报并做好电话记录，简要说明事故时间、地点、泄漏物料名称及泄漏情况，并启动车间级环境、火灾应急预案。

（2）厂调度指挥中心接到事故报告后，根据事故的严重性和紧急程度，向公司事故应急响应中心汇报并启动厂环境应急预案。及时通知下风向生产装置采取有效措施，防止事件进一步恶化，通知下风人员，按污染情况及时疏散人口，防止人身事件发生；及时掌握事故动态，把最新情况向相关部门和负责人传递。

（3）尽快掌握事故现场信息，包括事故的具体地点、装置名称、设备设施名称和位号，泄漏介质名称和性质，事故危险程度、设施损坏和人员伤亡情况、事故经过、事故原因、事故损失等。并尽快形成书面材料，及时向安环部报告。

3.1.3　公司事故应急响应中心

（1）在接到污染事件信息后，根据污染物泄漏量初步判定事件的级别，立即报告公司总经理、主管副总经理，启动相应级别应急预案。

（2）如果公司事故应急响应中心接到外单位人员报险，应马上通知可能的管辖单位，并立即启动公司总体环境应急预案。

（3）联系公司应急指挥部人员就位。

（4）协调公司内部物料平衡。发生排向大气污染事件时，安排切断污染物料泄漏点，调整火炬运行方式。

（5）通知水厂密切关注上游来水水质变化情况，异常来水切至事故池；水厂密切关注取水口原水水质。

（6）通知公司医院救护车现场待命。

3.1.4 公司应急指挥部。

（1）根据事态发展情况，重新判定事故级别，并通知公司事故应急响应中心运行相应级别环境、火灾应急预案。

（2）公司应急处理指挥部向海事处值班室汇报，请求援助。

3.1.5 安全环境健康部。

（1）接到事故信息后，应立即联系监测站提供风向风速仪监测数据，启动公司环境监测应急预案。

（2）汇报附近居民管委会，请求对下风向居民进行紧急疏散；联系运输公司启动溢油应急预案；泄漏事故与当地政府环保部门举报中心联系，汇报有关泄漏事故状况，并请求援助。

（3）派出专业人员赶赴事故现场收集事故有关信息，并及时掌握事故动态，尽快形成事故书面材料，及时向公司应急指挥部报告。

3.2 预警级别及发布

3.2.1 指挥部根据事故等级情况，在事故现场挂旗警示。

3.2.2 指挥部在事故现场挂风向标警示。

3.2.3 由指挥部对外发布信息。

3.3 抢险

3.3.1 事故单位启动厂、车间环境、火灾应急预案。在车间领导没有赶到现场前，中控班长为事故处理的总指挥。指挥车间岗位人员携带空气呼吸器、过滤式防毒面具赶往事故现场紧急处理。车间领导到场后移交指挥权给车间领导，并且汇报组织自救情况。公司领导到场后，指挥权逐级移交。

3.3.2 当物料大量泄漏并排向清净下水系统时，事故单位组织切断厂界内污染物料泄漏源头，安环部组织泄漏点片区责任单位及时截堵并回收污染物料。

3.3.3 当物料大量泄漏并排向污水系统时，事故单位安排切断厂界内污染物料泄漏源头，及时通报水厂将高浓度污水切入事故调节池临时储存，逐步进入污水处理系统，达标后正常排放。有一级污水处理设施的事故单位还应及时回收泄漏的物料并加强对污水处理系统的监控。

3.3.4 消防队启动消防应急预案。发生火灾事故时，同时向当地政府消防部

306

门联系，汇报有关火灾事故状况，并请求援助。

3.3.5 安环部启动公司环境应急预案和公司环境监测预案。根据污染物特性，选择硫化氢、氨、苯系物、非甲烷总烃、醋酸、乙二醇、石油类、二氧化硫、一氧化碳等项目启动监督分析工作。监测数据及时上报应急指挥部，根据监测数据调整防治污染措施。

3.3.6 保安部负责事故现场及可能受害区域的保卫警戒。

3.3.7 公司医院启动应急救护预案。

3.3.8 运输公司启动溢油应急预案。

3.3.9 行政处启动生活水污染应急预案。

3.3.10 机动部负责组织抢修队伍，落实设备、配件供应工作。

3.3.11 总经办接受公司外单位救灾物资支援的请求；协调信息中心、客运公司做好通讯和车辆使用准备工作。

3.3.12 注意事项

（1）各救援队伍尽可能在靠近现场指挥部的地方设点，有利保持与指挥部联系。到达现场后，各救援队伍，有关单位领导必须及时向指挥部报到，以接受任务，了解现场情况，以便统一实施应急救援。

（2）进入现场的救援队伍要遵守指挥部的要求，按照各自的职责和任务开展工作。

（3）各救援队伍到达现场应选在上风向的非事故威胁区域进行抢险，确保不发生次生事故。

（4）事故单位现场生产班长或作业部管理人员接事故报告后必须立即指挥人员设置断路标志，或派人断绝一切车辆进入泄漏区，并组织泄漏区其他人员紧急疏散，抢险救灾人员到达现场后，交由现场指挥部控制，履行现场管理责任。

（5）所有车辆不得进入烃类气体扩散区（包括消防、气防、救护以及指挥车辆）。消防车应停在扩散区外的上风向或高坡安全地带。随着泄漏时间推移，气体扩散面积扩大，当气体扩散浓度达爆炸范围前，车辆应及时撤离警戒区。进入扩散区的人员必须佩戴符合安全的呼吸器。

（6）除必要操作人员、抢险救灾人员外，其他无关人员必须立即撤离警戒区。

（7）在事故现场警戒区内严禁使用各种非防爆的对讲机、移动电话等通讯工具，抢险所用工具必须使用不产生火花的；在液态烃或油气扩散域及下风向 $200\sim500m$ 范围内（根据现场检测数据决定）严禁一切火种，停止一切生产活动或闲散人员流动。

3.4 扩大应急

3.4.1 当泄漏事故不断扩大时，现场指挥要及时向上级汇报情况，请求增援。

3.4.2 调整现场力量边处理事故设施边保护相邻设施，防止事故恶化。

3.4.3 一定要注意人身安全，佩戴好空气呼吸器等防护器材。

3.4.4 在处理泄漏事故现场时，非防爆设备、工具严禁使用，无关人员不得进入泄漏区。根据事故的扩展情况,扩大警戒区域,停止周围任何施工及动火,撤离、疏散无关人员,封锁事故现场。

3.4.5 派出人员引导增援队伍进入事故现场。

3.4.6 地方政府和环保、消防部门设立的应急组织机构为公司应急组织机构的外部依托。地方政府和环保、消防部门应急指挥部一旦成立,指挥权逐级移交。

3.5 新闻报道

3.5.1 新闻发布由宣传部组织。宣传部根据安环部或消防安全部门的事故书面材料,拟写新闻通稿,新闻通稿经主管领导审定后,印刷成稿,由宣传部转发媒体有关人员。

3.5.2 总经理办公室接到事故报告后,如需召开新闻发布会,负责选定新闻发布地点,并在新闻发布地点张贴"新闻发布地点"指示牌。宣传部负责召集媒体有关人员到指定地点。

3.5.3 新闻发言人由公司领导指定人员或按惯例为宣传部部长,新闻发言人一经确定应负起对媒体发布信息的责任。

3.6 应急结束

3.6.1 在应急中未能及时、彻底清除的污染物,灾情受控后由事故单位继续组织相关的队伍进行清理。事故单位将废弃吸油棉、废活性炭收集至指定地点,安环部按危险废物相关的管理和处置规定联系固废处理单位安全处理。

3.6.2 在对泄漏源进行有效封堵、泄漏物料进行有效回收、受污染水域得到有效控制,经专业确认,危险源消除,由应急指挥部指挥宣布事故抢险结束后,参加抢险人员方可离开现场,本次应急救援结束。

3.6.3 安环部牵头,按职责组成恢复正常秩序工作组(以下简称"工作组"),开展恢复正常秩序和后期处置的相关工作。对存在二次污染隐患的污染物在应急工作结束后由工作组继续组织实行动态监测,包括人群、地表水、地下水、土壤的跟踪监测,必要时采取修复补救工作,以确保污染物达到安全浓度。

3.7 善后处理

3.7.1 人员安置。

(1)对在事故中受灾人群(如事故烧坏房屋或者受到有毒有害物质影响暂时不宜居住的人员)由工作组结合实际情况作出受灾人群的居住饮食等安排,落实救灾物资发放,做好探望和慰问工作。

(2)对于事故中受到伤害的人员及时送就近或者对口的医院进行治疗,确保人身安全,并由工作组安排专人进行跟踪监护和慰问。

3.7.2 事故损失核实和补偿工作。

在前期现场调查取证的基础上,事故调查组要进一步核实事故中人员受到伤害或生态、财产受破坏的具体情况,同当事人或相关方进行协商经济补偿或灾后重建的具体工作。具体原则如下。

① 对于事故中人员受伤害的人员补偿要依据医院证明或相关资料，由工作组指定有关部门，根据国家相关条例进行补偿申报，并与当事人进行协商补偿费用。

② 对于事故中受破坏的生态环境，诸如污染面积、农作物受害、土壤污染、地下水污染等要依据有资质部门出具的证明或资料或双方自行协商补偿费用。

③ 索赔中涉及建筑物、设施等损坏的，由工作组通知机械动力部派出专业人员进行核实损坏程度和修复的单价，结论交安环部，由工作组或安环部根据②项要求组织赔偿。

④ 经过现场取证、测量事故波及范围，双方进行协商，最后由工作组向分管经理进行汇报，并确定赔偿金额，由财务部执行。

第六节　火灾事故原因调查

任何一个单位，一旦发生火灾往往会在政治上带来不良影响，在经济上造成重大损失或人员伤亡。而任何一起火灾的发生，都有其直接或间接的原因，都是火灾发生单位在消防安全工作上存在问题的一次大暴露。因此，及时查明事故原因，找出导致火灾的根本所在，研究出防止类似事故的对策，对有效防止火灾事故的发生，推动消防安全工作的开展，都具有十分重要的意义。

一、火灾事故原因调查的原则和基本任务

火灾事故调查应当坚持及时、客观、公正、合法的原则，任何单位和个人不得妨碍和非法干预火灾事故调查。根据《消防法》第五十一条的规定，公安机关消防机构负责，调查火灾原因，统计火灾损失，并根据火灾现场勘验、调查情况和有关的检验、鉴定意见，依法对火灾事故作出火灾责任认定，作为处理火灾事故的证据，总结火灾事故教训。

（1）调查火灾原因。火灾原因包括起火原因和灾害成因两个方面。起火原因是指直接导致起火燃烧的原因；致灾原因是指直接导致火灾危害后果的原因。火灾原因调查就是要查清起火原因和致灾原因，确定火灾事故的性质，为消防安全工作积累正、反两方面的经验和资料，从中找出问题的症结所在，采取针对性的改进措施和对策，防止类似事故的再次发生，并为改进火灾扑救工作，调整灭火作战计划，增加新的灭火设备或器材，研究新的灭火战术、技术对策提供经验和素材。

（2）作出技术鉴定，为依法追究火灾责任者提供事实根据，使火灾肇事者受到应有的惩罚，使职工群众从中受到启发教育，从而提高人们的防火警惕性。

（3）根据火灾事故的性质、情节和后果，对有关责任者提出处理意见，分别由有关部门进行处理，及时有力地打击放火犯罪，维护社会治安，保护人民群众的利益和国家的利益。

（4）统计火灾经济损失和人员伤亡情况，为国家提供准确的时效性强的火灾情

报和统计资料，为制定消防工作对策提供决策依据。

（5）发现消防安全工作中的难题，为消防科研部门提供研究课题，为单位的消防安全解决实际问题，使消防科学研究更好地为经济发展服务。

二、火灾事故原因调查的基本分工

（一）火灾事故原因调查的主体

根据公安部火灾事故原因调查规定的有关规定，火灾事故调查由县级以上公安机关主管，并由本级公安机关消防机构实施；尚未设立县级公安机关消防机构的，由县级公安机关实施。公安机关消防机构接到火灾报警，应当及时派员赶赴现场，开展火灾事故调查工作。

公安派出所应当协助公安机关火灾事故调查部门维护火灾现场秩序，保护现场，进行现场调查，根据需要搜集、保全与火灾事故有关的证据，控制火灾肇事嫌疑人。

（二）公安机关消防机构火灾事故原因调查的分工

火灾事故调查，由火灾发生地按照下列分工进行。

（1）一次火灾死亡十人以上的，重伤二十人以上或者死亡、重伤二十人以上的，受灾五十户（"户"是指由公安机关登记的家庭户）以上的，由省、自治区、直辖市人民政府公安机关消防机构负责调查（"以上"含本数、本级，"以下"不含本数）。

（2）一次火灾死亡一人以上的，重伤十人以上或者死亡、重伤十人以上的，受灾三十户以上的，由该区的市或者相当于同级人民政府公安机关消防机构负责调查。

（3）一次火灾重伤十人以下或者受灾三十户以下的，由县级人民政府公安机关消防机构负责调查。

（4）其他仅有财产损失的火灾事故调查，由省、自治区、直辖市公安机关结合本地实际作出具体分级管辖规定，报公安部备案。

（5）跨行政区域的火灾事故，由最先起火地的公安机关消防机构负责调查，相关行政区域的公安机关消防机构予以协助。管辖权发生争议的，报请共同的上一级公安机关消防机构指定管辖。

（6）军事设施发生火灾需要公安机关消防机构协助调查的，由省、自治区、直辖市公安机关消防机构或者公安部消防局调派火灾事故调查专家协助。

（7）铁路、交通、民航、林业公安机关消防机构负责调查其消防监督范围内发生的火灾事故。

（三）需要公安机关刑侦机构参与调查或立案侦查的火灾

为了及时有效地掌握证据，对有下列情形之一的火灾，公安机关消防机构应当立即通知具有管辖权的公安机关刑侦部门参与调查。

（1）有人员死亡的火灾。

（2）国家机关、广播电台、电视台、学校、医院、养老院、托儿所、幼儿园、文物保护单位、邮政和通信、交通枢纽等部门和单位发生社会影响大的火灾。

（3）具有放火嫌疑线索的火灾。

公安机关刑侦部门接到通知后应当立即派员赶赴现场参加调查。构成放火嫌疑案件的,公安机关刑侦部门应当立案侦查,公安机关消防机构予以协助。

三、火灾事故原因调查的程序

为了及时有效地调查火灾,根据火灾的大小规模,火灾事故原因的调查有简易和一般两种程序。

(一)简易程序

1. 适用于简易程序的条件

同时具有下列情形的火灾事故,可以适用简易程序调查:

(1)没有人员伤亡的。

(2)根据省、自治区、直辖市公安机关确定的标准,火灾直接财产损失轻微的。

(3)当事人(指与火灾发生、蔓延和损失有直接利害关系的单位和个人)对火灾事故事实没有异议的。

(4)没有放火嫌疑的。

2. 简易程序的调查方法和步骤

(1)表明执法身份,说明调查依据。

(2)调查走访当事人、证人,了解火灾发生过程、火灾烧损的主要物品及建筑物受损等与火灾有关的情况。

(3)查看火灾现场并进行照相或者录像。

(4)告知当事人调查的火灾事实,听取当事人的意见;采纳当事人提出的成立的事实、理由或者证据。

(5)当场填写《火灾事故简易调查认定书》,由火灾事故调查人员、当事人签字后交付当事人。

3. 实施简易程序的要求

(1)适用简易程序的,可以由一名火灾事故调查人员调查。

(2)火灾调查人员到达火灾现场后,应当根据需要组织现场保护,初步查看和了解现场情况,决定是否适用简易程序。

(3)公安机关消防机构经过调查,发现不适用简易程序的,应当及时转为一般程序。

(二)一般程序

1. 调查人员要求

(1)火灾事故调查人员的限定 除适用简易程序调查外,公安机关消防机构对火灾事故进行调查时,火灾事故调查人员不得少于两人;必要时,可以聘请有关方面的专家或者专业人员协助调查。

(2)火灾事故原因调查实行主责火灾事故调查员负责制 主责火灾事故调查员应当具备相应资格,由公安机关消防机构的行政负责人指定,负责组织实施火灾现场勘验等火灾事故调查工作，提出火灾事故认定意见。

（3）专家组制度　公安部和省、自治区、直辖市公安机关应当成立火灾事故调查专家组，协助调查复杂、疑难的火灾事故。专家组的专家协助调查火灾事故的，应当出具专家意见。

2. 火灾现场保护

（1）封闭现场　公安机关消防机构应当根据火灾事故调查需要，及时调整现场封闭范围。最早到达火灾发生地的公安机关消防机构，应当根据火灾现场情况，排除现场险情，初步划定现场封闭范围，禁止无关人员进入现场，控制火灾肇事嫌疑人。

（2）封闭现场公告　公安机关消防机构应当将现场封闭的范围、时间和要求等，在火灾现场予以公告，并对封闭范围设置警戒标志。

（3）现场解除　公安机关消防机构应当在现场勘验结束后及时解除现场封闭。

3. 调查期限

公安机关消防机构应当自接到火灾报警之日起六十日（指工作日，不包括节假日，以下同）内作出火灾事故认定；情况复杂、疑难的，经上一级公安机关消防机构批准，可以延长三十日。火灾事故调查中需要进行检验、鉴定的，检验、鉴定时间不计入调查期限。

4. 其他要求

火灾事故调查中有关回避、证据、调查取证等要求，应当符合公安机关办理行政案件的有关规定。

四、火灾事故原因调查的实施

公安机关消防机构应当根据调查需要，适时对现场勘验和调查询问收集到的证据、线索进行审查和分析，确定火灾事故的主要事实、调查工作重点和方向。

（一）调查询问

火灾事故调查人员应当根据调查需要，对发现、扑救火灾人员，熟悉起火场所、部位和生产工艺人员，火灾肇事嫌疑人和受害人等知情人员进行询问。对火灾肇事嫌疑人可以依法传唤。必要时，可以要求被询问人到火灾现场进行指认。

询问应当制作笔录，由火灾事故调查人员和被询问人签名或者捺指印。被询问人拒绝签名和捺指印的，应当在笔录中注明。

（二）火灾现场勘验

勘验火灾现场应当遵循火灾现场勘验规则，采取现场照相或者录像、录音，制作现场勘验笔录和绘制现场图等方法记录勘验情况。

勘验有人员死亡的火灾现场，火灾事故调查人员应当对尸体表面进行观察并记录，对尸体在火灾现场的位置进行调查。

现场勘验笔录、现场图应当由火灾事故调查人员、当事人或者证人签名。当事人、证人拒绝签名或者无法签名的，应当在现场勘验笔录、现场图上注明。

（三）物证提取

现场提取痕迹、物品，应当按照下列方法和步骤进行。

（1）量取痕迹、物品的位置、尺寸，并进行照相或者录像。

（2）填写火灾痕迹、物品提取清单，由提取人、当事人或者证人签名；当事人、证人拒绝签名或者无法签名的，应当在清单上注明。

（3）封装痕迹、物品，粘贴标签，标明火灾名称、提取时间、痕迹、物品名称、序号等，由封装人、当事人或者证人签名；当事人、证人拒绝签名或者无法签名的，应当在标签上注明。

（4）提取的痕迹、物品应当妥善保管。

（5）痕迹、物品或者证据可能因时间、地点、气象等原因灭失的，可以先行登记保存。

（四）现场实验

公安机关消防机构可以根据调查需要进行现场实验。现场实验应当照相或者录像，制作现场实验报告，并由实验人员和见证人员签字。现场实验报告的内容包括实验的目的、时间、环境、地点、使用仪器或者物品、过程以及实验结果等。

（五）火灾检验与鉴定

现场提取的痕迹、物品需要进行技术鉴定的，公安机关消防机构应当委托依法设立的鉴定机构进行，并与鉴定机构约定鉴定期限和鉴定材料的保管期限。

有人员死亡的火灾事故，公安机关消防机构应当立即通知同级公安机关刑事科学技术部门进行尸体检验。公安机关刑事科学技术部门应当按规定进行尸体检验，确定死亡原因，出具尸体检验鉴定报告，送交公安机关消防机构。

卫生行政主管部门许可的医疗机构及其具有执业资格的医生为火灾受伤人员出具的加盖公章的诊断证明，可以作为公安机关消防机构认定人身伤害程度的依据。

（六）火灾损失统计

受损单位和个人应当如实填写火灾直接财产损失申报表，并附有效证明材料，于火灾扑灭后七日内向公安机关消防机构申报。

公安机关消防机构应当根据受损单位和个人的申报、依法设立的价格鉴证机构出具的火灾直接经济损失鉴定报告以及调查核实情况，按照有关火灾损失统计规定，对火灾直接经济损失和人员伤亡如实进行统计，填写火灾损失统计表。

公安机关消防机构、受损单位和个人，可以根据需要委托依法设立的价格鉴证机构对火灾直接经济损失进行鉴定。公安机关消防机构应当对鉴定结果进行审查，对符合规定的可以作为证据使用；对不符合规定的，应当要求价格鉴证机构重新出具鉴定报告，或者不予采信。

公安机关消防机构办理刑事案件，应当委托价格主管部门设立的价格鉴证机构对火灾直接经济损失进行鉴定。

五、火灾事故原因的认定与复核

（一）火灾事故原因的认定

1. 火灾事故原因的认定内容

公安机关消防机构应当根据现场勘验、调查询问和有关检验、鉴定意见等调查情况，进行综合分析，作出火灾事故认定。火灾事故认定应当包括火灾事故基本情况、起火原因和灾害成因等内容。

公安机关消防机构在作出火灾事故认定前，应当召集当事人到场，说明拟作出的起火原因认定情况，听取当事人意见；当事人不到场的，应当记录在案。

（1）起火原因的认定内容

对已经查清起火原因的，应当认定起火时间、起火部位、起火点和起火原因；对无法查清起火原因的，应当认定起火时间、起火点或者起火部位以及有证据能够排除的起火原因。

（2）灾害成因的认定内容

灾害成因认定主要包括以下两项内容：

① 火灾报警、初期火灾扑救和人员疏散情况，以及火灾蔓延、损失情况；

② 与火灾蔓延、损失扩大存在直接因果关系的违反消防法律法规、消防技术标准的事实。

2. 制作火灾事故认定书

公安机关消防机构认定火灾事故，应当制作《火灾事故认定书》，自作出之日起七日内送达当事人。当事人数量在十人以上的，公安机关消防机构可以在作出火灾事故认定之日起七日内向社会公告，公告期为二十日。

3. 当事人查阅证据

公安机关消防机构作出火灾事故认定后，除涉及国家秘密、商业秘密、个人隐私或者移交公安机关其他部门处理的外，当事人可以申请查阅、复制、摘录火灾事故认定书、现场勘验笔录和检验、鉴定意见，公安机关消防机构应当自接到申请之日起七日内提供。

（二）火灾原因复核

1. 复核的申请

当事人对火灾事故认定有异议的，可以自火灾事故认定书送达之日起十五日内，向上一级公安机关消防机构提出书面复核申请，复核申请应当载明复核请求、理由和主要证据。复核申请以一次为限。

2. 复核的受理

复核机构应当自收到复核申请之日起七日内作出是否受理的决定并书面通知申请人；决定受理的，应当同时通知原认定机构。但有下列情形之一的，复核申请不予受理：

（1）申请人非火灾事故当事人的（不包括委托代理的）；

（2）超过复核申请期限的（但应当告诉通过信访处理）；

（3）已经复核并作出复核结论的（但又有新理由的除外）；

（4）当事人向人民法院提起行政诉讼，人民法院已经受理的；

（5）符合适用简易程序规定作出的火灾事故认定的。

3. 复核案卷的提交与审查

原认定机构应当自接到通知之日起十日内，向复核机构作出书面说明，提交火灾事故调查卷。

复核原则上采取书面审查方式。必要时，可以向有关人员进行调查；火灾现场尚存的，可以进行复核勘验。

4. 作出复核结论

复核机构应当自受理之日起三十日内，对原火灾事故认定进行审查，并按照下列要求作出复核结论。

（1）原火灾事故认定主要事实不清，或者证据不确实充分，或者程序违法影响结果公正，或者起火原因、灾害成因认定错误的，责令原认定机构重新调查、认定。

（2）原火灾事故认定主要事实清楚、证据确凿充分、程序合法，起火原因和灾害成因认定正确的，维持原认定。

复核结论自作出之日起七日内送达申请人和原认定机构。

5. 重新认定

原认定机构接到重新调查认定的复核结论后，应当撤销原认定，在十五日内重新作出火灾事故认定。重新调查需要检验、鉴定的，原认定机构应当在检验、鉴定结论确定之日起五日内，重新作出火灾事故认定。原认定机构在重新作出火灾事故认定前，应当向有关当事人说明重新认定情况；重新作出火灾事故认定后，应当将火灾事故认定书送达当事人，并报复核机构备案。

六、火灾事故调查的责任处理

（一）一般要求

公安机关消防机构在火灾事故调查过程中，应当根据下列情况分别作出处理。

（1）涉嫌失火罪、消防责任事故罪的，按照公安机关办理刑事案件有关规定立案侦查；涉嫌其他犯罪的，及时移送公安机关其他部门办理。

（2）涉嫌违反消防行政法律法规行为的，按照公安机关办理行政案件有关规定调查处理；涉嫌其他违法行为的，及时移送有关部门调查处理。

（3）应当给予行政处分的，交有关主管部门处理。

公安机关消防机构经过调查发现不属于火灾事故的，应当告知当事人处理途径并记录在案。

（二）案件的移送审批及材料的移交

公安机关消防机构向公安机关其他部门移送涉嫌犯罪案件，应当经公安机关消防机构负责人批准后二十四小时内移送，并根据案件需要附下列材料：

（1）案件移送通知书；

（2）案件调查情况；

（3）涉案物品清单；

（4）询问笔录、现场勘验笔录、检验、鉴定意见以及照相、录像、录音等资料；

（5）其他有关材料。

构成放火案件需要移送公安机关刑侦部门处理的，火灾现场一并移交。

（三）案件的审查与处理

公安机关其他部门应当自接受公安机关消防机构移送的涉嫌犯罪案件之日起十日内，进行审查并作出决定。依法决定立案的，应当书面通知移送案件的公安机关消防机构；依法不予立案的，应当说明理由，并书面通知移送案件的公安机关消防机构，退回案卷材料。

（四）消防执法人员的法律责任

公安机关消防机构及其工作人员有下列行为之一的，依照有关规定给予责任人员处分；构成犯罪的，依法追究刑事责任。

（1）指使他人错误认定或者故意错误认定起火原因、灾害成因的；

（2）瞒报火灾、火灾直接经济损失、人员伤亡情况的；

（3）利用职务上的便利，索取或者非法收受他人财物的；

（4）其他滥用职权、玩忽职守、徇私舞弊的行为。

七、火灾事故调查中失火单位应当做的工作

火灾事故发生后，失火单位应当积极协助公安机关消防机构调查火灾原因，并努力做好以下几项工作：

（一）保护好火灾现场

火灾现场是提取查证火灾原因痕迹物证的重要场所。保护火灾现场的目的，是为了发现起火物、引火物，根据着火物质的燃烧特性、火势蔓延情况，研究火灾发展蔓延的过程，为确定起火点、搜集物证创造条件。因此，火灾现场一旦遭到破坏，就会直接影响现场勘查工作的顺利进行，影响获取火灾现场诸因素的客观资料，影响勘查工作的质量，同时也影响火灾调查人员的准确判断。所以，保护好火灾现场是做好火灾调查工作的前提。根据《消防法》第五十一条的规定，公安机关消防机构有权根据需要封闭火灾现场。火灾扑灭后，发生火灾的单位和相关人员应当按照公安机关消防机构的要求保护现场，接受事故调查，如实提供与火灾有关的情况。

1. 人人都有保护火灾现场的义务

火灾现场的保护工作应当从发现起火时开始，不要等公安消防队或火灾调查人员到达后才开始。所以，能够最早到达火场和发现起火的义务消防员、专职消防队员、治保人员以及单位负责人等都有责任保护现场，广大的干部群众都有义务和权利协助保护好火灾现场。

火灾发生后，受灾单位应保护火灾现场。火灾现场保护范围应当依据公安消防

机构划定的警戒范围。尚未划定警戒范围时，应将火灾过火范围以及与发生火灾有关的部位划定为火灾现场保护的范围。未经公安消防机构允许，任何人不得擅自进入火灾现场保护范围内，不得擅自移动火场中的任何物品。未经公安消防机构同意，任何人不得擅自清理火灾现场。

2. 火灾扑救中应注意保护火灾现场

扑火救灾的过程也应视为火灾现场保护的重要组成部分。无论是单位自救时还是公安消防队到场之后，火场指挥人员在灭火行动中都应充分注意这一点。在火势被控制后扑灭残火时或对火场进行检查时，不宜用直流水直射重点保护区，尽量避免破坏现场或移动物证。在检查火灾现场时，应尽量不移动室内物品和电器（开关、电闸）、机器设备，避免踩踏或破坏物品。对可能盛有危险品的容器不宜随便触摸和挪动，以免破坏上面可能留有的指纹痕迹。当灭火过程中所使用的动力设备（如链锯、便携式发动机、手抬机动泵等）需要加油时，应在火场以外的地点进行，以免溢出的汽油污染作为物证的危险品。如在公安机关消防机构的火灾调查人员还未到达火场之前火已被扑灭，失火单位应当积极安排人员，将火灾场现场保护起来，待公安机关消防机构的火灾调查人员到场后，应把了解的情况向他们介绍，并将火灾现场保护工作移交给火灾调查组。

3. 正确划定火灾现场保护范围

火灾现场保护范围的划定，应根据着火物质的性质和燃烧特点等不同情况来决定。在保证能够查清火灾原因的条件下，应尽量将保护范围缩到最小限度。如在建筑群中起火的建筑物只有一幢，那么需要保护的现场一般也只限于起火的那一幢。如果着火的部位只是一个房间，则需要保护的火灾现场也应限定在起火的这个房间内。在一般情况下，建筑物火灾在被烧建筑物墙外 1m 之内，露天火灾在被烧物质范围外 1m 之内都应划为现场保护区。但是，当起火部位不明显，对起火点位置看法有分歧或初步认定的起火点与火场遗留痕迹不一致时，其保护范围还应根据现场条件和勘查工作的需要扩大。当起火原因怀疑为电气设备故障所致时，凡属与火场用电设备有关的线路、电器（总配电盘、开关、灯座、插座）、设备（电机、机动设备）及其通过和安装的场所都应划入被保护的范围。如果起火点与故障点不一致时，甚至相距很远时，其保护范围还应扩大到发生故障的那个场所。对于爆炸火灾的现场，除应把抛出物的着地点列入保护范围外，同时还应把爆炸破坏或影响波及的建筑物也列入保护的范围。

火灾现场保护的时间应从发现起火时起至失去保护价值时止。火灾现场保护的撤销，应由公安机关消防机构或立案机关决定。

（二）组织安排好调查访问对象

火灾事故调查访问是通过和那些掌握有关起火原因、起火点和火灾蔓延等第一手情况的人员交谈，尽可能准确地再现火灾的过程，获得有关人员亲眼目睹到的火灾情况，为查明起火原因搜集证据材料。

1. 调查访问的重要性

（1）能为火灾事故调查人员提供采取紧急措施的依据。在刚发生火灾不久及时进行调查访问，当事人、群众记忆犹新，提供的情况比较详细、准确，这些情况常常是采取急救、灭火、排险或消除障碍等紧急措施的重要依据。

（2）通过调查访问最早发现起火的人，可为准确地判断起火点提供有价值的情况，使勘查范围缩小，加快火灾调查的进程。

（3）通过调查访问可使实地勘验到的情况与调查了解到的情况互相印证，使火场勘查工作进一步深入细致。

（4）通过调查访问所获得的材料，可以配合实地勘验，认定火灾痕迹、物证和火灾的因果关系。通过调查访问还可以帮助判断有关物证是否为原来现场所有，某物证是否变动了位置等。

（5）通过向当事人、有关的群众调查了解现场物品的种类、性质、数量及位置情况，了解火场的生产设备、工艺条件及生产中的故障情况，了解火源、电源的使用及其他情况等，可帮助发现哪些地方有哪些痕迹和物证，对分析火灾形成的原因很有帮助。

（6）可帮助查找火灾肇事者和放火犯罪分子。通过调查访问，可以了解现场的人、物、事以及相互关系的详细情况，了解火灾发生时群众的所见所闻，同时还可以找到火灾肇事者和放火犯罪分子直接的见证人，并能够更清楚地说明事情的原委。

2. 需调查访问的主要人员

应当接受访问的人员主要有：最先发现起火的人，起火前最后离开现场的人；报火警或报案的人；最先到达火场和扑救的人；起火时就在火灾现场的人；熟悉现场原有物资情况或生产工艺情况的人；熟悉起火部位周围或火场周围情况的人；受灾单位的有关领导或受灾户主、家人；火场上救出来的受伤人员，及其他人员等。这些人员都是与调查火灾事故原因有关的人员，在火灾事故原因调查期间不应安排出差和远离单位的工作。如特别需要安排不太远的出差或离开本单位工作时，应安排好通信联络，做到随叫随到，随时接受询问，以保证火灾原因调查访问的顺利进行。

（三）协助统计好火灾损失和伤亡情况

火灾发生后，受灾单位还要协助公安机关消防机构统计好火灾造成的经济损失和人员伤亡情况。

1. 火灾损失的统计范围

火灾损失的统计范围主要包括直接损失和间接损失。

（1）火灾直接经济损失　指被烧毁、烧损、烟熏和灭火中破拆、水渍以及因火灾引起的污染所造成的损失。如房屋、机器设备、运输工具、产畜、役畜等固定资产，古建筑、文物、商品、购入货物等流动资产，生活用品、工艺品和农副产品等因火灾烧毁、烧损、烟熏和灭火中破拆、水渍等所造成的损失都属于火灾直接经济损失统计的范围。

（2）火间间接损失　指因火灾而停工、停产、停业所造成的损失，以及现场施救、善后处理的费用。

① 因火灾造成的"三停"损失。主要包括：火灾发生单位的三停损失；由于使用火灾发生单位所供的能源、原材料、中间产品等所造成的相关单位的三停损失；为扑救火灾所采取的停水、停电、停汽（气）及其他所必要的紧急措施而直接造成的有关单位的三停损失；其他相关原因所造成的三停损失。

② 因火灾致人伤亡造成的经济损失。主要包括：因人员伤亡所支付的医疗费，死者生前的住院费、抢救费，死亡者直系亲属的抚恤金，死者家属的奔丧费、丧葬费及其他相关费用等处置费，养伤期间的歇工工资（含护理人员），伤亡者伤亡前从事的创造性劳动的间断或终止工作所造成的经济损失（含护理人员），接替死亡者生前工作岗位的职工的培训费用等工作损失费。

③ 火灾现场施救及清理现场的费用。主要包括：各种消防车、船、泵等消防器材及装备的损耗费用以及燃料费用（含非消防部门）；各种类型的灭火剂和物资的损耗费用；清理火灾现场所需的全部人力、财力、物力的损耗费用等施救和清理费用。

2. 人员伤亡的统计范围

对在火灾发生后和扑救过程中因烧、摔、砸、炸、窒息、中毒、触电、高温辐射等原因所致的人员伤亡，都应列为火灾伤亡的统计范围。

以上所列的各项经济损失和人员伤亡的统计，不论是直接的还是间接的，失火单位都应当按照要求认真清理，如实上报，绝不能因怕追究责任而少报，也不能为求保险公司的赔偿而多报。

（四）全面分析事故的原因，研究制定改进对策

火灾事故发生后，火灾发生单位应当对事故发生的相关因素进行全面分析，找出问题的症结所在，研究制定出改进对策，以防止类似事故的再次发生。

1. 全面分析火灾事故的意义

人的不安全行为可以引起物的不安全状态，物的不安全状态也会导致人的不安全行为，二者是互相关联的。企业消防安全管理得好，可以减少、消除不安全行为和不安全状态，反之，则可增加不安全行为和不安全状态。可见，火灾事故调查只简单地查出直接起火原因和直接肇事者或责任者还是不够的，这只是火灾事故调查的一个重要方面。许多火灾事故原因分析表明，如果火灾原因调查只限于这一目的，那么造成事故的潜在危险因素——管理上的、安全设计方面的、物质本性上的、设备缺陷方面的等因素，就会被"埋没"而不被重视，再次发生事故的危险因素也就不能消除。所以，应本着对事故"三不放过"的原则，既调查人的行为，又要调查物的状态（厂房建筑、设备、装置、物质性质等），还要调查安全管理方面的原因，这样才能把已发生事故的有关信息反馈到各个方面，以不断改进和完善安全系统，提高消防安全管理的质量，切实保证职工的人身安全和企业财产的安全。

因此，火灾事故原因调查的目的主要在于发现再次发生同类事故的那种更加隐

蔽的不安全行为和不安全状态，包括防火安全管理在内，以进一步对它们进行分析研究，从而建立起相应的事故防范对策。

2. 全面分析构成火灾事故的原因及方法

全面分析火灾事故原因的工作，应当由主管消防安全工作的领导负责，组织有关人员参加。如果直接原因与生产工艺有关，还应吸收设计、生产技术部门的有关工程技术人员参加，以便科学地查明构成火灾事故直接原因的诱导因素——间接原因和基础原因。

（1）基础原因　是构成火灾事故最基本的原因，一般包括消防安全教育差、安全标准不明确、消防安全制度不落实、劳动纪律不严格等，这些都是管理原因，从消防安全角度看，这是构成基础原因的主要部分。

（2）间接原因　是导致火灾事故的主要原因，主要有技术原因、教育原因、身体原因、精神原因等几种。技术原因主要有机械装置设计不良、构造材质不适当、检查保全不充分、缺少能控制事故行为的措施等，教育原因主要有不懂消防安全知识、轻视或不明白消防安全要求、不能熟练地运用安全措施等，身体原因主要是有病、睡眠不足、身体条件不适合工作要求等，精神原因主要是态度不认真、工作马虎、操作时注意力不集中等。

（3）直接原因　可分为物的原因和人的原因两种。物的原因主要有环境条件差、设备不良、安全装置有故障、设备不完善、报警设备失灵等，人的原因主要有违反安全操作规程、操作准备不足、误操作、麻痹大意、玩忽职守等。

对以上各种原因可以采用单个原因分析法和统计综合分析法进行认真的分析。单个原因分析，就是对造成火灾事故的每一个原因从微观上去分析，以提高对策的针对性和有效性，便于实施；利用统计的方法对火灾原因进行综合的分析，就是对火灾原因进行宏观探索，做多方面的对策研究。

3. 研究制定改进对策

在对发生火灾的原因进行分析之后，应当从中找出导致火灾的主要原因，从而有针对性地研究制定出今后的改进措施和对策。

（1）关于设备原因的对策　要在设计、生产、技术和科研等方面研究开发新技术，改善环境和防火、灭火设施。

（2）关于人的不安全行为的对策　要在安全操作规程、作业程序、监督控制、教育训练等方面重新评定原有的规程要求，修改不合理的部分，加强对操作工人的技术培训。

（3）管理方面原因的对策　在消防安全管理方面，应当切实引起单位领导的重视，保证各项规章制度落实，建立健全消防安全组织，彻底整改各种火险隐患。

总之，对分析出来的各种导致火灾的原因，都要逐条逐项研究，采取相应的对策和改进措施，切实防止类似火灾事故的再次发生。

（五）对需要单位处理的火灾责任者及时做出处理

在火灾原因查清之后，为了教育火灾肇事者本人和职工群众，应当根据公安机

320

关消防机构出具的《火灾原因认定书》和《火灾事故责任书》对有关责任者进行追查处理。

对构成犯罪的和违反消防安全管理的，分别由司法机关和公安机关消防机构依据有关法律进行处理。对那些尚不够追究刑事责任和消防管理处罚的责任者，应当分别由监察机关、单位的上级主管部门和单位，按照干部和职工的管理权限，酌情给予警告、记过、记大过、降级、降职、撤职、开除留用查看或开除处分。

（六）对认定不服的救济途径

火灾事故当事人对公安机关消防机构作出的火灾事故认定不服的，可以自收到火灾事故认定书之日起十五日内向上一级公安机关消防机构申请复核，也可以依法向人民法院提起行政诉讼。

第十一章 消防安全管理的基本方法

实践证明，不论干什么工作或完成什么任务，在目标确定之后，首先应当解决方法问题。完成同样的任务，如果方法得当，就会收到事半功倍的效果，否则，就可能是事倍功半。譬如，我们要过河，但是没有桥或没有船就不能过。因此，必须解决桥或船的问题，否则过河就是一句空话。所以，完成任何工作任务，也与过河一样，首先应当解决桥或船，解决方法问题，否则任务就可能成为瞎说一顿或只能摸着石头过河。在消防安全管理工作中，有很多技术措施和行政措施，那么，我们应当采取什么方法去实施呢？也就是如何解决"桥"或"船"的问题呢？这是消防安全管理工作者，尤其是担负政府分管领导和消防监督领导工作的人员首先应当解决的一个大问题。在多年消防安全管理工作的实践中，广大消防工作者摸索出了不少行之有效的方法和经验，通过归纳总结，运用最多、最有效的基本方法有以下几种。

第一节 分级负责法

分级负责是指某项工作任务，单位或机关、部门之间，纵向层层负责，一级对一级负责，横向分工把关，分线负责，从而形成纵向到底，横向到边，纵横交错的严密的工作网络的一种工作方法。该方法在消防安全管理的工作实践中，主要有以下两种。

一、分级管理

消防监督管理工作中的分级管理，是指对各个社会单位和居民的消防安全工作在公安机关内部根据行政辖区的管理范围、权限等，按照市公安局、县（区）公安（分）局和公安派出所分级进行管理。这种管理方法，一般按照所辖单位的行政隶属关系及保卫关系进行划分。中央和省所属的（企业）单位的消防安全工作亦由所在地的市、县公安机关分级进行管理。这样，市公安局、区（县）公安分局和公安派出所各级的管理作用能够充分发挥，使消防监督工作在各级公安机关内部的行政管理上，能够做到与其他治安工作同计划、同布置、同检查、同总结、同评比。使消防监督工作在公安机关内部形成一种上、下、左、右层层管理，层层负责的较严密的管理网络，使整个社会的消防安全工作，上至大的机关、厂矿、企业，下至农村和城市居民社区，都能得到有效地监督管理，从而督促各种消防安全制度和措施层层得以落实，达到有效预防火灾和保障社会消防安全的目的。为此，各区、县公

322

安（分）局和公安派出所的领导同志，应当把消防监督工作作为一项重要任务抓紧抓好；市级公安机关消防机构要加强对区、县消防科、股的业务领导，及时帮助解决工作中的疑难问题，并在违章建筑的督察，街道居民社区，企业和商业摊点、集贸市场的消防监督上充分发挥分局和派出所的作用。真正使市局、分局和公安派出所各级都负起责任来。

二、消防安全责任制

所谓消防安全责任制就是，政府、政府部门、社会单位、公民个人都要按照自己的法定职责行事，一级对一级负责。对机关、团体、企事业单位的消防工作而言，就是单位的法定代表人要对本单位的消防安全负责，法定代表人授权某项工作的领导人，要对自己主管内的消防安全负责。其实质就是逐级防火责任制。《消防法》第二条规定，消防工作按照"政府统一领导、部门依法监管、单位全面负责、公民积极参与"的原则，实行消防安全责任制。这就使消防安全责任制更具有法律依据。如我们现在实行的省政府分管领导与各市分管领导，各市分管领导与区县分管领导，各区、县分管领导与各乡、镇分管领导层层签订消防安全责任状等，都是消防安全责任制的具体运用。

在实施消防安全管理的具体实践中，我们一定要遵循实行消防安全责任制的原则，充分调动机关、团体、企业、事业单位各级负责人的积极性，让他们把消防工作作为自己分内的工作抓紧抓好，并把本单位消防工作的好坏，作为评价其实绩的一项主要内容。要让单位的消防安全管理部门充分认识到，自己是单位的一个职能部门，是单位行政领导人的助手、参谋，摆正本部门与单位所属分厂、公司、工段、车间及其他部门的关系，将消防工作由保卫部门直接管理转变为间接督促检查和推动指导，把具体的消防安全工作交由下属单位的法定代表人去领导、去管理，用主要精力指导本单位的下属单位、部门，制定消防规章制度和措施，加强薄弱环节，深化工作层次，解决共性和疑难问题等。

公安机关消防机构应正确认识消防安全管理与消防监督管理二者的关系，扭转消防监督员包单位的做法，切实抓好自身建设。强化火灾原因调查和强化对火灾肇事者和违章肇事者的处理工作，强化建设工程防火审核的范围和层次，加强对易燃易爆危险品生产、储存、运输、销售和包装的监督管理，坚决废除火灾指标承包制，并切实提高消防监督人员的管理能力和执法水平，不要去大包大揽本是企业单位应该干的工作，真正使消防安全工作形成一个政府统一领导、部门依法监管、单位全面负责、公民积极参与的健全的社会化的消防工作网络。

第二节　重点管理法

重点管理法也就是抓主要矛盾的方法。是指在处理两个以上矛盾存在的事务时，用全力找出其主要的起着领导和决定作用的矛盾，从而抓住主要矛盾，化解其他矛盾，推动整个工作全面开展的一种工作方法。

由于消防安全工作是涉及各个机关、团体、工厂、矿山、学校等企事业单位和千家万户以及每个公民个人的工作，社会性很强，在开展消防安全管理中，也必须学会运用抓主要矛盾的领导艺术，从思维方法和工作方法上掌握抓主要矛盾的工作方法，以推动全社会消防安全工作的开展。

一、专项治理

专项治理就是针对一个大的地区性各项工作或一个单位的具体工作情况，从中找出主要的起着领导和决定作用的工作，即主要矛盾，作为一个时期或一段时间内的中心工作去抓的工作方法。这种工作方法若能运用的好，可以避免不分主次，一面平推，眉毛胡子一把抓的局面，从而收到事半功倍的效果。

如某省或某市一个时期以来，公众聚集场所存在的火灾隐患比较多，火灾事故比较突出，且损失大、伤亡大，那么，这个省或市就可以把公众聚集场所的消防工作作为上半年或下半年或某一季度的中心工作去抓，进行专项治理。

又如，麦收季节是我国北方中原地区麦场火灾的突出季节，如果这一时期的麦场防火工作落实不好，农民一年的辛勤劳动成果就会付之一炬，所以，麦收防火工作在每年的三夏期间就是这个地区消防工作的中心工作。

通过消防工作专项治理的实践，全国各地都有很多的经验，但在实践中也有一些值得注意的问题：

1. 要注意时间性和地域性

消防安全工作的中心工作，不同的时期和不同的地区是不同的。在执行中不能把某地区或某时期的中心工作硬套在另一时期或另一地区。如麦收防火就河北省而言，保定以南地区六月份是中心工作，而在张家口和承德地区就不一定是，因为这些地区气温较低，有的不种小麦，即使种植小麦六月份也未到收割季节。所以要注意专项治理内容的时间性和地域性，并贯彻条块结合，以块为主的原则。

2. 要保证专项治理的专一性

一个地区在一定的时间内只能有一个中心工作，不能有多个中心工作。也就是说，一个地区在一定时间内只能专项治理一个方面的工作，不能专项治理多个方面的工作，否则就不成其为专项治理。

3. 要注意专项治理时的综合治理

所谓综合治理，就是根据抓主要矛盾的原理，围绕中心工作协调抓好与之相关联的其他工作。因为火灾的发生是由多种因素构成的，如单位领导的重视程度、人们的消防安全意识、社会的政治情势等，哪一项工作没跟上或哪一个环节未搞好，都会成为火灾多发的原因。所以，在对某项工作进行专项治理时，在治理的内容上要千方百计地找出解决问题的主要矛盾和与之相联系的辅以第二位、第三位的其他矛盾。特别要注意和发现克服薄弱环节，统筹安排辅以第二位、第三位的工作，使

324

各项工作协调发展，全面加强。

如唐山林西百货大楼特大火灾、河南洛阳东都商厦特大火灾，虽然都是因电气焊违章动火造成，但根据抓主要矛盾的原理分析，其火灾的主要原因是建设单位的领导不重视防火工作指使职工违章作业所致。因为，如若建设单位领导重视防火安全，在申请建设时就能主动到消防监督机关进行防火审核，就可以使防火措施在建设施工中落实，并督促施工单位遵守防火制度，从而避免违章动火事件的形成。同时，如果单位领导平时重视防火，防火措施落实，职工的消防安全意识增强，懂得防火灭火知识等，即使失火也是会及时报警和扑灭的，也不会造成大的火灾。另外，如果全社会公民的消防安全意识强，懂得逃生知识，也不会造成那么多人死亡。因此，构成唐山林西百货大楼和河南洛阳东都商厦特大火灾的主要矛盾，是单位领导不重视防火，其次是建审制度不落实，施工队伍管理乱，职工消防意识差等。所以，在对此类场所进行专项治理时，就应当把单位法定代表人的消防安全教育，消防安全责任制的落实放在首位进行治理，辅以强化建筑防火审核，加强建筑装修和施工队伍的管理，加强职工的消防安全教育和义务消防队伍的建设以及全社会公民消防常识的普及等，就应当把所有这些紧密联系起来，抓住中心，围绕中心，辅以与之相关联的第一位、第二位的工作，进行综合的治理，从而使专项治理工作健康发展，全面加强，抓出成效。

4. 应注意专项治理与综合治理的从属关系问题

如在对消防安全工作专项治理时存在着与之相关联的治安工作、生产安全等工作又是治安综合治理的一项重要内容；在对治安工作、生产安全工作等进行专项治理时，消防工作又是治安综合治理的一项重要内容，不可把二者孤立起来、割裂开来。

二、抓点带面

抓点带面就是领导决策机关，为了推动某项工作的开展，或完成某项工作任务，决策人员根据抓主要矛盾和调查研究的工作原理，带着要抓或推广的工作任务，深入实际，突破一点，取得经验（通常称为抓试点），然后利用这种经验去指导其他单位，进而考验和充实决策任务的内容，并把决策任务从面上推广开来的一种工作方法。这种工作方法既可以检验上级机关决策是否正确，又可以避免大的失误，还可以提高工作效率，以极小的代价取得最佳成绩。

消防安全工作，是社会性非常强的工作，对防火政令，消防措施的贯彻实施，大都宜采取以点带面的方法贯彻。如消防安全重点单位的管理方法、专职消防队伍的建立和措施的推广等，均宜采取抓点带面的方法。

抓点带面的方法通常有决策机关人员或领导干部深入基层，在工作实践中发现典型，着力培养和有目的的工作试点两种方法。推广典型的方法，通常有召开现场会推广，印发经验材料推广和召开经验交流会推广三种。如某省消防总队每年都召开一次全省的消防工作会议，在会上总结上一年的工作，布置下一年的工作任务，同时将各地市总结的经验材料一起在会上交流，这样既总结了上一年的工作，又布置了新的工作。同时也交流了各地的好经验，收到了较好的效果。但是，在抓典型时应注意：

（1）选择典型要准确、真实。培养典型不要拔苗助长，急于求成，要有计划、有安排，持之以恒地抓，典型树起来后就应一抓到底，树一个成熟一个，不能像黑熊掰玉米一样，掰一个、丢一个。

（2）对典型要关心、爱护、培养、帮助。切忌给"优惠"、"吃小灶"、搞锦上添花，切实使典型经验能在面上开花、结果。

三、消防安全重点管理

消防安全重点管理，是根据抓主要矛盾的工作原理，把在消防工作中的火灾危险性大，火灾发生后损失大、伤亡大、影响大，即对火灾的发生及火灾发生后的损失、伤亡、政治影响、社会影响等起主要的领导和决定作用的单位、部位、工种、人员和事项，作为消防安全管理的重点来抓，从而有效地防止火灾发生的一种管理方法。

无数火灾实例说明，一些单位发生火灾后，不仅会影响本单位的生产和经营，而且还会影响一个系统、一个行业、一个企业集团，甚至影响一个地区人民群众的生活和社会的安定。如一个城市的供电系统或燃气供气系统发生火灾，就不单是企业本身的事故，它会严重影响其他单位的生产和城市人民的生活、社会的安定；有些厂的产品是全国许多厂家的原料或配件，这个厂如果发生火灾而造成了停工停产，其影响会涉及全国的一个行业；如果其产品是出口产品，还会影响我们国家的声誉。另外，现在发展成立了很多具有一定规模的企业集团公司，他们都经营管理着很多甚至是跨地区的子公司等，其下属的消防重点单位一旦发生火灾，那么其整个集团公司的规模发展、经济效益及整个公司的形象和职工群众的安全都会受到影响。所以，我们要把这些火灾危险性大和发生火灾后损失大、伤亡大、影响大的单位作为消防安全工作的重点去管理。消防安全重点单位的工作抓好了，也就等于抓住了消防工作的主动权。同时，消防安全重点单位的消防工作做好了，对其他单位的消防工作也会有一定的辐射作用。这样，不仅可以抓住消防工作的主要矛盾，而且还可以起到抓纲带目、以点带面、纲举目张的作用。因为消防重点单位消防安全工作管理的好坏，往往会直接影响到一个地区或一个城市人民的生产和生活，抓好了消防重点单位，也就抓住了消防工作的主要方面；同时，重点单位的消防工作做好了，对其他单位的消防安全工作就有一定的辐射作用。这样，不仅抓住了消防安全工作的主要矛盾，还可以起到抓纲带目，抓点带面的作用。如大兴安岭的森林大火，黄岛油库大火，唐山林西百货大楼大火，南昌万寿宫商城大火等，都严重影响了国民经济的发展，人类生态的平衡和人民生活的安全。所以消防重点单位消防工作的好坏，对一个地区或一个城市，火灾发生的多少，损失和伤亡及社会影响的大小，都有着决定性的作用。实践证明，只要抓好了消防安全重点单位的消防工作，就等于抓住了消防工作的主动权。所以，我们一定要强化消防重点单位的监督管理。

第三节　调查研究法

调查研究既是领导者必备的基本素质之一，又是实施正确决策的基础。调查研究的方法是管理者能否管理成功的最重要的工作方法。由于消防安全管理工作的社会性、专业性很强，所以在消防安全管理工作中调查研究方法的应用十分重要。加之目前社会主义市场经济的建立和发展，消防工作出现了很多新情况、新问题，为适应新形势，通过调查研究，研究新办法，探索新路子，也必须大兴调查研究之风，才能深入解决实际问题。

一、消防安全管理中运用的调查研究方法

在消防安全管理的实际工作中，调查研究最直接的运用就是消防安全检查或消防监督检查。具体归纳起来大体有以下几种方法。

1. 普遍调查法

普遍调查法是指对某一范围内所有研究对象不留遗漏地进行全面调查。如某市公安机关消防机构为了全面掌握"三资企业"的消防安全管理状况，他们组织调查小组对全市所属的所有"三资"企业逐个进行调查。通过调查发现该市"三资"企业存在的安全体制管理不顺，过分依赖保险，主官忽视消防安全等问题，并写出专题调查报告，上报下发，有力地促进了问题的解决。

2. 典型调查法

典型调查法是指在对被调查对象有初步了解的基础上，依据调查目的不同，有计划地选择一个或几个有代表性的单位进行详细的调查，以期取得对象的总体认识的一种调查方法。这种方法是认识客观事物共同本质的一种科学方法，只要典型选择正确，材料收集方法得当，作出的措施，就会有普遍的指导意义。如某市消防支队根据流通领域的职能部门先后改为企业集团，企业性职能部门也迈出了政企分开的步伐的实际情况，及时选择典型对部分市县（区）两级商业、物资、供销、粮食等部门进行了调查，发现其保卫机构、人员和保卫工作职能都发生了变化，为此，他们认真分析了这些变化给消防工作可能带来的有利和不利因素，及时提出了加强消防立法，加强专职消防队伍建设，加强消防重点单位管理和加强社会化消防工作的建议和措施。《人民消防报》还以《在变化中闯新路》为题刊登了这篇调查报告，引起了消防监督管理战线和有关方面的重视和关注。

3. 个案调查法

个案调查法就是把一个社会单位（一个人、一个企业、一个乡等）作为一个整体进行尽可能全面、完整、深入、细致地调查了解。这种调查方法属于集约性研

究，探究的范围比较窄，但调查的深透，得到的资料也较为丰富。实质上这种调查方法，在消防安全管理工作中的火灾原因调查和具体深入到某个企业单位进行专门的消防监督检查等都是最具体、最实际的运用。如在对一个企业单位进行消防监督检查时，可最直观地发现企业单位领导对消防安全工作的重视程度，职工的消防安全意识，消防制度的落实，消防组织建设和存在的火灾隐患、消防安全违法行为及整改落实情况等。

4. 抽样调查法

抽样调查法就是指从被调查的对象中，依据一定的规则抽取部分样本进行调查，以期获得对有关问题的总的认识的一种方法。如《消防法》第十条、第十一条分别规定，按照国家工程建设消防技术标准需要进行消防设计的一般建设工程，建设单位应当自依法取得施工许可之日起七个工作日内，将消防设计文件报公安机关消防机构备案，公安机关消防机构应当进行抽查；一般建设工程竣工后，建设单位在验收后应当报公安机关消防机构备案，公安机关消防机构应当进行抽查，经依法抽查不合格的，应当停止使用。这些都是具体运用抽样调查法的法律依据。

再如，对签订消防责任状这种工作措施的社会效果如何，不太清楚，某公安机关消防机构有重点地深入到有关乡、镇、村和有关主管部门的重点单位开展调查研究，通过调查发现，消防责任状仅仅是促使人们做好消防工作的一种行政手段，不是万能的、永恒的措施，它往往受到各种条件的制约，不能发挥其应有的作用，更不能使消防工作社会化持之以恒地开展下去。针对这一情况，采取相应对策，克服其不利因素，使消防工作得到了健康的发展。

二、调查研究的要求

开展一次调查研究，实际也就是进行了一次消防安全检查。我们不仅要注意调查方法，还应注意调查时的技巧，否则也会影响调查的效果。

（1）要开调查会做讨论式调查，不能只凭一个人讲他的经验和方法，也不能只随便问一下子，不提出中心问题在会上作讨论，因为这样难以得出近于正确的结论。

（2）要让能深切明了问题的有关人员参加调查会，并要注意年龄、知识结构和行业。

（3）开调查会应注意人的数量不宜过多，也不宜过少，但至少应3人以上，以防囿于见闻，使调查了解的内容，不符合真实情况。

（4）要事先准备好调查纲目。调查人要按照纲目问题，会众口说。对不明了的、有疑问的要提起辩论。

（5）要亲身出马。担负指导工作的人，一定要亲身从事实际调查，要自己作记录，不能单靠书面报告，不能假手于人。

（6）要深入、细致、全面。在调查工作中要能够深切地了解一处地方或一个问题。要认真、细致、全面，不可走马观花，如蜻蜓点水一般。

以上调查研究的技术不仅是在调查工作时应当注意，就是在进行消防安全检查时也是应当注意的。

第四节 "PDCA" 循环工作法

PDCA 循环工作法就是领导或专门机关"将群众的意见（分散的不系统的意见）集中起来（经过研究，化为集中的系统的意见），又到群众中去做宣传解释，化为群众的意见，使群众坚持下去，见之于行动，并在群众行动中考验这些意见是否正确。然后再从群众中集中起来，再到群众中坚持下去，如此无限循环，一次比一次地更正确、更生动、更丰富"的工作方法。

由于消防安全工作的专业性很强，故此工作方法在公安机关消防机构通常称为专门机关与群众相结合。如某省消防总队，每年年终或年初都要召开全省的消防（监督管理）工作会议，总结全省公安机关消防机构上一年的工作，布置下一年的工作计划。其间分期、分批、分内容、分重点地深入到基层机构检查、了解工作计划的贯彻落实情况，及时检查指导工作和发现并纠正工作计划的不足点或存在的问题。每半年还要做工作小结，使全省公安机关消防机构的工作，有计划、有步骤、有规律、有重点、有一般，年年都有新的内容和新的起色。一般来讲，在运用此工作方法时可按以下四个步骤进行。

一、制订计划

制订计划，就是决策机关或决策人员根据本单位、本系统或本地区的实际情况，在向所属单位或广大群众或基层单位调查研究的基础上，将分散的不系统的群众或专家意见集中起来进行分析和研究，进而确定下一步的工作计划。如我们在制订全省或全市全年或半年的消防安全管理工作计划时，也都应在向基层人员或群众调查研究的基础上，经过周密而系统的研究之后，以作出具体的符合实际情况的实施计划和办法。

二、贯彻实施

贯彻实施，就是将制订的计划向要执行的单位和群众进行贯彻，并向下级或"到群众中做宣传解释"，把上级的计划"化为群众的意见"，使下级及其群众能够贯彻并坚持下去，见之于行动，并在下级和群众的实践中考验上级制订的计划或政策、办法和措施是否正确。我们部署的一个时期的工作任务，制定的消防安全规章制度，都应当向下级、向人民群众做宣传解释，让下级及下级的人民群众知道为什么要这样做，应当如何做，把上级政府或消防监督机关制定的方针政策、防火办法、规章制度变为群众的自觉行动。如我们利用广播、电视、刊物、报纸开展的各种消防安全宣传教育活动，举办各种消防安全培训班等都是向群众做宣传解释的最具体的运用。如河北省消防总队还总结出了"预防为主，宣传先行"的经验，这些都是很可贵的。

三、检查督促

检查督促，就是决策机关或决策人员，要不断深入到基层单位，检查计划、办法和措施的执行情况，查看哪些执行了，哪些执行的不够好，为什么？这些计划、办法和措施通过实践途径的检验，是否正确，还存在哪些不足和问题，把好的做法向其他单位推广，把问题带回去，作进一步的改进和研究，对一些简单的问题可以就地解决。对实践证明是正确的计划、办法和措施由于认识或其他原因没有落实好的单位或个人，给予检查和督促。如我们经常运用的消防监督检查即是很好的实践。

四、总结评价

总结评价，就是决策机关或决策人员将所制订的计划、办法的贯彻落实情况，进行总结分析和评价。其方法是通过深入群众、深入实际，了解下级或群众对计划和办法的意见和实施情况，并把这些情况汇总起来进行分析和评价。对实践证明是正确的，要继续坚持，抓好落实。对不正确的予以纠正，对有欠缺的方面进行补充和提高，对执行好的单位和个人给予表彰和奖励，对实践证明是正确的而又不认真执行和落实的单位和个人给予批评，对造成不良影响的给予纪律处罚。

最后，根据总结评价情况，提出下一步的工作计划，再到群众和工作实际中贯彻落实，从而进入下一个工作循环。"如次无限循环，一次比一次地更正确、更深动、更丰富"。这是消防安全管理决策人员应当掌握的最基本的管理艺术。

第五节　消防安全评价法

消防安全评价也称火灾危险评价，就是对生产过程或某种操作过程的固有的或潜在的火灾危险性，以及对这些危险性可能造成的后果的严重性进行识别、分析和评估，以设定的指数、级别或概率对所评估的系统或某项操作的火灾危险性给以量化的处理，并确定其发展的概率和危险程度，以寻求最低的火灾事故率、最少的火灾损失和人员伤亡及最经济、合理及有效的安全对策的消防安全管理方法。

一、消防安全评价的意义

对具有火灾危险性的生产、储存、使用的场所、装置、设施进行消防安全评价是预防火灾事故的一个重要措施。是消防安全管理科学化的基础，是依靠现代科学技术预防火灾事故的具体体现。通过消防安全评价可以评价发生火灾事故的可能性及其后果的严重程度，并根据其制定有针对性的预防措施和应急预案，从而降低火灾事故的发生频率和损失程度。其意义主要表现在：

（1）可以系统地从计划、设计、制造、运行等过程中考虑消防安全技术和消防安全管理问题，找出易燃易爆物料在生产、储存和使用中潜在的火灾危险因素，提出相应的消防安全措施。

（2）可以对潜在的火灾事故隐患进行定性、定量的分析和预测，使系统建立起更加安全的最优方案，制定更加科学、合理的消防安全防护措施。

（3）可以评价设备、设施或系统的设计是否使收益与消防安全达到最合理的平衡。

（4）可以评价生产设备、设施系统或易燃易爆物料在生产、储存和使用中是否符合消防安全法律、法规和标准的规定。

二、消防安全评价的分类

按照系统工程的观点，从消防安全管理的角度，消防安全评价可分为以下几种。

1. 新建、扩建、改建系统以及新工艺的预先消防安全评价

新建、扩建、改建系统以及新工艺的预先消防安全评价，主要是在新项目建设之前，预先辨识、分析系统可能存在的火灾危险性，并针对主要火灾危险提出预防和减少火灾危险的措施，制订改进方案，使系统的火灾危险性在项目设计阶段就得以消除或控制。如对有关新建、改建、扩建的基本建设项目（工程）、技术工改造程项目和引进的工程建设项目在初步设计会审前完成预评价工作。预评价单位应采用先进、合理的定性、定量评价方法，分析建设项目中潜在的火灾危险、危害性及其可能的后果，提出明确的预防措施。

2. 在役设备或运行系统的消防安全评价

在役设备或运行系统的消防安全评价，主要是根据生产系统运行记录和同类系统发生火灾事故的情况以及系统管理、操作和维护状况，对照现行消防安全法规和消防安全技术标准，确定系统火灾危险性的大小，以便通过管理措施和技术措施提高系统的防火安全性。

3. 退役系统或有害废弃物的消防安全评价

退役生产系统的消防安全评价，主要是分析生产系统设备报废后带来的火灾危险性和遗留问题对环境、生态、居民安全、健康等的影响，提出妥善的消防安全对策。有害废物的消防安全评价内容，主要是火灾事故风险评价等。因为有害废弃物的堆放、填埋、焚烧三种处理方式都与热安全有关。例如，焚烧处理既可能发生着火、爆炸事故，也可能发生毒气、毒液泄漏事故；填埋处理则需考虑底部渗漏、污染地下水，易燃、易爆、有害气体从排气孔溢散，也可能发生着火、爆炸或掀顶事故；堆放虽然是一种临时性处置，但有时因拖至很久而得不到进一步处理，堆放的废弃物中易燃、易爆、有害物质也会引发着火、爆炸、中毒事故等。

4. 易燃易爆危险物质的消防安全评价

易燃易爆危险物质的危险性主要包括火灾危险性、人体健康和生态环境危险性以及腐蚀危险性等。对易燃易爆危险物质的消防安全评价主要是通过试验方法测定

或是通过计算物质的生成热、燃烧热、反应热、爆炸热等，预测物质着火爆炸的危险性。易燃易爆危险物质消防安全评价的内容除一般理化特性外，还包括自燃温度、最小点火能量、爆炸极限、燃烧速度、爆速、燃烧热、爆炸威力、起爆特性等。由于使用条件不同，对易燃易爆危险物质的消防安全评价和分类也有多种方法。

　　5. 系统消防安全管理绩效评价

　　消防安全管理绩效是指单位根据消防安全管理的方针和目标在控制和消除火灾危险方面所取得的可测量的成绩和效果。这种评价主要是依照国家有关消防安全的法律、法规和标准，从生产系统或单位的安全管理组织，安全规章制度，设备、设施安全管理，作业环境管理等方面来评价生产系统或单位的消防安全管理的绩效。一般采用以安全检查表为依据的加权平均计值法或直接赋值法，此种方法目前在我国企业消防安全评价中应用最多。通过对系统消防安全管理绩效的评价，可以确定系统固有火灾危险性的受控程度是否达到规定的要求，从而确定系统消防安全的程度或水平。

三、消防安全评价方法

　　目前，可以用于生产过程或设施消防安全评价的方法有安全检查表法、火灾爆炸危险指数评价法、危险性预先分析法、危险可操作性研究法，故障类型与影响分析法、故障树分析法、人的可靠性分析法、作业条件危险性评价法、概率危险分析法等，已达到几十种。按照评价的特点，消防安全评价的方法可有定性评价法、着火爆炸危险指数评价法、概率风险评价法和半定量评价法等几大类。在具体运用时，可根据评价对象、评价人员素质和评价的目的进行选择。

　　1. 定性评价法

　　定性评价法主要是根据经验和判断能力对生产系统的工艺、设备、环境、人员、管理等方面的状况进行定性的评价。此类评价方法主要有列表检查法（安全检查表法）、预先危险性分析法、故障类型和影响分析法以及危险可操作性研究法等。这类方法的特点是简单、便于操作，评价过程及结果直观，目前在国内外企业消防安全管理工作中被广泛使用。但是这类方法含有相当高的经验成分，带有一定的局限性，对系统危险性的描述缺乏深度，不同类型评价对象的评价结果没有可比性。

　　2. 指数评价法

　　指数评价法主要有美国道（DOW）化学公司的火灾爆炸指数评价法，英国帝国化学公司蒙德工厂的蒙德评价法，日本的六阶段危险评价法和我国化工厂危险程度分级方法等。该评价方法操作简单，避免了火灾事故概率及其后果难以确定的困难，使系统结构复杂、用概率难以表述其火灾危险性单元的评价有了一个可行的方法，是目前应用较多的评价方法之一；该评价方法的缺点是：评价模型对系统消防安全保障体系的功能重视不够，特别是易燃易爆危险物质和消防安全保障体系间的相互作用关系未予考虑。各因素之间均以乘积或相加的方式处理，忽视了各因素之间重要性的差别；评价自开始起就用指标值给出，使得评价后期对系统的安全改进工作较困难；指标值的确定只和指标的设置与否有关，而与指标因素的客观状态无关等，致使易燃易爆危险物质的种类、含量、空间布置相似而实际消防安全水平相差较远的系统评价结果相近。该评价法目前在石油、化工等领域应用较多。

3. 火灾概率风险评价法

火灾概率风险评价方法是根据子系统的事故发生概率，求取整个系统火灾事故发生概率的评价方法。本方法系统结构简单、清晰，相同元件的基础数据相互借鉴性强，这种方法在航空、航天、核能等领域得到了广泛应用。另一方面，该方法要求数据准确、充分，分析过程完整，判断和假设合理。但该方法需要取得组成系统各子系统发生故障的概率数据，目前在民用工业系统中，这类数据的积累还很不充分，是使用这一方法的根本性障碍。

4. 重大危险源评价法

重大危险源评价方法分为固有危险性评价与现实危险性评价，后者是在前者的基础上考虑各种控制因素，反映了人对控制事故发生和事故后果扩大的主观能动作用。固有危险性评价主要反映物质的固有特性、易燃易爆危险物质生产过程的特点和危险单元内、外部环境状况，分为事故易发性评价和事故严重度评价两种。事故的易发性取决于危险物质事故易发性与工艺过程危险性的耦合。易燃、易爆、有毒重大危险源辨识评价方法填补了我国跨行业重大危险源评价方法的空白，在事故严重度评价中建立了伤害模型库，采用了定量的计算方法，使我国工业火灾危险评价方法的研究从定性评价进入定量评价阶段。实际应用表明，使用该方法得到的评价结果科学、合理，符合中国国情。

由于消防安全评价不仅涉及技术科学，而且涉及管理学、伦理学、心理学、法学等社会科学的相关知识，评价指标及其权值的选取与生产技术水平、管理水平、生产者和管理者的素质以及社会和文化背景等因素密切相关。因此，每种评价方法都有一定的适用范围和限度。目前，国外现有的消防安全评价方法主要适用于评价具有火灾危险的生产装置或生产单元发生火灾事故的可能性和火灾事故后果的严重程度。

四、消防安全评价的基本程序

消防安全评价的基本程序主要包括如下四个步骤。

1. 资料收集

就是根据评价的对象和范围，收集国内外相关法规和标准，了解同类设备、设施及生产工艺和火灾事故情况；评价对象的地理、气象条件及社会环境状况等。

2. 火灾危险危害因素辨识与分析

就是根据所评价的设备、设施或场所地理、气象条件、工程建设方案、工艺流程、装置布置、主要设备和仪表、原材料、中间体、产品的理化性质等，辨识和分析可能发生的事故类型、事故发生的原因和机理。

3. 划分评价单元，选择评价方法

在上述危险分析的基础上，划分、评价单元，根据评价目的和评价对象的复杂程度选择具体的一种或多种评价方法，对发生事故的可能性和严重程度进行定性或定量评价；并在此基础上进行危险分级、以确定管理的重点。

4. 提出降低或控制危险的安全对策

就是根据消防安全评价和分级结果，提出相应的对策措施。对于高于标准的危险情况，采取坚决的工程技术或组织管理措施，降低或控制危险状态。对低于标准的危险情况，属于可接受或允许的危险情况，应建立监测措施，防止因生产条件的变更而导致危险值增加；对不可能排除的危险情况，应采取积极的预防措施，并根据潜在的事故隐患提出事故应急预案。

综上所述，消防安全评价的基本程序如图 11-1 所示。

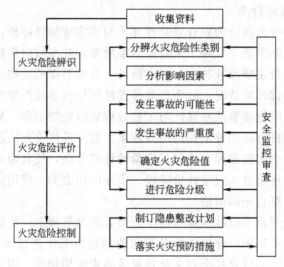

图 11-1　消防安全评价的基本程序

五、消防安全评价的基本要求

消防安全评价是一项非常复杂和细致的工作，为避免不必要的弯路，在具体实施评价时，还应当做好以下几点。

1. 要由技术管理部门具体负责，并要注意听取专家的意见

无论是否在评价细节上求助于顾问或专业人员，消防安全评价过程都应由单位的技术管理部门具体负责，并认真考虑具有实践经验与知识的员工代表的意见。对复杂工艺或技术的消防安全评价，要认真听取专家的意见，并应确保其对特定的作业活动有足够的了解，要保证每一相关人员（管理人员、员工及专家）的有效参与。

2. 确定危险级别应与危险实际状况相适应

评价对象的危险程度决定了消防安全评价的复杂程度，故消防安全评价中危险级别的确定应与实际危险状况相适应。对于只产生少量或简单危险源的小型企业单

334

位，消防安全评价可以是一个非常直接的过程。该过程可以资料判断和参考合适的指南（如政府管理机构、行业协会发布的指南等）为基础，不一定都要复杂的过程与技能以进行评价。但对于危险性大、生产规模大的作业场所应采用复杂的消防安全评价方法，尤其是复杂工艺或新工艺，应尽可能采用定量评价技术。

为此，单位首先应进行粗略的评价，以发现哪些地方需要进行全面的评价，哪些地方需要采用复杂的技术（如对化学危险品监测）等，从而略去那些不必要的评价步骤，增加评价的针对性。

3. 做到全面、系统、实际

消防安全评价并没有固定的规则，无论采取什么样的方法，都得依赖于生产的本质以及危险源和风险的类型等。必须用系统科学的思想和方法，对"人、机、环境"三个方面进行全面系统的分析和评价，然而重要的是做到以下几点。

（1）全面　要确保生产活动的各个方面都得到评价，包括常规和非常规的活动等。评价过程应包括生产活动的各个部分，包括那些暂时不在监督管理范围之内的作为承包方外出作业的员工、巡回人员等。

（2）系统　要保证消防安全评价活动的系统性，可通过按机械类、交通类、物料类等分类方式来寻找危险源；或者按地理位置将作业现场划分为几个不同区域；或采取一项作业接一项作业的方法来寻找危险源。

（3）实际　由于现场实际情况有时可能与作业手册中的规定有所不同，所以在具体进行评价时，要注意认真查看作业现场和作业时的实际情况，以保证消防安全评价活动的实用性。

4. 消防安全评价应当定期进行

企业的生产情况是不断变化的，因而消防安全评价也不应是一劳永逸的，故应当根据企业的生产状况定期进行。根据国家《安全生产法》的规定，生产、储存、使用易燃易爆危险品的装置，通常每2年应进行1次消防安全性评价。由于具有剧毒性易燃易爆危险品一旦发生事故可能造成的伤害和危害更严重，且相同剂量的危险品存在于同一环境，造成事故的危害会更大。所以，对剧毒性易燃易爆危险品应每年进行1次。

5. 消防安全评价报告应当提出火灾隐患整改方案

对消防安全评价中发现的生产、储存装置中存在的火灾隐患，在出具消防安全评价报告时，应当提出整改方案。当发现存在不立即整改即会导致火灾事故的现实火灾危险时，应当立即停止使用，予以更换或者修复，并采取相应的消防安全措施。

6. 对消防安全评价的结果应当形成文件化的评价报告

由于消防安全评价报告所记录的是安全评价的过程和结果，并包括了对于不合格项提出的整改方案、事故预防措施及事故应急预案。所以对消防安全评价的结果应当形成文件化的评价报告，并报所在地县以上人民政府负责消防安全监督管理工作的部门备案。

第十二章　消防安全管理的法律责任

消防安全管理的法律责任，是指违反消防安全管理的人（包括法人）由于违反消防法规所应承担的具有强制性地在法律上的责任。违反消防法规是承担消防安全管理法律责任的前提，承担消防安全管理的法律责任是违反消防法规的必然结果。公民、法人或者其他组织违反了消防法规，就应当承担相应的法律责任。消防安全管理的法律责任通常有刑事责任和行政责任两种，刑事责任是指违反消防安全管理且触犯刑法而应承担的责任；行政责任是指违反消防安全管理且触犯国家消防行政法规而应承担的责任。其特点是在消防法规上有明确、具体的规定；由国家强制力保证执行；由国家授权的机关（如公安机关消防机构）依法追究，其他组织和个人无权行使此项权力。消防安全管理的法律责任同违反消防安全管理的行为是紧密相连的，只有实施了某种违反消防安全管理行为的人（含法人），才承担相应的消防安全管理法律责任。如若只违反了某项企业的消防安全管理制度，而非消防安全管理法律规定的行为，则不承担消防安全管理的法律责任。由此可见，是否违反消防法规是是否承担消防安全管理法律责任的前提。为保证消防法规能够真正得到贯彻实施，对违反了消防法规规定的法定义务的公民、法人或者其他组织，就应当追究其所应承担的法律责任。

第一节　消防刑事责任

违反消防安全管理的行为，按照行为的主观性区分，有故意违反与过失违反两种。故意违反性质恶劣，社会危害大，属于重处之范畴；过失违反则应当加大教育的力度。

一、故意违反消防安全管理危害公共安全的刑事责任

（一）故意违反消防安全管理危害公共安全的罪行

根据《中华人民共和国刑法》的有关规定，故意违反消防安全管理危害公共安全的罪行主要有以下几种。

1. 放火罪

放火罪是指行为人故意以放火的方法烧毁公私财物，危害公共安全的行为。放火罪侵犯的客体是公共安全，即不特定多人的生命、健康及重大公私财产安全。行为人只是烧毁自己的财物，并不危及公共安全的不构成放火罪。但行为人明知自己的行为可能造成火灾，危及公共安全而仍实施烧毁自己财物行为的，应以放火罪

论处。

在客观方面，放火罪表现为行为人实施了焚烧公私财物，危害公共安全的行为。从行为方式来看，放火行为既可以作为的方式实行（如以点燃的方式烧毁公私财物）；也可以不作为的方式完成，如林场护林员值班时发现林中有被人丢弃的火种，有引起火灾的危险，但由于对领导不满，故意不予理睬，以致造成火灾，对该护林员就应以放火罪论处。但是，以不作为方式造成的火灾，行为人必须负有防止火灾发生的义务才能构成此罪。

在主观方面，是行为人持故意的主观心理状态，明知自己的行为会危害公共安全，而希望或者放任这种结果的发生。放火人的主观故意又可分为直接故意和间接故意，但行为人处于何种故意并不影响本罪的成立。放火罪的犯罪动机是多种多样的，但无论行为人动机如何，也不会影响本罪的成立，只是作为一种情节在量刑时给予考虑。

2. 爆炸罪

爆炸罪，是指行为人以爆炸的方法杀伤不特定多人，毁坏公私财产，危害公共安全的行为。爆炸罪侵犯的客体是不特定多人的生命、健康和重大公私财产的安全。它所侵犯的对象既可以是人，也可以是物，也可以是二者兼而有之，而且往往是后者。因此，爆炸罪与以爆炸方法杀人、伤害以及毁坏公私财物的犯罪相比，社会危害性更大。

在客观方面，爆炸罪表现为行为人实施了以爆炸方法危害公共安全的行为。行为人使用的爆炸物主要有：炸弹、手榴弹、炸药包、地雷、雷管，各种固体、液体、气体的易燃易爆物品以及各种自制的爆炸装置和爆炸物等。实施爆炸的方法，主要是在室内外安装爆炸装置或者直接投掷爆炸物，或者利用技术手段使一些机器设备或危险品爆炸。实施爆炸的地点主要是公共场所、人口稠密或财产集中地区，以及一些与公共安全关系密切的地方，如交通工具、高速公路等。

在主观方面，爆炸罪是故意。既可以是直接故意，也可以是间接故意。一般情况下行为人是处于直接故意，如在电影院内安装爆炸物；但在有些情况下行为人是处于间接故意，如某些爆炸行为，行为人主观上指向特定的人或物，但对其行为可能危害公共安全的行为，采取放任的态度，以致使公共安全受到危害。

3. 破坏易燃易爆设备罪

破坏易燃易爆设备罪，是指故意破坏电力、燃气或者其他易燃易爆设备，危害公共安全，尚未造成严重后果或者已经造成严重后果的行为。破坏易燃易爆设备罪侵犯的客体是公共安全。侵害的对象是法律规定的特定对象，即燃气等易燃易爆设备。主要包括煤气、液化石油气、沼气等燃气的发生、净化、输送、储存以及油井、油库、石油输送管道等易燃易爆设备。

在客观方面，破坏易燃易爆设备罪表现为行为人破坏燃气等易燃易爆设备，危害公共安全的行为。破坏的方法可以是多种多样，如放火、爆炸、拆毁或者以其他方法毁坏燃气等易燃易爆设备的零部件等。行为人既可以采用作为的方式，也可以采用不作为的方式，如维修工发现煤气管道破损，有发生着火、爆炸的危险而不予维修等。无论行为人采用什么方式，只要其行为足以造成危害公共安全的危险，即构成本罪，危害结果的实际发生并不是构成本罪的既遂的必备条件。

在主观方面，破坏易燃易爆设备罪是故意，包括直接故意和间接故意。犯罪动机则多种多样，有的是发泄不满，有的是报复陷害，还有的是非法获利，如盗窃正在输送的石油及其产品油等。

(二) 犯故意违反消防安全管理危害公共安全罪应承担的刑事责任

依照《刑法》第一百一十四、一百一十五、一百一十八、一百一十九条的规定，犯放火罪、爆炸罪和破坏易燃易爆设备罪的，处 3 年以上 10 年以下有期徒刑；造成严重后果的，处 10 年以上有期徒刑、无期徒刑或者死刑。

二、过失违反消防安全管理危害公共安全的刑事责任

(一) 过失违反消防安全管理危害公共安全的罪行

根据《刑法》的有关规定，过失违反消防安全管理危害公共安全的罪行主要有以下几种。

1. 失火罪

失火罪，是指由于行为人的过失引起火灾，造成严重后果，危害公共安全的行为。它所侵犯的客体是公共安全即不特定多人的生命、健康和重大公私财产安全。

在客观方面，失火罪表现为由于行为人的过失行为造成火灾，后果严重，危害公共安全。

失火罪要求失火行为必须引起严重后果，如果仅有失火行为而未产生严重后果，或者后果不严重的，不构成失火罪。因此，后果是否严重，是衡量失火行为罪与非罪的重要标准。所谓严重后果，主要是指致人重伤、死亡或者公私财产遭受重大损失。

在主观方面，失火罪是过失，即行为人应当预见自己的行为可能造成火灾，由于疏忽大意而没有预见，或者虽然已经预见，但行为人轻信能够避免。这是指行为人对危害后果的主观心理态度。对行为本身，行为人却往往是处于故意，即明知故犯，如在禁止吸烟的地方吸烟，在禁止燃火的林区燃火，以及其他故意违章引起火灾的情形。

失火，是失去控制的燃烧现象。因失火而引起的火灾，既有人为的原因也有非人为的原因。如地震、火山喷发、雷击等都属于自然的原因。自然原因引起的火灾不涉及犯罪的问题。而人为原因引起的火灾，行为人是否构成犯罪，则要根据行为人的责任程度、火灾所造成的损失大小等具体情况来确定。如果行为人的过失行为与危害后果具有刑法意义上的因果关系，则构成失火罪。如果行为人的过失行为与危害后果不具有刑法意义上的因果关系，或者虽然具有刑法上的因果关系，但后果并不严重的，则不构成失火罪。

2. 过失爆炸罪

过失爆炸罪，是指过失引起爆炸，致人重伤、死亡或者造成公私财产重大损失，危害公共安全的行为。它所侵犯的客体是公共安全，即不特定多人的生命、健康和公私财产安全。

在客观方面，过失爆炸罪表现为行为人过失引起爆炸，造成致人重伤、死亡或者使公私财产遭受重大损失的严重后果，危害公共安全的行为。过失爆炸行为既可以是作为，也可以是不作为。以不作为方式完成的，行为人必须负有特定的义务。同时，爆炸行为必须造成严重后果。如果尚未造成严重后果，则不构成过失爆炸罪。因此，后果是否严重是构成过失爆炸罪的重要标志。

在主观方面，过失爆炸罪有过失。即行为人应当预见自己的行为可能引起爆炸，或者自己的行为可能引起危害公共安全的危险，由于疏忽大意而没有预见，或者虽已预见，但行为人轻信能够避免。但是行为人对于过失行为往往是处于直接故意。

3. 过失损坏易燃易爆设备罪

过失损坏易燃易爆设备罪，是指过失损坏燃气以及其他易燃易爆设备，造成严重后果，危害公共安全的行为。它所侵犯的客体是公共安全，侵害的对象是燃气以及其他易燃易爆设备。

在客观方面，过失损坏易燃易爆设备罪表现为行为人过失损坏燃气以及其他易燃易爆设备，造成严重后果，危害公共安全。我国《刑法》规定的过失犯罪都以严重后果为构成要件。本罪的严重后果，是指由于行为过失，损坏燃气以及其他易燃易爆设备，致人重伤、死亡或致公私财产重大损失。如果过失行为虽然使燃气以及其他易燃易爆设备受到损坏，但未发生危害公共安全的严重后果或危害后果不严重的，则不构成损坏易燃易爆设备罪。

在主观方面，损坏易燃易爆设备罪是过失，即应当预见自己的行为可能使燃气及其他易燃易爆设备受到损坏，危害公共安全，由于疏忽大意而没有预见，或者已经预见但轻信能够避免。

4. 危险物品肇事罪

危险物品肇事罪，是指违反爆炸性、易燃性、氧化性、放射性、毒害性、腐蚀性危险物品管理规定，在生产、储存、运输和使用过程中发生重大事故并造成严重后果的行为。它所侵犯的客体是国家对危险品的管理制度。

所谓危险品是指具有爆炸、易燃、毒害、感染、腐蚀、放射性等危险特性，在生产、运输、储存、销售、使用和处置中，容易造成人身伤亡、财产损毁或环境污染而需要特别防护的物品。由于这些物品存在高度的危险性，国家对它们的生产、储存、运输、销售、使用和处置都有严格的要求，一旦违反了国家的有关规定，在生产、储存、运输、销售、使用和处置过程中就极易发生事故，且往往后果严重。

在客观方面，危险物品肇事罪表现为行为人违反危险品的管理规定，在生产、储存、运输、销售、使用和处置过程中发生重大事故，造成严重后果的行为。既包括未经有关主管部门批准，擅自生产、储存、运输、销售、使用和处置危险品，发生重大事故，后果严重的行为；也包括虽经有关主管部门批准，但在生产、储存、运输、销售、使用和处置过程中违反安全操作规程，以致发生重大事故，造成严重后果的行为。

在主观方面危险物品肇事罪是过失。即行为人应当预见其行为可能发生危害结果，但由于疏忽大意没有预见，或者虽然已经预见，但自信可以避免，因而发生重大事故，造成严重后果。这是行为人对其行为将要产生的后果而言的，至于行为人对违反规章，生产、储存、运输、销售、使用和处置危险品的行为本身，则往往是出于故意。

5. 非法携带危险物品危及公共安全罪

非法携带危险物品危及公共安全罪，是指违反有关法律规定，非法携带爆炸性、易燃性、放射性、毒害性、腐蚀性物品进入公共场所或者交通工具，危及公共安全，情节严重的行为。

首先，由于危险物品都是具有爆炸性、易燃性、氧化性、放射性、毒害性、腐蚀性的物品，具有较强的破坏力，所以有关法律、法规对上述物品的管理都制定了较为严格的规定；其次，公共场所和交通工具都是人群集中的地方，若违反法律规定，非法携带爆炸性、易燃性、氧化性、放射性、毒害性、腐蚀性危险物品进入公共场所或者交通工具，一旦发生危险，将会致人死亡，或者造成公私财产的重大损失，后果不堪设想。近年来，这类行为已给社会造成很大危害，因此，必须予以刑事制裁。

非法携带危险物品危及公共安全罪所侵犯的客体是公共安全，即不特定多人的生命、健康和重大公私财产的安全。

在客观方面，非法携带危险物品危及公共安全罪表现为行为人非法携带爆炸性、易燃性、氧化性、放射性、毒害性、腐蚀性危险物品进入公共场所或者交通工具，危及公共安全，情节严重的行为。非法携带是指违反法律规定，私自携带上述物品。对此，国家《集会游行示威法》、《民用航空法》、《铁路法》、《民用爆炸物品管理条例》、《消防法》等有关法律法规及国务院有关主管部门发布的部门规章，都对爆炸性、易燃性、氧化性、放射性、毒害性、腐蚀性危险品的生产、运输、使用作了明确的规定，因此，任何私自携带爆炸性、易燃性、氧化性、放射性、毒害性、腐蚀性危险物品进入公共场所或者交通工具的行为，都是对上述法律规定的违反。此外，本罪客观方面还要求行为人的行为危及公共安全，造成严重后果。所谓严重后果，是指造成人员伤亡或者公私财产重大损失。

在主观方面，非法携带危险物品危及公共安全罪是过失。这是针对行为人对造成危及公共安全的严重后果而言的，即行为人并非希望危及公共安全的结果发生。对于行为本身，则往往是出于故意，即明知是法律所禁止携带的危险物品轻信可以避免而故意携带。

6. 重大责任事故罪

重大责任事故罪，在违反消防安全管理方面是指工厂、矿山、林场、建筑企业

340

或者其他企业事业单位的职工，由于不服从管理，违反规章制度或者强令工人冒险作业，因而发生重大火灾事故，造成重大伤亡或者其他严重后果的行为。它所侵犯的客体是厂矿等企业、事业单位的安全。

保障企业生产的消防安全，保护职工的生命、健康和人身安全，是企业消防安全管理的基本要求，也是提高企业生产及经济效益的基本前提。只有保证生产安全，才能保证正常的生产秩序，才能充分调动职工的生产积极性。如果违反国家有关的消防安全管理制度，不服管理或者强令工人冒险作业，就必然会威胁到企业生产的消防安全，给国家、企业和广大职工造成重大损失。

在客观方面，重大责任事故罪，在违反消防安全管理方面表现为行为人不服从消防安全管理，违反消防安全规章制度或者强令工人违章冒险作业因而发生重大火灾，造成重大伤亡或者其他严重后果的行为。消防安全规章制度是指有关安全操作规程、劳动纪律和消防安全方面的法规；不服从管理、违反消防安全规章制度是指职工本人直接违反消防安全规章制度的行为，主要表现为擅离职守，不服从正确的管理和指挥，甚至冒险蛮干；强令工人冒险作业，是指有关管理人员利用职权强令职工冒险作业。此外，上述行为必须引起重大火灾，造成重大人身伤亡或经济损失等严重后果才能构成本罪。如果虽然有违章作业的行为但未造成人员伤亡或者其他严重损失，则不能以重大责任事故罪论处。

重大责任事故罪，在违反消防安全管理方面的犯罪主体是特殊主体，即工场、矿山、林场、建筑企业或其他企业事业单位的职工。但这里所说的职工并非上述单位的所有职工，而是指直接从事生产的工人、生产指挥人员和技术人员。工矿企业事业单位中不直接从事生产的行政事业人员违反企业消防安全规章制度，因玩忽职守而造成重大损失的，不构成重大责任事故罪，应以玩忽职守罪论处。此外，本罪的主体既包括国有、集体的工厂、矿山、林场、建筑企业或其他企业、事业单位的职工，也包括群众合作经济组织或个体经营户的从业人员。

在主观方面，重大责任事故罪，在违反消防安全管理方面是过失，这是相对于行为人对其行为将要造成的后果所持的心理态度而言的，即行为人应当预见自己的行为可能导致危害结果的发生，但由于疏忽大意没有预见，或者虽然已经预见，但轻信可以避免，因而发生重大火灾事故，造成重大伤亡等严重后果。

7. 消防责任事故罪

消防责任事故罪，是指违反消防安全管理法规，经消防监督机关通知采取改正措施而拒绝执行，造成严重后果的行为。

本罪侵犯的客体是国家的消防安全管理制度。消防安全是人民正常生产、生活秩序以及公共安全的根本保证，为此，国家先后制定了《消防法》等消防法规。违反《消防法》等有关消防法规，将会对公共消防安全造成极大的威胁，给国家和人民群众带来严重损失，故必须予以制裁。

在客观方面，消防责任事故罪表现为行为人违反消防安全管理法规，经公安机关消防机构通知采取改正措施而拒绝执行，造成严重后果的行为。首先，本罪要求行为人违反消防安全管理法规；其次，并非所有违反消防安全管理法规的行为都构成本罪，本罪还要求是经公安机关消防机构通知采取改正措施而拒绝执行。根据《消防法》的规定，"国务院公安部门对全国的消防工作实施监督管理，县以上人民政府公安机关对本行政区域内的消防工作实施监督管理，并由本级人民政府公安机关消防机构负责实施"。各级公安机关消防机构发现火灾隐患，应当及时通知有关单位或者个人采取措施，限期消除。由此可见，公安机关消防机构对单位或者个人的消防工作进行监督检查，发现火灾隐患并及时通知整改是《消防法》所赋予的责任和权力，拒绝执行、消极怠工、拖延推诿，或者虽采取一些行动，但抵制公安机关消防机构的检查，就是触犯了《消防法》。再次，构成本罪还必须造成严重后果，如果行为人虽然违反消防安全管理法规，并拒绝执行公安机关消防机构限期改正的通知，但未造成严重后果的，不构成本罪。

在主观方面，消防责任事故罪是过失。既有疏忽大意的过失，也有过于自信的过失。但这是指行为人对其行为可能产生的危害后果而言的，至于违反消防安全管理法规，拒绝执行公安机关消防机构的限期改正通知，行为人则一般是处于故意。

（二）过失违反消防安全管理危害公共安全罪应承担的刑事责任

依照《刑法》第一百一十五条第 2 款、第一百一十九条第 2 款、第一百三十条、一百三十四条、一百三十六条和第一百三十九条的规定，犯有失火罪、过失爆炸罪、过失损坏易燃易爆设备罪、非法携带危险物品危及公共安全罪、危险物品肇事罪、重大责任事故罪和消防责任事故罪的，对直接责任人员，处 3 年以下有期徒刑或者拘役，后果特别严重的处 3 年以上 7 年以下有期徒刑。这里所说的后果特别严重，一般是指造成较大火灾事故；事故发生后不采取积极措施抢救，只顾个人逃命或抢救个人财产，造成恶劣影响的等。

三、生产、销售不符合安全标准产品的刑事责任

（一）生产销售不符合安全标准产品的罪行

生产销售不符合安全标准产品罪，在违反消防安全管理方面是指生产不符合国家消防安全标准、行业标准的电器、压力容器、易燃易爆产品、消防安全产品，或者销售明知以上不符合保障人身、财产安全的消防安全标准、行业标准的产品，造成严重后果的行为。本罪侵犯的客体是电器、压力容器、易燃易爆产品、消防安全产品等保障人身财产安全的必须符合国家消防安全标准、行业标准的产品的生产、销售的管理秩序。

在客观方面，生产销售不符合安全标准产品罪在违反消防安全管理方面表现为生产销售不符合国家消防安全标准的产品的行为。电器、压力容器、易燃易爆产品、消防安全产品等是生活、生产中经常使用的产品，这些产品本身如果不符合安全标准，就有可能发生着火、爆炸等火灾事故，危及人身安全和财产安全。因此，国家对这些具有一定危险性的产品规定了严格的安全标准，对产品的安全性能作了严格的规定。如国家对油类、液化石油气、氢气、乙炔气、炸药、雷管、导火索、

烟花爆竹等危险性更大的易燃易爆产品都规定了更为严格的安全标准。尽管如此，但在实践中由于产品不合格而造成人身伤亡或财产损失的事件仍然经常发生。如卡式炉爆炸致人重伤、液化石油气瓶爆炸致人伤亡、电视机爆裂致人伤亡等。全国火灾统计显示，近三分之一的火灾系电气原因所致。《消防法》第二十六条规定，"建筑构件、建筑材料和室内装修、装饰材料的防火性能必须符合国家标准；没有国家标准的，必须符合行业标准"。第二十七条规定，"电器产品、燃气用具的产品标准，应当符合消防安全的要求。"《刑法》第一百四十六条规定，生产、销售不符合安全标准的产品，"造成严重后果"的才构成本罪。如果未造成严重后果，但销售金额在 5 万元以上的，按第 140 条规定的生产、销售伪劣产品罪处罚。

在主观方面，生产销售不符合安全标准产品罪，在违反消防安全管理方面是故意。销售不符合消防安全标准的产品，还要求行为人明知是不符合消防安全标准的产品而故意销售，如果行为人不是明知其为不符合消防安全标准的产品，则不构成本罪。

（二）犯生产、销售不符合安全标准产品罪应当承担的刑事责任

依照《刑法》第一百四十六条和第一百五十条的规定，犯生产、销售不符合消防安全标准产品罪的，处 5 年以下有期徒刑，并处销售金额 50％以上 2 倍以下罚金；后果特别严重的，处 5 年以上有期徒刑，并处销售金额 50％以上 2 倍以下的罚金。

单位犯本罪的，对单位判处罚金，并对其直接负责的主管人员和其他责任人员，依照上述规定处罚。

四、渎职违反消防安全管理危害公共安全的刑事责任

（一）放纵制售伪劣商品罪

1. 放纵制售伪劣商品的罪行

放纵制售伪劣商品罪，在违反消防安全管理方面是指对生产、销售伪劣消防产品犯罪行为负有追究责任的国家机关工作人员，徇私舞弊，不履行法律规定的追究职责，情节严重的行为。本罪侵犯的客体是国家机关对生产、销售伪劣消防产品犯罪依法追究的公务活动。作为负有追究责任的国家机关工作人员，本应积极追究那些生产销售伪劣消防产品的犯罪活动，以维护社会主义市场经济秩序，保障人民群众的安全和身心健康。但若徇私舞弊，对有生产、销售伪劣消防产品犯罪行为的单位或者个人放任不管，那么，就侵犯了国家机关对生产、销售伪劣消防产品犯罪依法追究的公务活动。

在客观方面，放纵制售伪劣商品罪在违反消防安全管理方面表现为徇私舞弊，不履行法律规定的追究责任。徇私舞弊，不履行法律规定的追究责任，是指负有追究责任的国家机关工作人员利用职务对明知有生产、销售伪劣消防产品犯罪行为的企业事业单位或者个人，采取放任的态度使其不受追究。

本罪的犯罪主体为特殊主体，即对生产、销售伪劣消防产品犯罪行为负有追究

责任的国家机关工作人员。从司法实践看，负有追究责任的国家机关工作人员，主要是指各级人民政府下设的"打假"办公室的工作人员、公安机关消防机构的工作人员，国家技术监督部门的工作人员，生产、销售伪劣消防产品犯罪行为的企业事业单位的主管部门的主要领导人员以及其他负有追究责任的国家机关工作人员。

在主观方面，放纵制售伪劣商品罪在违反消防安全管理方面是故意，包括直接故意和间接故意。即行为人明知自己不履行对生产、销售伪劣消防产品犯罪行为的追究职责，将会发生危害社会的结果，却希望或者放任这种结果的发生。

2. 犯放纵制售伪劣商品罪应当承担的刑事责任

依照《刑法》第四百一十四条规定，对不履行追究生产、销售伪劣消防产品犯放纵制售伪劣商品罪的，处 5 年以下有期徒刑或者拘役。

（二）失职造成珍贵文物损毁罪

1. 失职造成珍贵文物损毁的罪行

失职造成珍贵文物损毁罪，在违反消防安全管理方面是指国家机关工作人员严重不负责任，造成珍贵文物烧毁，后果严重的行为。本罪侵犯的客体是国家的文物管理制度。本罪侵害的对象只限于国家的珍贵文物，主要是指馆藏一、二级文物。烧毁一般文物的不构成本罪。

在客观方面，造成珍贵文物损毁罪在违反消防安全管理方面表现为严重不负责任，造成珍贵文物烧毁或其他损毁的行为。所谓严重不负责任是指国家机关工作人员对珍贵文物的收藏、保管、管理等工作中，违反国家文物保护法规，不认真履行文物收藏、保管、管理的职责以致造成珍贵文物被烧毁等毁坏的严重后果。例如，擅自允许在国家重点保护的古建筑内架设照明设施排摄影视片以致引起火灾造成珍贵文物损毁等。如果虽有严重不负责任的行为，但尚未造成严重后果的，则不构成犯罪，可追究行政责任处理。

本罪的犯罪主体是国家机关工作人员，而且只能是具有收藏、保管和管理珍贵文物职责的国家机关工作人员。

在主观方面，失职造成珍贵文物损毁罪在违反消防安全管理方面是处于过失，即行为人虽然对违反国家规定是明知的，但是造成珍贵文物烧毁的后果则是过失。如果是故意造成珍贵文物损毁，则应按照刑法第三百二十四条损毁珍贵文物罪论处。

2. 犯失职造成珍贵文物损毁罪应当承担的刑事责任

依照刑法第四百一十九条的规定，犯失职造成珍贵文物损毁罪的，处 3 年以下有期徒刑或者拘役。

（三）滥用职权罪或者玩忽职守罪

1. 滥用职权或者玩忽职守罪的罪行

滥用职权或者玩忽职守罪在违反消防安全管理方面，是指国家公安机关消防机构的关工作人员在消防安全管理工作中徇私舞弊、滥用职权、严重不负责任，不履行或者不正确履行职责，玩忽职守，致使公共财产、国家和人民利益遭受重大损失

344

的行为。公安机关消防机构工作人员虽然有滥用职权或者玩忽职守的行为，但尚未造成重大损失，或者重大损失是由于不能预见或者不可抗力原因造成的，不构成本罪。滥用职权或者玩忽职守罪在违反消防安全管理方面，主观上是一种过失犯罪。它所侵犯的客体是公安机关消防机构工作的正常职能活动。惩治在消防安全管理工作中的滥用职权或者玩忽职守行为，目的主要是要告诫公安机关消防机构的工作人员在履行职责时，要认真负责、恪尽职守，不得违反有关规定。

在客观方面，滥用职权或者玩忽职守罪在违反消防安全管理方面表现为，行为人在消防安全管理工作中：对不符合消防安全要求的消防设计文件、建设工程、场所准予审核合格、消防验收合格、消防安全检查合格；无故拖延消防设计审核、消防验收、消防安全检查，不在法定期限内履行职责；发现火灾隐患不及时通知有关单位或者个人整改；利用职务为用户、建设单位指定或者变相指定消防产品的品牌、销售单位或者消防技术服务机构、消防设施施工单位；将消防车、消防艇以及消防器材、装备和设施用于与消防和应急救援无关的事项；以及建设、产品质量监督、工商行政管理等其他有关行政主管部门的工作人员等在所负消防工作职责中滥用职权、玩忽职守、徇私舞弊，致使公共财产、国家和人民群众的利益造成重大损失的行为。

本罪的犯罪主体是特殊主体，即公安机关消防机构，以及建设、产品质量监督、工商行政管理等其他有关行政主管部门的工作人员。

2. 犯滥用职权或者玩忽职守罪应承担的刑事责任

依照刑法第三百九十七条的规定，犯玩忽职守罪的处 3 年以下有期徒刑或者拘役；情节特别严重的处 3 年以上 7 年以下有期徒刑。本法另有规定的依照规定。"本法另有规定"是指刑法条文有特定违法场合或者违反特定制度限制的玩忽职守行为。例如，失职造成珍贵文物损毁罪等。对于刑法中规定的特殊条款，在使用时就不能再按第三百九十七条玩忽职守罪定性，而应当直接引用有关条款定罪论处。

第二节　消防行政责任

为保证各项消防行政措施和技术措施的落实，公安机关消防机构需要根据法律所赋予的权力，运用必要的行政法律手段给予保证。行政处罚既是承担行政责任的具体形式。消防安全管理行政处罚就是通过处罚，教育违反消防安全管理的行为人，制止和预防违反消防安全管理行为的发生，以加强消防安全管理，维护社会秩序和公共消防安全，保护公民的合法权益。消防安全管理行政处罚是国家行政处罚的一种，是国家消防行政机关依照《中华人民共和国行政处罚法》（以下简称《行政处罚法》）和《消防法》，对违反消防法规、妨碍公共消防安全或造成火灾事故但尚未构成犯罪的人依法实施的行政处罚。

一、消防行政处罚的构成与种类

(一) 消防行政处罚的构成要件

消防行政处罚是国家行政处罚中的一种,是国家消防行政机关依法对违反消防行政法规的义务所给予的惩戒制裁。其构成要件如下。

(1) 消防行政处罚必须由国家消防行政主管机关即公安机关消防机构决定和执行,其他任何国家机关、团体、企业事业单位和个人,非经法律许可或行政机关授权,不得对公民和法人实施消防行政处罚;

(2) 被处罚的当事人确已构成违反消防行政法规,包括行为者必须有造成违反消防行政法规的主观上的故意和过失;

(3) 违法行为必须是违反有关消防安全行政管理的法律、法规,如系违反刑法、民法的违法行为,则不适用于消防行政处罚;

(4) 处罚内容合法,也就是处罚必须是在消防法律、法规所确立的罚则之内,受处罚的违法行为必须确属消防法律、法规所规定的罚则的适用范围,违法行为与所受处罚相适应;

(5) 处罚必须按照法定的处罚程序实施。程序违法其结果必然无效。

(二) 消防行政处罚的种类

根据《消防法》的规定,消防行政处罚的种类主要有警告、罚款、没收非法财物和违法所得、责令停止违法行为(包括责令停产停业,责令停止施工、停止使用、停止举办、责令恢复原状、强制拆除或者清除等)、责令停止执业(吊销相应资质、资格) 和行政拘留6种。

1. 警告

警告是行政机关或者法律、法规授权组织对违法行为人的谴责和告诫。警告是申诫罚的一种形式。其目的是通过对违法行为人精神上的惩戒,以申明其有违法行为,并使其不再违法。警告在消防行政处罚中主要适用于违反消防安全管理的行为轻微或者未造成实际危害后果的行为,或者是初犯并有了认识的人。警告不同于一般的批评教育,其主要区别在于:一般的批评教育是人民群众用来克服一般性缺点和错误的方法,是一种自我教育和互相教育的方法。而消防行政处罚中的警告虽然也带有教育的性质,但它是以国家机关的名义,对违反消防安全管理的人所采取的一种行政性处罚。因此,这种处罚应制作《行政处罚决定书》,并记录在案。

2. 罚款

罚款是行政处罚机关限令违法行为人在一定期限内向国家交纳一定数量金钱的处罚形式。是限制和剥夺违法行为人财产权的处罚,具有经济意义。它既是以缴付金钱为内容的制裁手段,又是纠正和制止违法行为的处罚措施。罚款的数额,根据《行政处罚法》的规定,对公民处以50元以下、对法人或者其他组织处以1000元以下罚款的行政处罚,可以当场处罚,20元以下罚款或者不当场收缴事后难以执行的,可以当场收缴。被处罚款的当事人,应当自收到《消防行政处罚决定书》之起的 15 日内，到指定的银行缴纳罚款。银行应当收受罚款，并将罚款直接上缴国库。如果当事人到期不缴纳罚款，作出行政处罚决定的公安机关消防机构可以根据罚款数额按每日 3% 加处罚款；或据有关法律规定将查封、扣押的财物拍卖或者将冻结的存款划拨抵缴罚款；或申请人民法院强制执行。但是，如果当事人确有经济困难需要分期缴纳罚款的，经当事人申请和消防行政机关批准，也可以暂缓或者分期缴纳。

由于我国各地区经济发展不平衡，人们的承受能力也不同，所以，具体罚款数额的多少《行政处罚法》和《消防法》均未做出具体规定，因此，具体罚款数额的多少应按各省、直辖市、自治区的地方消防法规执行。

3. 没收非法财物和违法所得

没收即行政机关依照法定程序，对从事法律、法规有明确规定禁止的行为所带来的收益和财物，无偿收归国有的处罚。实际上也是一种限制和剥夺违法行为人财产权的处罚。如在消防行政处罚中，没收违章带入车站、码头、机场和带上列车、汽车、轮船、飞机上的易燃易爆危险品，或在易燃易爆危险场所使用的可产生火花的工具；没收违反规定生产、销售未经规定的检验机构检验合格的消防产品和违法所得等即属此种情况。

4. 责令停止违法行为

责令停止违法行为是行政机关要求从事违法活动的公民、法人或其他组织中止违法行为，令违法当事人履行其应当履行的义务，限制和剥夺违法行为人特定行为能力的一种行为罚。消防行政处罚中的责令停止违法行为的处罚形式主要有：责令停产停业、停止施工、停止使用、停止举办，责令恢复原状，强制拆除或者清除，临时查封等。如《消防法》第五十四条规定，"公安机关消防机构在消防监督检查中发现火灾隐患的，应当通知有关单位或者个人立即采取措施消除隐患；不及时消除隐患可能严重威胁公共安全的，公安机关消防机构应当依照规定对危险部位或者场所采取临时查封措施"。

消防行政处罚中的停止违法行为是指公安机关消防机构在实施消防监督检查过程中，对发现或群众举报的随时有可能发生着火或爆炸的单位和部位，依据有关规定，在紧急状态下采取的一种消除火灾危险的强制性措施，通常通过填发《公安行政处罚决定书》的形式进行。根据《消防法》第七十条第五款的规定，责令停产停业，对经济和社会生活影响较大的，由公安机关消防机构提出意见，并由公安机关报请本级人民政府依法决定。本级人民政府组织公安机关等部门实施。

5. 责令停止执业（吊销相应资质、资格）

执业资格是指政府对某些责任较大，社会通用性强，关系公共利益的专业（职业）实行准入控制，是依法独立开业或从事某一特定专业（职业）学识、技术和能力的必备条件。具备一定职业资格机构的执业水平如何在一定程度上会对公共消防安全构成影响。如《消防法》第三十四条规定，"消防产品质量认证、消防设施检测、消防安全监测等消防技术服务机构和执业人员，应当依法获得相应的资质、资格；依照法律、行政法规、国家标准、行业标准和执业准则，接受委托提供消防技术服务，并对服务质量负责"。若此类机构违反规定，出具、虚假失实文件，就应当承担法律责任，情节严重或者给他人造成了重大损失的，还应当由原许可机关依法责令，停止其执业或者吊销相应资质、资格。这种责令停止执业（吊销相应资质、资格）的处罚，实际是一种剥夺或限制其职业资格的处罚。

6.行政拘留

行政拘留是对违反行政管理的人依法在一定时间内限制其人身自由的处罚，只有公安机关才能行使。在消防监督管理中所实施的行政拘留，是对有违反消防安全管理行为尚不够刑事处罚的人实施的行政处罚。行政拘留的时间幅度为：1 日以上，15 日以下，其中 10 日以上、15 日以下为加重处罚。由于行政拘留在一定时间内限制了人身自由，所以在运用时一定要严格依法办事，并严格遵守法律规定的时限，绝不能以任何借口任意延长拘留时间。行政拘留处罚的执行程序适用《中华人民共和国治安管理处罚法》的有关规定。对需要传唤的，应使用传唤证进行传唤。对于无正当理由不接收传唤或者逃避传唤的当事人可以强制传唤。

二、消防行政处罚的程序

消防安全管理行政处罚的程序有简易程序、普通程序和听证程序三种。在具体实施处罚时，应根据《中华人民共和国行政处罚法》（以下简称《行政处罚法》）规定的程序，依照《消防法》适用的条文进行。

（一）简易程序

消防行政处罚的简易程序，是指公安机关消防机构对符合法定条件的行政处罚事项，对消防安全违法行为人当场作出行政处罚决定的一种处罚程序，是消防行政处罚中最为简易的一种。其适用条件是：违法事实确凿；有法定依据；罚款数额较小或处罚较轻。根据《行政处罚法》的规定："对公民处 50 元以下，对法人处 1000 元以下罚款或者警告的行政处罚"才能适用简易处罚程序，这就明确规定了较小数额的量的标准。简易程序实施的具体内容如下。

（1）表明身份 即公安机关消防机构的执法人员向当事人出示执法身份证件，以表明自己是合法的消防执法人员。其证件可以是警官证，也可以是特定的执法证如《消防监督证》等，有时还要附带出示其他标志（如执勤证章等）。因为单纯的警官证只能表明某执法人员的正常职务，并不表明处罚时他正在执行职务或者可以执行职务，所以要出示其他可以标明正在执行公务的证件或证章。

（2）确认违法事实，说明处罚理由 在执行简易程序时，公安机关消防机构工作人员应当向被处罚人员说明或相对处罚的事实根据和法律依据等处罚的理由。

（3）制作消防行政处罚决定书 当公安机关消防机构工作人员当场作出行政处罚时，应当填写预定格式和编有号码的"消防行政当场处罚决定书"。该"消防行政当场处罚决定书"应当载明消防安全违法行为人的违法行为、处罚依据、罚款数额、处罚的时间、地点以及公安机关消防机构的名称，并由行政执法人员签名或者盖章。

（4）送达　消防行政处罚简易程序的送达，就是公安机关消防机构的执法人员按照法律规定的格式要求填写完毕"消防行政当场处罚决定书"后，将处罚决定书当场交付消防安全违法行为人的一种程序。这是实现书面形式作用的必需程序，这即可防止公安机关消防机构工作人员事后矢口否认处罚的存在或随意更改处罚决定的内容，也可给消防安全违法行为人提供针对书面决定提出异议和争辩的机会。

（5）备案　就是公安机关消防机构工作人员将简易消防行政处罚决定书的存根或副本上交，或在所属机关就处罚基本事项进行登记。备案的内容应与处罚决定书所载内容相同。备案的目的主要是为了让公安机关消防机构执法人员所属的行政机关了解执法人员的处罚情况提供依据，也为公安机关消防机构执法人员在行政复议或行政诉讼中的答辩提供备忘。

（6）当事人签名　对于公安机关消防机构的执法人员制作的消防行政当场处罚决定书，消防安全违法行为人无论是否对处罚持有异议，都应当根据要求签名。签名只能肯定该处罚事宜确实存在，并不表示必然没有异议。消防安全违法行为人如有异议仍然可以按照法律规定提出申诉。即使当时没有异议，事后认为处罚有错误也仍然可以依法申诉。如果消防安全违法行为人因有异议而拒绝签名，也应首先交纳罚款，然后再依法提出申诉。

（7）告知申诉权　公安机关消防机构执法人员在完成了以上程序后，应即告知被处罚的当事人，对处罚如有异议可在法定期限内到实施行政处罚的上级机关提起行政复议或当地人民法院提起行政诉讼，以保障当事人的申诉权。何种申诉方式由当事人选择，通常的程序是先申请行政复议，不服复议决定时再提起行政诉讼。

（二）一般程序

一般程序是行政处罚的基本程序，是指除法律特别规定应当适用简易程序和听证程序的以外，行政机关在实施行政处罚时通常所应适用的程序。由于行政处罚涉及公民重要的人身权、财产权，草率处理势必会给公民权益造成大的损害，而错误的处罚一般来自执法人员的主观武断或滥用职权，但公正、民主、科学的处罚程序应当能够有效防止这一点。为了保证处罚的公正、合法、合理，法律对实施行政处罚的基本程序作出了严格的规定。一般程序的基本内容是：

1. 立案

消防行政处罚中的立案，是指公安机关消防机构对于公民、法人或者其他组织的控告、检举或本机构在例行检查工作中发现的违反消防法规情况或重大违法嫌疑情况，认为有必要调查处理时所作出的进行查处的决定。公安机关消防机构对于控告检举材料或来访的接受还不是立案，只有对这些材料审查以后作出的进行调查的决定才是立案。立案的目的是对违反消防法规行为进行追究，通过调查取证工作，证明违法嫌疑人是否实施了违法行为，对违法者实施处罚，为无辜者正名。

消防行政处罚的立案条件是：通过对立案材料的审查，认为有违反消防法行为的发生，且是应受行政处罚的行为，属本消防机构管辖，并属于一般程序的适用范围。符合以上立案条件的消防行政案件，公安机关消防机构的执法人员应当填写立案审批表或者立案决定书。立案决定书应当包括：违法嫌疑人的姓名、年龄、职业、住址等，或者组织的名称、地址、法定代表人的姓名等；需调查的违法事实及违反《消防法》的条款；主管领导的批准意见和经办人的姓名等内容。

2. 调查

消防行政处罚中的调查，是指消防行政办案人员依照法定程序向案件的当事人、证人通过询问（讯问）的形式了解案件情况的活动。所以，询问（讯问）当事人和证人是执法机关为收集证据、查明案件、依法向案件知情人了解案件情况的一种调查活动。

当事人是指可能受到处罚的人及某些处罚案件中其权益受到被处罚人侵害的人，又称利害关系人。当事人尤其是违法行为嫌疑人，最了解案件的事实情况，如果能够如实陈述，则对执法机关及时弄清案件事实具有重要意义。即使由于与案件有利害关系而不能如实陈述，也可从中发现漏洞或问题，再将利害关系人的陈述做一比较，对弄清案件事实显然仍有很大帮助。

根据有关规定，在进行询问活动时，执法人员不得少于两人，应主动到当事人或者证人所在单位或住所进行，并应向当事人、证人或有关人员出示证件，不得做诱导性提示，不得强迫作伪证。询问应当制作笔录，笔录应当由询问人和被询问人签名或盖章，并注明日期。

对被害人的询问应当事先通知。对违法嫌疑人的讯问不能刑讯逼供，进行讯问时应当制作讯问笔录，讯问查证的时间不能太长，通常不得超过24h。讯问结束时笔录应当经被讯问人核对，认为无误后讯问人和被讯问人均应在笔录上签名或者盖章。当事人或有关人员应当如实回答询问或讯问，并协助调查或者检查，不得阻挠，但可拒绝回答与案件无关的问题。

3. 收集证据

收集证据在这里是指除一般调查和检查以外的一切收集证据的方式，常见的主要有以下几种。

（1）书证、物证、视听材料 公安机关消防机构为了实施消防行政处罚，有权依照法律规定的程序提取与案件有关并具有证明意义的书证、物证、视听材料等证据。这些证据的提取有时无需特别手段，有时则需与搜查等检查手段结合进行，证据可能灭失时还要依法采取证据保全措施。根据《行政处罚法》的规定，行政机关在收集证据时，可以采取抽样取证的方法；在证据可能灭失或者以后难以取得的情况下，经行政机关负责人批准，可以先行登记保存，并应在7日内及时做出处理决定，在此期间，当事人或者有关人员不得销毁或者转移证据。

（2）勘验 消防行政中的勘验，主要是指公安机关消防机构对与实施违反消防安全管理活动有关的场所进行实地勘察，收集证据、鉴别物证的活动。它在消防行政处罚中是必不可少的，不仅可以进一步收集证据，还可以根据勘察情况审查判断其他证据是否可靠。根据有关规定，勘验工作应当制作记录，并由勘验人员和见证人签名盖章、注明日期。

（3）鉴定　消防行政中的鉴定是指公安机关消防机构就消防行政处罚案件中的某些专门性问题指派或聘请专家进行科学鉴别或判断的活动。鉴定结论可以用作认定违法事实是否存在的证据。依照公正的原则，鉴定应由公安机关消防机构专门聘请的专家进行。为了提高工作效率，通常可由本机关指定鉴定人员进行，但在当事人对鉴定结论有异议时，鉴定应由公安机关消防机构以外的专家负责。

4. 专门检查

我们这里所说的专门检查，是指公安机关消防机构为实施行政处罚对有关人员的身体、有关场所或物件进行检验、搜查，以获取证据、认定案件事实的活动。它不同于行政机关工作中的日常例行检查。它包含许多行政特权，包括使用强制措施等。专门检查极易侵犯公民或组织的正当权益，故当使用强制措施时应有明确的法律授权。

根据《行政处罚法》第三十七条的规定，行政机关在进行专门检查时，不得少于两人，并应向被检查人出示证件。被检查人应当如实回答询问，并协助调查或检查，不得阻挠、销毁或者转移证据。检查应当制作笔录。执法人员与当事人有利害关系的，应当回避。

5. 作出处理决定

调查的结果通常会有三种情况：一是确有应受行政处罚的违法行为；二是违法事实不存在或者违法事实不能成立；三是违法行为轻微，依法可不予处罚。在消防行政处罚中，公安机关消防机构应当根据《行政处罚法》和《消防法》的有关规定分别做出处理决定。

（1）违法事实不存在或者违法事实不能成立的　根据《行政处罚法》第三十八条第1款第3项关于"违法事实不能成立的，不得给予行政处罚"的规定，负责调查的公安机关消防机构的执法人员在调查材料审查后，认为违法事实不存在或者违法事实不能成立的，应当填写《案件处理申报表》，说明调查情况，请主管领导批准后结案。如果主管领导认为调查不够认真彻底、案件事实并未查清，可指令执法人员重新或补充调查。对于经充分调查仍不能确认违法事实的，有关执法人员仍要填写《案件处理意见申报表》，经机关首长批准后按违法行为不能成立结案。如果机关首长认为仍有继续调查必要的，可继续调查，直至在法定追诉时效（自违法行为发生之日起两年内）内查清事实或者依法结案。

（2）违法行为轻微，依法可不予处罚的　经过调查认定，如果行为人虽有违法行为但情节后果轻微、认错态度较好、不处罚仍可达到预防违法行为和教育目的的，可以不予处罚。何为违法轻微，一般由行政机关依照法律赋予的自由裁量权认定；如果单行法律有比较明确的限制性规定，则应按法律规定执行。承办案件的执法人员，对于违法行为轻微，依法可不予处罚的案件，应当填写《案件处理意见申报表》，报请机关首长批准后结案。

（3）违法事实清楚、证据确凿充分、依法应当给予处罚的　对于违法事实清楚、证据确实充分、依法应当给予消防行政处罚的案件，主管执法人员应当根据已查清的违法事实，依据消防法规定的该违法行为应当承担的法律责任，填写《案件处理意见申报表》报机关首长批准。

对于情节复杂或者重大的违反消防安全管理的行为在给予行政处罚时，公安机关消防机构的负责人应当集体讨论决定。如对供水、供气、供电等重要厂矿企业、重要的基建工程，交通、邮电通信枢纽，以及其他重要单位、场所的责令停产停业的处罚，若会对经济和社会生活影响较大时，公安机关消防机构应当报请当地人民政府依法决定后执行。

违反消防安全管理行为已构成犯罪的，应当移送司法机关处理。但是，这里所说的已构成犯罪只是公安机关消防机构自己的判定，并非有最后的法律确定。当事人的违反消防安全管理行为是否确实构成犯罪，要经过司法程序由人民法院最后判定。

6. 制作公安行政处罚决定书

《公安行政案件处理意见申报表》报机关首长批准后，消防执法人员应拟制《公安行政处罚决定书》。公安行政处罚决定书应为打印件或印刷件，内容应做到文字简练、明确、规范、通俗易懂，并应载明以下事项。

（1）基本情况　包括受处罚人的姓名、性别、年龄、职业、工作单位、住址（单位名称、地址、法定代表人姓名）。

（2）违法事实　文字要简练、明确。

（3）处罚依据　即指有权设定处罚规则的法律、法规或规章。超越处罚设定权范围的法规、规章以及没有立法权的国家机关的规范性文件，都不能作为处罚的法律依据。作为消防行政处罚的处罚依据只能是《消防法》、《行政处罚法》和地方人大常委会通过的消防法规。

（4）处罚的内容　包括处罚的种类以及准确的处罚裁量度，如具体的罚款数额等。

（5）处罚的履行方式和期限　被处罚人在规定的期限内不按规定的方式和期限履行的应当承担强制执行的法律后果。

（6）不服行政处罚决定申请行政复议或者提起行政诉讼的途径和期限。

（7）作出行政处罚的日期和行政机关名称　消防行政机关的内部机构不是处罚主体，不能作为处罚主体在处罚决定书上署名。但是，虽然公安机关消防机构是公安机关的机构，但它是法律法规授权的有行使行政处罚权的组织，可以直接作为处罚主体在处罚决定书上署名。

7. 说明理由，告知权力

根据《行政处罚法》第三十一条的规定，"行政机关在作出行政处罚之前，应当告知当事人作出行政处罚决定的事实、理由及依据，并告知当事人依法享有的权利。"这一规定包含有以下四个内容：

（1）说明理由和告知权利的时间应在行政处罚决定书送达以前。其意义主要是给当事人针对处罚理由、根据进行辩解的机会以及当事人在处罚过程中所享有的提出证据为自己辩解和不服处罚可以申诉等程序性权利。

(2) 说明理由的内容包括作出行政处罚决定的事实根据、法律依据以及将法律适用于事实的道理。当事人明白了处罚的理由，也就知道了行政处罚是否适当或错误，可以有针对性地提出反驳意见、提出证据。如果当事人不能马上提出证据而需要合理的准备时间，行政行政机关应当允许，否则当事人的申辩权无法有效行使。

(3) 告知权利的内容应当包括：提请某执法人员回避；有权为自己辩解、陈述事实并提出证据；不服处罚时可以申请行政复议或提起行政诉讼等程序性权力。

(4) 说明理由是行政机关在实施行政处罚过程中必须履行的程序性责任，否则就会产生法律后果。如《行政处罚法》第四十一条规定，行政机关及其执法人员在作出行政处罚决定之前，不依本法规定向当事人告知给予行政处罚的事实、理由和依据，行政处罚决定不能成立。这就是说，违反说明理由程序会导致行政处罚决定无效的法律后果。

8. 当事人陈述和申辩

当事人或者被处罚人的陈述、申辩权是行政处罚程序中最主要、最基本的权利，是保护自己不受行政机关侵犯的权利，也是制约行政处罚权滥用的主要力量。行政机关有提出事实和证据说明当事人违法的权利，当事人也有陈述事实、提出证据说明自己无辜的权利。如果当事人提出了有力的证据证明自己是无辜的，行政机关就不能也无权实施行政处罚。

《行政处罚法》第三十二条明确规定："当事人有权进行陈述和申辩。行政机关必须充分听取当事人的意见，对当事人提出的事实、理由和证据，应当进行复核；当事人提出的事实、理由和证据成立的行政机关应当采纳。""行政机关不得因当事人的申辩而加重处罚。"这一规定适用于所有的行政处罚程序，包括简易程序。它从法律上确立了当事人陈述和申辩的法律地位和对行政处罚机关的约束力。《行政处罚法》第四十一条规定，行政机关在作出行政处罚决定之前，拒绝听取当事人的陈述或者申辩，行政处罚不能成立；当事人放弃陈述或者申辩权利的除外。这又进一步从程序和法律后果上保障了当事人的陈述和申辩权。

9. 送达

行政处罚程序中的送达，是指行政机关依照法定的程序和方式，将行政处罚决定书送交当事人的行为。根据《行政处罚法》第四十条关于"行政处罚决定书应当在宣告后当场交付当事人；当事人不在场的，行政机关应当在 7 日内依照民事诉讼法的有关规定，将行政处罚决定书送达当事人"的规定，比较适合行政处罚决定书送达的方式有以下三种。

(1) 直接送达　直接送达是指行政机关执行送达任务的人员，将行政处罚决定书交给受送达人（当事人，下同）本人，受送达单位法定代表人、负责人签收，或者受送达人的同住成年家属签收，或者交给受送达人指定的代收人签收的送达方法。

（2）留置送达　留置送达是指受送达人或者同住的成年家属拒绝接收《行政处罚决定书》，行政机关执行送达任务的人员强制留放在受送达人住所的送达方法。但应注意留置送达的条件：第一，必须有受送达人或者同住的成年家属拒绝签收的情况；第二，必须邀请有关基层组织或者所在单位的代表到场，说明情况，在送达回执上注明拒收事由和日期。

（3）邮寄送达　邮寄送达是指因受送达人不在实施处罚的行政机关辖区内或者直接送达有困难的，通过邮局将处罚决定书用挂号邮寄给受送达人的送达方法。但应注意，送达日期以受送达人在挂号回执上注明的收件日期为准。邮寄未回音的，自邮寄之日起三个月期满之日为送达日期。行政处罚决定书一经送达，便产生一定的法律后果。当事人提起行政复议或者行政诉讼的期限即自送达之日起计算。

10. 申诉

当事人不服行政处罚决定的，可以在法定的期限内提起行政复议或者行政诉讼。我国《行政复议条例》规定的申请行政复议的一般期限是 15 日；《行政诉讼法》规定的不服处罚决定直接起诉的期限是 3 个月。不服行政处罚经过行政复议的，则起诉期限为 15 日。但对提起行政复议或者行政诉讼的期限国家单行法律有特别规定的，应适用单行法律、法规的规定。

（三）听证程序

听证的概念有广义和狭义之分，广义的听证是指行政机关在立法或者制作行政决定的过程中征求有关利害关系人意见的活动；根据我国《行政处罚法》第 42 条规定的听证程序，狭义的听证是指行政机关为了查明案件事实、公证合理地实施行政处罚，在制作行政处罚决定的过程中，通过公开举行由有关各方利害关系人参加的听证会，广泛听取意见的活动方式、方法和制度。其目的在于通过公开、合理的程序形式将行政处罚决定建立在合法适当的基础之上，避免行政处罚决定给行政管理相对一方带来不利或不公正影响。

1. 听证申请与决定

根据《行政处罚法》第四十二条的规定："行政机关作出责令停产停业、吊销许可证和执照、较大数额罚款等行政处罚决定之前，应当告知当事人有要求举行听证的权利"；根据公安部的规定，听证范围中"较大数额罚款"的数额，是指对个人处 2000 元以上罚款，对法人或者其他组织处以 10000 元以上罚款。对于符合以上听证条件的案件，当事人要求听证的，行政机关应当组织听证。当事人向行政机关提出申请，应当在行政机关告知后 3 日内提出。符合听证条件的听证申请，行政机关应当决定组织听证。当事人没有提出听证要求的，如果行政机关出于善意行政，认为有必要举行听证会的也可以组织听证。但是当事人有要求听证的机会这是法律赋予的权利而不是义务，所以，对虽符合听证的条件，但当事人没有提出听证要求的，就没有必要再组织听证。

2. 听证权利与听证通知

这里所说的听证权利是指当事人在听证程序中所享有的权利。在行政机关基于公正处罚的要求而举行的听证活动中，当事人享有以下权利：

（1）得到通知的权利　在向当事人发听证通知时，通知中应该说明听证所涉及的主要事项和问题。这是当事人充分行使辩护权或辩论权、维护其有关行政处罚实体权利的必要条件。当事人由于正当理由不能及时得到通知，没有比较充分的准备时间，就没有机会取证，也没有时间邀请合适的代理人协助取证和辩论；不知道听证所涉及的主要问题也就无法利用时间做必要的辩论准备。所以，我国《行政处罚法》第四十二条第一款第二项明确规定："行政机关应当在听证的 7 日前通知当事人举行听证的时间、地点。"立法没有明确规定通知的内容，但可以对此作包含性推理，否则当事人无法行使辩论权，也违反公正原则。

（2）要求由无偏见的行政机关工作人员主持听证的权利　参与本案调查的行政机关工作人员由于是站在当事人相对立的立场上并负有追诉的职责，很容易形成职业性偏向和主观成见，所以我国《行政处罚法》第四十二条第一款第四项明确规定："听证由行政机关指定的非本案调查人员主持，当事人认为主持人与本案有利害关系的，有权申请回避。"

（3）提出证据为自己辩护的权利　这是当事人参加听证的最重要、最关键的权利。因为不能提出证据为自己辩护，其他程序性权利将毫无意义。这项权利通常应包括三项内容：当事人有权亲自为自己辩护；有权通过询问证人、使用自己提供的证据等正当手段驳斥对方的观点和对自己不利的证据；有权委托代理人协助自己行使提证权和辩论等权利，这是《行政处罚法》第四十二条第一款第 5 项明确规定的。

（4）取得或复制全部听证案卷副本的权利　这是辩护权的引申意义应该包括的内容。因为案卷是当事人详细了解案件情况、了解行政处罚是否合理合法，以及在此基础上行使行政复议申请权、行政诉讼提起权的重要资料和依据，且通常情况下案卷对当事人也并没有保密的必要。否则不符合公正行政的原则和为人民服务的要求。

（5）要求行政机关仅仅依据案卷记载制作处罚决定的权利　案卷是包括全部听证记录和文件在内的各种文件和记录。当事人的这项权利是依法行政原则的派生权利。按照依法行政原则，行政机关实施行政处罚必须有事实和法律依据，而事实依据要经过听取当事人意见才能最终认定，而且应该明确地记录在案卷里。如果只有口头说明是无据可查的，所以《行政处罚法》规定："听证应当制作笔录；笔录应当交当事人审核无误后签字或盖章。"另外，案卷也是法院在行政诉讼中审查行政处罚是否合法的重要依据，所以行政机关在实施行政处罚时必须依案卷记载制作处罚决定。

3. 参与听证程序的有关人员

参与听证程序的有关人员可以分为以下三类。

（1）听证当事人　指与举行听证的案件有直接的利害关系，主动提请行政机关举行听证程序并参与听证程序全过程的人，是与行政处罚决定有足够的利益牵扯的人。

（2）听证旁听人　指业已开始的听证程序有一定的利害关系而参加到听证程序中来的人员。主要包括：受行政处罚有影响的人，但不以当事人为限，还包括虽然不是行政行为直接的对象，但对行政机关的决定具有利害关系的人，如当事人的近亲属等；由于类似情况已经受到行政处罚但尚未决定申请听证，或者由于类似情况可能受到行政处罚的人；经行政机关允许的旁听人等。

（3）听证主持人及必要参加人　该类人员应该包括除上述人员之外参与听证活动的所有人员。主要包括：听证主持人；证人、鉴定人员；行政机关中负责主持听证会的工作人员以及承担调查或追诉职能的工作人员等。

4. 听证主持人的权力

听证主持人是行政机关举行的听证会上负责组织听证活动正常进行的该机关的工作人员，且应当是与本案的调查人员职能分离的人员。其地位有相对的独立性，在听证程序中应当具有以下权力。

（1）根据法律的授权签发通知　当事人请求签发通知时，必须载明被传唤的证人、证据和案件的关联以及所通知的证人的合理的范围，并不能导致案件不合理的和不必要的迟延。

（2）接收有关联性的证据以及决定一方当事人可否拒绝回答另一方当事人提出的问题。

（3）记录证言或授权记录证言。

（4）规定听证的过程，决定听证的时间、地点、是否允许延期以及提出证据的方式和时间表，以保证听证能够有条不紊的进行。

（5）举行听证前的会议。

（6）决定程序上的请求和类似问题。

听证主持人对于实体问题没有完全的决定权，只对程序上的问题有决定权。

5. 听证会的组织

听证会的组织一般应按以下程序进行：

（1）主持人宣布听证会开始、听证事项及其他有关事项。

（2）调查人员提出当事人违法的事实、证据和行政处罚建议。

（3）当事人针对指控的事实及相关问题进行申辩和质证。

（4）调查取证人员与当事人相互辩论。

（5）主持人宣布辩论结束，给当事人最后的陈述机会。

（6）主持人宣布听证会结束。

6. 制作听证笔录

对在听证会中出示的材料、当事人的陈述、辩论等过程应制作笔录，经主持人和记录员签名或盖章后，作为处罚的依据封卷上交机关首长审阅并做出处理决定。听证记录应交当事人、证人等有关参加人阅读或向他们宣读，有遗漏或差错的应当补或改正。确认没有错误后由他们分别签字或盖章。

7. 制作行政处罚决定

听证程序完毕以后，调查虽已经有了结果，但仍应依照法定的程序作出处罚决定，制作处罚决定的程序仍然适用"一般程序"的有关规定。因为听证程序事实上只是一种特殊的调查程序，并不包含行政处罚程序的全过程。它与《行政处罚法》规定的"一般程序"相比仅仅是调查处理方式的不同。

三、违反消防安全管理行为的行政处罚

根据《消防法》第五十八至第七十二条的规定，违反消防安全行政管理的行为（简称消防安全违法行为）常见的主要有以下几种。

（一）建设工程消防安全违法行为的处罚

1. 建设工程消防安全违法的行为

建设工程消防安全违法行为，是指建设工程违反《消防法》的有关规定建设、设计、施工、验收、使用的行为。常见的行为主要有：依法应当经公安机关消防机构进行消防设计审核的建设工程，未经依法审核或者审核不合格，擅自施工；或消防设计经公安机关消防机构依法抽查不合格，不停止施工；或依法应当进行消防验收的建设工程，未经消防验收或者消防验收不合格，擅自投入使用；以及建设工程投入使用后经公安机关消防机构依法抽查不合格，不停止使用；公众聚集场所未经消防安全检查或者经检查不符合消防安全要求，擅自投入使用、营业的行为等。

2. 建设工程消防安全违法行为应当承担的法律责任

根据《消防法》第五十八条的规定，犯有以上行为的，应当责令停止施工、停止使用或者停产停业，并处三万元以上三十万元以下罚款；其中，建设单位未依照《消防法》的规定将消防设计文件报公安机关消防机构备案，或者在竣工后未依照本法规定报公安机关消防机构备案的，责令限期改正，处五千元以下罚款。

另外，建设单位要求建筑设计单位或者建筑施工企业降低消防技术标准设计、施工；或建筑设计单位不按照消防技术标准强制性要求进行消防设计；或建筑施工企业不按照消防设计文件和消防技术标准施工，降低消防施工质量；以及工程监理单位与建设单位或者建筑施工企业串通，弄虚作假，降低消防施工质量的行为。根据《消防法》第五十九的规定，犯有前述行为的，应当责令改正或者停止施工，并处一万元以上十万元以下罚款。

生产、储存、营业性场所与居住场所设置在同一建筑物内，或者未与居住场所保持安全距离，不符合消防技术标准的，根据《消防法》第六十一条的规定，应当责令停产停业，并处五千元以上五万元以下罚款。

（二）易燃易爆危险场所违反防火禁令的处罚

1. 易燃易爆危险场所违反防火禁令的行为

易燃易爆场所是指生产、储存、装卸、销售、使用易燃易爆危险品的场所；或者存在或在不正常情况下偶尔短时间存在可达燃烧浓度范围的可燃的气体、液体、粉尘或氧化性气体、液体、粉尘的场所。与其他场所相比，易燃易爆场所用油、用

气、用火、用电多，火灾致灾因素多，火灾危险大，一旦发生事故，易造成重大人员伤亡和严重的经济损失，而且往往会对社会产生较大影响。所以，易燃易爆危险场所一般都制订有严格的防火禁令。易燃易爆危险场所违反防火禁令的行为特征是，违反消防安全规定进入生产、储存易燃易爆危险品场所；或者违反规定使用明火作业，或在具有着火、爆炸危险的场所吸烟、使用明火。

2. 易燃易爆危险场所违反防火禁令应承担的法律责任

根据《消防法》第六十三条的规定，犯有以上行为之一的，应当处警告或者五百元以下罚款；情节严重的，处五日以下拘留。

（三）消防行政违法且违反治安管理的处罚

1. 消防行政违法且违反治安管理的行为

消防行政违法且违反治安管理的行为主要包括有以下几项：

（1）违反有关消防技术标准和管理规定，生产、储存、运输、销售、使用、销毁（废弃）易燃易爆危险品的；

（2）非法携带易燃易爆危险品进入公共场所或者乘坐公共交通工具的；

（3）指谎报火警的；

（4）阻碍消防车、消防艇执行任务的；

（5）阻碍公安机关消防机构的工作人员依法执行职务的。

2. 消防违法且违反治安管理行为应承担的法律责任

根据《消防法》第六十二条的规定，犯有以上行为之一的，应当依照《中华人民共和国治安管理处罚法》的规定进行处罚。

（四）违反防火禁令的处罚

1. 违反防火禁令的消防安全违法行为

违反防火禁令的行为主要表现为：

（1）指使或者强令他人违反消防安全规定，冒险作业的；

（2）过失引起火灾的；

（3）在火灾发生后阻拦报警，或者负有报告职责的人员不及时报警的；

（4）扰乱火灾现场秩序，或者拒不执行火灾现场指挥员指挥，影响灭火救援的；

（5）故意破坏或者伪造火灾现场的；

（6）擅自拆封或者使用被公安机关消防机构查封的场所、部位的。

2. 违反防火禁令行为应承担的法律责任

根据《消防法》第六十四条的规定，犯有以上行为之一，尚不构成犯罪的，处十日以上十五日以下拘留，可以并处五百元以下罚款；情节较轻的，处警告或者五百元以下罚款。

（五）不履行组织、引导火灾现场在场人员疏散义务行为的处罚

不履行组织、引导火灾现场在场人员疏散义务的行为，是指人员密集场所发生火灾，该场所的现场工作人员不履行组织、引导在场人员疏散的义务，情节严重，

尚不构成犯罪的行为。根据《消防法》第六十八条的规定，对该行为应当处五日以上十日以下拘留。

（六）电器产品、燃气用具消防安全违法的处罚

1. 电器产品、燃气用具消防安全违法的行为

电器产品和燃气用具消防安全违法的行为主要是指，电器产品、燃气用具的产品标准不符合消防安全的要求；或电器产品、燃气用具的安装、使用及其线路、管路的设计、敷设、维护保养、检测不符合消防技术标准和管理规定的行为。

2. 电器产品、燃气用具消防安全违法的应当承担的法律责任

根据《消防法》第六十六条的规定，电器产品、燃气用具的安装、使用及其线路、管路的设计、敷设、维护保养、检测不符合消防技术标准和管理规定的，应当责令限期改正；逾期不改正的，责令停止使用，可以并处一千元以上五千元以下罚款。

（七）消防设施、器材违法和不整改火灾隐患消防安全违法行为的处罚

1. 消防设施、器材的消防安全违法行为

消防设施、器材的消防安全违法行为，是指消防设施、器材、消防安全标志的配置、设置消防安全疏散通道等违反《消防法》的行为常见的主要有以下几种：

（1）消防设施、器材或者消防安全标志的配置、设置不符合国家标准、行业标准，或者未保持完好有效的；

（2）损坏、挪用或者擅自拆除、停用消防设施、器材的；

（3）占用、堵塞、封闭疏散通道、安全出口或者有其他妨碍安全疏散的；

（4）埋压、圈占、遮挡消火栓或者占用防火间距的；

（5）占用、堵塞、封闭消防车通道，妨碍消防车通行的；

（6）人员密集场所在门窗上设置影响逃生和灭火救援的障碍物的。

2. 不整改火灾隐患的消防安全违法行为

不整改火灾隐患的消防安全违法行为，是指违反《消防法》第五十四条的规定，对公安机关消防机构通知在消防监督检查中发现的火灾隐患，不及时采取措施消除的行为。

3. 消防设施、器材违法和不整改火灾隐患消防安全违法行为应当承担的法律责任

根据《消防法》第六十条的规定：单位犯有以上行为的，责令改正，处五千元以上五万元以下罚款；个人有前款第二项、第三项、第四项、第五项行为之一的，处警告或者五百元以下罚款。

有以上第一款第三项、第四项、第五项、第六项行为，经责令改正拒不改正的，强制执行，所需费用由违法行为人承担。

不及时消除隐患可能严重威胁公共安全的，公安机关消防机构应当依照规定对危险部位或者场所采取临时查封措施。

（八）违法生产、使用消防产品的行为的处罚

1. 违法生产、使用消防产品的行为

违法生产、使用消防产品的行为，是指违反《消防法》的规定，生产、销售不合格消防产品或者国家明令淘汰消防产品的行为。

2. 违法生产、使用消防产品行为应承担的法律责任

根据《消防法》第六十五条的规定，犯有违法生产、使用消防产品行为的，由产品质量监督部门或者工商行政管理部门依照《中华人民共和国产品质量法》的规定从重处罚；

人员密集场所使用不合格的消防产品或者国家明令淘汰的消防产品的，应当责令限期改正；逾期不改正的，处五千元以上五万元以下罚款，并对其直接负责的主管人员和其他直接责任人员处五百元以上二千元以下罚款；情节严重的，责令停产停业。公安机关消防机构还应当将发现不合格的消防产品和国家明令淘汰的消防产品的情况通报产品质量监督部门、工商行政管理部门。产品质量监督部门、工商行政管理部门应当对生产者、销售者依法及时予以查处。

（九）消防技术服务违法的行为及应当承担的法律责任

1. 消防技术服务违法的行为

消防技术服务违法的行为，是指消防技术服务机构在消防产品质量认证、消防设施检测等消防技术服务中，出具虚假文件的行为。

2. 消防技术服务违法行为应当承担的法律责任

根据《消防法》第六十九条的规定，对消防技术服务违法行为应当责令改正，处五万元以上十万元以下罚款，并对直接负责的主管人员和其他直接责任人员处一万元以上五万元以下罚款；有违法所得的，并处没收违法所得；给他人造成损失的，还应依法承担赔偿责任；情节严重的，原许可机关应当依法责令停止执业或者吊销相应资质、资格。

因出具失实文件，给他人造成损失的，出具失实文件的机构，应当依法承担赔偿责任；并由原许可机关依法责令停止执业或者吊销相应资质、资格。

（十）单位不履行消防安全职责行为的处罚

单位不履行消防安全职责的行为，是指机关、团体、企业、事业等单位不履行《消防法》第十六条、十七条、十八条和第二十一条第二款规定的消防安全职责的行为。根据《消防法》第六十七条的规定，对该行为应当责令限期改正；逾期不改正的，对其直接负责的主管人员和其他直接责任人员依法给予处分或者给予警告处罚。

（十一）公安机关消防机构的工作人员滥用职权、玩忽职守、徇私舞弊行为的处罚

1. 公安机关消防机构工作人员滥用职权、玩忽职守、徇私舞弊的行为

公安机关消防机构的工作人员滥用职权、玩忽职守、徇私舞弊的行为的主要表现有以下几种。

（1）对不符合消防安全要求的消防设计文件、建设工程、场所准予审核合格、

消防验收合格、消防安全检查合格的；

（2）无故拖延消防设计审核、消防验收、消防安全检查，不在法定期限内履行职责的；

（3）发现火灾隐患不及时通知有关单位或者个人整改的；

（4）利用职务为用户、建设单位指定或者变相指定消防产品的品牌、销售单位或者消防技术服务机构、消防设施施工单位的；

（5）将消防车、消防艇以及消防器材、装备和设施用于与消防和应急救援无关的事项的；

（6）其他滥用职权、玩忽职守、徇私舞弊的行为。

2. 公安机关消防机构工作人员滥用职权、玩忽职守、徇私舞弊行为应当承担的法律责任

根据《消防法》第七十一条的规定，公安机关消防机构的工作人员滥用职权、玩忽职守、徇私舞弊，有以上行为之一，尚不构成犯罪的，应当依法给予处分。

（十二）有关行政主管部门消防安全违法行为的处罚

有关行政主管部门消防违法的行为，主要是指建设、产品质量监督、工商行政管理等，以及其他有关行政主管部门的工作人员在消防工作中滥用职权、玩忽职守、徇私舞弊，尚不构成犯罪的行为。

根据《消防法》第七十一条第二款的规定，应当依法给予行政处分。

四、消防行政处罚的执行

对于消防违法行为的处罚，根据《消防法》第七十条、第六十条、第五十四条、六十三条、第六十五条、第六十九条的规定，依据违法行为的程度、性质和危害后果，由不同的执行机构按不同的程序执行。

（一）责令改正的执行

公安机关消防机构、公安派出所依据消防法和本条例的规定实施行政处罚中，依法责令改正或者责令限期改正消防安全违法行为的，实施行政处罚后，根据需要可以组织对是否改正消防安全违法行为进行监督抽查。

经监督抽查，对消防安全违法行为不及时改正的，除消防法另有处罚规定的外，依照消防法第六十条第一款第七项处罚，并应当继续责令改正；经监督抽查，仍不及时改正的，应当依据消防法第六十条第一款第七项从重处罚。

（二）警告、罚款、没收非法财物和违法所得的执行

根据《消防法》的有关规定，应当对消防安全违法行为人处以警告、罚款、没收非法财物和违法所得处罚的，应由公安机关消防机构决定执行。警告、500元以下罚款处罚可以由公安派出所决定。

（三）拘留处罚的执行

根据《消防法》第七十条第一款的规定，应当对消防安全违法行为人处以拘留处罚的，应由县级以上公安机关依照《中华人民共和国治安管理处罚法》的有关规

定决定执行。

（四）传唤的执行

根据《消防法》第七十条第二款的规定，公安机关消防机构需要传唤消防安全违法行为人的，应当依照《中华人民共和国治安管理处罚法》的有关规定执行。公安机关消防机构依法传唤消防安全违法行为人，对无正当理由不接受传唤或者逃避传唤的，可以强制传唤。

（五）责令停止施工、停止使用、停产停业处罚的执行

根据《消防法》第七十条第三款的规定，应当对消防安全违法行为人处以责令停止施工、停止使用、停产停业的，应当在整改后向公安机关消防机构报告，经公安机关消防机构检查合格，方可恢复施工、使用、生产和营业。

（六）强制执行的施行

1. 需要强制执行的消防安全违法行为

（1）公安机关消防机构依据《消防法》第六十条第一款第三项、第四项、第五项、第六项的规定，对占用、堵塞、封闭疏散通道、安全出口或者有其他妨碍安全疏散的行为；埋压、圈占、遮挡消火栓或者占用防火间距的行为；占用、堵塞、封闭消防车通道，妨碍消防车通行的行为；人员密集场所在门窗上设置影响逃生和灭火救援的障碍物的行为实施强制执行的，应当根据实际，采取强制拆除、强制清除的方式实施，所需费用由违法行为人承担。

（2）公安机关消防机构依据《消防法》第七十条第四款的规定，对当事人逾期不执行停产停业、停止使用、停止施工决定的行为实施强制执行的，应当根据实际，采取将有关场所、部位、设施或者设备予以查封，使被处罚单位或者场所不能生产、营业或者使用的方式实施。

2. 强制执行的实施程序

公安机关消防机构应当按照下列程序决定和实施强制执行。

（1）告知当事人拟作出强制执行决定的事实、理由及依据，并告知当事人依法享有的权利，听取当事人的陈述和申辩，并作记录。

（2）公安机关消防机构负责人应当组织集体研究决定是否进行强制执行，以及强制执行的方法。决定强制执行的，应当自当事人拒不改正或者逾期不履行停产停业、停止施工、停止使用决定之日起 3 个工作日内制作并送达行政强制执行决定书。

（3）公安机关消防机构实施强制执行时，按照行政强制执行决定书载明的强制执行的方法执行。

（4）在被强制执行的单位或者场所的显著位置张贴行政强制执行决定书。

（5）对强制执行过程制作现场笔录，并由消防监督检查人员、当事人或者见证人签名；当事人拒绝签名的，在笔录中注明。必要时，可以进行现场照相或者录像。

（6）对需要其他部门配合执行的，由公安机关报请本级人民政府，本级人民政

府应当组织有关部门实施。

（七）责令停产停业，对经济和社会生活影响较大的行政处罚的执行

根据《消防法》第七十条第三、四、五款的规定，应当对消防安全违法行为人处以责令停产停业处罚的。若责令停产停业处罚涉及供水、供热、供气、供电的重要企业，重点基建工程，交通、通信、广电枢纽、大型商场等重要场所，以及其他对经济建设和社会生活构成重大影响的事项，对经济和社会生活影响较大，则应当由公安机关消防机构提出意见，并由公安机关报请本级人民政府依法决定。

县级以上人民政府对公安机关依据消防法第七十条第五款报请的对经济和社会生活影响较大的责令停产停业、停止使用、停止施工的请示，应当在十个工作日内作出明确批复，并组织公安机关等有关部门实施。

（八）消防产品违法行为实施处罚的执行

1. 消防产品处罚和收缴

公安机关消防机构对《消防法》第六十五条第二款规定之外的其他单位、场所使用不合格的消防产品和国家明令淘汰的消防产品的，应当责令限期改正；逾期不改正的，应当按照消防法第六十条第一款第七项处罚。

公安机关消防机构依据前款和《消防法》第六十五条第二款规定实施行政处罚时，应当对不合格的消防产品和国家明令淘汰的消防产品予以收缴，并按照国家有关规定处理。

2. 消防产品违法行为的通报

依据《消防法》第六十五条第三款，公安机关消防机构应当制作《行政执法建议书》，将发现不合格的消防产品和国家明令淘汰的消防产品的情况通报给本地产品质量监督部门、工商行政管理部门，由产品质量监督部门、工商行政管理部门依法查处。

3. 对认证机构的处罚权限

依据《消防法》第六十九条对消防产品质量认证机构予以行政处罚的，由省级以上公安机关消防机构决定。

（九）责令停止执业或者吊销相应资质、资格处罚的执行

根据《消防法》第六十九条的规定，消防产品质量认证、消防设施检测等消防技术服务机构出具虚假文件，有违法所得的，并处没收违法所得；给他人造成损失的，依法承担赔偿责任；情节严重的，由原许可机关依法责令停止执业或者吊销相应资质、资格。

（十）国家机关工作人员行政处分的执行

公安机关消防机构的工作人员和建设、产品质量监督、工商行政管理等各级人民政府有关部门的工作人员不履行消防工作职责，对涉及消防安全的事项未按照法律、法规规定实施审批、监督检查的，或者对重大火灾隐患督促整改不力的，尚不构成犯罪的，依法给予处分，由其上级人事管理部门执行。

（十一）消防行政处罚轻重情节的确认

1. 情节严重的情形

《消防法》第六十三条、第六十五条、第六十九条规定的"情节严重的"，是指有下列情形之一的行为：

(1) 有较严重后果的；

(2) 教唆、胁迫、诱骗他人实施的；

(3) 对举报人、证人等打击报复的；

(4) 因同类违法行为受到两次以上公安消防行政处罚的。

2. 情节较轻的情形

《消防法》第六十四条规定的"情节较轻的"，是指有下列情形之一的行为：

(1) 主动消除或者减轻违法行为危害后果的；

(2) 受他人胁迫或者诱骗的；

(3) 配合查处消防安全违法行为有立功表现的；

(4) 其他依法应当从轻、减轻行政处罚的。

第三节 消防安全管理的行政复议、诉讼与赔偿

一、什么是行政复议和行政诉讼

行政复议是行政机关就其主管事项与相对人发生争议时，根据相对人的申请，由该机关或上级机关，对引起争议的决定进行复查的制度；行政诉讼是公民、法人或者其他组织认为国家行政机关和行政机关工作人员的具体行政行为侵犯其合法权益时，依照行政诉讼法的规定向人民法院提起诉讼，由人民法院进行审理并作出裁判的活动。

二、可以申请行政复议或提起行政诉讼的消防行政行为

根据国家行政复议法和行政诉讼法的有关规定，以下消防行政行为可以申请行政复议或提起行政诉讼。

（一）对拘留、罚款、吊销许可证和执照、责令停产停业、没收财物等行政处罚不服的；

（二）对限制人身自由或者对财产的查封、扣押、冻结等行政强制措施不服的；

（三）认为行政机关侵犯法律、法规规定的经营自主权的；

（四）认为符合法定条件申请行政机关颁发许可证和执照，行政机关拒绝颁发或者不予答复的；

（五）申请行政机关履行保护人身权、财产权的法定职责，行政机关拒绝履行或者不予答复的，如申请制止有关消防违章行为或组织火灾扑救等；

（六）认为行政机关违法要求履行义务的，如在规定范围之外征收各种费用、采取防火措施等；

（七）对行政机关提出的火灾隐患或整改措施不服的。

对公安机关消防机构提出的火灾隐患整改措施有不同意见时，可以申请变更防范措施，但必须经公安机关消防机构审核同意后实施。

根据《中华人民共和国行政复议条例》规定的申请复议范围，对公安机关消防机构的火灾原因认定、鉴定和火灾事故责任认定不服，不属于申请复议的范围。当事人对火灾原因认定、鉴定和火灾事故责任认定不服的，可向当地主管公安机关或上一级公安机关消防机构申请重新鉴定或者认定，申请重新认定、鉴定期间应保护好火灾现场。当地主管公安机关或上一级公安机关消防机构的重新鉴定或者认定为最终鉴定或者认定，有关部门可依据认定、鉴定结果对火灾责任人和单位进行处理。

三、消防安全管理活动中行政复议和行政诉讼的要求

（1）公安机关消防机构在实施消防监督管理活动中经常要采取消防行政措施，如果当事人（包括公民、法人）对公安机关消防机构或其他行政机关作出的消防监督管理行政行为不服的，应当在知道作出具体行政行为之日起，15日内向上级行政机关申请复议；复议机关应当自收到复议申请书之日起两个月内作出复议决定；

（2）申请人对复议决定不服或者复议机关逾期不作决定的，可以自接到复议决定书或者复议期限届满之日起15日内向人民法院提起诉讼。逾期不申请复议或者不起诉，又不履行行政机关决定的，作出具体行政行为的机关可以申请人民法院强制执行。

（3）对行政机关作出的处罚决定不服申请复议或提起诉讼的，在复议和诉讼期间，原处罚决定继续执行。被裁决拘留的人或者他的家属能够找到担保人，或者按照规定交纳保证金的，在申诉和诉讼期间，原处罚决定可暂缓执行。根据有关规定，保证金按决定拘留的期限计算，拘留1日交纳保证金20～50元。如果找不到担保人或者不按规定交纳保证金的，原处罚决定仍应执行。原决定暂缓执行的，只能限于被处拘留的人。处罚决定被撤销或者开始执行时，作出行政处罚决定的机关应依照规定将保证金退还申诉人。

四、消防行政赔偿

消防行政赔偿是指公安机关消防机构及其工作人员在实施消防监督管理过程中，违法行政职权，侵犯公民、法人或其他组织合法权益造成损害行而产生的行政赔偿责任。

（一）消防行政赔偿的法定范围

根据《国家赔偿法》第三条和第四条的规定，消防行政赔偿的范围主要有以下两种行为。

1. 侵犯人身权的违法行政行为

在消防行政实践中，侵犯人身权的违法消防行政行为主要有以下几种情况。

（1）拘留违法。如主体资格违法，即没有拘留权而越级行使拘留；或者有拘留

权而违法行使，如事实证据不足，没有法律依据、处罚显失公平等。

（2）限制人身自由的行政强制措施违法。如违反法律规定强制检查、强制隔离或者搞错了对象等。

（3）使用警械违法造成公民身体伤害或者死亡。如在实施消防行政处罚中违反规定使用警械不当致人伤亡等。

（4）造成公民身体伤害或者死亡的其他行为违法。

2. 侵犯财产权的违法行政行为

侵犯财产权的违法行政行为主要有以下几种。

（1）实施罚款、吊销许可证、责令停产停业、没收财物等行政行为违法。

（2）对财产采取查封、扣押、冻结等行政强制措施违法。

（3）违反国家规定征收财物、摊派费用。

（4）造成财产损害的其他违法行为。

（二）消防行政赔偿的请求人与赔偿义务机关

1. 消防行政赔偿请求人

消防行政赔偿请求人，是指合法权益受到公安机关消防机构及其工作人员违法行使职权的侵犯而造成损害的公民、法人和其他组织。其范围主要包括以下方面。

（1）公民（自然人）　主要包括受害的公民本人和受害公民的继承人及其他具有抚养关系的亲属。根据我国《继承法》的规定，继承人主要包括配偶、子女、父母等第一顺序继承人，兄弟姐妹、祖父母、外祖父母等第二顺序继承人，以及其他具有抚养关系的亲属如叔、姑、舅、姨和妻弟、妻妹等。

（2）法人　在我国，法人主要包括机关法人、社会团体法人、企业法人、事业法人、联营法人五类。

（3）其他组织　其他组织是指那些不具备法人条件，但依法独立享有权利和承担义务的社会组织。如法人联营或个人合伙组织等。

2. 消防行政赔偿的义务机关

消防行政赔偿的义务机关是指消防行政行为违法，侵犯公民、法人和其他组织的合法权益造成损害应当履行赔偿义务的公安机关消防机构。根据《国家赔偿法》第七条和第八条的规定，消防行政赔偿的义务机关（公安机关消防机构）包括以下五类：

（1）实施侵害的消防赔偿义务机关　《国家赔偿法》第七条第一款的规定，"行政机关及其工作人员行使行政职权侵犯公民、法人和其他组织的合法权益造成损害的，该行政机关为赔偿义务机关。"因此，消防行政赔偿的义务机关应当包括实施侵害行为的公安机关消防机构和实施侵害行为的工作人员所在的公安机关消防机构。

（2）共同实施侵害的消防赔偿义务机关　《国家赔偿法》第七条第二款的规定："两个以上行政机关共同行使行政职权时侵犯公民、法人和其他组织的合法权益造成损害的，共同行使行政职权的行政机关为共同赔偿义务机关。"这里的"两个以上行政机关"是指两个以上具有独立主体资格的行政机关，而不是指同一机关内部两个以上的职能部门。

（3）经复议的消防赔偿义务机关　《国家赔偿法》第八条规定："经复议机关复议的，最初造成侵权行为的行政机关为赔偿义务机关，但复议机关的复议决定加重损害的，复议机关对加重的部分履行赔偿义务。"复议机关的复议决定一般有维持原裁决、撤销原裁决、变更原裁决和责令原裁决机关重新裁决四种。对复议机关维持原裁决的，一裁机关是赔偿义务机关；复议机关撤销原裁决的，如果减轻了损害则一裁机关是赔偿义务机关，如加重了损害则一裁机关和复议机关是共同赔偿义务机关，但复议机关只承担加重损害的赔偿责任。

（4）被撤销的消防赔偿义务机关　《国家赔偿法》第七条第五款规定："赔偿义务机关被撤销的，继续行使其职权的行政机关为赔偿义务机关；没有继续行使其职权的行政机关的，撤销该赔偿义务机关的行政机关为赔偿义务机关。"

（三）请求消防行政赔偿的途径与要求

1. 消防行政赔偿的途径

（1）向赔偿义务机关先行提出　其方法是，消防行政赔偿请求人在申请行政复议和提起行政诉讼前先向赔偿义务机关请求赔偿，由赔偿义务机关依法行政先行处理。如果行政先行处理未能解决纠纷，赔偿请求人方可提起行政赔偿的申诉或诉讼程序。

（2）在申请消防行政复议时一并提出　复议申请人在申请复议的同时，可以一并提出赔偿请求，复议机关复议后，如果确认该行政行为侵犯了复议申请人的合法权益，复议机关可以在作出撤销或者变更复议决定的同时，对造成损害的，可以责令实施侵害的赔偿义务机关依法予以全部或者部分赔偿。

（3）在提起消防行政诉讼时一并提出　行政诉讼提起人在提起消防行政诉讼的同时，可以一并提出赔偿请求。人民法院在审理消防行政案件时一并解决赔偿问题。行政诉讼提起人既可以在直接提起消防行政诉讼时一并提出赔偿请求，也可以在经过消防行政复议后提起消防行政诉讼时再一并提出赔偿要求，但法律另有规定的除外。

（4）通过消防行政赔偿诉讼解决　根据《国家赔偿法》第十三条的规定，消防行政赔偿诉讼，是指消防行政赔偿义务机关逾期不予赔偿或者赔偿请求人对赔偿数额有异议的，可以自期间届满之日起三个月内向人民法院提起诉讼。我国《行政诉讼法》第六十七条也规定："公民、法人或者其他组织单独就损害赔偿提出请求，应当先由行政机关解决。对行政机关处理不服的可以向人民法院提起诉讼。"因此，消防行政赔偿诉讼应当满足以下条件：

① 必须以公安机关消防机构先行解决为前提。请求人只有在"被请求的公安机关消防机构收到要求赔偿申请书后两个月不予赔偿"或者"对赔偿数额有异议"这两种情况之一的，方可提起诉讼，请求法院予以救济。

② 必须针对公安机关消防机构职权行为违法而起诉。如果公安机关消防机构

及其工作人员的职权行为是合法的，即使造成损害，也只能进行补偿，此时的赔偿诉讼是不能成立的。

③ 必须在法定的期限内提起。如果请求人在消防行政处理后的三个月内不起诉，其赔偿诉讼权利则自行消失。

④ 起诉人必须具有赔偿请求权，即必须具有如前所述的"赔偿请求人"的法定条件。

2. 消防行政赔偿的特殊规定

赔偿请求人在请求公安机关消防机构履行赔偿义务时，可能会遇到两个以上公安机关消防机构共同侵权共同赔偿的情况，或者受害人在一个侵权行为中受到数项损害的情况。为了便于受害人请求赔偿，《国家赔偿法》在第十条和第十一条作了两项特殊规定。

(1) 共同赔偿要求的先予赔偿　《国家赔偿法》第十条规定："赔偿请求人可以向共同赔偿义务机关中的任何一方赔偿义务机关要求赔偿，该赔偿义务机关应当先予赔偿。"就是说，当两个以上行政机关共同侵权造成公民、法人或者其他组织合法权益损害，需要共同侵权的行政机关共同履行赔偿义务的特殊情况时，赔偿请求人有权向共同赔偿义务机关中的任何一方要求赔偿，被要求赔偿的义务机关不得以任何借口推诿，有义务先予赔偿。至于共同赔偿义务机关之间是否分担以及如何分担赔偿责任，则应在事后通过协商解决。

(2) 数项赔偿要求的同时提出　《国家赔偿法》第十一条规定："赔偿请求人根据受到的不同损害，可以同时提出数项赔偿要求。"就是说当行政机关及其工作人员在处理同一事务中发生的同一侵权行为造成数种损害的特殊情况时，赔偿请求人可以根据受到的不同损害，同时提出数项赔偿要求，一并解决全部赔偿问题。

(四) 消防行政赔偿的方式与赔偿额的计算标准

1. 消防行政赔偿的方式

根据《国家赔偿法》第二十五至二十八条的有关规定，我国的国家赔偿是以金钱赔偿为主，恢复原状、返还财产为辅的方式赔偿。

(1) 金钱赔偿　即以货币支付的方式在计算或估算损害程度后，给予受害者适当数额的赔偿。

(2) 返还财产　即赔偿义务机关将违法行使职权占有的未灭失的财产返还给享有所有权的受害者的赔偿形式。如返还消防行政罚款或所没收的财物等。

(3) 恢复原状　即赔偿义务机关按照受害人的意愿和要求，将违法行使职权损坏的财产进行修复，以恢复原状的赔偿方式。但要恢复原状，首先要有恢复的可能，如果没有恢复原状的可能性恢复便无从谈起；其次要有受害人的请求，如果受害人没有主动请求一般不采用此种赔偿方式；再次要有可操作性，如果恢复原状难度较大，而且情况比较复杂、具有风险性，则应考虑采用金钱赔偿方式。

2. 消防行政赔偿额的计算方法

消防行政赔偿的标准应当具有惩罚性、补偿性和慰抚性。我国国家赔偿法主要采用了慰抚性的赔偿原则。

(1) 侵犯人身自由权赔偿的计算方法　根据《国家赔偿法》第二十六条的规定："侵犯公民人身自由的，每日的赔偿金按照国家上年度职工日平均工资计算。"

(2) 侵犯生命健康权赔偿的计算方法　根据《国家赔偿法》第二十七条的规定：侵犯公民生命健康权的，赔偿金按下列方法计算。

① 造成身体伤害的应当支付医疗费，赔偿因误工减少的收入。医疗费主要包括医药费、住院费、护理费、营养费、交通费等，应以就诊医院开具的诊断证明和单据以及其他收据为凭；因误工减少的收入，每日赔偿金按国家上年度职工日均工资计算，最高额为国家上年度职工日均工资的五倍。误工日一般应以就诊医院开具的休假日期证明为准。

② 造成部分或者全部丧失劳动能力的，应当支付医疗费和残疾赔偿金。医疗费的内容如上所述。残疾赔偿金要根据丧失劳动能力的程度确定，部分丧失劳动能力的最高额为国家上年度职工年平均工资的十倍；全部丧失劳动能力的最高额为国家上年度职工年平均工资的二十倍。同时，对其抚养的无劳动能力的人，还应当支付生活费。对被抚养人是未成年人的，生活费应当支付到被抚养人18岁具有独立生活能力时为止；对被抚养人属于其他无劳动能力的特殊情况的，生活费应当支付到被抚养人死亡为止。生活费的支付标准以国家民政部门掌握的职工月救济标准为准。

③ 造成死亡的，应当支付死亡赔偿金、丧葬费，总额为国家上年度职工年平均工资的二十倍。对死者生前抚养的无劳动能力的人，还应当支付生活费，计算方法如上所述。

(3) 侵犯财产权赔偿的计算方法　根据《国家赔偿法》第二十八条的规定，对侵犯财产的赔偿，能够返还财产和恢复原状的，应当及时返还财产和恢复原状；财产已被损坏、灭失或拍卖的，以及由于扣留、吊销许可证或执照、责令停产停业或者由于违法查封、扣押、冻结财产而造成的损失，则应按照一定标准给予金钱赔偿。

① 财产已被损坏、灭失或拍卖的，根据《国家赔偿法》第二十八条第1至5项的规定，对应当返还的财产被损坏而无法恢复原状的，按照损害的程度给付相应的赔偿金；对应当返还的财产灭失的应付相应的赔偿金；对查封、扣押、冻结财产的，应当解除对财产的查封、扣押、冻结，已造成财产损坏或者灭失的，应给付相应的赔偿金；对财产已经拍卖的，应当给付拍卖所得的价款。

② 违法吊销许可证、责令停产停业造成损失的赔偿方法。根据《国家赔偿法》第二十八条第6项的规定"吊销许可证和执照、责令停产停业的，赔偿停产停业期间必要的经常性费用开支。"停产停业期间必要的经常性费用开支，是指有关企业或公共文体、营业性场所等在停产停业期间用于维持期生存的基本费用开支。如职工基本工资、水电费、房屋租金等。

③ 财产权造成其他损害赔偿的计算方法。根据《国家赔偿法》第二十八条第7

项的规定："对财产权造成其他损害赔偿的，按照直接损失给予赔偿。"

（4）精神损害的补偿方法 精神损害是指造成受害人名誉权、荣誉权的损害。根据《国家赔偿法》第三十条的规定：赔偿义务机关对依法确认有本法第三条第1、2项规定的（"非法拘留或者违法采取限制公民人身自由的行政强制措施的"；"非法拘禁或者以其他方法非法剥夺公民人身自由的"）情形之一，并造成受害人名誉权、荣誉权损害的，应当在侵权行为影响的范围内，为受害人消除影响、恢复名誉、赔礼道歉。由此可见，消防行政的精神补偿仅限于公民人身自由受到公安机关消防机构及其工作人员侵犯的情况下；精神补偿的内容仅限于受害人的名誉权、荣誉权；精神补偿的适用空间只限于侵权行为影响的范围内；精神补偿的内容只适用于为受害人消除影响、恢复名誉、赔礼道歉。

（五）消防行政赔偿的法定时效

消防行政赔偿的法定时效是指赔偿请求人在法定期限内不向公安机关消防机构提出赔偿请求就丧失法律对其合法权益的保护作用的法律制度。

根据《国家赔偿法》有关条款的规定，消防行政赔偿的法定时效有两种情况。

1. 向国家赔偿义务机关请求赔偿的时效

根据《国家赔偿法》第三十二条第 1 款的规定，"赔偿请求人请求国家赔偿的时效为两年"。

2. 向人民法院提起行政赔偿诉讼的时效

根据《国家赔偿法》第十三条的规定，赔偿义务机关对申请人赔偿请求逾期不予赔偿或者赔偿请求人对赔偿数额有异议的，赔偿请求人可自期满之日起三个月内向人民法院提起行政赔偿诉讼。

根据《国家赔偿法》第三十二条第一款的规定，时效期间的计算方法应自国家机关工作人员行使行政职权时的行为被依法确认为违法之日起计算。但由于受害人在被羁押期间难以行使国家赔偿请求权，所以被羁押期间不计算在内。

附录一　中华人民共和国消防法

中华人民共和国主席令
第六号

《中华人民共和国消防法》已由中华人民共和国第十一届全国人民代表大会常务委员会第五次会议于 2008 年 10 月 28 日修订通过，现将修订后的《中华人民共和国消防法》公布，自 2009 年 5 月 1 日起施行。

中华人民共和国主席　胡锦涛

2008 年 10 月 28 日

第一章　总　　则

第一条　为了预防火灾和减少火灾危害，加强应急救援工作，保护人身、财产安全，维护公共安全，制定本法。

第二条　消防工作贯彻预防为主、防消结合的方针，按照政府统一领导、部门依法监管、单位全面负责、公民积极参与的原则，实行消防安全责任制，建立健全社会化的消防工作网络。

第三条　国务院领导全国的消防工作。地方各级人民政府负责本行政区域内的消防工作。

各级人民政府应当将消防工作纳入国民经济和社会发展计划，保障消防工作与经济社会发展相适应。

第四条　国务院公安部门对全国的消防工作实施监督管理。县级以上地方人民政府公安机关对本行政区域内的消防工作实施监督管理，并由本级人民政府公安机关消防机构负责实施。军事设施的消防工作，由其主管单位监督管理，公安机关消防机构协助；矿井地下部分、核电厂、海上石油天然气设施的消防工作，由其主管单位监督管理。

县级以上人民政府其他有关部门在各自的职责范围内，依照本法和其他相关法律、法规的规定做好消防工作。

法律、行政法规对森林、草原的消防工作另有规定的，从其规定。

第五条　任何单位和个人都有维护消防安全、保护消防设施、预防火灾、报告火警的义务。任何单位和成年人都有参加有组织的灭火工作的义务。

第六条　各级人民政府应当组织开展经常性的消防宣传教育，提高公民的消防安全意识。

机关、团体、企业、事业等单位，应当加强对本单位人员的消防宣传教育。

公安机关及其消防机构应当加强消防法律、法规的宣传，并督促、指导、协助有关单位做好消防宣传教育工作。

教育、人力资源行政主管部门和学校、有关职业培训机构应当将消防知识纳入教育、教学、培训的内容。

新闻、广播、电视等有关单位，应当有针对性地面向社会进行消防宣传教育。

工会、共产主义青年团、妇女联合会等团体应当结合各自工作对象的特点，组织开展消防宣传教育。

村民委员会、居民委员会应当协助人民政府以及公安机关等部门，加强消防宣传教育。

第七条　国家鼓励、支持消防科学研究和技术创新，推广使用先进的消防和应急救援技术、设备；鼓励、支持社会力量开展消防公益活动。

对在消防工作中有突出贡献的单位和个人，应当按照国家有关规定给予表彰和奖励。

第二章　火 灾 预 防

第八条　地方各级人民政府应当将包括消防安全布局、消防站、消防供水、消防通信、消防车通道、消防装备等内容的消防规划纳入城乡规划，并负责组织实施。

城乡消防安全布局不符合消防安全要求的，应当调整、完善；公共消防设施、消防装备不足或者不适应实际需要的，应当增建、改建、配置或者进行技术改造。

第九条　建设工程的消防设计、施工必须符合国家工程建设消防技术标准。建设、设计、施工、工程监理等单位依法对建设工程的消防设计、施工质量负责。

第十条　按照国家工程建设消防技术标准需要进行消防设计的建设工程，除本法第十一条另有规定的外，建设单位应当自依法取得施工许可之日起七个工作日内，将消防设计文件报公安机关消防机构备案，公安机关消防机构应当进行抽查。

第十一条　国务院公安部门规定的大型的人员密集场所和其他特殊建设工程，建设单位应当将消防设计文件报送公安机关消防机构审核。公安机关消防机构依法对审核的结果负责。

第十二条　依法应当经公安机关消防机构进行消防设计审核的建设工程，未经依法审核或者审核不合格的，负责审批该工程施工许可的部门不得给予施工许可，建设单位、施工单位不得施工；其他建设工程取得施工许可后经依法抽查不合格的，应当停止施工。

第十三条　按照国家工程建设消防技术标准需要进行消防设计的建设工程竣工，依照下列规定进行消防验收、备案：

（一）本法第十一条规定的建设工程，建设单位应当向公安机关消防机构申请消防验收；

（二）其他建设工程，建设单位在验收后应当报公安机关消防机构备案，公安机关消防机构应当进行抽查。

依法应当进行消防验收的建设工程，未经消防验收或者消防验收不合格的，禁止投入使用；其他建设工程经依法抽查不合格的，应当停止使用。

第十四条　建设工程消防设计审核、消防验收、备案和抽查的具体办法，由国务院公安部门规定。

第十五条　公众聚集场所在投入使用、营业前，建设单位或者使用单位应当向场所所在地的县级以上地方人民政府公安机关消防机构申请消防安全检查。

公安机关消防机构应当自受理申请之日起十个工作日内，根据消防技术标准和管理规定，对该场所进行消防安全检查。未经消防安全检查或者经检查不符合消防安全要求的，不得投入使用、营业。

第十六条　机关、团体、企业、事业等单位应当履行下列消防安全职责：

（一）落实消防安全责任制，制定本单位的消防安全制度、消防安全操作规程，制定灭火和应急疏散预案；

（二）按照国家标准、行业标准配置消防设施、器材，设置消防安全标志，并定期组织检验、维修，确保完好有效；

（三）对建筑消防设施每年至少进行一次全面检测，确保完好有效，检测记录应当完整准确，存档备查；

（四）保障疏散通道、安全出口、消防车通道畅通，保证防火防烟分区、防火间距符合消防技术标准；

（五）组织防火检查，及时消除火灾隐患；

（六）组织进行有针对性的消防演练；

（七）法律、法规规定的其他消防安全职责。

单位的主要负责人是本单位的消防安全责任人。

第十七条　县级以上地方人民政府公安机关消防机构应当将发生火灾可能性较大以及发生火灾可能造成重大的人身伤亡或者财产损失的单位，确定为本行政区域内的消防安全重点单位，并由公安机关报本级人民政府备案。

消防安全重点单位除应当履行本法第十六条规定的职责外，还应当履行下列消防安全职责：

（一）确定消防安全管理人，组织实施本单位的消防安全管理工作；

（二）建立消防档案，确定消防安全重点部位，设置防火标志，实行严格管理；

（三）实行每日防火巡查，并建立巡查记录；

（四）对职工进行岗前消防安全培训，定期组织消防安全培训和消防演练。

第十八条　同一建筑物由两个以上单位管理或者使用的，应当明确各方的消防安全责任，并确定责任人对共用的疏散通道、安全出口、建筑消防设施和消防车通道进行统一管理。

住宅区的物业服务企业应当对管理区域内的共用消防设施进行维护管理，提供消防安全防范服务。

第十九条 生产、储存、经营易燃易爆危险品的场所不得与居住场所设置在同一建筑物内，并应当与居住场所保持安全距离。

生产、储存、经营其他物品的场所与居住场所设置在同一建筑物内的，应当符合国家工程建设消防技术标准。

第二十条 举办大型群众性活动，承办人应当依法向公安机关申请安全许可，制定灭火和应急疏散预案并组织演练，明确消防安全责任分工，确定消防安全管理人员，保持消防设施和消防器材配置齐全、完好有效，保证疏散通道、安全出口、疏散指示标志、应急照明和消防车通道符合消防技术标准和管理规定。

第二十一条 禁止在具有火灾、爆炸危险的场所吸烟、使用明火。因施工等特殊情况需要使用明火作业的，应当按照规定事先办理审批手续，采取相应的消防安全措施；作业人员应当遵守消防安全规定。

进行电焊、气焊等具有火灾危险作业的人员和自动消防系统的操作人员，必须持证上岗，并遵守消防安全操作规程。

第二十二条 生产、储存、装卸易燃易爆危险品的工厂、仓库和专用车站、码头的设置，应当符合消防技术标准。易燃易爆气体和液体的充装站、供应站、调压站，应当设置在符合消防安全要求的位置，并符合防火防爆要求。

已经设置的生产、储存、装卸易燃易爆危险品的工厂、仓库和专用车站、码头，易燃易爆气体和液体的充装站、供应站、调压站，不再符合前款规定的，地方人民政府应当组织、协调有关部门、单位限期解决，消除安全隐患。

第二十三条 生产、储存、运输、销售、使用、销毁易燃易爆危险品，必须执行消防技术标准和管理规定。

进入生产、储存易燃易爆危险品的场所，必须执行消防安全规定。禁止非法携带易燃易爆危险品进入公共场所或者乘坐公共交通工具。

储存可燃物资仓库的管理，必须执行消防技术标准和管理规定。

第二十四条 消防产品必须符合国家标准；没有国家标准的，必须符合行业标准。禁止生产、销售或者使用不合格的消防产品以及国家明令淘汰的消防产品。

依法实行强制性产品认证的消防产品，由具有法定资质的认证机构按照国家标准、行业标准的强制性要求认证合格后，方可生产、销售、使用。实行强制性产品认证的消防产品目录，由国务院产品质量监督部门会同国务院公安部门制定并公布。

新研制的尚未制定国家标准、行业标准的消防产品，应当按照国务院产品质量监督部门会同国务院公安部门规定的办法，经技术鉴定符合消防安全要求的，方可生产、销售、使用。

依照本条规定经强制性产品认证合格或者技术鉴定合格的消防产品，国务院公安部门消防机构应当予以公布。

第二十五条　产品质量监督部门、工商行政管理部门、公安机关消防机构应当按照各自职责加强对消防产品质量的监督检查。

第二十六条　建筑构件、建筑材料和室内装修、装饰材料的防火性能必须符合国家标准；没有国家标准的，必须符合行业标准。

人员密集场所室内装修、装饰，应当按照消防技术标准的要求，使用不燃、难燃材料。

第二十七条　电器产品、燃气用具的产品标准，应当符合消防安全的要求。

电器产品、燃气用具的安装、使用及其线路、管路的设计、敷设、维护保养、检测，必须符合消防技术标准和管理规定。

第二十八条　任何单位、个人不得损坏、挪用或者擅自拆除、停用消防设施、器材，不得埋压、圈占、遮挡消火栓或者占用防火间距，不得占用、堵塞、封闭疏散通道、安全出口、消防车通道。人员密集场所的门窗不得设置影响逃生和灭火救援的障碍物。

第二十九条　负责公共消防设施维护管理的单位，应当保持消防供水、消防通信、消防车通道等公共消防设施的完好有效。在修建道路以及停电、停水、截断通信线路时有可能影响消防队灭火救援的，有关单位必须事先通知当地公安机关消防机构。

第三十条　地方各级人民政府应当加强对农村消防工作的领导，采取措施加强公共消防设施建设，组织建立和督促落实消防安全责任制。

第三十一条　在农业收获季节、森林和草原防火期间、重大节假日期间以及火灾多发季节，地方各级人民政府应当组织开展有针对性的消防宣传教育，采取防火措施，进行消防安全检查。

第三十二条　乡镇人民政府、城市街道办事处应当指导、支持和帮助村民委员会、居民委员会开展群众性的消防工作。村民委员会、居民委员会应当确定消防安全管理人，组织制定防火安全公约，进行防火安全检查。

第三十三条　国家鼓励、引导公众聚集场所和生产、储存、运输、销售易燃易爆危险品的企业投保火灾公众责任保险；鼓励保险公司承保火灾公众责任保险。

第三十四条　消防产品质量认证、消防设施检测、消防安全监测等消防技术服务机构和执业人员，应当依法获得相应的资质、资格；依照法律、行政法规、国家标准、行业标准和执业准则，接受委托提供消防技术服务，并对服务质量负责。

第三章　消防组织

第三十五条　各级人民政府应当加强消防组织建设，根据经济社会发展的需要，建立多种形式的消防组织，加强消防技术人才培养，增强火灾预防、扑救和应急救援的能力。

第三十六条　县级以上地方人民政府应当按照国家规定建立公安消防队、专职消防队，并按照国家标准配备消防装备，承担火灾扑救工作。

乡镇人民政府应当根据当地经济发展和消防工作的需要，建立专职消防队、志愿消防队，承担火灾扑救工作。

第三十七条　公安消防队、专职消防队按照国家规定承担重大灾害事故和其他以抢救人员生命为主的应急救援工作。

第三十八条　公安消防队、专职消防队应当充分发挥火灾扑救和应急救援专业力量的骨干作用；按照国家规定，组织实施专业技能训练，配备并维护保养装备器材，提高火灾扑救和应急救援的能力。

第三十九条　下列单位应当建立单位专职消防队，承担本单位的火灾扑救工作：

（一）大型核设施单位、大型发电厂、民用机场、主要港口；

（二）生产、储存易燃易爆危险品的大型企业；

（三）储备可燃的重要物资的大型仓库、基地；

（四）第一项、第二项、第三项规定以外的火灾危险性较大、距离公安消防队较远的其他大型企业；

（五）距离公安消防队较远、被列为全国重点文物保护单位的古建筑群的管理单位。

第四十条　专职消防队的建立，应当符合国家有关规定，并报当地公安机关消防机构验收。

专职消防队的队员依法享受社会保险和福利待遇。

第四十一条　机关、团体、企业、事业等单位以及村民委员会、居民委员会根据需要，建立志愿消防队等多种形式的消防组织，开展群众性自防自救工作。

第四十二条　公安机关消防机构应当对专职消防队、志愿消防队等消防组织进行业务指导；根据扑救火灾的需要，可以调动指挥专职消防队参加火灾扑救工作。

第四章　灭火救援

第四十三条　县级以上地方人民政府应当组织有关部门针对本行政区域内的火灾特点制订应急预案，建立应急反应和处置机制，为火灾扑救和应急救援工作提供人员、装备等保障。

第四十四条　任何人发现火灾都应当立即报警。任何单位、个人都应当无偿为报警提供便利，不得阻拦报警。严禁谎报火警。

人员密集场所发生火灾，该场所的现场工作人员应当立即组织、引导在场人员疏散。

任何单位发生火灾，必须立即组织力量扑救。邻近单位应当给予支援。

消防队接到火警，必须立即赶赴火灾现场，救助遇险人员，排除险情，扑灭火灾。

第四十五条　公安机关消防机构统一组织和指挥火灾现场扑救，应当优先保障遇险人员的生命安全。

火灾现场总指挥根据扑救火灾的需要，有权决定下列事项：

（一）使用各种水源；

（二）截断电力、可燃气体和可燃液体的输送，限制用火用电；

（三）划定警戒区，实行局部交通管制；

（四）利用临近建筑物和有关设施；

（五）为了抢救人员和重要物资，防止火势蔓延，拆除或者破损毗邻火灾现场的建筑物、构筑物或者设施等；

（六）调动供水、供电、供气、通信、医疗救护、交通运输、环境保护等有关单位协助灭火救援。

根据扑救火灾的紧急需要，有关地方人民政府应当组织人员、调集所需物资支援灭火。

第四十六条　公安消防队、专职消防队参加火灾以外的其他重大灾害事故的应急救援工作，由县级以上人民政府统一领导。

第四十七条　消防车、消防艇前往执行火灾扑救或者应急救援任务，在确保安全的前提下，不受行驶速度、行驶路线、行驶方向和指挥信号的限制，其他车辆、船舶以及行人应当让行，不得穿插超越；收费公路、桥梁免收车辆通行费。交通管理指挥人员应当保证消防车、消防艇迅速通行。

赶赴火灾现场或者应急救援现场的消防人员和调集的消防装备、物资，需要铁路、水路或者航空运输的，有关单位应当优先运输。

第四十八条　消防车、消防艇以及消防器材、装备和设施，不得用于与消防和应急救援工作无关的事项。

第四十九条　公安消防队、专职消防队扑救火灾、应急救援，不得收取任何费用。

单位专职消防队、志愿消防队参加扑救外单位火灾所损耗的燃料、灭火剂和器材、装备等，由火灾发生地的人民政府给予补偿。

第五十条　对因参加扑救火灾或者应急救援受伤、致残或者死亡的人员，按照国家有关规定给予医疗、抚恤。

第五十一条　公安机关消防机构有权根据需要封闭火灾现场，负责调查火灾原因，统计火灾损失。

火灾扑灭后，发生火灾的单位和相关人员应当按照公安机关消防机构的要求保护现场，接受事故调查，如实提供与火灾有关的情况。

公安机关消防机构根据火灾现场勘验、调查情况和有关的检验、鉴定意见，及时制作火灾事故认定书，作为处理火灾事故的证据。

第五章　监督检查

第五十二条　地方各级人民政府应当落实消防工作责任制，对本级人民政府有关部门履行消防安全职责的情况进行监督检查。

县级以上地方人民政府有关部门应当根据本系统的特点，有针对性地开展消防安全检查，及时督促整改火灾隐患。

第五十三条　公安机关消防机构应当对机关、团体、企业、事业等单位遵守消防法律、法规的情况依法进行监督检查。公安派出所可以负责日常消防监督检查、开展消防宣传教育，具体办法由国务院公安部门规定。

公安机关消防机构、公安派出所的工作人员进行消防监督检查，应当出示证件。

第五十四条　公安机关消防机构在消防监督检查中发现火灾隐患的，应当通知有关单位或者个人立即采取措施消除隐患；不及时消除隐患可能严重威胁公共安全的，公安机关消防机构应当依照规定对危险部位或者场所采取临时查封措施。

第五十五条　公安机关消防机构在消防监督检查中发现城乡消防安全布局、公共消防设施不符合消防安全要求，或者发现本地区存在影响公共安全的重大火灾隐患的，应当由公安机关书面报告本级人民政府。

接到报告的人民政府应当及时核实情况，组织或者责成有关部门、单位采取措施，予以整改。

第五十六条　公安机关消防机构及其工作人员应当按照法定的职权和程序进行消防设计审核、消防验收和消防安全检查，做到公正、严格、文明、高效。

公安机关消防机构及其工作人员进行消防设计审核、消防验收和消防安全检查等，不得收取费用，不得利用消防设计审核、消防验收和消防安全检查谋取利益。公安机关消防机构及其工作人员不得利用职务为用户、建设单位指定或者变相指定消防产品的品牌、销售单位或者消防技术服务机构、消防设施施工单位。

第五十七条　公安机关消防机构及其工作人员执行职务，应当自觉接受社会和公民的监督。

任何单位和个人都有权对公安机关消防机构及其工作人员在执法中的违法行为进行检举、控告。收到检举、控告的机关，应当按照职责及时查处。

第六章　法律责任

第五十八条　违反本法规定，有下列行为之一的，责令停止施工、停止使用或者停产停业，并处三万元以上三十万元以下罚款：

（一）依法应当经公安机关消防机构进行消防设计审核的建设工程，未经依法审核或者审核不合格，擅自施工的；

（二）消防设计经公安机关消防机构依法抽查不合格，不停止施工的；

（三）依法应当进行消防验收的建设工程，未经消防验收或者消防验收不合格，擅自投入使用的；

（四）建设工程投入使用后经公安机关消防机构依法抽查不合格，不停止使用的；

（五）公众聚集场所未经消防安全检查或者经检查不符合消防安全要求，擅自投入使用、营业的。

建设单位未依照本法规定将消防设计文件报公安机关消防机构备案，或者在竣工后未依照本法规定报公安机关消防机构备案的，责令限期改正，处五千元以下罚款。

第五十九条 违反本法规定，有下列行为之一的，责令改正或者停止施工，并处一万元以上十万元以下罚款：

（一）建设单位要求建筑设计单位或者建筑施工企业降低消防技术标准设计、施工的；

（二）建筑设计单位不按照消防技术标准强制性要求进行消防设计的；

（三）建筑施工企业不按照消防设计文件和消防技术标准施工，降低消防施工质量的；

（四）工程监理单位与建设单位或者建筑施工企业串通，弄虚作假，降低消防施工质量的。

第六十条 单位违反本法规定，有下列行为之一的，责令改正，处五千元以上五万元以下罚款：

（一）消防设施、器材或者消防安全标志的配置、设置不符合国家标准、行业标准，或者未保持完好有效的；

（二）损坏、挪用或者擅自拆除、停用消防设施、器材的；

（三）占用、堵塞、封闭疏散通道、安全出口或者有其他妨碍安全疏散行为的；

（四）埋压、圈占、遮挡消火栓或者占用防火间距的；

（五）占用、堵塞、封闭消防车通道，妨碍消防车通行的；

（六）人员密集场所在门窗上设置影响逃生和灭火救援的障碍物的；

（七）对火灾隐患经公安机关消防机构通知后不及时采取措施消除的。

个人有前款第二项、第三项、第四项、第五项行为之一的，处警告或者五百元以下罚款。

有本条第一款第三项、第四项、第五项、第六项行为，经责令改正拒不改正的，强制执行，所需费用由违法行为人承担。

第六十一条 生产、储存、经营易燃易爆危险品的场所与居住场所设置在同一建筑物内，或者未与居住场所保持安全距离的，责令停产停业，并处五千元以上五万元以下罚款。

生产、储存、经营其他物品的场所与居住场所设置在同一建筑物内，不符合消防技术标准的，依照前款规定处罚。

第六十二条 有下列行为之一的，依照《中华人民共和国治安管理处罚法》的规定处罚：

（一）违反有关消防技术标准和管理规定生产、储存、运输、销售、使用、销毁易燃易爆危险品的；

（二）非法携带易燃易爆危险品进入公共场所或者乘坐公共交通工具的；

（三）谎报火警的；

（四）阻碍消防车、消防艇执行任务的；

（五）阻碍公安机关消防机构的工作人员依法执行职务的。

第六十三条 违反本法规定，有下列行为之一的，处警告或者五百元以下罚款；情节严重的，处五日以下拘留：

（一）违反消防安全规定进入生产、储存易燃易爆危险品场所的；

（二）违反规定使用明火作业或者在具有火灾、爆炸危险的场所吸烟、使用明火的。

第六十四条 违反本法规定，有下列行为之一，尚不构成犯罪的，处十日以上十五日以下拘留，可以并处五百元以下罚款；情节较轻的，处警告或者五百元以下罚款：

（一）指使或者强令他人违反消防安全规定，冒险作业的；

（二）过失引起火灾的；

（三）在火灾发生后阻拦报警，或者负有报告职责的人员不及时报警的；

（四）扰乱火灾现场秩序，或者拒不执行火灾现场指挥员指挥，影响灭火救援的；

（五）故意破坏或者伪造火灾现场的；

（六）擅自拆封或者使用被公安机关消防机构查封的场所、部位的。

第六十五条 违反本法规定，生产、销售不合格的消防产品或者国家明令淘汰的消防产品的，由产品质量监督部门或者工商行政管理部门依照《中华人民共和国产品质量法》的规定从重处罚。

人员密集场所使用不合格的消防产品或者国家明令淘汰的消防产品的，责令限期改正；逾期不改正的，处五千元以上五万元以下罚款，并对其直接负责的主管人员和其他直接责任人员处五百元以上二千元以下罚款；情节严重的，责令停产停业。

公安机关消防机构对于本条第二款规定的情形，除依法对使用者予以处罚外，应当将发现不合格的消防产品和国家明令淘汰的消防产品的情况通报产品质量监督部门、工商行政管理部门。产品质量监督部门、工商行政管理部门应当对生产者、销售者依法及时查处。

第六十六条 电器产品、燃气用具的安装、使用及其线路、管路的设计、敷设、维护保养、检测不符合消防技术标准和管理规定的，责令限期改正；逾期不改正的，责令停止使用，可以并处一千元以上五千元以下罚款。

第六十七条　机关、团体、企业、事业等单位违反本法第十六条、第十七条、第十八条、第二十一条第二款规定的，责令限期改正；逾期不改正的，对其直接负责的主管人员和其他直接责任人员依法给予处分或者给予警告处罚。

第六十八条　人员密集场所发生火灾，该场所的现场工作人员不履行组织、引导在场人员疏散的义务，情节严重，尚不构成犯罪的，处五日以上十日以下拘留。

第六十九条　消防产品质量认证、消防设施检测等消防技术服务机构出具虚假文件的，责令改正，处五万元以上十万元以下罚款，并对直接负责的主管人员和其他直接责任人员处一万元以上五万元以下罚款；有违法所得的，并处没收违法所得；给他人造成损失的，依法承担赔偿责任；情节严重的，由原许可机关依法责令停止执业或者吊销相应资质、资格。

前款规定的机构出具失实文件，给他人造成损失的，依法承担赔偿责任；造成重大损失的，由原许可机关依法责令停止执业或者吊销相应资质、资格。

第七十条　本法规定的行政处罚，除本法另有规定的外，由公安机关消防机构决定；其中拘留处罚由县级以上公安机关依照《中华人民共和国治安管理处罚法》的有关规定决定。

公安机关消防机构需要传唤消防安全违法行为人的，依照《中华人民共和国治安管理处罚法》的有关规定执行。

被责令停止施工、停止使用、停产停业的，应当在整改后向公安机关消防机构报告，经公安机关消防机构检查合格，方可恢复施工、使用、生产、经营。

当事人逾期不执行停产停业、停止使用、停止施工决定的，由作出决定的公安机关消防机构强制执行。

责令停产停业，对经济和社会生活影响较大的，由公安机关消防机构提出意见，并由公安机关报请本级人民政府依法决定。本级人民政府组织公安机关等部门实施。

第七十一条　公安机关消防机构的工作人员滥用职权、玩忽职守、徇私舞弊，有下列行为之一，尚不构成犯罪的，依法给予处分：

（一）对不符合消防安全要求的消防设计文件、建设工程、场所准予审核合格、消防验收合格、消防安全检查合格的；

（二）无故拖延消防设计审核、消防验收、消防安全检查，不在法定期限内履行职责的；

（三）发现火灾隐患不及时通知有关单位或者个人整改的；

（四）利用职务为用户、建设单位指定或者变相指定消防产品的品牌、销售单位或者消防技术服务机构、消防设施施工单位的；

（五）将消防车、消防艇以及消防器材、装备和设施用于与消防和应急救援无关的事项的；

（六）其他滥用职权、玩忽职守、徇私舞弊的行为。

建设、产品质量监督、工商行政管理等其他有关行政主管部门的工作人员在消防工作中滥用职权、玩忽职守、徇私舞弊，尚不构成犯罪的，依法给予处分。

第七十二条 违反本法规定，构成犯罪的，依法追究刑事责任。

第七章 附 则

第七十三条 本法下列用语的含义：

（一）消防设施，是指火灾自动报警系统、自动灭火系统、消火栓系统、防烟排烟系统以及应急广播和应急照明、安全疏散设施等。

（二）消防产品，是指专门用于火灾预防、灭火救援和火灾防护、避难、逃生的产品。

（三）公众聚集场所，是指宾馆、饭店、商场、集贸市场、客运车站候车室、客运码头候船厅、民用机场航站楼、体育场馆、会堂以及公共娱乐场所等。

（四）人员密集场所，是指公众聚集场所，医院的门诊楼、病房楼，学校的教学楼、图书馆、食堂和集体宿舍，养老院，福利院，托儿所，幼儿园，公共图书馆的阅览室，公共展览馆、博物馆的展示厅，劳动密集型企业的生产加工车间和员工集体宿舍，旅游、宗教活动场所等。

第七十四条 本法自 2009 年 5 月 1 日起施行。

附录二　典型特大火灾责任追究案例

案例一　洛阳市东都商厦特大火灾

一、火灾伤亡损失情况

起火时间：2000 年 12 月 25 日 21 时。

死伤人数：死亡 309 人、伤 7 人。

财产损失：275 万余元。

二、起火经过

2000 年 11 月底，东都分店在装修时，将地下一层大厅中间通往地下二层的楼梯通道用钢板焊封，但在楼梯两侧扶手穿过钢板处留有两个小方孔。2000 年 12 月 25 日 20 许，为封闭两个小方孔，东都分店负责人王子亮（台商）指使该店员工王××和宋×、丁××将一小型电焊机从东都商厦四层抬到地下一层大厅，并安排王××（无焊工资质）进行电焊作业，未经任何安全防护方面的交代。王××施焊中也没有采取任何防护措施，电焊火花从方孔溅入地下二层可燃物上，引燃地下二层的绒布、海面床垫、沙发和木质家具等可燃物品。王××等人在发现后，用室内消火栓的水枪从方孔向地下二层射水灭火，在不能扑灭的情况下，既未报警也没有通知楼上人员便逃离现场，并订立攻守同盟。正在商厦办公的东都商厦经理李××以及为开业准备商品的东都分店员工见势迅速撤离，也未及时报警和通知四层娱乐城人员逃生。随后，火势迅速蔓延，产生的大量一氧化碳、二氧化碳、含氰化合物等有毒烟雾，顺着东北、西北角楼梯间向上蔓延（地下二层大厅东南角楼梯间的门关闭，西南、东北、西北角楼梯间为铁栅栏门，着火后，西南角的铁栅栏门进风，东北、西北角的铁栅栏门过烟不过人）。由于地下一层至三层东北、西北角楼梯与商场采用防火门、防火墙分隔，楼梯间形成烟囱效应，大量有毒高温烟雾通过楼梯间迅速扩散到四层娱乐城。着火后，东北角的楼梯被烟雾封堵，其余的三部楼梯被锁上的铁栅栏堵住，人员无法通行，仅有少数人员逃到靠外墙的窗户处获救，其余 309 人中毒窒息死亡。

三、火灾责任追究情况

洛阳市中级人民法院和洛阳市涧西区人民法院于 2001 年 8 月 21 日分别开庭，对洛阳 "12.25" 特大火灾事故涉及的 23 名被告人作出一审判决。

洛阳丹尼斯量贩有限公司东都店养护员王××犯重大责任事故罪，判处有期徒刑 7 年；犯过失致人死亡罪，判有期徒刑 7 年；两罪并罚，决定执行有期徒刑 13 年。洛阳丹尼斯量贩有限公司东都店店长赵××重大责任事故罪，判处有期徒刑 7 年；犯包庇罪；判处有期徒刑 3 年；两罪并罚，决定执行有期徒刑 9 年。

郑州丹尼斯量贩百货有限公司执行副总经理王××、洛阳丹尼斯量贩有限公司南昌店养护科副科长刘×犯妨害作证罪，判处有期徒刑7年；犯包庇罪，判处有期徒刑9年；两罪并罚，决定分别执行有期徒刑9年。

洛阳丹尼斯量贩有限公司南昌店店长杨××、郑州丹尼斯量贩百货公司养护部经理周×、洛阳丹尼斯量贩有限公司东都店养护科地下负责人来××、郑州丹尼斯量贩百货有限公司采购部经理卢××、河南东裕电器有限公司经理王××犯包庇罪，分别判处有期徒刑3年。

洛阳东都商厦总经理李××、总经理助理卢××犯消防责任事故罪，分别判处有期徒刑7年。洛阳东都商厦工会主席张××、后勤保障部部长杜××犯国有企业工作人员玩忽职守罪，分别判处有期徒刑7年。

洛阳市文化局文化市场管理科科长桂××犯玩忽职守罪，判处有期徒刑7年。洛阳市老城区建筑管理委员会副主任唐××、洛阳市建设委员会城建监察办公室主任张××犯滥用职权罪，分别判处有期徒刑7年。洛阳市公安局老城区分局东南隅派出所所长岳××、民警马××、洛阳市工商局老城区分局青年宫工商所所长杨××犯玩忽职守罪，分别判处有期徒刑7年。洛阳市工商局老城区分局局长郭××、副局长王××犯妨害作证罪，分别判处有期徒刑7年。

洛阳市消防支队防火处指导科副科长姚××，在事故发生后，洛阳市人民检察院于2001年1月2日以涉嫌玩忽职守罪将其刑事拘留，1月14日批准逮捕。2001年8月21日洛阳市涧西区人民法院公开开庭审理认定，姚××身为公安消防监督检查工作人员，在工作中没有正确履行自己的职责，且有弄虚作假行为，对火灾事故的发生及严重后果负有不可推卸的责任，情节特别严重，其行为已构成玩忽职守罪，一审判处有期徒刑7年。

收到行政处理的省、市有关人员共25人，其中涉及火灾事故责任的洛阳市领导有：

洛阳市消防支队防火处处长冯××，对东都商厦长期存在重大火灾隐患以经济困难为借口拒不整改问题，没有及时向支队提出"停业整改"的建议；对市政府领导关于东都商厦停业整改的批示没有提出落实意见；对防火处个别监督员在消防监督检查中出现的弄虚作假等问题失察。对"12·25"火灾事故负有消防监督失察的主要责任。根据国家监察部的处理意见，经省公安厅及洛阳市公安局研究决定，给予冯××行政撤职、党内留党察看一年处分。

洛阳市消防支队支队长李××，对东都商厦存在重大火灾隐患长期不予整改问题，监督措施不力；对市政府领导在消防支队关于东都商厦停业整改的报告中，"按有关规定办"的批示没有及时提出落实意见；对消防支队个别监督员在消防监督检查中出现的弄虚作假等问题失察。对"12·25"事故负有消防监督失察的主要责任。根据国家监督部的处理意见，经省公安厅及洛阳市公安局党委研究决定，给予李××行政降职（由正团职降为副团职）党内严重警告处分。

洛阳市公安局分管商贸工作的副局长高×，领导管理不力，对消防支队在东都商厦火灾隐患检查、整改中出现问题失察。对"12·25"事故负有消防监督失察的主要领导责任，给予其党内严重警告、行政记大过处分。

洛阳市人民政府分管商贸工作的副市长吴××，对东都商厦长期存在的重大火灾事故隐患和安全管理问题失察；法纪观念淡薄，从地方利益出发，违反国家政策、规定，在其干预和选题下，促成了洛阳丹尼斯量贩有限公司的违规设立和东都分店的违法筹建。对"12·25"事故负有主要领导责任，给予其留党察看一年，撤销副市长职务处分。

洛阳市人民政府分管消防安全工作的副市长，市防火安全委员会主任宗××，对全市防火安全工作领导不力；对东都商厦的重大火灾隐患整改工作重视不够、督促落实不力，对洛阳市公安消防支队以市公安局名义向市政府报请关于东都商厦等三家单位"停业整改"报告上批示"请按有关规定办"，态度不够明确。对"12·25"事故负有主要领导责任，给予留党察看一年、撤销副市长职务处分。

洛阳市市长刘××，对全市消防安全工作领导不力，重视不够。对"12·25"事故负有重要领导责任，给予其党内严重警告、行政记大过处分。河南省省委常务、省委秘书长，原洛阳市市委书记李柏栓、给予其党内严重警告处分。

案例二　焦作市天堂音像俱乐部特大火灾

一、火灾伤亡损失情况

起火时间：2000 年 3 月 29 日凌晨 3 时许。

死伤人数：死亡 74 人，伤 2 人。

烧毁建筑面积：800m²。

财产损失：20 万元。

二、起火经过及火灾原因

据调查，2000 年 3 月 28 日夜至 29 日凌晨，该俱乐部正在播放《武则天》等多部具有淫秽内容的非法音像制品，为逃避检查，紧闭大门。3 月 29 日零时许，一名叫康××的人在 15 号包间看录像时，从 14 号包间搬了一个电热器放在沙发前为罗××取暖，2 人凌晨 1 时许离开时未关闭电热器。后又有一名叫孟×的到该包间休息，继续使用该电热器。凌晨 2 时 30 分左右，韩××（又名韩×）将孟×叫出 15 号包间，两人离开时，仍未关闭电热器。凌晨 3 时许，在 13 号包间看录像的丰××发现有烟从相邻的 15 号包间墙缝渗进来，即出来查看，发现 15 号包间起火，急返 13 号包间叫醒女友李×穿衣拿物后向外逃命。该俱乐部服务员薛××在大厅吧台处发现起火后，叫醒放映间睡觉的韩本余。韩、牛二人发现起火后，匆忙跑出录像厅。由于没有及时报警和处置，加之该场所建筑耐火等级低，大量使用可燃材料装修，安全出口、疏散通道宽度严重不足且被堵塞，没有疏散指示标志、应急照明和消防器材，致使起火后迅速蔓延并产生大量一氧化碳等有毒气体，造成

74 人死亡。

火灾发生后，经现场堪察发现，15 号包间内距东墙 1.26m，距北墙 0.4m 处发现有一个石英管电热器残骸。据最后离开该包间的服务员韩××等人证实，起火前该石英管电热器处于通电状态。同时，对在 15 号包间内提取的导线熔痕、碳化物、墙壁附着烟尘，以及其他房间未过火的沙发布料、沙发内填充的聚氨酯泡沫和墙壁装饰布料分别进行了技术鉴定，为发现有因导线自身故障而形成的熔痕；未检出汽油、煤油、柴油等易燃液体燃烧残留物成分；沙发布料、聚氨酯泡沫和墙壁装饰布料均为易燃材料。初步认定，此次火灾是 15 号包间内的石英管电热器烤燃其靠近的易燃材料所致。经选择与现场环境、条件相同的场所和同型号石英管电热器，进行模拟实验，其结果与认定相符合。最后认定结论为：此次火灾是由于 15 号包间内的石英管电热器烤燃其靠近的易燃材料所造成。

三、火灾责任追究情况

焦作市中级人民法院和焦作市解放路人民法院对火灾责任人分别作出如下判决：

天堂音像俱乐部老板韩××犯传播淫秽物品牟利罪和重大责任事故罪，决定执行无期徒刑，剥夺政治权利终身，并处罚金 50000 元。

韩本余之妻牛××犯传播淫秽物品牟利罪和重大责任事故罪，决定执行无期徒刑、剥夺政治权利终身，并处罚金 20000 元。

天堂音像俱乐部包间负责人王×犯重大责任事故罪，判处有期徒刑 7 年。

工作人员韩××、无业人员康××犯失火罪，判处有期徒刑 6 年。

孟×犯失火罪，判处有期徒刑 5 年。无业人员罗××犯失火罪，判处有期徒刑 2 年。天堂音像俱乐部工作人员牛××犯传播淫秽物品牟利罪，判处有期徒刑 2 年 6 个月，并处罚金 5000 元。

工作人员刘××犯传播淫秽物品牟利罪，免于刑事处罚。

焦作市文化市场管理办公室主任陈××犯滥用职权导致国家利益重大损失罪和挪用公款罪，决定执行有期徒刑 8 年，挪用公款非法所得 31000 元予以追缴。

焦作市工商局直属分局副局长杜×、该局工交商业登记科科长刘××、焦作市公安局山阳区分局东方红派出所指导员刘××犯玩忽职守罪，分别判处有期徒刑 5 年。

焦作市蔬菜副食品总公司第二分公司经理宋××犯受贿罪，判处有期徒刑 4 年公司，原经理刘××犯受贿罪，判处有期徒刑 3 年。

对其他有关责任人分别给予了党纪政纪处理。其中对焦作市山阳区公安局分局钟××，按照纪律条令经总队党委研究，给予行政严重警告处分。

案例三　阜新市艺苑歌舞厅特大火灾

一、火灾伤亡损失情况

起火时间：1994 年 11 月 27 日 13 时 28 分。

伤亡人数：死亡 233 人、受伤 20 人。

烧毁建筑面积：180m²。

财产损失：12.8 万元。

二、火灾原因

火灾原因系 3 号雅间（5 平方多米）里，长头发的 17 岁青年舞客邢××从沙发空隙中取出一张报纸卷成圈，点燃吸烟，随手又塞进座下的沙发，引燃了里面的纸张，又烧着了墙上的装饰布，继而引发大火。在大火中，死亡 233 人，烧伤 20 人。死亡者中，男 133 人，女 100 人。死亡者绝大部分很年轻，据统计，14 至 17 岁的 61 人，18 至 25 岁的 159 人。

三、火灾责任追究情况

阜新市艺苑歌舞厅特大火灾发生后，当地公安司法机关依法追究了下列人员的刑事责任：

王××，阜新市艺苑歌舞厅承办人，犯重大责任事故罪被判处有期徒刑 7 年；其妻李××，阜新市艺苑歌舞厅管理人员，犯重大责任事故罪，被判处有期徒刑 4 年。

孙××，阜新市评剧团团长，犯玩忽职守罪，被判处有期徒刑 3 年。

许×，阜新市文化局副局长兼文化市场管理办公室主任，犯玩忽职守罪，被判处有期徒刑 2 年。

这起事故的责任者邢××系过失犯罪，以在火灾中死亡，不再追究刑事责任。

同时，为严肃党纪政纪，辽宁省委市政府对这起火灾涉及的有关责任人作出党纪政纪处理：

给予中共阜新市委书记王××党内警告处分。

给予阜新市委副书记；市长朱××撤销行政职务处分；

给予阜新市政府分管文教工作的副市长马×撤销行政职务处分；

给予阜新市政府分管公安消防工作的副市长李×行政记大过处分；

给予阜新市文化局党委书记刘××党内严重警告处分；

给予阜新市文化局局长、党委书记纪×撤销党内职务处分；

给予阜新市文化局副局长、党委委员史×撤销党内职务处分；

给予阜新市消防支队负责消防监督工作主要领导责任的副支队长唐×合行政记过处分；给予阜新市消防支队负消防监督工作领导责任的防火处处长牛××撤销行政职务处分。

案例四 沈阳市沈阳商业城特大火灾

一、火灾伤亡损失情况

起火时间：1996 年 4 月 2 日 2 时左右。

财产损失：直接损失 5519.2 万元。

二、火灾责任追究情况

沈阳商业城"4.2"特大火灾事故造成了巨大的损失，为严肃党纪、政纪，根据《党员领导干部严重官僚主义失职错误党纪处分的暂行规定》及有关政纪规定，对相关责任人作出如下处理：

丁明室，沈阳商业城副总经理，1995 年 11 月起分管防火和安全保卫工作，因工作严重失职，给予行政撤职、开除党籍处分。

黄福生，沈阳商业城暖通科科长，具体负责商业城消防给水排水设备、喷淋水幕、消火栓等设备的管理、围护工作。因工作失职，给予行政撤职、开除党纪处分。

王云峰、沈阳商业城总经理、法人代表，未能履行自己的消防安全管理职责，对这起特大火灾事故负有主要领导责任给予行政撤职，留党察看一年处分。

赵颖范，沈阳商业城党委书记、防火安全委员会主任委员，1993 年 7 月至 1995 年 11 月分管商业城消防安保全工作，对这起特大火灾事故负有主要责任。给予撤销党内职务处分。

赵延东，沈阳商业城总经理助理兼行政处长、防火安全委员会副主任委员，负责消防设施管理、维护工作。给予行政撤职、党内严重警告处分。

胡志英沈阳商业城副总经理，负责消防设施的调试和防火工作。因工作失职给予行政记过处分。

方修占，沈阳市消防支队防火监督科科长，给予行政记过处分。

黄芝廷，沈阳市消防支队支队长，给予行政警告处分。

马向东，沈阳市副市长，分管商业，负领导责任，给予行政记过处分。

朱锦，沈阳市副市长（市防火安全委员会主任），分管公安、消防工作，负领导责任，给予行政记过处分。

案例五　唐山市林西百货大楼特大火灾

一、事故伤亡、损失情况

起火时间：1993 年 2 月 14 日 13 时 15 分。

死伤人数：烧死 80 人，伤 54 人。

财产损失：400 余万元。

二、起火经过及火灾原因

1993 年 2 月 14 日上午，该百货大楼的家具厅顶部在进行施工作业，顶板上多处砸开孔洞，家具厅顶部明火焊接，下面的家具厅照常营业。10 时左右，经理孟××发现家具厅顶部有电焊火花喷入厅内，随即向施工人员提出警告。12 时 40 分左右，家具厅营业员陈××、冯××发现家具厅办公桌上的小纸盒被屋顶落下的电焊火花引燃，随即用水将火浇灭，并再次向施工人员发出警告。出现险情 1 小时后，施工人员再次开始电焊作业，13 时 15 分左右电焊火花溅落在家具厅内一人高的海绵床垫堆垛上，引起海绵床垫燃烧。营业员发现后找来一个灭火器，因不会使用，便随手交给刚进家具厅的顾客，扑救无效，酿成火灾。此时一在场营业员想起报警，但百货大楼的电话被锁着，只好又跑到马路对面单位打电话，电话也被锁着，又跑到隔壁单位去打电话，当其打电话时，又不知火警电话，致使报警时间延误了 18min。13 时 33 分。消防官兵在灭火战斗中坚持"救人为先"的原则，共救出受伤群众 64 名。

三、火灾责任追究情况

（1）东矿区人民法院于 1993 年 4 月 16 日开庭公开审理了"2.14"特大火灾事故案，经法院调查并根据《中华人民共和国刑法》第一百一十四条、第一百八十七条规定判决如下：

判处犯有重大责任事故罪的唐山市东矿区劳动服务公司建筑工程公司岳×有期徒刑 7 年；

判处犯有重大责任事故罪的唐山市东矿区劳动服务公司建筑工程公司岳×施工队电工黄××有期徒刑 7 年；

判处犯有重大责任事故罪的唐山市东矿区劳动服务公司建筑工程公司岳江施工队林西百货大楼工地负责人（技术员）张××有期徒刑 6 年；

判处犯有重大责任事故罪唐山市东矿区劳动服务公司建筑工程公司岳江施工队技术员王××有期徒刑 6 年。

判处犯有玩忽职守罪的唐山市东矿区林西百货大楼党委支部书记兼经理孟××有期徒刑 5 年；

判处犯有玩忽职守罪的东矿区劳动服务公司建筑公司经理王××有期徒刑 4 年；

判处犯有玩忽职守罪的唐山市东矿区林西百货大楼副经理张××有期徒刑 4 年。

（2）东矿区人民政府根据国务院《关于国家行政机关工作人员奖惩暂行规定》第五条第 2 款和第七条的规定于 1993 年 4 月 16 日作出决定，给予林西百货大楼党支部书记兼经理孟××等 5 人政纪处分。

（3）中共唐山市东矿区纪律检查委员会，根据中纪委关于《党员领导干部犯严重官僚主义失职错误党纪处分的暂行规定》第五条和第十二条的规定于 1993 年 4 月 19 日作出决定，给予唐山市东矿区林西百货大楼党支部书记兼经理孟××等 3 人党纪处分。

（4）东矿区公安分局于 1993 年 3 月 6 日依据《中华人民共和国治安管理条例》第二十六条的规定，给予唐山市东矿区劳动服务公司建筑工程公司岳江施工队辅助工张××、武××行政拘留 10 天的处罚。

案例六　南昌市万寿宫商城特大火灾

一、火灾伤亡损失情况

起火时间：1993 年 5 月 13 日 21 时 30 分。

烧毁面积：烧损、坍塌面积 1.3 万平方米。

财产损失：585.6 万元。

二、火灾责任追究情况

万寿宫商城工程建设指挥部总指挥殷庭佳和副总指挥马××，严重违反有关消防法律法规和消防技术规范要求，没有依法申请办理建筑防火审批手续，工程竣工后没有申请进行消防验收，即交付使用。对此建筑遗留严重的火灾隐患，对发生火灾造成巨大损失负有不可推卸的领导责任。火灾发生后，由于两人经济犯罪已被依法追究刑事责任，由此对其在这起火灾中应负的领导责任没有再予追究。

南昌市城市规划设计院没有按照《高层民用建筑设计防火规范》对万寿宫商城进行消防设计，对不符合规范要求的设计图纸予以批准，违反了《中华人民共和国消防条例实施细则》第七条规定，根据《中华人民共和国消防条例实施细则》第六十七条和《江西省消防管理处罚办法》第九条之规定，给予南昌市城市规划设计院罚款 5000 元处罚，对设计负责人熊××给予拘留 15 天处罚。

西湖保安公司负责万寿宫商城的保安工作，虽与万寿宫商城工商管理处签订防火、防盗、防爆炸为主要内容的治安承包合同，但没有认真履行消防安全职责，致使商城内部防火工作处于失控状态。根据《江西省消防管理处罚办法》第十条，对西湖保安公司给予罚款 5000 元处罚。同时对擅离职守、订立攻守同盟阻碍火灾调查的保安人员徐××、辜××等 6 名责任人员分别给予拘留 15 天处罚。

案例七　深圳市端溪酒店肥肥火锅城特大火灾

一、事故伤亡损失情况

火灾时间：1996 年 7 月 17 日凌晨。

死伤人数：死亡 30 人，受伤 13 人。

过火面积：150m²；直接财产损失：13.8 万元。

二、火灾发生经过

1996 年 7 月 17 日凌晨 1:50 时，端溪酒店对面市水产批发市场的一名个体户和一名骑单车路过的群众，发现端溪酒店二楼肥肥火锅城靠北角的房间起火，即告知在一楼大堂值班的保安员，保安员上二楼看到影碟机房（楼面经理刘毅的住室）着火，见房门上了锁，就回一楼打电话找酒店值班经理，未找到人，然后再上二楼拟用灭火器灭火，但不会使用；打开消火栓开关又无水。此时火已蔓延，该保安员再跑回一楼大堂给各楼层服务员打电话，最后才想起打"119"电话报警，市公安消防局指挥中心于 2:16 时接到报警，先后调动了罗湖、田贝、笋岗、上步、福田 5 个消防中队，共 13 台消防车 120 名消防员赶到现场灭火救人。三至九楼的旅客纷纷涌向窗口，挥动毛巾、床单、衣物呼喊救命。市消防局领导采取果断措施，利用 4 台云梯车，在酒店的东西两侧升高救人；同时组织消防员佩戴空气呼吸器进入各楼层，采取背、抬、扶等方法，共抢救和疏散出 222 人。有些干警将自己戴的空气呼吸器让给呼吸困难的旅客，致使有 9 名消防队员吸入浓烟晕倒在现场，负伤住院。

三、事故原因分析

事故调查组在公安部、省公安厅领导和专家的指导下，经过深入调查，查明"7·17"特大火灾事故的原因系：

（1）肥肥火锅城楼面经理刘毅，于 7 月 16 日下午 5 时多打开电风扇至 17 日凌晨 1 时许离开住室时，没有把电风扇电源关闭就锁门外出。电风扇在运转中，异物进入电风扇罩内，影响电风扇正常转动，加大负荷，引起电机电流增大，使电风扇电源线过热燃烧，引燃周围的可燃物，是引起火灾事故的直接原因。

（2）肥肥火锅城没有建立防火安全制度，对员工未进行消防安全知识培训，员工忽视用电安全，缺乏安全知识，发生火灾时无领导值班等，是此次火灾事故的主要原因。

（3）深圳市昌鸿国际贸易公司承包端溪酒店的经营管理，防火制度不完善，消防水阀门被关闭，安全疏散口上锁，防火门长期被打开；酒店服务员、保安员未组织旅客疏散，报警不及时；同时，住店旅客自救能力差，缺乏自救自防的常识，是这次火灾事故造成人员惨重伤亡的重要原因。

（4）罗定市乡镇企业局作为端溪酒店的业主、大楼的产权单位，将该酒店对外承包，收取租金，以包代管，对安全管理工作监督不到位，是导致这次火灾事故发生的重要原因。

四、事故责任追究情况

（一）行政责任

（1）肥肥火锅城没有建立防火制度、防火组织和值班制度，对员工未进行过消防常识培训，致使员工缺乏消防安全知识，忽视用电安全，对这次特大火灾事故负有直接责任，应共同承担这次火灾事故伤亡人员的全部医疗和善后处理费用，为严肃消防法规，建议消防监督部门依法给予其经济处罚；建议工商部门吊销其营业执照。

（2）深圳市昌鸿国际贸易公司是酒店的总承包单位，防火制度不完善，管理不到位，消防设施维护保养工作不落实；安全疏散通道不畅，防火门长期被打开，防范措施不力，对造成特大火灾事故负有全面管理责任，应共同承担这次火灾事故伤亡人员的全部医疗和善后处理费用。为严肃消防法规，建议消防监督部门依法给予其经济处罚。

（3）罗定市乡镇企业局是端溪酒店的业主、大楼的产权单位，将酒店大楼对外承包、收取租金，以包代管，对存在的消防安全隐患，督促整改不力，使二楼楼梯口的违章建筑一直未能拆除，对这次特大火灾事故负有管理责任，应负责筹集并承担这次火灾事故伤亡人员的全部医疗和善后处理费用。

（4）罗定市人民政府驻深办事处主任欧×，作为端溪酒店的法定代表人，将酒店承包给深圳市昌鸿国际贸易公司经营管理后，对酒店存在的安全隐患督促整改不力，对此次火灾事故负有领导责任。建议罗定市人民政府给予其纪律处分。

（二）刑事责任

（1）刘× 肥肥火锅城楼面经理，在宿舍内使用电风扇，外出时未将电风扇电源关闭，致使异物进入电风扇罩内，影响电风扇正常转动，加大负载，引起电机电流增大，使电风扇电源线过热燃烧引燃周围的可燃物酿成火灾。防火观念淡薄，用电疏忽大意，是这次特大火灾事故的直接肇事者，建议检察机关立案侦查，依法追究其刑事责任。

（2）姚×× 深圳端溪酒店二楼肥肥火锅城法人代表、董事长、总经理。在承包经营中，未严格执行《中华人民共和消防条例实施细则》第十九条的有关规定。没有组建防火组织，没有制定防火制度和值班制度；对员工未进行过消防知识培训，员工防火意识淡薄，用电管理混乱。发生火灾时，因无人值班，未能及时发现和扑救初起火灾，姚知道发生火灾后，一直逃避，不配合有关部门调查火灾原因和处理善后工作。对消防工作未履行安全管理职责，工作失职，应负直接管理责任。建议检察机关立案侦查，依法追究其刑事责任。

（3）姜×× 深圳市昌鸿国际贸易公司法人代表、总经理，在承包端溪酒店经营管理中，未执行《中华人民共和国消防条例实施细则》第十九条的规定。防火组织和义务消防组织不健全，没制定防火安全制度和领导值班制度；防火职责不清，责任不明确；没有制定灭火应急方案，没有对员工和保安人员进行过正规的消防培训；酒店发生火灾时服务员和保安员不会使用灭火器灭火，不会组织旅客疏散，未及时报火警；对建筑物的消防设施没有指定专人负责检查、维护，火灾发生前，消火栓管道阀门关闭，导致起火时，因消火栓无水，无法扑救初起火灾。酒店安装的防火门长期被打开，发生火灾后使大量有毒的浓烟顺楼梯通道扩散到各楼层，造成众多人员死伤。管理混乱，工作失职，对这次特大火灾事故应负主要管理责任。建议检察机关立案侦查，依法追究其刑事责任。

（4）贺×× 端溪酒店工程部经理，在负责酒店室内消火栓系统使用、管理、检查、维修和保养工作中，未履行职责。火灾发生前，消火栓管道阀门被关闭；起火时，因消火栓无水无法扑救初起火灾，造成火势迅速蔓延。发生火灾后，贺逃避在外，不配合有关部门调查火灾事故和处理善后工作，对这次特大火灾事故应负管理责任。建议检察机关立案侦查，依法追究其刑事责任。

法院审理后作出一审判决：

被告人凌××无照经营，违反消防规定，造成重大火灾，其后果特别严重，犯非法经营罪、失火罪，两罪并罚决定执行有期徒刑20年，并处没收财产。

被告人刘××（女，凌××的妻姐）明知凌家父子的游戏厅属非法经营，仍将房屋租给其使用，并违反消防规定，将自己经营的近150kg布料在游戏厅内存放，致使引起火灾，后果特别严重，犯非法经营罪和失火罪，两罪并罚判处有期徒刑

15 年，并处没收财产。

被告人李××（凌××之母）身为原游戏厅法人代表，对游戏厅的无照经营采取放任态度，并有明显的参与行为，后果特别严重，构成非法经营罪，判处有期徒刑 7 年，并处没收财产。

被告人刘××在火灾发生后，其丈夫凌玉铁准备外逃的情况下，不是规劝其投案自首，而是资助其 2000 多元，供其外逃，其行为已构成窝藏罪，判处有期徒刑 3 年、缓刑 5 年。

案例八　江西广播电视发展中心艺术幼儿园 "6.5" 火灾

一、事故伤亡损失情况

2001 年 6 月 5 日凌晨，江西广播电视艺术幼儿园发生火灾，过火面积 43.2m²。13 名 3～4 岁的儿童（其中 7 名男孩、6 名女孩）在火灾中因被烧烤及一氧化碳中毒窒息死亡，1 名儿童受轻伤。火灾烧毁、烧损壁挂式空调 2 台、儿童睡床 29 张和床上用品，过火面积 43.2m²，直接财产损失 13，463 元。

二、起火经过

6 月 4 日晚 21 时许，小六班幼儿就寝。21 时 10 分许，小六班班主任杨×× （女，26 岁）点燃三盘蚊香（浙江省诸暨市王家井日用化工厂生产的夏灵牌微烟特种蚊香），分别放置在床铺之间南北向的三条走道地板上。22 时 10 分许，杨×× 上三楼教师寝室睡觉。临走时，告诉当晚值班的保育员吴××（女，25 岁）"点了蚊香，注意一下"。23 时 10 分许，幼儿园保教主任倪××（女，53 岁，当晚值班领导）和值班保健医生厥××（女，56 岁）对全园的学生寝室进行巡视时到达小六班，发现该班点了蚊香。当时倪××问厥×× "点蚊香对幼儿有何影响？" 厥回答说："对幼儿呼吸道有影响。" 倪便要吴××将寝室窗户打开，保持空气流通。吴××回答 "窗户已经打开了。" 随后倪、厥等二人离去。23 时 30 分许，小六班保育员吴××离开小六班寝室到卫生间，尔后在学习活动室给幼儿的毛巾编号，约有 45min 时间未进寝室巡视。5 日 0 时 15 分左右，吴××在活动室听到寝室内噼叭响，随即进入幼儿寝室，发现 16 号床龚××的棉被和 14 号罗××床上枕头起火，吴××随即将龚××抱出寝室，并到小六班外呼救，然后又从小六班寝室内救出三名学生（沈××、刘×、季××）。此时，寝室内的火和烟都很大，随后赶来的驻广播电视局武警中队官兵和幼儿园工作人员用脸盆到盥洗室装水灭火，同时使用室内消火栓出水扑救。

三、火灾原因

（一）起火点的认定

根据调查勘查，认定起火点位于小六班寝室距南墙 3.2m、距东墙 2.8m 处，即 16 号龚××床边过道处。此处是杨××摆放点燃的蚊香处。

（二）起火原因的认定

经调查勘查：认定这起火灾是由于 16 号床边过道上点燃的蚊香引燃搭落在床架上的棉被所致。

四、火灾责任追究情况

（一）行政责任追究情况

（1）幼儿园副园长邓××（女，56 岁，江西南昌人，中专文化）主持日常行政工作，未协助园长建立完善消防安全制度、落实消防安全责任制、将消防安全工作纳入日常行政管理工作的范畴。在组织检查过程中，未将消防安全纳入检查内容，安全意识淡漠，未组织对本单位职工进行消防宣传教育。明知未经培训的保育员不得上岗，而同意吴××等无证上岗。以上行为违反了《中华人民共和国消防法》第十四条、《幼儿园工作规程》第三十八条及《幼儿园管理条例》第九条第四项之规定，对这起火灾负间接责任。

（2）幼儿园教育总监胡××（女，61 岁，江西南昌人，大学文化，副教授）负责教育、科研、师资培训和监督管理工作。作为从事幼儿教育的副教授，深知未经培训的保育员不能上岗，但在 2001 年 2 月 9 日行政会议研究扩班和选派使用保育员问题时，没有对园领导集体决定使用吴××等未经培训人员上岗作业并且在小班独立作业这一明显违反幼儿园管理规定的行为提出反对意见，而且在其后的教学监督工作中，既没有制止这种违法违规行为，又没有及时督促有关部门和人员对未经培训的保育员进行培训，在编排班时，超员编班。以上行为违反了《幼儿园工作规程》第十一条、第三十八条和《幼儿园管理条例》第九条第四项之规定，对这起火灾负间接责任。

（3）幼儿园园长助理兼行政主任周×（女，51 岁，湖北沙市人，中专文化，中共党员）负责档案管理、后勤管理、行政事务，具体分管保健室、财务室、膳食组、保管组、保卫组（门卫）、文秘。其明知未经培训的保育员不能上岗，而同意吴××等无证上岗，违反了《幼儿园工作规程》第三十八条和《幼儿园管理条例》第九条第四项之规定，对这起火灾负有间接责任。

上述三人，已建议省广播电视局对其予以行政处分。

（4）江西广播电视发展中心艺术幼儿园开业以来，领导消防安全意识差，消防管理不严，未制定消防安全制度，未确定防火安全责任人，未针对本单位特点对职工进行有效的消防安全教育，安排未经培训的保育员上岗，违反了《中华人民共和国消防法》第十四条、《幼儿园工作规程》第三十八条和《幼儿园管理条例》第九条第四项之规定，对这起火灾负直接责任。依据《江西省消防条例》第四十四条第二款，给予江西广播电视艺术幼儿园罚款 5 万元处罚，同时责成教育部门对该幼儿园违反《幼儿园工作规程》和《幼儿园管理条例》的行为予以相应处理。

（二）刑事责任追究情况

（1）小六班班主任杨××在幼儿园已发放灭蚊片、灭蚊剂、蚊不叮等驱蚊用品的情况下，擅自点燃蚊香而引起火灾，对这起火灾事故负直接责任。依据《中华人民共和国刑法》第一百三十四条，其行为已涉嫌构成重大责任事故罪，应依法追究其刑事责任。

（2）小六班保育员吴××，没有防火安全意识，明知幼儿寝室内有火源，却长达 45min 时间未履行巡查、监护职责，导致火灾事故的发生，对这起火灾负直接责任。依据《中华人民共和国刑法》第一百三十四条，其行为已涉嫌构成重大责任事故罪，应依法追究其刑事责任。

（3）幼儿园保教主任、火灾发生当晚值班领导倪××在巡查过程中发现未经培训且无证上岗的吴××独立值班作业，并且发现幼儿寝室内有火源（已点燃的蚊香），火源又距可燃物很近，却既未制止，又未采取任何防范措施，导致火灾事故的发生，对这起火灾负直接责任。依据《中华人民共和国刑法》第一百三十四条，其行为已涉嫌构成重大责任事故罪，应依法追究其刑事责任。

（4）江西省广播电视发展中心主任兼幼儿园园长、法定代表人刘××（男，52岁，河北保定人，中专文化，正处级）自担任幼儿园园长以来，未认真履行园长职责，没有制定消防安全制度，没有确定本单位及所属各部门、岗位的消防安全责任人，没有针对本单位特点对职工进行消防安全教育。明知未经培训的保育员不得上岗，而同意吴××等无证上岗。以上行为违反了《中华人民共和国消防法》第十四条、《幼儿园工作规程》第十六条、第三十八条及《幼儿园管理条例》第九条第四项之规定，对这起火灾负直接领导责任。依据《中华人民共和国刑法》第三百九十七条，其行为涉嫌构成玩忽职守罪，应依法追究其刑事责任。

"6·5"火灾事故发生后，南昌市西湖区检察院作为公诉机关对嫌疑人提起公诉。今年 5 月 9 日，西湖区人民法院作出一审判决，法庭认为，担任小（六）班保育员的吴××既无上岗证，也未受过幼儿保育职业培训，身为广电幼儿园园长的刘××违反有关规定让吴××担任保育员一职，属严重失职行为。保育员吴××、班主任杨××因失火罪分别被判处有期徒刑 5 年和 3 年，保教主任倪××、园长刘××因国有企业、事业单位失职罪分别被判处有期徒刑 3 年。考虑到广电幼儿园园长、法人代表刘××在该案中的具体情节，决定对其适用缓刑。

案例九　黑龙江省大庆市青少宫特大火灾

一、事故伤亡损失情况

此次火灾是从练功室引起，大火很快波及相邻的女生宿舍，有 14 名 6～12 岁的武术班女学生被烧死，3 人重伤，1 人轻伤。

二、事故经过

1994 年 7 月 28 日凌晨 2 时 28 分，大庆市消防支队值班室接到市青少年宫武术班教练张××的火警报告，当即命令管区消防一中队出动 7 辆消防车，24 名指战员与战训科值班人员于 2 时 50 分到达火场。此时，火场已达到猛烈燃烧阶段，浓烟和烈焰从窗户窜出室外，约 60m² 的整个宿舍全部笼罩在火海中。经全体参战人员的奋力扑救，3 时零 5 分，大火被彻底扑灭。但是，室内温度仍然很高，烟雾大，能见度低，一中队、八中队 10 名指战员进入室内用手摸索着寻找被困人员。3 时 10 分，人们发现宿舍门口 13 名儿童堆积在一起，已全部死亡。其中有 3 具尸体焦结在一起。另发现靠窗口的铁床铺旁有一具侧卧尸体，共 14 具。3 时 30 分，尸体全部移到室外。

三、火灾原因

为尽快查明火灾事故的原因，由黑龙江省公安厅技术侦察处、消防局、大庆市公安局，大庆市消防支队等单位组成了火灾事故调查组。通过现场勘查，先后走访有关人员 44 人次，获取大量事实材料，最后认定，这起特大火灾的起火原因是由于当日 21 时许，前来为学生宿舍安装电风扇的 4 名电工在练功室内吸烟，将未熄灭的烟头丢在地面的可燃物上，长时间阴燃起火，继而引燃存放在学习室的两个 10L 塑料桶内的汽油，致使火势迅速由练功室蔓延到学生宿舍，将熟睡的学生围困在室内造成重大伤亡。

四、责任追究

大庆市青少年宫大火，不但给受害者家属带来巨大悲痛，也在社会上造成了很坏的影响，引起了社会各界的广泛重视。为此，有关部门对大庆市青少年宫，以及对此次火灾负有领导和管理责任的大庆市团委书记、副书记、大庆市青少年宫党支部书记、青少年宫兼职安全等有关人员进行了经济及行政处罚。对在现场吸烟造成火灾的电工陈全波、刘学军以及因玩忽职守致灾的大庆市青少年宫主任付××，教练张××、徐××及更夫王××，依法逮捕，追究刑事责任。

案例十　克拉玛依市友谊馆特大火灾

一、火灾伤亡损失情况

起火时间：1994 年 12 月 8 日 18 时 20 分。

伤亡人数：死亡 323 人，受伤 130 人。

财产损失：210.9 万元。

二、起火经过及火灾原因

1994 年 12 月 7 日，新疆维吾尔自治区教委成人扫盲和中小学九年制义务教育（简称"双基"）评估验收团来克拉玛依市检查工作。8 日下午，由市教委组织在市友谊馆举办专场文艺汇报演出。全市 7 所中学、8 所小学，共 15 个模范班及部分教师、自治区评估验收团成员和市局有关领导共计 796 人到会。18 时 5 分文艺演出活动开始，当进行到第二个节目时，台上演员和台下许多人看到舞台正中偏后上方掉下火星。据火灾现场幸存者 9 岁报幕员赵××描述，当她报幕后回到舞台北侧大幕旁时,突然看到舞台正中偏后北侧上方掉下火星和片状物;在观众前排正中就座的自治区教委副主任刘×见舞台正中上方掉火星,大喊赶快切断电源;在前排就座的市教委教育中心普教科科长朱××看到舞台上面有火,即跑上舞台试图将上部着火的纱幕拽下来,但未能拽下来。起火后,当时负责拉大幕的严××到舞台下和其他人一起将一具推车式泡沫灭火器抬到了舞台前,但未打开。由于舞台空间大,13道幕布都是高分子化纤物,火势迅速扩大形成立体燃烧,火场温度短时间内迅速提高(据有关资料,通常舞台燃烧时间温度可达1100~1200℃),并伴随大量可燃气体产生,从而使舞台燃烧区空气压力急剧增大。伴随悬吊在舞台上空15m处银幕及配重钢管及大量可燃物、高空灯具从空中坠落,瞬时产生向四周冲击灼热气浪(即火场幸存者感受到的热浪),使火势由舞台以极快的速度向观众厅蔓延。现场灯光因火烧短路而全部熄灭,近800人被陷于突如其来的灾难之中,火灾现场一片混乱。人们只能从仅今有一个开启的出口疏散,逃生极为困难,短时间内造成大量人员伤亡。

火灾发生后,自治区消防总队组织有关调查人员连夜赶往克拉玛依市,会同自治区、克拉玛依市公安、检察、企业消防等七个部门组成联合调查组,经过现场勘查和调查访问,认定此次火灾是因为舞台正中偏后北侧上方倒数第二道1000瓦的光柱灯距纱幕过近,光柱灯高温烤燃纱幕起火,迅速蔓延所致。

三、火灾责任追究情况

此次火灾是一起特大安全责任事故。当地司法机关依法追究了13名责任人员的刑事责任:

友谊馆副主任阿不来提××××对该馆安全工作疏于管理,对馆内存在的火灾隐患未进行有效整改,严重违反消防安全管理规定,以重大责任事故罪被判处有期徒刑7年。

友谊馆服务组组长陈××和服务员努斯拉提×××××,演出期间未在场内巡回检查,发生火灾后,不履行自己的职责,未组织人员打开所有疏散门,疏散场内人员,以重大责任事故罪被分别判处7年和6年有期徒刑;服务员刘××脱岗外出,未能履行自己的职责,以重大责任事故罪被判处有期徒刑6年。

友谊馆主任兼指导员蔡××不重视安全工作,未对职工进行安全教育和制订应急疏散预案,对馆内存在的火灾隐患不加以整改,工作严重不负责任,以玩忽职守罪被判处有期徒刑5年;市总工会文化艺术中心主任孙×、教导员赵××未采取积极措施督促友谊馆消除火灾隐患,工作不负责任,均以玩忽职守罪被判处有期徒刑4年;市总工会副主席××分管文化艺术中心的工作,明知友谊馆存在火灾隐患,未要求其整改,未组织检查,没有正确履行自己的职责义务,以玩忽职守罪被判处有期徒刑4年。

克拉玛依市副市长赵××和新疆石油管理局副局长方××,二人系迎接"评估验收团"及演出现场的主要领导人,对未成年人未正确履行法定的监护职责在发生火灾火情时，有责任也有条件组织指挥场内学生疏散，但没有组织和指挥疏散，分别以玩忽职守罪被判处有期徒刑 4 年零 6 个月和 5 年。

克拉玛依市教委副主任兼新疆石油管理局教育培训中心副主任唐×、市教委党委副书记兼新疆石油管理局教育培训中心党委副书记况×、市教委普教科科长朱××和普教科副科长赵×四人是此次演出活动的具体组织者和实施者，对未成年人的人身安全疏忽大意。唐、况、朱三人在发生火灾时，未组织学生疏散，未履行法定的职责义务，分别以玩忽职守罪被判处有期徒刑 5 年、4 年、4 年；赵征在火灾发生后，能组织演出的学生撤出馆外，并在馆外实施了救助行为，被免予刑事处分。新疆维吾尔自治区、中国石油天然气总公司对犯有严重官僚主义错误、对此次特大火灾事故负有领导责任的有关人员分别作出处理决定：

给予新疆石油管理局局长兼克拉玛依市党委副书记谢×撤销行政及党内职务处分，并建议自治区人大罢免其人大常委会副主任职务。

给予克拉玛依市党委书记兼新疆石油管理局党委书记唐×党内严重警告处分。

给予新疆石油管理局副局长尼牙孜×××××和自治区教委副主任、"双基"评估验收团负责人刘×行政降级。撤销党内职务的处分。

给予克拉玛依市人大常委会副主任张××留党察看一年的处分，并建议克拉玛依市人大罢免其人大常委会副主任职务。

给予克拉玛依市总工会主席兼新疆石油管理局工会主席阿不来海提××××的撤销党内职务处分，并建议罢免其工会主席职务。

案例十一　吉林辽源市中心医院特大火灾

一、事故伤亡损失情况

火灾时间：12 月 15 日 16 时 30 分左右。

伤亡和损失情况：大火造成 39 人死亡，28 人重伤，182 人受伤；其中清理火灾现场时发现 25 人死亡，在转院救治过程中 14 人死亡，火灾直接损失 821.9214 万元，是新中国成立以来卫生系统最大一起火灾。

二、火灾单位基本情况

吉林辽源市中心医院是当地最大的医院，占地面积 61630m²，建筑面积 26063m²。建筑布局由从北至南的 4 个区域、环廊园林门诊房和一座综合楼（其西侧 3 层用通廊与 1 区 3 层相连）组成。其门诊部、住院部、办公楼连在一起，建筑呈"王"字形，总共四层，一、二楼是门诊，三、四楼是住院部。在这场火灾中，过火面积达 5714m²。大楼北侧第四层（顶层）烧毁，三楼部分过火；南侧一至四层基本烧毁。该中心医院是当地一所最好的医院，非常豪华、漂亮。用当地人的话说："它就不像是一所医院，像一个宾馆。"

在这次火灾扑救中，消防官兵英勇善战，共抢救遇险人员 154 人（其中生还

140 人，送医救治无效死亡 14 人），保护了医院综合楼（建筑面积 6800 平方米），手术室、C 臂 X 光机设备室、透析室、CT 和核磁共振治疗室共 5000 余万元进口医疗设备的安全。

三、情况分析

（一）配电室着火半个小时之内，医院处置不力？

据初步调查，在火灾初起时，中心医院没有及时将消息通知医护人员和病人，没有进行有效疏散。

根据消防有关规定，发生火灾的单位在火灾初起时，必须向群众及有关部门履行告知义务。在火灾发生当天的下午 4 点半左右，医院再次停电时，有医护人员挨门通知："外面有烟，关上门，打开窗户。"还说："别急，一会儿就来电了。"并且，在医院大厅出售蜡烛，许多家属都去购买了蜡烛。然而，医护人员恰恰没有告知大家：有火灾事故发生。

实际上，此时配电室已经着火，该院的两路电源（主电源、备用电源）均出现故障，电缆着起明火。配电室的工作人员匆忙使用了五个灭火器灭火，但没有成功。就这样时间被拖延着，百姓最佳的逃生时机以及扑救火灾的最佳时机都被延误了。

一般而言，在火灾的初起阶段，物质燃烧的速度比较缓慢，火焰不高，燃烧放出的辐射热能较低，燃烧面积不大。在场人员如能采取正确的方法，利用简易的灭火器材就能迅速将火扑灭；但如果采取措施不当，就会造成火势扩大蔓延，增大火灾损失。

火灾初起时，医院处于混乱状态。大约在 16 时 30 分，医生进入病房告诉陪护人员："外面有烟，把门关上，把窗户打开。"过了一会儿就有烟渗进病房，此时对面的楼内已有火光，病房这时才知道医院着火了。医院里都是需要救护的病人，有的刚做完手术，还不能动弹，有的还未苏醒，有的还在打着点滴，护理的也大多是妇女，这些人如何救护和逃生？只能听到救命的喊声。虽然，部分医护人员表现出了救死扶伤的精神，在大火面前先人后己，事迹令人感动，但是因为缺乏有效的组织，他们在突发灾害面前就显得势单力薄。

（二）着火二三十分钟后才报警

据悉，当日 16 时 10 分，中心医院突然停电。电工在一次电源跳闸，备用电源未自动启动的情况下，强行推闸送电。在 16 时 30 分左右，再次停电，配电室的电工班长张殿坤在电闸跳闸、二路电源未自动合闸的情况下，强行推闸送电。然后，张殿坤打电话问有电没有，不到一分钟的时间，他突然听见背后的配电箱发出"砰砰"声音，他回头看见配电箱发出并产生电弧和烟雾。作为一名电工，应该知道此时出现了危急情况。然而，张殿坤既没有采取任何自救措施，也没有向有关部门报告。他跑到外面，转了一圈，大概是看有没有着火，又重新回到配电室。这时，配电室里已有浓烟弥漫。张殿坤捂着嘴，把住在配电室里的孩子和老婆救了出来。此时，张殿坤才向有关领导汇报。或许他们认为自己能处理，直到 16 时 57 分 55 秒，医院的一、二层走廊充斥着浓烟，医院才向 119 报警。

从常识来说，任何一起火灾的发展都是难以预料的。即使火势较小，但由于对起火物质的性质不了解，使用灭火器材不当或者灭火器材失效等原因，扑救不力，也会造成火势越来越大。若此时才想起报警，由于错过了火灾初起阶段，也就错过了最佳扑救时机，因此使火灾难以扑救，即使扑灭了，也会造成严重损失。一般情况下，大火燃烧超过半个小时，将达到猛烈阶段。此时的火已是很难灭的。而此时大多数人在火场中容易被浓烟呛昏，甚至窒息。

据部分生存人员回忆，就在一、二楼充斥着滚滚浓烟的时候，医护人员却还在执行着这条"致命"通知：关上楼道门、房门，打开窗户。却没有告诉大家"着火了"的消息。在 17 时左右，浓烟已充满了整个走廊时，才有医护人员喊："着火了，你们自救吧。"此时，医院里已大乱起来。

（三）人们看见了浓烟、明火，却不知道灾难当前

在火灾中发现，一些人毫无安全意识，其消防自救知识太少。在 16 时 30 分左右的时候，医院再次停电。事实上，在楼道已有烟雾出现，甚至不少人看见了明火。然而，很多人没有意识到出事了。在这川流不息的人群里，有患者、陪护人员、医护人员及来医院办事人员。如果他们能采取有效措施，应该是能求得一条生路的。按常理说，医院里医护人员大多是大中专院校毕业生，其素质应较其他一些公共场所的人员高。然而，在这次火灾中，并没有发现医院员工在公共安全方面的高素质。显然，该中心医院对本单位员工的消防安全教育及公共安全教育做得不够。

（四）为什么火灾蔓延速度这么快？

该中心医院经过几次装修以后，建筑结构变得非常特殊。发生火灾的 1～3 区均为 3 层老式闷顶、砖木结构的三级建筑，始建于 1962 年；4 区住院部为 4 层砖混结构的二级建筑，始建于 1987 年；环廊园林门诊房建于 2002 年，为 2 层天井式建筑，拱形透明屋顶，建筑面积 5340m²，南北纵向于 1 区和 3 区之间；综合楼共 9 层，为砖混结构的二级建筑，建于 2001 年，建筑面积 6800m²。全部建筑各区域之间由通廊（通廊总面积 846m²，1～3 区的通廊 3 层为人字架结构，1～2 层和 3～4 区的 3 层通廊为预制件结构）贯通连接。然而，正是这样的设计，使大火如脱缰野马迅速蔓延。另外，又因电气设备、线路起火很容易引起多处起火点，造成火势迅速蔓延，在短时间内室内就会充满浓烟，火势突破屋顶。

虽然医院内也设有消防设施，在 1～4 区共有室内消火栓 26 处、消防水箱 2 个（储水量 40m³），环廊门诊房共有室内消火栓 27 处、地下储水池 1 个（储水量 58m³）。因发生火灾前医院断电，在备用电源未自动启动的情况下，电工强行推闸送电，造成供电系统短路，导致整个供电中断，致使内部消防设施无法正常启动使用。

这样，烟雾迅速蔓延至整幢大楼，虽然楼与楼之间、各诊室之间设有防火门，

但由于白天常常有人通行，所以在日常情况下门是开着的，故起不到隔烟作用。在消防部队接警后的第一批灭火救援力量到场时，3区、4区火势已经处于猛烈阶段，内部人员受到火焰和浓烟的严重威胁，难以迅速逃生，从而造成了大量人员伤亡。

（五）为什么会有这么多人死伤？

医院火灾具有特殊性。在中心医院里有相当一部分危重患者、瘫痪病人、大型手术后或者严重骨折者。据悉，事发当日在中心医院住院患者有235人，当时在场医护人员72人。而住院患者基本上都有亲属陪护。最致命的一点是大部分病人不能自行疏散，只能等待医护和救援人员施救。专家说，被困人员多、抢救疏散难度大、时间长，是造成人员伤亡的主要原因。特别是一些心脏病、肺心病、高血压等患者，遇到火灾情绪紧张，甚至由于受到惊吓，也会遽然死亡。

四、火灾责任追究情况

（一）刑事责任追究情况

吉林省辽源市中心医院"12·15"特大火灾案，6月12日在辽源市中级人民法院一审公开宣判，原辽源市中心医院院长王××等13名被告人分别以犯重大责任事故罪，生产、销售不符合安全标准的产品罪等被判处1年至7年不等的有期徒刑。

2005年5月至7月，辽源市龙山区纺织电气安装队根据合同，负责施工建设辽源市中心医院的配电改造工程。由于该安装队在施工中使用相关企业、个人生产销售的不合格电缆，并违规敷设，医院有关人员未认真履行监管职责，从而留下重大事故隐患。

2005年12月15日16时许，辽源市中心医院发生停电，电工室值班人员进行操作恢复供电后，随即出现火情，而医院相关人员没有及时采取报警、紧急疏散医患人员等有效措施，致使灾情扩大。此次火灾造成37人死亡，46人重伤，49人轻伤，烧毁建筑面积5714平方米，直接财产损失821万余元。

案发后，检察机关对生产、销售不合格电缆、违规施工操作，未认真履行监管职责的13名责任人提起公诉，辽源市中级人民法院作出一审判决。

施工安装方的责任人员赵××、孙××被以重大责任事故罪分别判处有期徒刑7年和6年；

辽源市中心医院负有责任的原院长王××、副院长李××、副院长金××被以同样的罪名分别判处有期徒刑1年、3年、5年，电工班长张××被判有期徒刑6年，总务科长赵××被判有期徒刑3年、缓刑3年；

销售环节的责任人员王××、宋××、魏××、杜××被以销售不符合安全标准的产品罪分别判处有期徒刑4年或3年，并处罚金10万或8万元，于××有期徒刑2年，缓刑2年，并处罚金7万元；生产环节的负责人员于××被以生产不符合安全标准的产品罪判处有期徒刑3年，并处罚金8万元。

（二）行政责任追究情况

省纪委监察厅、省消防总队、辽源市纪委监察局对该起事故中负有主要责任或重要领导责任的 7 名相关责任人员，按照干部人事管理权限，给予了党政纪处分。

决定给予辽源市中心医院保卫科科长刘××撤销保卫科科长职务、党内严重警告处分；

给予龙山区公安消防科防火监督员李×、殷××行政记过处分；给予龙山区公安消防科科长张××行政记过处分；

给予辽源市卫生局副局长、党委委员马××行政降级、党内严重警告处分；给予辽源市卫生局局长、党委书记刘××行政记大过、党内严重警告处分；给予辽源市政府分管卫生工作的副市长金××行政记过处分。

案例十二 深圳市致丽玩具厂特大火灾

一、火灾伤亡损失情况

起火时间：1993 年 11 月 19 日 13 时 25 分。

死亡人数：死亡 84 人，伤亡 45 人。

烧毁建筑面积：烧毁厂房 206m²。

财产损失：260 万元。

二、起火单位基本情况

致丽玩具厂是香港致高实业有限公司与蔡涌镇经济发展总公司兴办的一家生产布艺玩具的来料加工厂。有员工 418 人，起火时在厂员工 404 人。

该处于 1988 年 5 月向原宝安县建委报建，1989 年 5 月建成后即投入使用。该厂房坐北向南，为三层钢筋混凝土框架结构，东西长 40m，南北宽 18m，高 12m，建筑面积 2400m²。距厂房东侧 10m 处是一栋三层的员工集体宿舍。厂房一层是仓库、裁衣车间，二层是加工车间，三层是电动缝纫车间。一层东南角为配电房，西北部为成品仓库，成品仓库对面为电修车间，东端为裁衣车间（为该起火灾的起火部位）。厂房内东北、西北角各有一部楼梯，东南角有一贯通三层的敞开式电梯（货梯）。一层四个角设有直通室外的出口。三层设有通向屋顶的出口。

三、火灾责任追究情况

厂长黄国光、业主代表劳钊泉、经理梁建国、电工刘光万四人犯重大责任事故罪，分别判处有期徒刑 6 年、2 年、3 年、2 年。

防火监督员吴星辉、李剑钊对致丽玩具厂存在的重大火灾隐患督促整改不力，并因利用职权，受贿索贿，犯玩忽职守罪，分别被判处有期徒刑 17 年、11 年。

案例十三 渭南市饲料添加剂厂环氧乙烷罐特大火灾

一、火灾伤亡损失情况

起火时间：2000 年 7 月 10 日 12 时 20 分。

死伤人数：2人死亡，4人受伤。

受灾户数：32户居民。

财产损失：534.4万元。

二、起火爆炸的经过

2000年7月10日上午10时许，渭南饲料添加剂厂合成车间在停产待料数日后恢复生产。11时20分，一辆装有35t环氧乙炔的汽车槽车开始向合成车间2号环氧乙炔储罐卸料。20分钟后，汽车槽车罐内压力降低，两名槽车司机离开卸料现场去吃饭，但卸料仍在继续进行。此时，整个合成车间只有两名当班操作工人在岗。约12时30分，合成车间二层的环氧乙炔计量槽突然发生泄漏，随即发生爆炸并起火，二楼房顶坍塌，两名操作工当场死亡。约12时30分，正在充料的2号环氧乙烷罐也爆炸起火。13时20分，正在卸料的环氧乙烷罐车也发生了爆炸。当第一次爆炸发生后，两名槽车司机闻讯立即赶往现场，试图将槽车开走，在距槽车约6m时，发生了第二次爆炸，两人在逃离中被烧伤。

三、爆炸起火的原因

这次火灾事故的第一次爆炸发生在合成车间二层的环氧乙烷计量槽（该槽已被炸毁）。该计量槽是违规设计、自行制作的，焊接质量低劣，又无安全保护装置，已违规使用了近五年，在此期间从未进行任何法定检验。据调查，在爆炸发生前，正在使用的环氧乙烷计量槽下封头与筒体连接焊缝处突然发生泄漏。此时计量槽内压力为0.2～0.3MPa，计量槽中约有环氧乙烷390L。泄漏部位附近环氧乙烷的浓度迅速达到爆炸极限范围，由于物料从焊接缝处高速喷出，产生静电火花，引起爆炸起火。

第二次爆炸发生在正在充料的2号环氧乙烷罐，此时储罐内已经装入环氧乙烷约9t，因该罐距第一次爆炸的计量槽仅4.5m，受高温辐射和明火烘烤，罐内物料大量汽化，储罐压力急剧上升，造成罐体爆裂，最长的纵向裂口长达8m，环氧乙烷大量喷出，迅速汽化，遇明火即发生了更猛烈的爆炸。

第三次爆炸发生在35t环氧乙烷汽车槽车。由于槽车距2号环氧乙烷罐仅6m左右，第二次爆炸发生后，槽车周围燃起了大火，槽车罐体受热，物料大量汽化，气压急剧上升，导致罐体爆裂并起火。

四、火灾责任追究情况

事故发生后，省政府责成有关部门组成调查组，对爆炸事故进行了调查，并对有关责任人作出了如下处理：

对渭南市饲料添加剂厂厂长、法人代表马新华依法追究刑事责任；给予渭南市饲料添加剂厂副厂长李××党内严重警告处分；

给予该厂总工程师孔××党内严重警告处分；给予该厂合成车间主任陈×开除厂籍、留厂察看处分；

给予该厂合成车间主任助理杨××开除厂籍、留厂察看处分；

给予渭南市临渭区计划统计局原局长王××行政记过处分；

给予渭南市临渭区招商区管委会规划建设部副部长韩××撤销行政职务处分；

给予渭南市临渭区招商区管委会规划建设部部长武××党内警告处分。

责成临渭区计划统计局、科技局、环保局、劳动局分别写出深刻的书面检查，对临渭区政府、渭南市劳动局、渭南市消防支队等单位提出了批评。

参 考 文 献

[1] 中华人民共和国消防法（2008 年 10 月 28 日第十一届全国人大常委会第五次会议修订）.

[2] 《危险货物国际海运规则》第 33 套修正案（2006 年 5 月 18 日国际海安会第 81 次会议正式通过）.

[3] 《公安部关于机关、团体、企业、事业单位消防安全管理规定》（2001 年 11 月 14 日公安部令第 61 号发布）.

[4] 《易燃易爆危险品火灾危险性分级》（GA/T 536.1—2005）.

[5] 应松年、马怀德主编. 中华人民共和国行政处罚法学习辅导. 北京：人民出版社，1996.

[6] 《重大火灾隐患判定标准》（GA 653—2006）.

[7] 《重大危险源辨识》（GB 18218—2000）

[8] 《汽车加气加油站设计与验收规范》（GB 50156—2002）.

[9] 《建筑设计防火规范》（GB 50016—2006）.

[10] 王金彪主编. 新刑法通论. 北京：警官教育出版社，1997.

[11] 孟正夫. 中国消防简史. 北京：群众出版社，1984.

[12] 《中国城市消防管理手册》编审委员会编. 中国城市消防管理手册. 北京：中国人民公安大学出版社，1992.

[13] 韩萍萍主编. 危险货物运输安全技术手册. 北京：中国标准出版社，1994.

[14] 郑端文编著. 企业消防安全管理. 北京：中国人民公安大学出版社，1994.

[15] 郑端文编著. 危险品防火. 北京：化学工业出版社，2003.

[16] 吴宗之、高进东、魏利军编著. 危险危害因素性辨识. 北京：冶金工业出版社，2002.

[17] 《人员密集场所消防安全管理》（GA 654—2006）.

[18] 《中华人民共和国公安部关于人员密集场所加强消防安全管理的通告》（公安部于 2007 年 12 月 20 日发布）.

[19] 《建设工程消防监督管理规定》（公安部令 106 号）.

[20] 《公共娱乐场所消防安全管理规定》（公安部令第 39 号）.

[21] 《消防监督检查规定》（公安部令第 107 号）.

[22] 王建刚编. 河南省社会单位消防安全"三会一标"建设手册，北京：群众出版社，2007.

[23] 《火灾事故调查规定》（公安部令 108 号）.